統計力学

現代物理学叢書

統計力学

鈴木増雄著

岩波書店

現代物理学叢書について

小社は先年，物理学の全体像を把握し次世代への展望を拓くことを意図し，第一級の物理学者の絶大な協力のもとに，岩波講座「現代の物理学」(全21巻)を2度にわたって刊行いたしました．幸い，多くの読者の厚いご支持をいただき，その後も数多くの巻についてさらに再刊を望む声が寄せられています．そこで，このご要望にお応えするための新しいシリーズとして，「現代物理学叢書」を刊行いたします．このシリーズには，読者のご要望に応じながら，岩波講座「現代の物理学」の各巻を順次できるかぎり収めてまいります．装丁は新たにしましたが，内容は基本的に岩波講座の第2次刊行のものと同一です．本シリーズによって貴重な書物群が末永く読みつがれることを願ってやみません．

まえがき

統計力学は，量子力学と並んで現代物理学の重要な柱である．この本では，統計力学の原理・基本的な枠組みから，その手法，相転移の理論，非平衡系の統計力学および複雑系の科学の入門的な部分までが現代的な視点に立って解説されている．

第1章では，最初に統計力学の基本原理をBoltzmann-Planckにしたがって説明し，ミクロとマクロを結びつけるBoltzmannの原理を導入する．さらに，Gibbsにしたがってカノニカル集団およびグランドカノニカル集団を導入して統計力学の伝統的な枠組みを解説した後，直ちに，Landauによる，これら統計集団の量子力学的表現，すなわち密度行列の定式化を行なう．本書では，このようにできる限り早い段階で量子力学の確率的性格と統計集団からくる統計性との2重の性格をもった密度行列を導入し，それ以降，非平衡統計力学に至るまで一貫してこのLandau-von Neumannの密度行列を用いて統計力学的理論を展開する．一般化された密度行列とその状態和を用いて，熱平均，応答およびゆらぎの一般的な表式を導く．これは第2章以降の準備にもなっている．

第2章では，統計力学の手法について述べる．まず，Fermi統計とBose統計について説明し，その古典近似としてBoltzmann統計を導く．量子統計力学の1つの応用として，相互作用の効果をくり込んだ準粒子の Bose-Einstein 凝縮を議論する．準粒子のエネルギーが波数の k 乗という分散関係をもつ d 次元 Bose 粒子系では，$d>k$ のときに Bose-Einstein 凝縮が起こることが示される．この結果は長距離相互作用をしている Bose 粒子系の多体問題を扱う際のひな形として役に立つ．また，理想 Fermi 粒子系，Bose 粒子系および Boltzmann 粒子系のそれぞれの圧力 p_{F}, p_{B} および p_{cl} の間には，粒子数密度が互いに等しいとき不等式 $p_{\mathrm{F}}>p_{\mathrm{cl}}>p_{\mathrm{B}}$ が一般の数密度に対して成立することが示される．これは，相互作用がなくとも，量子効果によって有効的な斥力や引力が現われることを示しており，本書で初めて一般的に導かれた興味深い結果の一つである．また，自由電子の常磁性や反磁性の理論は，統計力学の応用例としてばかりでなく物性物理としても興味深い．さらに，強い磁場中での自由電子の磁性としての de Haas-van Alphen 効果を直観的に導く．金属微粒子の久保効果についても，その統計力学的側面を議論する．これはスピン自由度と Pauli 原理とによってひき起こされる興味深い現象である．相互作用のある系を扱う統計力学的手法としてのキュムラント展開法，摂動展開法および指数摂動展開法を解説する．統計力学で基本的な役割を果たす密度行列は指数演算子や順序づき指数演算子で表わされるから，これらの演算子の一般分解理論は今後ますます重要になると思われる．そこで，本書ではこれを詳しく解説した．これも本書の特色の1つである．

第3章は，相転移の熱力学と統計力学を扱っている．まず，平均場理論，Landau の現象論とその一般化およびスケーリング理論を述べる．次に，平均場理論の拡張としてのクラスター平均場近似を解説する．この系統的(コヒーレント)な平均場近似列の近似的相転移点とそこでの平均場臨界係数に現われるコヒーレント異常から，真のフラクタルな臨界的振舞いを導くコヒーレント異常法を説明する．これはいわば温故知新である．すでに相転移・臨界現象に関する平均場的近似理論が多数作られているが，いずれも Curie-Weiss 的な振舞いしか示さない．しかし，これらに共通する，包絡線的な特徴を引き出すことにより，真の相転移点および臨界現象に迫れるというのがコヒーレント異常法の真骨頂である．これは直観的でわかり易く便利な方法であり，エキゾティックな相転移にも応用できる．さらに，量子相転移の理論，厳密解の方法，共形場理論による臨界現象の研究および量子群などにも簡単にふれたが，これらに関する詳しい解説は本書の程度を越えているので省略した．興味のある方は巻末の参考書を利用していただきたい．くり込み群の理論も一応述べたが，詳しくは本講座 13『くりこみ群の方法』を参照していただきたい．

第 4 章では，非平衡系の統計力学を解説する．Einstein の Brown 運動と揺動散逸定理，久保の線形応答理論，Onsager の相反定理の微視的導出などを説明する．また，射影演算子による情報の縮約(粗視化)の方法を詳しく述べ，久保および森の Langevin 方程式を導き，その物理的意味を議論する．Green 関数の方法にも簡単にふれる．これらの方法の具体的な応用の仕方を全く説明せずに終わってしまった．さらに，平衡系から遠く離れた系にも近似的に利用できる非平衡統計演算子の方法を解説する．特に，Zubarev の方法とその一般化について説明する．密度行列の対数，すなわちエントロピー演算子の一般展開理論を本書で初めて提唱し，Zubarev 理論の近似の意味合いについて議論する．2 重 Hilbert 空間を用いる熱場ダイナミクスにも簡単にふれる．次に，確率過程の理論を紹介する．まず確率積分，確率微分方程式(Langevin 方程式)を定義し，久保の確率的 Liouville 方程式や確率的な線形応答を利用して，一般化された Fokker-Planck 方程式を導出する．これを用いて平衡から遠く離れた系を取り扱う方法の 1 つである Ω 展開と久保の示量性の仮説を説明する．ここに現われるエントロピー関数(分布関数の対数)は時間的に単調であることが示せるので，これは Boltzmann の H 関数，すなわち Lyapunov 関数の役割を果たすことがわかる．また，Langevin 方程式や Fokker-Planck 方程式で記述される系において不安定点から巨視的秩序が生成されるメカニズムを詳しく述べる．これは一般の自由度無限大の系を扱う際のひな形としても重要である．この章の最後には，輸送現象と非平衡系の熱力学について簡単に述べる．この部分はもっと詳しく書く予定であったが，紙数と時間の都合で割愛せざるを得なかった．

第5章は，複雑性の科学への入門的な解説を行なう．ここでは「コヒーレントな複雑性」ということを強調し，フラクタルの計量化という概念と形の解析学というアイデアを提唱する．複雑系の典型的な例としてスピングラスをとりあげ詳しく議論する．Edwards-Anderson の平均場理論，スピングラスの現象論による非線形磁化率の発散とスケーリング則，Sherrington-Kirkpatrick の厳密解(レプリカ対称解)などについて述べる．また，Thouless-Anderson-Palmer 方程式とその解の階層性についても議論する．しかし，Parisi の対称破りの解にまで深入りすることはしなかった．これに関しては巻末にあげたスピングラスの専門書を参照していただきたい．スピングラスの1つの特徴であるフラストレーションとリエントラント現象についても厳密に解ける模型を例にして説明する．さらに，スピングラスのゲージ理論にも簡単にふれる．スピングラスの理論など統計力学的手法が応用できる問題としてニューラルネットワークの理論を簡単に紹介する．

以上のように，本書では厳密な理論と直観的現象論的な議論を互いに織り混ぜて，統計力学の原理と手法が容易に修得できるよう配慮した．また，本書を通して物理学，特に統計物理学の面白さがわかり，さらに進んで学習し研究しようとする人が多数現われるよう，とりあげたテーマは2,3の例外を除いて完全に理解できるところまで丁寧に説明したつもりである．

本書は，大学理工学部学生，あるいは大学院修士課程の院生に対する統計力学の教科書としても利用できるであろう．学部学生の場合には，第1章の全節，第2章の8節までと第3章の6節まで，および第4章の2節までが講義用として妥当な内容であると思われるが，講義の時間数によっては非平衡統計力学の部分は割愛せざるを得ないかもしれない．残りは適当に選択して統計力学続論などに利用してもよいし，また興味をもった学生が進んで自学するのもよいであろう．

本書の執筆にあたって，恒藤敏彦氏は草稿を通読されて有益なご意見を下さった．勝又紘一氏からは図3-5を，上田顕氏からは図3-30を，また，都福仁氏からは図5-10を提供していただいた．これらの方々に厚く感謝の意を表わしたい．香取真理氏にはAT線に関するコメントをいただいた．Dr. Dorota Lipowskaには図2-6および図2-7を，伊藤伸泰氏には図3-10を，小林礼人君には図3-13を作製してもらい，羽田野直道君，野々村禎彦君，浅川仁君にはこの本の初校を読んで難解なところや誤りを指摘してもらった．以上の方々に心から感謝したい．最後になったが，岩波書店の編集部，特に本書を担当された方には大変お世話になった．その絶えまざる叱咤激励，厳しい原稿の催促，そして温かいご協力がなければ，この本はいつ脱稿できたかわからない．厚く御礼を申しあげる．

1994年1月

鈴木増雄

目次

1 統計力学の原理

現代的視点から統計力学の原理・枠組みを整理し要約する．すなわち，位相空間と等重率の原理を説明し，ミクロカノニカル集団の概念を解説する．それを踏まえて，Boltzmann の原理を導入する．この原理は，マクロな系のエントロピーをミクロな状態数で表わすもので，統計力学のもっとも基本的な関係式である．統計力学の中でもっとも標準的なカノニカル集団を説明し，さらに，粒子数も変数と考えるグランドカノニカル集団を導入する．これらの基本的な統計集団の概念を用いて，熱平衡状態での物理量の期待値，ゆらぎおよび相関の間の一般的な関係を議論する．この章の最後に統計力学と熱力学との関係をまとめておく．

1-1 はじめに

われわれをとり囲んでいる自然の中で起こるさまざまな現象を支配する原理や法則を解明し，それによってひき起こされる現象の本質を理解するのが物理学の使命である．それらの物理現象は原子や素粒子，最近はクォークといったミクロな量子の世界から，トランジスターや超伝導体のようなマクロな物性の世界まで多種多様である．前者のミクロの世界の物理法則を基礎にして後者のマクロな世界の現象を取り扱う一般的な理論が統計力学である．マクロな世界を現象論的に扱う理論としてはすでに熱力学がある．したがって，これをミクロに解釈し基礎づけを行なうことも統計力学の大きな役割の1つである．力学，電磁気学および量子力学などは既知のものとして，統計力学の枠組みをまず概説する．

統計力学の中でも，熱平衡状態を扱うものを狭義の統計力学という．第1章では，この狭義の統計力学の原理を説明する．これは，Boltzmannによってその基礎が樹立された．すなわち，マクロな系のエントロピーが，その構成要素である原子のミクロな状態の数の対数を用いて表わされるという画期的な発見によって，ミクロの世界とマクロの世界の橋渡しが可能となった．統計集団(アンサンブル)を導入して，統計力学の数学的な枠組みを構築したのはアメリカのGibbsである．

力学の教科書でも，量子力学からまず説明し，そのPlanck定数 $h \to 0$ の極限として古典力学を導出するという立場も原理的には可能であり，この方が論理的にはすっきりする．これと同様に，統計力学の場合も，量子力学に基づく密度行列を最初に導入する立場もあり得る．しかし，力学の場合以上に，これは初心者にはわかりにくいであろうから，ここでは，やはり，統計力学の基礎的な概念を，Boltzmannにしたがって，古典力学の言葉を用いてまず説明し，必要に応じて量子力学の不確定性原理や同種粒子の識別不可能性を援用し，古典力学では不十分なところを補足して，統計力学の原理を解説する．その後で量子力学的表示法，すなわち，密度行列を用いて体系的にまとめる．

そもそも，統計力学の基本的な概念および方法は，古典力学であろうと量子力学であろうと全く共通に適用できる普遍的なものである．この点が統計力学の強みでもあり魅力でもある．Planckが熱放射の統計力学的な扱いを通して量子定数 h を発見したのも，この統計力学の普遍性があればこそである．むしろ，統計力学は量子力学の基本的な概念(上に述べた不確定性原理や同種粒子の識別不可能性など)を用いて初めて矛盾なくその本質が理解できるのである．この意味で，19世紀後半から20世紀初頭までに発展した統計力学は量子力学の出現を待ち望んでいたとも言える．よく古典統計力学とか量子統計力学という言葉が使われることがあるが，前者は統計力学の古典近似と呼ぶ方がふさわしい．実際，量子系でも高温の領域では古典近似が十分よい精度で成立する．いわば，Boltzmannは量子力学を知らずに，統計力学の本質を古典近似で発見したのである．しかも，後で詳しく述べるように，Maxwell-Boltzmannの古典分布は，一般的なGibbsのカノニカル集団の分布と数学的な形は一致している．すなわち，どちらも，エネルギーの指数関数で表わされる．もちろん前者は，実際の分子の速度空間における分布を表わし，変数としてのエネルギーは分子のエネルギーを表わしているのに対して，後者は統計集団の分布であり，それは体系全体の巨視的なエネルギーの関数であるという概念的な違いはある．

電子や^{4}Heなどの密度が大きくなると低温では量子効果が重要になり，それぞれFermi分布やBose分布と呼ばれる量子系固有の分布関数が現われる．それらも，高温になって密度が小さくなると，粒子同士が識別できるくらいに互いに離れるようになり，古典近似のBoltzmann分布で記述できることになる．

1-2　位相空間と等重率の原理

物理量Aを観測するには，必ずある時間間隔Δtにわたる測定が必要である．しかも，Heisenbergの不確定性原理によると，その系のエネルギーの不確定さΔEとの間には次の不等式

$$\Delta E \cdot \Delta t > h \tag{1.1}$$

が存在する．したがって，系のエネルギーを精度よく測定するには，長い時間をかけなければならない．幸いに，熱平衡状態では，Δtはいくらでも大きくとることができる．人の寿命よりも極端に長い時間を考えるのは，測定時間としては非現実的であるが，原理的には，無限に長い時間($\tau \to \infty$)にわたる時間

平均によって観測値が求まると考えることができる．すなわち，

$$A\,\text{の観測値} = \lim_{\tau\to\infty}\frac{1}{\tau}\int_0^{\tau} A(t)dt \tag{1.2}$$

である．ただし，$A(t)$ は，時刻 t における物理量 A のとる値である．古典力学の場合には，力学的変数 A は，系を構成する N 個の粒子の座標 $\boldsymbol{q}_1, \boldsymbol{q}_2, \cdots, \boldsymbol{q}_N$ および運動量 $\boldsymbol{p}_1, \boldsymbol{p}_2, \cdots, \boldsymbol{p}_N$ の関数であり，それらの時間変化は，次の Hamilton 方程式によって与えられる：

$$\frac{d}{dt}\boldsymbol{q}_k = \frac{\partial H}{\partial \boldsymbol{p}_k}, \qquad \frac{d}{dt}\boldsymbol{p}_k = -\frac{\partial H}{\partial \boldsymbol{q}_k} \qquad (k=1,2,\cdots,N) \tag{1.3}$$

ただし，H は，孤立系のハミルトニアンで，$\{\boldsymbol{p}_k\}$ と $\{\boldsymbol{q}_k\}$ の関数である．こうして

$$A(t) = A(\{\boldsymbol{q}_k(t)\}, \{\boldsymbol{p}_k(t)\}) \tag{1.4}$$

と書ける．

ところで，(1.3)の Hamilton 方程式を大きな粒子数 N ($\sim 10^{23}$)に対して初期条件 $\{\boldsymbol{q}_k(0), \boldsymbol{p}_k(0)\}$ の下に解くことは，どんなに計算機が発達しても，実際上は不可能である．こうして，(1.2)の定義にしたがって時間平均を求めることは無理な話である．そこで，仮想的に(1.3)を解いて，その解の時間変化を $6N$ 次元空間

$$(q_{1x}, q_{1y}, q_{1z}, \cdots, q_{Nx}, q_{Ny}, q_{Nz}, p_{1x}, p_{1y}, p_{1z}, \cdots, p_{Nx}, p_{Ny}, p_{Nz}) \tag{1.5}$$

で軌道を描いたとしてみよう．ハミルトニアン H が $\{\boldsymbol{q}_k\}, \{\boldsymbol{p}_k\}$ の関数として通常の滑らかな関数であれば(正確には，微分方程式論における Lipschitz の条件を満たしていれば)，Hamilton 方程式(1.3)の解は初期条件に対して一意的である．したがって，(1.5)の $6N$ 次元空間(これを**位相空間**(phase space)という)の中で描かれる軌道は，決して交わることはない．よって，時間が無限に経過するにつれて，エネルギーを保存する面(これを**エルゴード面**という)上をほとんど到るところ動くものと考えられる*．エネルギー以外に保存する

---

* これを準エルゴード定理(仮説)という．

量が無い通常の系では(角運動量などが保存する場合でも，容器の形を少し変えたりすることによって，エネルギーだけが保存するようにすることは容易である)，エルゴード面のどの領域もほとんど同じ停留時間で動き回るものと期待される．

しかし，この表現はあまり正確ではない．エルゴード面上のある領域の各点が(1.3)に基づく時間変化により時間 t の後にマップされて作られるエルゴード面上の領域の面積は，もとの大きさとは一般に異なってしまう．そこで，位相空間(これを gas を示すギリシャ文字にちなんで **$\boldsymbol{\Gamma}$ 空間**と呼び，分子 1 個に対する 6 次元空間を molecule にちなんで **$\boldsymbol{\mu}$ 空間**と呼ぶ)の 6N 次元体積要素

$$d\Gamma = d\boldsymbol{q}_1\cdots d\boldsymbol{q}_N d\boldsymbol{p}_1\cdots d\boldsymbol{p}_N \tag{1.6}$$

を考えると，(1.3)によって

$$d\Gamma_t = d\boldsymbol{q}_1(t)\cdots d\boldsymbol{q}_N(t) d\boldsymbol{p}_1(t)\cdots d\boldsymbol{p}_N(t) \tag{1.7}$$

に変換されるが，Liouville の定理により，これは不変に保たれる：

$$d\Gamma_t = d\Gamma \tag{1.8}$$

すなわち，位相空間の体積要素は不変であり，不変測度(invariant measure)になっている．(1.3)の変換によって，図 1-1 に示されているように，エルゴード面上の面積要素 $d\sigma$ が $d\sigma_t$ になり，エルゴード面上の法線距離 n が n_t になるとすれば，それぞれは不変ではないがその積 $d\Gamma_t = n_t d\sigma_t$ が不変になる．ちなみに，n は，$\Delta E = |\mathrm{grad}\, H|\, n$ から

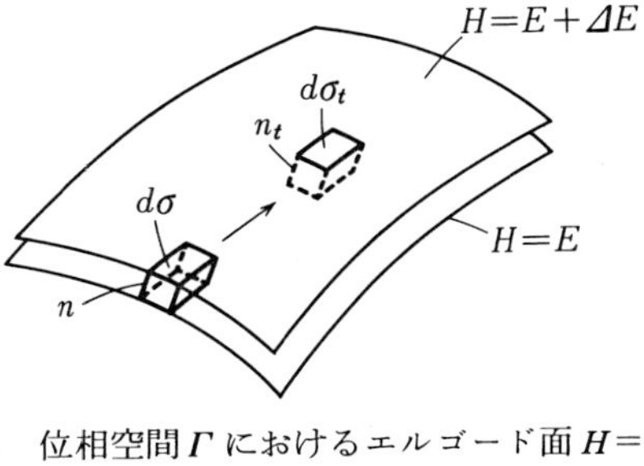

図 1-1 位相空間 Γ におけるエルゴード面 $H=E$ と体積要素 $d\Gamma = n d\sigma$．ただし，n は面積要素 $d\sigma$ における $H=E$ と $H=E+\Delta E$ との距離を表わす．

$$n = \frac{\Delta E}{|\mathrm{grad}\, H|} \tag{1.9}$$

および

$$|\mathrm{grad}\, H| = \left[\sum_{j=1}^{N}\sum_{k=x,y,z}\left\{\left(\frac{\partial H}{\partial p_{jk}}\right)^2 + \left(\frac{\partial H}{\partial q_{jk}}\right)^2\right\}\right]^{1/2} \tag{1.10}$$

と与えられる．したがって，位相空間の体積要素 $d\Gamma$ は

$$d\Gamma = n d\sigma = \frac{d\sigma \Delta E}{|\mathrm{grad}\, H|} \tag{1.11}$$

とも書ける．もっとも，この表式を用いて具体的な計算をすることはほとんどなく，単に統計力学の論理的な構造(すなわち，後に述べるミクロカノニカル集団)を理解するのに使われるだけである．

こうして定義された不変測度(1.11)を用いると，エルゴード面上での軌道の統計的・確率的表現が正確にできることになる．さて，ΔE を一定とすると，エルゴード面上の面積要素 $d\sigma$ に系が停留する時間は，$d\sigma$ に重み $|\mathrm{grad}\, H|^{-1}$ をかけたものに比例すると期待される．すなわち，系は位相空間を等しい重率(確率)で到るところ動き回ると考えられる．これを**等重率の原理**という*.

このようにして，結局，観測値は，位相平均

$$\bar{A} \equiv \frac{\displaystyle\int_{H=E} A(\{\boldsymbol{q}_k\}, \{\boldsymbol{p}_k\})d\sigma/|\mathrm{grad}\, H|}{\displaystyle\int_{H=E} d\sigma/|\mathrm{grad}\, H|} = \lim_{\Delta E \to 0}\frac{\displaystyle\int_{E \leqq H \leqq E+\Delta E} A d\Gamma}{\displaystyle\int_{E \leqq H \leqq E+\Delta E} d\Gamma}$$

$$= \frac{\displaystyle\int A\,\delta(H-E)d\Gamma}{\displaystyle\int \delta(H-E)d\Gamma} \tag{1.12}$$

によって与えられることになる．ただし，$\delta(x)$ は Dirac のデルタ関数である．これを**エルゴード定理**(仮説)という．これは，上の議論のように直観的に導かれたものであって，一般的な証明は与えられていない．数学的には Birkhoff

* エネルギーの異なる位相空間の重率も等しいと考えることによって，次節の Boltzmann の原理に到達できる．

や von Neumann によって研究され，美しい結果が得られているが，その成立条件を具体的な系で確かめるのは極めて困難であり，粒子が数個の特殊な場合に対して Sinai によって，エルゴード定理が具体的に証明されているに過ぎない．しかし，この仮説の基に構築された統計力学は，熱力学や実験事実とよく対応していることからみてゆるぎないものであると言える．

1-3 ミクロカノニカル集団と Boltzmann の原理

前節においては，エネルギー E を指定して物理量 A の位相平均を定義した．さて，ここでは，一般に孤立系のエネルギー E を指定し，同じハミルトニアンをもつ多数の系を仮想的に設定し，それが位相空間 Γ の中の $E \leqq H \leqq E+\Delta E$ のすべての領域を等しい確率でとるような集団(アンサンブル)を考えることにする．これを**ミクロカノニカル集団**という．この統計集団では，物理量 A の平均 $\bar{A}$ は(1.12)で与えられ，エネルギー E の関数となる．しかし，熱平衡状態を記述する変数はエネルギー E ではなく温度 T である．そこで，エネルギーを温度の関数として表わしたい．

さて，ミクロカノニカル集団では，エントロピー S もこの集団のミクロな状態によって表わされ，したがってエネルギー E の関数 $S=S(E)$ となるはずである．エネルギーとエントロピーの間には次の熱力学的な関係式

$$\frac{\partial S(E)}{\partial E} = \frac{1}{T} \tag{1.13}$$

が成立する*．これをエネルギー E に関して解けば，$E=E(T)$ のように温度 T の関数として熱平衡状態のエネルギーがミクロに求まることになる．したがって，エントロピー S も，$S=S(E(T))$ によって温度 T の関数としてミクロに与えられることになる．故に，Helmholtz の自由エネルギー F は

$$F = E - TS \tag{1.14}$$

* (1.13)によって絶対温度 T が定義される．

によって温度 T の関数としてミクロに与えられる．このように，ミクロカノニカル集団のエントロピー S のミクロな表式がわかれば，系の熱力学的な量がすべて計算できることになる．

そこで Boltzmann は，位相空間 Γ でエネルギーが E と $E+\Delta E$ の間にある部分の体積

$$\Omega(E, \Delta E) = \int_{E<H(\{\boldsymbol{q}_j\}, \{\boldsymbol{p}_j\})<E+\Delta E} d\Gamma \tag{1.15}$$

を位相空間の適当なセルの体積 $(\Delta p \Delta q)^{3N}$ で割って無次元化した“状態の数” W，すなわち $W=\Omega(E, \Delta E)/(\Delta p \Delta q)^{3N}$ の対数によって，エントロピー S が

$$S = k_{\mathrm{B}} \log W \tag{1.16}$$

と表わせることを実質的に提唱した．これを **Boltzmann の原理**という．ちなみに Boltzmann の墓には，図 1-2 のように，(1.16)式(k_{B} の代りに k が使われている)が刻み込まれている．比例定数 k_{B} は $k_{\mathrm{B}}=1.380658\times10^{-23}\,\mathrm{JK}^{-1}$ という値をもつ Boltzmann 定数である．エントロピー S を(1.16)の形にあらわに定式化し，k_{B} の値を最初に求めたのは Planck であり，k_{B} は Boltzmann-Planck 定数と呼ばれることもある．量子力学の不確定性原理によると，運動量の不確定さ Δp と座標の不確定さ Δq の間には，$\Delta p \Delta q \geqq h$ の関係があるから，$W=\Omega(E, \Delta E)/h^{3N}$ となる．しかも，N 個の同種粒子は互いに識別不可能であるから，$N!$ で割った量を W とすれば，つまり，$W=\Omega(E, \Delta E)/(N!h^{3N})$ とすれば，Gibbs のパラドックスと呼ばれる問題(すなわち，$S \sim \log V^N \sim N \log V \sim N \log N$ となる矛盾)が解決される．

Boltzmann のエントロピーの公式(1.16)が正当であることの根拠はいろいろあげられる．1つは，非平衡系を考えて，その系の平衡への接近の仕方を特徴づける関数を導入することである．系が平衡に達したとき，その関数が最大になることが確かめられるならば，それは，平衡状態では本質的にエントロピーの役割を果たすものと解釈できる．Boltzmann は，不可逆性を示すような系を記述する方程式を考え，その解としての分布関数(すなわち，時刻 t で状態 l の実現する確率) $P_l(t)$ によって定義される関数

図 1-2 ウィーン郊外の共同墓地にある Boltzmann の墓には $S=k\log W$ の式が刻み込まれている．Boltzmann は熱烈な原子論者であった．彼は原子・分子というミクロな概念を基礎にして統計力学を建設したが，当時，E. Mach らの反原子論者や W. Ostwald らのエネルギー論者から批判を受け激烈な論争をした．彼は 1906 年 9 月 5 日に自殺した．その後間もなく，J. B. Perrin がコロイド粒子の Brown 運動の観測に成功し，A. Einstein の Brown 運動の理論を確かめ，モル分子数すなわち Avogadro 数 N_0 の測定を行なった．これにより，分子の実在性は確固たるものとなり，Boltzmann の研究も世間から高く評価されるようになった．ちなみに，Boltzmann 定数 k_B は気体定数 $R=8.314510$ $\mathrm{JK^{-1}mol^{-1}}$ と $N_0=6.0221367\times10^{23}\,\mathrm{mol^{-1}}$ とを用いて $k_B=R/N_0$ と書ける．

$$H(t)=\sum_l P_l(t)\log P_l(t) \tag{1.17}$$

が時間とともに単調に減少すること，すなわち，$dH(t)/dt\leqq 0$ であることを，近似的な方程式系で示した．これは **Boltzmann の *H* 定理**と呼ばれ*，それ以降，現在に至るまで，多くの系で具体的に証明されている．例えば，最も簡単な模型として，W 個の状態 $1,2,\cdots,W$ の間を $a_{lm}=a_{ml}$ ($l\rightleftarrows m$ 状態間の遷移確率)の割合で移り変わる系を考える．この系が状態 l をとる確率 $P_l(t)$ は，次のマスター方程式

* 4-8 節参照．

$$\frac{d}{dt}P_l(t) = -\sum_m a_{lm}P_l(t) + \sum_m a_{ml}P_m(t) \tag{1.18}$$

で記述されるとする．このとき，(1.17)で定義される H 関数は，容易に，

$$\frac{d}{dt}H(t) = -\frac{1}{2}\sum_{l,m} a_{lm}\{P_l(t)-P_m(t)\}\{\log P_l(t)-\log P_m(t)\} \leqq 0 \tag{1.19}$$

となることが導かれる．$t\to\infty$ で平衡に達すると，$dH(t)/dt=0$ となり，$H(t)$ は最小となり，平衡分布 $P_l(\infty)=1/W$ を用いて

$$H(\infty) = \sum_{l=1}^{W} P_l(\infty)\log P_l(\infty) = \sum_{l=1}^{W}\frac{1}{W}\log\frac{1}{W} = -\log W \tag{1.20}$$

となることがわかる．こうして，エントロピー S は

$$S = -k_{\mathrm{B}}H(\infty) = -k_{\mathrm{B}}\sum P_l(\infty)\log P_l(\infty) \tag{1.21}$$

と解釈できることになる．これから，(1.16)の正当性が理解される．

明らかに，状態数 W は ΔE に比例する．したがって，$\log W$ が N に比例する(示量性をもつ)物理量になる要請から*，漸近的に

$$W = w(E/N)^N\cdot\Delta E \tag{1.22}$$

の形に表わされる．ただし，$w(E/N)$ は1のオーダーの量である．$\log\Delta E$ は $N\log w(E/N)$ に比べて無視できるから，エントロピー S は，

$$S = k_{\mathrm{B}}\log W = Nk_{\mathrm{B}}\log w(E/N) \equiv S(E) \tag{1.23}$$

となる．こうして，前に述べた通り，(1.13)によってエネルギー E が温度 T の関数としてミクロに求められる．

しかし，実際の問題でエネルギー E を指定して状態数 W を計算するのは容易ではない．エネルギー E を指定しない計算ですめば，それにこしたことはない．次に述べるカノニカル集団の方法では，異なるエネルギーの状態も比較するので，条件がゆるくなり計算が楽になる．この方が実用的である．

---

* 相互作用が長距離力となりハミルトニアンが示量的にならない場合は，エントロピーも示量性をもたなくなることがあり得る．こういう場合の非加法的エントロピーの定義として，C. Tsallis は $S_q[p]=(\sum_l p_l{}^q-1)/(1-q)$ を導入し，最大エントロピー原理などを議論している(J. Stat. Phys. **52** (1988) 479).

1-4 カノニカル集団

前節のミクロカノニカル集団の方法では，孤立系のエネルギーを指定して(実際は ΔE の精度で)状態数を求め，エントロピーを計算することになるが，一方，系を熱平衡状態に保つために**熱浴**(heat bath または heat reservoir)と接触させると，その相互作用は非常に小さいとしても，考えている系のエネルギー E にはその平均値 $\bar{E}$ のまわりに $\sqrt{N}$ のオーダーでバラツキが生じる．これを一般的に考えて，系がいろいろなエネルギー $E_1, E_2, \cdots, E_j, \cdots$ を持ち得るとして，そのような体系(同じ条件で同じハミルトニアンを持つ)を多数考える．これを**カノニカル集団**と呼ぶ．この統計集団では，エネルギー E の1つの状態をとる確率 $P(E)$ は

$$P(E) \propto e^{-\beta E}; \qquad \beta = \frac{1}{k_{\mathrm{B}}T} \tag{1.24}$$

となることが示せる．

カノニカル分布(1.24)の導出法にはいろいろあるが，最も簡単な方法は，ミクロカノニカル集団の部分集団の分布としてそれを導出することである．さて，エネルギーが E から $E+\Delta E$ の値をとる部分系の状態数を $D(E)\Delta E$ と書いて**状態密度**(density of states) $D(E)$ を定義する．すなわち，それは，$\Delta E \to 0$ の極限で，(1.15)の $\Omega(E, \Delta E)$ とは，

$$\Omega(E, \Delta E) = D(E)\Delta E \tag{1.25}$$

の関係にある．今，考えている系が大きな孤立系の部分系であるとする．考えている系のエネルギーおよび状態密度をそれぞれ $E, D(E)$ とし，残りの大きな部分系を熱浴と考えて，上のそれぞれに対応する量を E_{r} および $D_{\mathrm{r}}(E_{\mathrm{r}})$ と書くことにする．両方合わせた全系のエネルギー E_{t} は

$$E + E_{\mathrm{r}} = E_{\mathrm{t}} \tag{1.26}$$

と表わされる．ここで，熱浴の方が考えている系よりもはるかに大きいとすると，$E_{\mathrm{r}} \gg E$, $\Delta E_{\mathrm{r}} \gg \Delta E$ となり，$\Delta E_{\mathrm{t}} = \Delta E_{\mathrm{r}}$ とみなせる．しかし，E も示量変数

であるから $E=O(N)\gg 1$ である*．考えている系が $E\sim E+\Delta E$ の間のエネルギーの状態のどれかに存在する確率 $P(E)D(E)\Delta E$ は，ミクロカノニカル集団における等重率の原理より

$$P(E)D(E)\Delta E = \frac{D(E)\Delta E D_{\mathrm{r}}(E_{\mathrm{r}})\Delta E_{\mathrm{r}}}{D_{\mathrm{t}}(E_{\mathrm{t}})\Delta E_{\mathrm{t}}} \tag{1.27}$$

となり，確率 $P(E)$ は

$$P(E) = \frac{D_{\mathrm{r}}(E_{\mathrm{r}})\Delta E_{\mathrm{r}}}{D_{\mathrm{t}}(E_{\mathrm{r}}+E)\Delta E_{\mathrm{t}}} \tag{1.28}$$

と書ける．一方，Boltzmann の原理(1.16)より，状態密度はエントロピーを用いて

$$D_{\mathrm{r}}(E_{\mathrm{r}})\Delta E_{\mathrm{r}} = \exp\left(\frac{S_{\mathrm{r}}(E_{\mathrm{r}})}{k_{\mathrm{B}}}\right) \tag{1.29}$$

と表わされるから，求めたい確率 $P(E)$ は，$S_{\mathrm{t}}(E_{\mathrm{t}})\simeq S_{\mathrm{r}}(E_{\mathrm{t}})$ より，熱浴のエントロピー S_{r} を用いて

$$P(E) \propto \frac{\exp(S_{\mathrm{r}}(E_{\mathrm{r}})/k_{\mathrm{B}})}{\exp[S_{\mathrm{r}}(E_{\mathrm{r}})/k_{\mathrm{B}}+(\partial S(E_{\mathrm{r}})/\partial E_{\mathrm{r}})E/k_{\mathrm{B}}]} = \exp\left(-\frac{\partial S_{\mathrm{r}}(E_{\mathrm{r}})}{\partial E_{\mathrm{r}}}\frac{E}{k_{\mathrm{B}}}\right) \tag{1.30}$$

と書ける．上式の分母では，E の1次まで残したが，E の高次の項は，1次の項よりはるかに小さい量であることが容易にわかる．さて，熱力学の関係式

$$\frac{\partial S_{\mathrm{r}}(E_{\mathrm{r}})}{\partial E_{\mathrm{r}}} = \frac{1}{T_{\mathrm{r}}} = \frac{1}{T} \tag{1.31}$$

に注意すると

$$P(E) \propto e^{-\beta E}; \qquad \beta = \frac{1}{k_{\mathrm{B}}T} \tag{1.32}$$

が得られる．

カノニカル分布(1.32)がエネルギー E の指数関数になることを導くだけな

* $O(N)$ は N のオーダーの大きさであることを表わす．

らば，次のような少々数学的で技巧的な方法を用いてもよい．今，温度 T の熱浴に接触している2つの独立な系を考える．それらのエネルギーを E_1, E_2 とすると，合成した全系も同じ形のカノニカル分布になるはずであるから，

$$P(E_1+E_2) \propto P(E_1)P(E_2) \tag{1.33}$$

の関数方程式が成立する．この解は，明らかに $P(E)=Ce^{-aE}$ の形の指数関数となる．ついでに，a の温度依存性を決める条件として，$P(E)D(E)\Delta E$ を最大にすることを考えてみよう．すなわち，再び Boltzmann の原理 $D(E)\Delta E=\exp(S(E)/k_{\mathrm{B}})$ を用いて，

$$\exp\left(\frac{S(E)}{k_{\mathrm{B}}}-aE\right) = \text{最大} \tag{1.34}$$

という条件が得られるが，これは，$\partial S(E)/\partial E=ak_{\mathrm{B}}$ に帰着する．一方，熱力学の公式 $\partial S(E)/\partial E=1/T$ より，$ak_{\mathrm{B}}=1/T$，すなわち，$a=1/k_{\mathrm{B}}T=\beta$ が得られる．

カノニカル分布は統計力学の中でもっとも基本的な公式の1つであるから，くどいようであるが，もう1つ，アンサンブル理論の特徴をよく表わしている標準的な導出法を説明しておこう．今，与えられた系とまったく同じハミルトニアンで記述される M 個の系 $1, 2, \cdots, M$ からなる集団を考える．その中の M_1 個の系がエネルギー E_1 の状態1を，M_2 個の系がエネルギー E_2 の状態2を，… とるとする．このような状態の数，すなわち，分配の仕方 W は，アンサンブルの M 個の系が互いに区別できることに注意すると，

$$W = \frac{M!}{M_1!M_2!\cdots}; \qquad \sum_j M_j = M \tag{1.35}$$

のように与えられる．N が十分大きいときに漸近的に成り立つ Stirling の公式 $N!\sim N^N e^{-N}$ を用いると，

$$\log W = M\log M - \sum_j M_j \log M_j \tag{1.36}$$

となる．考えている系が状態 j をとる確率 $P(E_j)$ をアンサンブルでの出現確率 M_j/M によって求めることにする．すなわち，$P(E_j)=M_j/M$ である．この

$P(E_j)$ を用いると，(1.36)は容易に

$$\frac{1}{M}\log W = -\sum_j P(E_j)\log P(E_j) \tag{1.37}$$

と書き直せる*．さて，次の条件

$$\sum_j P(E_j) = 1 \quad \text{および} \quad \sum_j E_j P(E_j) = \bar{E} \tag{1.38}$$

の下で(1.37)を最大にする分布 $P(E_j)$ を求めよう．Lagrange の未定係数法を用いて次の変分

$$\begin{aligned}\delta\Bigl(\sum_j &(P(E_j)\log P(E_j)+\alpha P(E_j)+\beta E_j P(E_j))\Bigr) \\ &= \sum_j \{\log P(E_j)+(\alpha+1)+\beta E_j\}\delta P(E_j) = 0\end{aligned} \tag{1.39}$$

をとると，

$$\log P(E_j)+(\alpha+1)+\beta E_j = 0 \tag{1.40}$$

が導かれ，これから，

$$P(E_j) \propto e^{-\beta E_j} \tag{1.41}$$

となる．規格化した分布関数は

$$P(E_j) = \frac{1}{Z(\beta)}e^{-\beta E_j} \tag{1.42}$$

と書ける．ただし，

$$Z(\beta) = \sum e^{-\beta E_j} \tag{1.43}$$

である．(1.43)の和記号 $\sum$ はすべての状態に関する和をとることを表わす．そこで，$Z(\beta)$ は**状態和**(または**分配関数**)と呼ばれ，後で詳しく議論するように，平衡系の統計力学では極めて基本的な量である．上のように Lagrange の未定係数として導入された β が $1/k_{\mathrm{B}}T$ であることは，前と同様に(1.34)の条件から導かれる．

このように，カノニカル分布は，エネルギー E の異なる系のミクロカノニ

---

* 等式(1.37)から 1-3 節の議論よりもさらに一般的に，Boltzmann のエントロピー((1.37)の右辺の k_{B} 倍)と Planck の定式化したエントロピー $S=k_{\mathrm{B}}\log W$ が等価であることがわかる．

カル分布を exp($-\beta E$) に比例する重みで足し合わせたものである．したがって，温度 T の熱平衡にある系のエネルギーは，平均値 $\bar{E}$ のまわりに ΔE の幅でゆらいでいる．ただし，

$$\Delta E \simeq \left(\overline{(E-\bar{E})^2}\right)^{1/2} = (\overline{E^2}-\bar{E}^2)^{1/2} \tag{1.44}$$

で与えられる*．一方，孤立系では，エネルギーが一定であるから，温度 T がゆらぐことになる．こうして，エネルギーと温度とは互いに相補的な関係にある．しかし，通常は粒子数 N が大きい極限(**熱力学的極限**)を扱っているので，(1.44)から容易にわかるように，$\bar{E}\propto N$ に対して，$\Delta E\propto\sqrt{N}$ となり，図 1-3 に示されている通り，相対的なゆらぎの幅は $\Delta E/\bar{E}\propto N^{-1/2}\rightarrow 0$ で零になる．

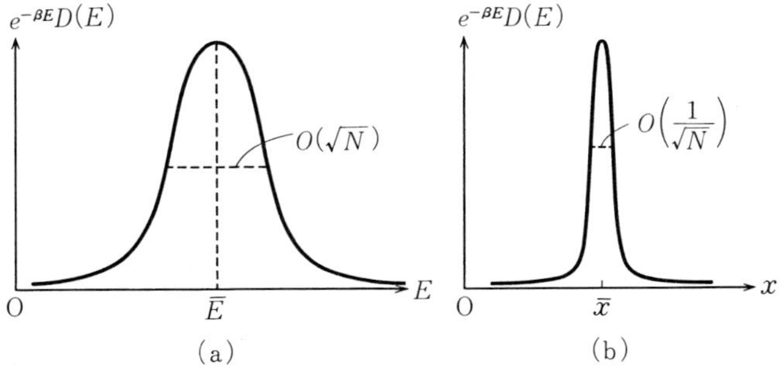

図 1-3 エネルギー E と $x=E/N$ の分布．

1-5 グランドカノニカル集団

粒子数の変動まで許す集団を**グランドカノニカル集団**という．この集団に対する分布関数は，系のエネルギー E と粒子数 N の関数となる．簡単のため 1 種類の粒子を考える．そこで，これを $P(E,N)$ と書くと，それは前と同様に，

$$P(E,N) \propto e^{-\beta E+\alpha N} \tag{1.45}$$

の形になることが示せる．ただし，α は通常 $\alpha=\beta\mu$ と表わされる．このとき μ

* 系の比熱 C は $C=d\bar{E}/dT=\overline{(E-\bar{E})^2}/k_B T^2$ と表わせるから，$\Delta E=(k_B T^2 C)^{1/2}$ とも書ける．

は**化学ポテンシャル**と呼ばれる．こうして，(1.45)は

$$P(E,N) \propto e^{-\beta(E-\mu N)} \tag{1.46}$$

とも書ける*.

この分布の導出法は，カノニカル集団の場合とほとんど同様である．今度は粒子の数も変数としてとり入れなければならない．ところで，粒子数 N はエネルギーと異なり数えられる(countable)変数であるから，いま考えている系の粒子数を N とすると，この系がエネルギー $E \sim E+\Delta E$ の間の値をとる状態数は $D(E,N)\Delta E$ と書ける．粒子源もかねた熱浴のエネルギーを E_{r}，粒子数を N_{r} とし，その状態密度を $D_{\mathrm{r}}(E_{\mathrm{r}},N_{\mathrm{r}})$ とする．両方合わせた全系のエネルギー E_{t} および粒子数 N_{t} はそれぞれ

$$E+E_{\mathrm{r}} = E_{\mathrm{t}} \quad \text{および} \quad N+N_{\mathrm{r}} = N_{\mathrm{t}} \tag{1.47}$$

と表わせる．ここで，前と同様に，$E \ll E_{\mathrm{r}}$，$N \ll N_{\mathrm{r}}$ とすると，$\Delta E_{\mathrm{t}} = \Delta E_{\mathrm{r}}$ とみなせる．さて，全体系は孤立系と考えているからミクロカノニカル集団となる．いま考えている系が粒子数 N，エネルギー $E \sim E+\Delta E$ の状態のどれかに存在する確率 $P(E,N)D(E,N)\Delta E$ は，ミクロカノニカル集団における等重率の原理から

$$P(E,N)D(E,N)\Delta E = \frac{D(E,N)\Delta E D_{\mathrm{r}}(E_{\mathrm{r}},N_{\mathrm{r}})\Delta E_{\mathrm{r}}}{D_{\mathrm{t}}(E_{\mathrm{t}},N_{\mathrm{t}})\Delta E_{\mathrm{t}}} \tag{1.48}$$

となり，求めたいグランドカノニカル集団の分布関数 $P(E,N)$ は

$$P(E,N) = \frac{D_{\mathrm{r}}(E_{\mathrm{r}},N_{\mathrm{r}})\Delta E_{\mathrm{r}}}{D_{\mathrm{t}}(E_{\mathrm{r}}+E,N_{\mathrm{r}}+N)\Delta E_{\mathrm{t}}} \tag{1.49}$$

と書ける．次に，Boltzmann の原理(1.16)から状態密度はエントロピーを用いて

$$D_{\mathrm{r}}(E_{\mathrm{r}},N_{\mathrm{r}})\Delta E_{\mathrm{r}} = \exp\left(\frac{S_{\mathrm{r}}(E_{\mathrm{r}},N_{\mathrm{r}})}{k_{\mathrm{B}}}\right) \tag{1.50}$$

---

* 独立なパラメータとして，β と α をとるか，β と μ をとるかによって理論形式が異なってくる場合があることに注意する必要がある．期待値を計算する場合には，前者をとり，温度 Green 関数の Fourier 変換を扱うさいには後者をとると便利である．

と表わされる．また，ここで全系のエントロピー $S_t(E_t, N_t) \simeq S_r(E_t, N_t) = S_r(E_r+E, N_r+N)$ を E と N について1次まで展開すると，(1.49)の分母は

$$\exp\left\{\frac{S_r(E_r, N_r)}{k_B} + \frac{E}{k_B}\frac{\partial S_r(E_r, N_r)}{\partial E_r} + \frac{N}{k_B}\frac{\partial S_r(E_r, N_r)}{\partial N_r}\right\} \qquad (1.51)$$

となる．よって，求めたい**グランドカノニカル分布**は，

$$P(E, N) \propto \exp\left(-\frac{E}{k_B T} + \frac{\mu N}{k_B T}\right) \qquad (1.52)$$

となる．ただし，ここで，化学ポテンシャル μ の満たす次の熱力学的関係式

$$\frac{\partial S_r(E_r, N_r)}{\partial N_r} = -\frac{\mu}{T} \qquad (1.53)$$

を用いた．こうして，グランドカノニカル分布(1.52)が導かれた．

もう1つの導き方は，カノニカル集団の場合と同様に，アンサンブル理論を用いる方法である．今度は，粒子数 N も異なる M 個の系からなる集団を考える．したがって，系のとり得るエネルギーも粒子数 N ごとに分けて考えなければならない．粒子数 N に対する j 番目のエネルギーを $E_j(N)$ と書くことにする．このエネルギーの値をとる系の数を $M_j(N)$ とすると，このような状態の数，すなわち，分配の仕方 W は

$$W = \frac{M!}{\prod_N M_1(N)!M_2(N)!\cdots}; \qquad \sum_N \sum_j M_j(N) = M \qquad (1.54)$$

のように与えられる．再び Stirling の公式を用いて

$$\log W = M \log M - \sum_N \sum_j M_j(N) \log M_j(N) \qquad (1.55)$$

が得られる．確率分布の定義式 $P(E_j(N), N) = M_j(N)/M$ より，状態数の対数(1.55)は

$$\frac{1}{M}\log W = -\sum_N \sum_j P(E_j, N) \log P(E_j, N) \qquad (1.56)$$

と書き直せる．ただし，エネルギー $E_j(N)$ の粒子数 N の依存性を省いて，それを単に E_j と書いた．次の条件

$$\sum_N \sum_j P(E_j, N) = 1, \qquad \sum_N \sum_j E_j P(E_j, N) = \bar{E}, \qquad \sum_N \sum_j NP(E_j, N) = \bar{N} \tag{1.57}$$

の下で，統計集団のエントロピー(を k_B で割ったもの)(1.56)を最大にする分布 $P(E_j, N)$ を Lagrange の未定係数法で求めると，カノニカル分布の場合と同様にして求めたいグランドカノニカル集団の分布は

$$P(E_j, N) \propto e^{-\beta E_j + \alpha N} \tag{1.58}$$

となる．規格化したグランドカノニカル分布関数は

$$P(E_j, N) = \frac{1}{\Xi(\alpha, \beta)} e^{-\beta E_j + \alpha N}; \qquad \Xi(\alpha, \beta) = \sum_N \sum_j e^{-\beta E_j + \alpha N} \tag{1.59}$$

と表わされる．分母の $\Xi(\alpha, \beta)$ は**大状態和**または**大分配関数**と呼ばれる．

1-6 3つの統計集団の間の関係

エネルギー E と粒子数 N を指定した集団がミクロカノニカル集団であり，エネルギーの異なるミクロカノニカル集団を $e^{-\beta E}$ に比例する重みでたし合わせたものが，カノニカル集団である．この集団では，まだ粒子数 N は指定されている．エネルギーも粒子数も変動する集団がグランドカノニカル集団であるが，どの集団を用いて計算しても，巨視的な物理量は結果としては同じになることが次の議論から容易に理解される．

例えば，カノニカル集団では，エネルギーの平均値 $\bar{E}$ は

$$\bar{E} = -\frac{\partial}{\partial \beta} \log Z(\beta); \qquad Z(\beta) = \sum e^{-\beta E_j} \tag{1.60}$$

で与えられ，エネルギー E はそのまわりに $\Delta E = O(\sqrt{N})$ の幅でゆらいでいる．しかし，1-4 節でもすでに議論した通り，相対的なゆらぎは，$N \to \infty$ と共に，$\Delta E/\bar{E} = O(1/\sqrt{N})$ で無限に小さくなる．したがって，ミクロカノニカル集団の方法を用いてエネルギーを温度 T の関数として求めるのと，カノニカル集団の方法で，(1.60)から $\bar{E}$ を求めるのとは全く等価になる．

同様に，グランドカノニカル集団では，粒子数の平均値 $\bar{N}$ は

$$\bar{N} = \frac{\partial}{\partial \alpha} \log \Xi(\alpha, \beta); \qquad \Xi(\alpha, \beta) = \sum_N \sum_j e^{-\beta E_j + \alpha N} \tag{1.61}$$

で与えられ，粒子数 N は $\bar{N}$ のまわりに $O(\sqrt{\bar{N}})$ の幅でゆらいでいる．しかし，相対的なずれ $\Delta N/\bar{N}$ は $O(1/\sqrt{\bar{N}})$ で無限に小さくなる．したがって，$\bar{N}\to\infty$ の熱力学的極限では，カノニカル集団の方法とグランドカノニカル集団の方法では，同じ結果を与えることがわかる．

ついでに，上の議論で，E や N のゆらぎの幅が $O(\sqrt{N})$ になる理由を簡単に説明しておこう．例えば，カノニカル分布 $P(E) \propto \exp(-\beta E)$ に対して，その系の状態密度を $D(E)$ とすれば，$E \sim E+\Delta E$ の間のエネルギーをとる状態数は

$$e^{-\beta E} D(E) \tag{1.62}$$

に比例する．一般に，状態密度 $D(E)$ は，粒子数 N が大きい極限でその対数が N に比例する(示量性を示す)という条件から漸近的に

$$D(E) \sim e^{Ns(x)/k_{\mathrm{B}}}; \qquad x \equiv E/N \tag{1.63}$$

の形になるはずである．ただし，$s(x)$ は x の適当な関数であり，それは，

$$s(x) = k_{\mathrm{B}} \cdot \lim_{N\to\infty} \frac{1}{N} \log D(Nx) \tag{1.64}$$

によって求められる．こうして，

$$e^{-\beta E} D(E) = e^{-N\beta(x - Ts(x))} \tag{1.65}$$

と書ける．1粒子当りのエネルギー x の平均値 $\bar{x}$ は $d(\bar{x} - Ts(\bar{x}))/d\bar{x} = 0$ の解であるから，(1.65)の x 依存性は

$$e^{-\beta E} D(E) \sim e^{-bN(x-\bar{x})^2} \tag{1.66}$$

の形となる．ただし，b は $O(1)$ の定数である．これは，標準的な Gauss 曲線となり，図1-3のようになる．粒子数の分布もグランドカノニカル集団を用いると同様に議論できる．結果としては，カノニカル集団の N とグランドカノニカル集団の $\bar{N}$ とを同一視することができることになる．

1-7 量子力学的表現法と密度行列

今まで説明してきた3つの統計集団は，古典力学でも，量子力学でも共通に適用できる普遍的なものであるが，量子力学の表現形式を用いると便利なことが多い．そこで，ここでは量子力学の確率的性格と，統計集団からくる統計性との2重の性格をもった密度行列を導入しよう．

カノニカル集団の分布関数(1.42)は，ハミルトニアン $\mathcal{H}$ を用いると，明らかに，演算子

$$\rho = e^{-\beta\mathcal{H}}/Z(\beta); \qquad Z(\beta) = \mathrm{Tr}\, e^{-\beta\mathcal{H}} \tag{1.67}$$

の対角成分($\mathcal{H}$ を対角化した表示)になっている*．ここで，演算子の指数関数 $e^{-\beta\mathcal{H}}$ は，次の級数展開で定義される：

$$e^{-\beta\mathcal{H}} = \sum_{n=0}^{\infty} \frac{(-\beta)^n}{n!}\mathcal{H}^n \tag{1.68}$$

または，多項式演算子 $\left(1-\frac{\beta}{n}\mathcal{H}\right)^n$ の極限として

$$e^{-\beta\mathcal{H}} = \left(e^{-\frac{1}{n}\beta\mathcal{H}}\right)^n = \lim_{n\to\infty}\left(1-\frac{\beta}{n}\mathcal{H}\right)^n \tag{1.69}$$

によって定義してもよい．後者の定義はTrotter分解**を考えるときに便利である．カノニカル集団における任意の物理量 A(演算子)の平均値は

$$\bar{A} = \sum_l \langle l|A|l\rangle e^{-\beta E_l}/Z(\beta) = \mathrm{Tr}\, A\rho \tag{1.70}$$

のように，密度行列 ρ を用いて極めて簡潔に表現される．例えば，エネルギーの平均値は

$$\bar{E} = -\frac{\partial}{\partial\beta}\log Z(\beta) = -\frac{\partial}{\partial\beta}\log \mathrm{Tr}\, e^{-\beta\mathcal{H}} \tag{1.71}$$

---

* $\mathrm{Tr}\, A \equiv \sum_l \langle l|A|l\rangle$，すなわち，$A$ の対角成分の和を表わす．

** Trotter 分解とは，2つの非可換な演算子 A, B の指数演算子 $\exp[x(A+B)]$ を $\lim_{n\to\infty}(e^{\frac{x}{n}A}e^{\frac{x}{n}B})^n$ と表わすことである．詳しくは，2-14 節および本叢書『経路積分の方法』第6章参照．

と表わされる．なぜなら，$\partial e^{-\beta\mathcal{H}}/\partial\beta=-\mathcal{H}e^{-\beta\mathcal{H}}$ に注意すれば，(1.71)は

$$\bar{E} = \mathrm{Tr}\,\mathcal{H}e^{-\beta\mathcal{H}}/\mathrm{Tr}\,e^{-\beta\mathcal{H}} = \mathrm{Tr}\,\mathcal{H}\rho \tag{1.72}$$

となり，$\mathcal{H}$ を対角化した表示で，これを顕わに書けば

$$\bar{E} = \sum E_j e^{-\beta E_j}/\sum e^{-\beta E_j} \tag{1.73}$$

に他ならないからである．他の一般の演算子に対する母関数(一般化された状態和)による求め方については次節で詳しく述べることにする．

密度行列 ρ の物理的意味は，射影演算子 P_j $(=P_j{}^2)$ を用いて表わすともっとはっきりする．ここで，射影演算子 P_j は $\mathcal{H}$ の固有ベクトル $|j\rangle$（すなわち，$\mathcal{H}|j\rangle=E_j|j\rangle$）とその共役なベクトル $\langle j|$ を用いて

$$P_j = |j\rangle\langle j| \tag{1.74}$$

と定義される．これは，任意のベクトル $|\psi\rangle$ を固有ベクトル $|j\rangle$ に射影することを表わす．すなわち，図 1-4 のように

$$P_j|\psi\rangle = (\langle j|\psi\rangle)|j\rangle \tag{1.75}$$

となる．ここで，$\langle j|\psi\rangle$ は射影されたベクトルの大きさを表わす(スカラー)量である．さて，この射影演算子を用いると，カノニカル集団の密度行列 ρ は，カノニカル分布の重み $P(E_j)$ を用いて

$$\rho = \sum P(E_j)P_j = \frac{1}{Z(\beta)}\sum e^{-\beta E_j}|j\rangle\langle j| \tag{1.76}$$

と表わされることが，次のようにして容易にわかる．まず，単位演算子 **1** は，$\mathbf{1}=\sum|l\rangle\langle l|$ と書けるので，(1.67)で定義された密度行列 ρ は

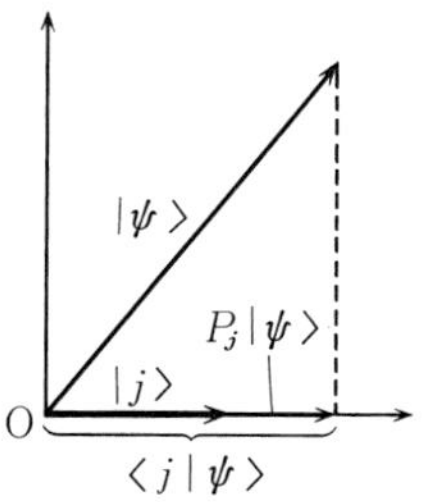

図 1-4 射影演算子 P_j の模式図．

$$\rho = \rho\mathbf{1} = \sum_l \rho|l\rangle\langle l|$$
$$= \frac{1}{Z(\beta)}\sum_l e^{-\beta\mathscr{H}}|l\rangle\langle l| = \frac{1}{Z(\beta)}\sum_l e^{-\beta E_l}|l\rangle\langle l| \qquad (1.77)$$

となり，(1.76)が導かれる．逆に，(1.76)をカノニカル集団の密度行列の定義と考えてもよい．そうすると，それから(1.67)が導かれる．

そもそもLandauが密度行列を導入したのは，量子力学的不確定性と統計性との2重性を同時に演算子で表わし，それを統計集団の基礎式とすることにあった．まず，波動関数 ψ を完全系 $\{\psi_j\}$ で展開し，$\psi = \sum c_j\psi_j$ と表わすと，任意の物理量 A の量子力学的平均 $\langle A\rangle$ は，$\langle A\rangle = \sum c_jc_i^*\langle\psi_i|A|\psi_j\rangle$ と書ける．ところで，統計力学ではこれら量子系の統計集団を扱うから，係数 $c_jc_i^*$ は統計的な量となる．いわば，統計集団における平均とでも考えるべき量となるので，これを w_{ji} と書き，統計的重みと考える．こうすると，A の統計平均 $\bar{A}$ は

$$\bar{A} = \sum_{i,j} w_{ji}\langle i|A|j\rangle = \mathrm{Tr}\,\rho A; \qquad \rho = (w_{ji}) \qquad (1.78)$$

と書ける．これがLandauによって導入された密度行列の一般的な定義である．いま，$|j\rangle$ としてエネルギー表示($\mathscr{H}|j\rangle = E_j|j\rangle$)を用いることにして，非対角要素 w_{ji} $(j\neq i)$は，統計集団としては零になるとし，特にその統計的重み w_{jj} がカノニカル分布 $\exp(-\beta E_j)/Z(\beta)$ になるとすれば，密度行列(1.78)は(1.76)に帰着する．

同様に，グランドカノニカル集団に対する密度行列 ρ は，粒子数演算子 $\mathscr{N}$ を導入して，

$$\rho = \frac{e^{-\beta(\mathscr{H}-\mu\mathscr{N})}}{\Xi(\beta\mu, \beta)}; \qquad \Xi(\alpha, \beta) = \mathrm{Tr}\,e^{-\beta\mathscr{H}+\alpha\mathscr{N}} \qquad (1.79)$$

と書ける*．この物理的意味もカノニカル集団の密度行列とまったく同様である．

密度行列 ρ は，エネルギーを対角化した表示では，対角成分だけが零でな

* ミクロカノニカル集団に対する ρ も書けるが，あまり実用的な表式ではないので，ここでは省略する．

い値を持つが，他の表示を使えば非対角要素も現われる．例えば，座標表示の波動関数(特にエネルギー E_j で指定された) $\psi_j(x_1, x_2, \cdots, x_N)$ を用いると

$$\rho(x_1, x_2, \cdots, x_N;\ x_1', x_2', \cdots, x_N') = \sum_j \langle\{x'\}|j\rangle\langle j|\rho|j\rangle\langle j|\{x\}\rangle$$
$$= \sum_j \psi_j^*(x_1', x_2', \cdots, x_N')e^{-\beta E_j}\psi_j(x_1, x_2, \cdots, x_N)/Z(\beta) \qquad (1.80)$$

と表わされる*．

また，$\hat{\rho} \equiv e^{-\beta\mathcal{H}}$ によって規格化されていない密度行列を定義すると，

$$\frac{d}{d\beta}\hat{\rho} = -\mathcal{H}\hat{\rho} \qquad (1.81)$$

という Bloch 方程式が成り立つ．これを $\hat{\rho}(0) = 1$ の初期条件で解けば，温度 T（または $\beta = 1/k_{\mathrm{B}}T$）における密度行列 $\hat{\rho}(\beta)$ が求められることになる．この方程式(1.81)は，有限温度の摂動展開(ダイヤグラム展開)や温度 Green 関数を考えるときに役立つ．実際，Schrödinger 方程式

$$i\hbar\frac{\partial}{\partial t}\psi(t) = \mathcal{H}(t)\psi(t) \qquad (1.82)$$

と比較すると，β と t とは

$$t \longleftrightarrow -i\hbar\beta \qquad (1.83)$$

のような対応関係にあることがわかる．つまり，β は虚数時間とみなすことができる．

ついでにここで，時間に依存した密度行列 $\rho(t)$ の定義とその時間発展方程式を書いておこう．$\rho(0)$ を対角化する表示 $\{|j\rangle\}$ を用いて $|j\rangle$ を初期値とする Schrödinger 方程式(1.82)の解を $|j, t\rangle$ と表わし，その共役な解を $\langle j, t|$ とする．これらの解を用いて，密度行列 $\rho(t)$ は

$$\rho(t) = \sum_j w_j|j, t\rangle\langle j, t|; \qquad w_j = \langle j|\rho(0)|j\rangle \qquad (1.84)$$

と与えられる．ただし，$|j, 0\rangle = |j\rangle$ とする．しかも，

---

* $\psi^*(x)$ は $\psi(x)$ の共役な波動関数を表わす．

$$i\hbar\frac{\partial}{\partial t}|j,t\rangle = \mathcal{H}(t)|j,t\rangle \quad \text{および} \quad i\hbar\frac{\partial}{\partial t}\langle j,t| = -\langle j,t|\mathcal{H}(t) \tag{1.85}$$

である．したがって，$\rho(t)$ の発展方程式は

$$\begin{aligned} i\hbar\frac{\partial}{\partial t}\rho(t) &= \sum_j w_j\left\{\left(i\hbar\frac{\partial}{\partial t}|j,t\rangle\right)\langle j,t| + |j,t\rangle\left(i\hbar\frac{\partial}{\partial t}\langle j,t|\right)\right\} \\ &= \sum_j w_j(\mathcal{H}(t)|j,t\rangle\langle j,t| - |j,t\rangle\langle j,t|\mathcal{H}(t)) \\ &= \mathcal{H}(t)\rho(t) - \rho(t)\mathcal{H}(t) = [\mathcal{H}(t), \rho(t)] \end{aligned} \tag{1.86}$$

となる．これは，**von Neumann 方程式**と呼ばれ，第 4 章で詳しく議論するように，非平衡統計力学，特に久保の線形応答理論の出発点となる式である．(1.86)の解は，ハミルトニアンが時間によらないときには，形式的に

$$\rho(t) = \exp\left(-\frac{it}{\hbar}\mathcal{H}\right)\rho(0)\exp\left(\frac{it}{\hbar}\mathcal{H}\right) \tag{1.87}$$

と書ける．さらにハミルトニアンが時間に依存する一般の場合には，$\rho(t)$ は 2-15 節および 4-2 節の順序づき指数演算子を用いて表わされる．

1-8 平均値，応答関数，ゆらぎおよび一般化された状態和

前節で量子力学的な表現法を導入したので，これからは，その表現法を用いて平均値やそのまわりのゆらぎを議論する．一般の物理量(演算子) Q の平均値やそのゆらぎを計算するために，次のような一般化された密度行列 $\hat{\rho}$ を導入すると便利である：

$$\hat{\rho} = e^{-\beta(\tilde{\mathcal{H}} - hQ)}; \quad \tilde{\mathcal{H}} = \mathcal{H} \text{ または } \mathcal{H} - \mu\mathcal{N} \tag{1.88}$$

ただし，h は Q に共役なパラメータである．これに対応して，**一般化された状態和** $\Omega(\beta, h)$ を定義する*：

$$\Omega(\beta, h) = \mathrm{Tr}\,\hat{\rho} = \mathrm{Tr}\,e^{-\beta(\tilde{\mathcal{H}} - hQ)} \tag{1.89}$$

さて，Q の平均値 $\bar{Q}$ は，この $\Omega(\beta, h)$ を用いて

* (1.15)の状態数 $\Omega(E, \Delta E)$ と混同しないよう注意されたい．

$$\bar{Q} = \frac{\mathrm{Tr}\, Qe^{-\beta\tilde{\mathscr{H}}}}{\Omega(\beta, 0)} = \left[\frac{\partial}{\partial(\beta h)} \log \Omega(\beta, h)\right]_{h=0} \tag{1.90}$$

と書ける．上の第1等号は $\bar{Q}$ の定義を表わす．ここで次の公式を用いた．A が B と可換でない一般の場合でも

$$\frac{d}{dx} \mathrm{Tr}\, e^{A+xB} = \mathrm{Tr}\, Be^{A+xB} \tag{1.91}$$

が成立する．

なお，トレース(Tr)をとらない演算子そのものの微分は，A と B の非可換性のために次のようにもっと複雑になる：

$$\frac{d}{dx} e^{A+xB} = \int_0^1 e^{(1-\lambda)(A+xB)} B e^{\lambda(A+xB)} d\lambda = \int_0^1 e^{\lambda(A+xB)} B e^{(1-\lambda)(A+xB)} d\lambda \tag{1.92}$$

これは次のようにして証明できる．まず，(1.92)を拡張して $\exp(\beta A(x))$ に関する x の微分を考えると

$$\frac{d}{dx} e^{\beta A(x)} = \int_0^\beta e^{(\beta-\lambda)A(x)} A'(x) e^{\lambda A(x)} d\lambda = \int_0^\beta e^{\lambda A(x)} A'(x) e^{(\beta-\lambda)A(x)} d\lambda \tag{1.93}$$

となる．ただし，$A'(x) = dA(x)/dx$ である．(1.93)を証明するには

$$\frac{d}{d\beta}\left\{e^{-\beta A(x)} \frac{d}{dx} e^{\beta A(x)} - \int_0^\beta e^{-\lambda A(x)} A'(x) e^{\lambda A(x)} d\lambda\right\} = 0 \tag{1.94}$$

に気づけばよい．(1.94)の｛　｝の中は，$\beta=0$ では明らかに零になるから，それは，β によらず恒等的に零でなければならない．こうして，(1.93)の第1式が証明された．この式で $\beta=1$ および $A(x) = A + xB$ とおけば，(1.92)が得られる．さらに，(1.92)の両辺のトレースをとると(1.91)の等式が導かれる．

平均値を求めたい物理量が $Q_1, Q_2, \cdots, Q_\nu$ のように多数ある場合もまったく同様である．すなわち，一般化された密度行列 $\hat{\rho}$ は，Q_j に共役なパラメータ h_j を用いて

$$\hat{\rho} = e^{-\beta(\tilde{\mathscr{H}} - h_1 Q_1 - h_2 Q_2 - \cdots - h_\nu Q_\nu)} \equiv e^{-\beta\tilde{\mathscr{H}}[\{h_j\}]} \tag{1.95}$$

となり，これに対応する一般化された状態和は

$$\Omega(\beta, \{h_j\}) = \mathrm{Tr}\, \hat{\rho} = \mathrm{Tr}\, e^{-\beta\tilde{\mathcal{H}}[\{h_j\}]} \tag{1.96}$$

で与えられ，Q_j の平均 $\bar{Q}_j$ は

$$\bar{Q}_j = \left[\frac{\partial}{\partial(\beta h_j)}\log \Omega(\beta, \{h_j\})\right]_{\{h_j=0\}} \tag{1.97}$$

によって計算できる．

次に，(1.95)の形式で，**一般化された外場** h_k に関して物理量 Q_j の応答を求めよう．さて，$\{h_k\}$ は小さいとしてその1次まで展開することにする．いま，

$$\bar{Q}_j(\{h_j\}) = \bar{Q}_j(\{0\}) + \sum_k \chi_{jk} h_k + O(h_k^2) \tag{1.98}$$

によって応答関数 χ_{jk} を定義する．まず，(1.93)の公式を用いて，一般化された密度行列 $\hat{\rho}$ を外場 $\{h_j\}$ の1次まで展開すると

$$e^{-\beta(\tilde{\mathcal{H}}-\Sigma h_j Q_j)} = e^{-\beta\tilde{\mathcal{H}}}\left(1+\sum_j h_j \int_0^\beta Q_j(-i\hbar\lambda)d\lambda + \cdots\right) \tag{1.99}$$

となる．ただし，$Q(z)$ は**相互作用表示**

$$Q(z) = e^{iz\tilde{\mathcal{H}}/\hbar} Q e^{-iz\tilde{\mathcal{H}}/\hbar} \tag{1.100}$$

を表わす．そこで，平均値 $\bar{Q}_j(\{h_j\})$ を外場 $\{h_j\}$ の1次まで展開すると，

$$\begin{aligned}\bar{Q}_j(\{h_j\}) &= \frac{\mathrm{Tr}\, Q_j e^{-\beta(\tilde{\mathcal{H}}-\Sigma h_j Q_j)}}{\mathrm{Tr}\, e^{-\beta(\tilde{\mathcal{H}}-\Sigma h_j Q_j)}} \\ &= \frac{\mathrm{Tr}\, Q_j e^{-\beta\tilde{\mathcal{H}}} + \mathrm{Tr}\, Q_j e^{-\beta\tilde{\mathcal{H}}} \sum_k h_k \int_0^\beta Q_k(-i\hbar\lambda)d\lambda + \cdots}{\mathrm{Tr}\, e^{-\beta\tilde{\mathcal{H}}} + \mathrm{Tr}\, e^{-\beta\tilde{\mathcal{H}}} \sum_k h_k \int_0^\beta Q_k(-i\hbar\lambda)d\lambda + \cdots} \\ &= \frac{\langle Q_j\rangle + \sum_k h_k \int_0^\beta \langle Q_k(-i\hbar\lambda)Q_j\rangle d\lambda + \cdots}{1+\sum_k h_k \int_0^\beta \langle Q_k\rangle d\lambda + \cdots} \\ &= \langle Q_j\rangle + \sum_k h_k \left\{\int_0^\beta \langle Q_k(-i\hbar\lambda)Q_j\rangle d\lambda - \beta\langle Q_j\rangle\langle Q_k\rangle\right\} + \cdots \end{aligned} \tag{1.101}$$

となる．ただし，$\langle Q\rangle$ は次式で定義される外場のないときの平均値である：

$$\langle Q \rangle \equiv \frac{\mathrm{Tr}\, Q e^{-\beta \tilde{\mathscr{H}}}}{\mathrm{Tr}\, e^{-\beta \tilde{\mathscr{H}}}} \tag{1.102}$$

したがって，応答関数 χ_{jk} は

$$\chi_{jk} = \int_0^\beta (\langle Q_k(-i\hbar\lambda) Q_j \rangle - \langle Q_k \rangle \langle Q_j \rangle) d\lambda \tag{1.103}$$

によって与えられる．特に，Q_k と $\tilde{\mathscr{H}}$ が可換な場合には

$$\chi_{jk} = \beta(\langle Q_k Q_j \rangle - \langle Q_k \rangle \langle Q_j \rangle) = \beta \langle (Q_k - \langle Q_k \rangle)(Q_j - \langle Q_j \rangle) \rangle \tag{1.104}$$

と表わされる．すなわち，応答関数 χ_{jk} は，$\Delta Q_k \equiv Q_k - \langle Q_k \rangle$ と ΔQ_j との相関関数で表わされる．さらに，

$$\chi_{jj} = \beta \langle (Q_j - \langle Q_j \rangle)^2 \rangle \tag{1.105}$$

となり，χ_{jj} は外場の無い平衡系における Q_j のゆらぎによって表わされる．

例えば，磁性体の場合には，磁場 H に対する応答，すなわち**磁化率**(または帯磁率とも呼ばれる) χ_0 はハミルトニアン $\mathscr{H}$ に基づく平均 $\langle\cdots\rangle$ を用いて

$$\chi_0 = \lim_{H \to 0} \frac{g\mu_B \sum_j \langle S_j{}^z \rangle_H}{H} = \frac{(g\mu_B)^2}{k_B T} \sum_{i,j} \langle S_i{}^z S_j{}^z \rangle \tag{1.106}$$

と書き表わされる．ただし，$S_j{}^z$ は j 番目のスピン $\boldsymbol{S}_j$ の z 成分を表わす．また，ハミルトニアン $\mathscr{H}$ がスピン反転対称性をもつとして $\langle S_j{}^z \rangle = 0$ を用いた．ただし，μ_B は Bohr 磁子，g は Landé 因子を表わし，磁場が存在するときのハミルトニアンは $\mathscr{H} - g\mu_B H \sum S_j{}^z$ と表わされ，$\sum S_j{}^z$ は $\mathscr{H}$ と可換であると仮定した．また，$\langle S_j{}^z \rangle_H$ は，$\mathscr{H} - g\mu_B H \sum S_j{}^z$ に関する**カノニカル平均**

$$\langle S_j{}^z \rangle_H = \frac{\mathrm{Tr}\, S_j{}^z \exp[-\beta(\mathscr{H} - g\mu_B H \sum S_j{}^z)]}{\mathrm{Tr} \exp[-\beta(\mathscr{H} - g\mu_B H \sum S_j{}^z)]} \tag{1.107}$$

を表わす．(1.106)の平均 $\langle\cdots\rangle$ は $H=0$ に対する(1.107)のカノニカル平均を表わす．こうして，磁化率 χ_0 は，磁場の無いときのスピン相関で表わされる．

同様に，**比熱** C は**エネルギーのゆらぎ** $\langle (\mathscr{H} - \langle \mathscr{H} \rangle)^2 \rangle / k_B T^2$ で表わされる．

1-9 熱力学的関数の統計力学的表式

この節では，**熱力学的関数**と統計力学，特に状態和との関係を議論する．

a) Helmholtz 自由エネルギーとカノニカル集団の状態和

カノニカル集団の状態和 $Z(\beta)$ は，状態密度 $D(E)$ を用いて

$$Z(\beta) = \sum e^{-\beta E_j} = \int_0^\infty e^{-\beta E} D(E) dE \tag{1.108}$$

と表わされるが，$D(E)$ は，(1.63)の漸近形を持つから，

$$Z(\beta) = \int_0^\infty e^{-N\beta(x-Ts(x))} dx \times N \simeq e^{-N\beta(\bar{x}-Ts(\bar{x}))} \tag{1.109}$$

となる．(1.109)の積分においては，$N\to\infty$ では，$x-Ts(x)$ の極小値の部分からの寄与が圧倒的に大きく，そのまわりの Gauss 分布の効果は $1/\sqrt{N}$ のオーダーとなる．いまは，$\log Z(\beta)$ の N のオーダーの部分が問題であるから**鞍点法**(saddle-point method)を用いることができ，(1.109)の第 2 式が容易に導かれる．ここで，鞍点 $\bar{x}$ は

$$\frac{d}{d\bar{x}}(\bar{x}-Ts(\bar{x})) = 0 \tag{1.110}$$

の解である*．すなわち，$\bar{x}=\bar{E}/N$，$s(\bar{x})=S(\bar{E})/N$ から

$$\frac{dS(\bar{E})}{d\bar{E}} = \frac{1}{T} \tag{1.111}$$

となる．そこで，(1.109)の対数をとると，(1.14)を用いて

$$\log Z(\beta) = -\beta(\bar{E}-TS) = -\beta F \tag{1.112}$$

となる．したがって，**Helmholtz の自由エネルギー** F は，カノニカル集団の状態和 $Z(\beta)$ を用いて，

$$F = -k_B T \log Z(\beta) \tag{1.113}$$

---

* 系の安定性から，解は 1 つと考えてよい．

と与えられる．これは，統計力学の中で非常に重要な公式の1つである．エネルギー $\bar{E}$ は(1.60)から，

$$\bar{E} = -\frac{\partial}{\partial\beta}\log Z(\beta) = \frac{\partial}{\partial\beta}\left(\frac{F}{k_B T}\right) \tag{1.114}$$

と書ける．これはよく知られた熱力学的関係式である．今まで系の体積 V を顕わに示さなかったが，実際は，カノニカル集団の状態和 Z は，β の他に粒子数 N と体積 V の関数である．そこで，$Z=Z(\beta, N, V)$ と書き，この対数の全微分をとってみる．エネルギー E_j は $E_j=E_j(N, V)$ のように N と V の関数となるから，

$$\begin{aligned} d\log Z(\beta, N, V) &= d\log\left(\sum e^{-\beta E_j}\right) \\ &= Z^{-1}(\beta, N, V)\sum e^{-\beta E_j}\left(-E_j d\beta - \beta\frac{dE_j}{dN}dN - \beta\frac{dE_j}{dV}dV\right) \\ &= -\bar{E}d\beta - \beta\overline{\left(\frac{dE}{dN}\right)}dN - \beta\overline{\left(\frac{dE}{dV}\right)}dV \end{aligned} \tag{1.115}$$

となる．これはちょうど熱力学的関係式(**全微分**)

$$d\left(-\frac{F}{T}\right) = -Ud\left(\frac{1}{T}\right) - \frac{\mu}{T}dN + \frac{p}{T}dV \tag{1.116}$$

と対応している．ただし，U は**内部エネルギー**，p は**圧力**である．これから，再び，$F=-k_B T\log Z$ が導かれたと解釈してもよいし，これは既知のものとして

$$U = \bar{E}, \quad \mu = \overline{\left(\frac{\partial E}{\partial N}\right)}, \quad p = -\overline{\left(\frac{\partial E}{\partial V}\right)} \tag{1.117}$$

が得られたと考えてもよい*．いずれにしても，統計力学と熱力学とは首尾一貫した関係にあることがわかる．むしろ，上のように統計力学の状態和の全微分をとる方が見通しがよく，熱力学的関数の全微分が簡潔に導ける．

---

* (1.53)の μ と(1.117)の μ との関係について注意しておきたい．熱力学的全微分 $dS=\frac{1}{T}dU+\frac{p}{T}dV-\frac{\mu}{T}dN$ から，$(\partial S/\partial N)_{U,V}=-\mu/T$ および $(\partial U/\partial N)_{S,V}=\mu$ である．

b) 気体の状態方程式と大状態和

次に，気体の状態方程式を微視的に求める公式を導くことにする．まず，熱力学的関係

$$pV = G - F = \mu\bar{N} - F \tag{1.118}$$

から出発する．ここに G は Gibbs の自由エネルギーである．ここで，Helmholtz の自由エネルギー F は，$F = -k_{\mathrm{B}}T\log Z_N(\beta)$（カノニカル集団の状態和(1.43)の $Z(\beta)$ は粒子数 N を指定したときの値であるから，ここでは顕わに N という添字をつけた）と書ける．一方，グランドカノニカル集団では，N は変数となるが，前にも述べたように，熱力学的極限では，N は平均 $\bar{N}$ に鋭いピークをもった分布をしているので，

$$F = -k_{\mathrm{B}}T\log Z_{\bar{N}}(\beta) \tag{1.119}$$

と解釈してもよい．さて，グランドカノニカル集団の状態和，すなわち，母関数 $\Xi(\lambda) \equiv \Xi(\log\lambda, \beta)$ は

$$\Xi(\lambda) = \sum_{N=0}^{\infty} \lambda^N Z_N(\beta) \tag{1.120}$$

と表わされる．ここで λ は単なる変数と考える．逆に，図 1-5 のように，複素 λ 平面で $\lambda=0$ のまわりの閉じた積分経路に関する積分 $\oint d\lambda$ を用いると，$Z_N(\beta)$ は，

$$Z_N(\beta) = \frac{1}{2\pi i}\oint \frac{\Xi(\lambda)}{\lambda^{N+1}}d\lambda \tag{1.121}$$

と書ける．この積分は，さらに

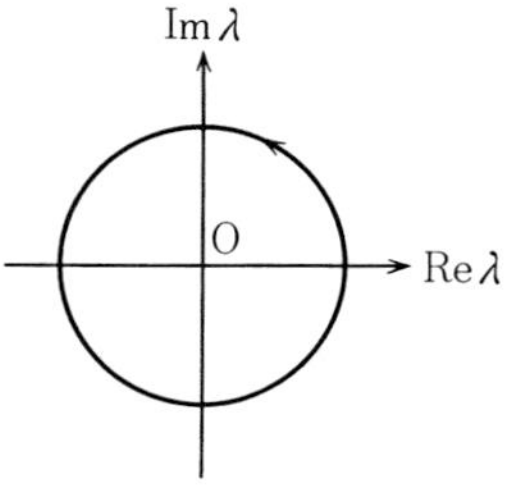

図 1-5 複素 λ 平面での積分経路．記号 $\oint$ は図の矢印の向きに沿って 1 周する積分を表わす．

$$Z_N(\beta) = \frac{1}{2\pi i}\oint \exp(\log \Xi(\lambda) - N \log \lambda)\frac{d\lambda}{\lambda} \tag{1.122}$$

と書き直せる．ここで，$\log \Xi(\lambda)$ は N のオーダーの量であるから，鞍点法を用いることができ，

$$Z_N(\beta) \simeq \exp(\log \Xi(\lambda^*) - N \log \lambda^*) \tag{1.123}$$

となる．ただし，λ^* は，

$$\frac{\partial}{\partial \lambda^*}\log \Xi(\lambda^*) = \frac{N}{\lambda^*} \tag{1.124}$$

の解である．ところで粒子数平均 $\bar{N}$ は

$$\bar{N} = \lambda\frac{\partial}{\partial \lambda}\log \Xi(\lambda) = \frac{\partial}{\partial(\beta\mu)}\log \Xi \tag{1.125}$$

という関係式で与えられるから，(1.124)と(1.125)とを比較して

$$N \to \bar{N}, \qquad \lambda^* \to \lambda = e^{\beta\mu} \tag{1.126}$$

と解釈すれば

$$Z_{\bar{N}}(\beta) \simeq \exp(\log \Xi(\lambda) - \bar{N} \log \lambda) \tag{1.127}$$

となる．故に，(1.119)から

$$F = -k_{\mathrm{B}}T \log Z_{\bar{N}}(\beta) = -k_{\mathrm{B}}T \log \Xi(\lambda) + \mu\bar{N} \tag{1.128}$$

となり，求める状態方程式は

$$pV = k_{\mathrm{B}}T \log \Xi \tag{1.129}$$

で与えられる．ただし，$\lambda = e^{\beta\mu}$ である．こうして，状態方程式はグランドカノニカル集団の状態和 Ξ を用いて表わされる．

例えば，古典理想気体(相互作用のない気体)の状態方程式は次のようにして求められる．まず，この系のカノニカル集団の状態和 $Z_N(\beta)$ は

$$\begin{aligned} Z_N(\beta) &= \frac{1}{N!\,h^{3N}}\int\cdots\int e^{-\beta\mathscr{H}}d\Gamma = \frac{1}{N!\,h^{3N}}\left(\int \exp\left(-\frac{\beta p^2}{2m}\right)d^3p\,d^3q\right)^N \\ &= \frac{1}{N!\,h^{3N}}\left(V\left(\frac{2\pi m}{\beta}\right)^{3/2}\right)^N = \frac{1}{N!}\left[V\left(\frac{2\pi m k_{\mathrm{B}}T}{h^2}\right)^{3/2}\right]^N \end{aligned} \tag{1.130}$$

となる．そこで，この系のグランドカノニカル集団の状態和(大状態和) Ξ は

$$\Xi = \sum_{N=0}^{\infty} \lambda^N Z_N(\beta) = \exp\left[\lambda V\left(\frac{2\pi m k_B T}{h^2}\right)^{3/2}\right] \tag{1.131}$$

と求まる．したがって，古典理想気体の状態方程式は，(1.129)から，

$$pV = k_B T \lambda V\left(\frac{2\pi m k_B T}{h^2}\right)^{3/2} \tag{1.132}$$

と書ける．一方，粒子数 N の平均 $\bar{N}$ は，(1.61)から

$$\bar{N} = \frac{\partial}{\partial\alpha}\log\Xi = \lambda\frac{\partial}{\partial\lambda}\log\Xi = \lambda V\left(\frac{2\pi m k_B T}{h^2}\right)^{3/2} \tag{1.133}$$

と表わされる．ただし，逃散能（フーガシティ）$\lambda = e^{\alpha}$ を用いた．故に，

$$pV = \bar{N} k_B T \tag{1.134}$$

となり，よく知られた理想気体の状態方程式すなわち **Boyle-Charles の法則**が統計力学的につまり微視的に導かれる．

さて，熱力学的関数の統計力学的表式を求めるため，一般の場合について，大状態和 Ξ の対数の全微分をとってみる．独立変数は，いまの場合，α, β，および体積 V であるから，E_j は V によることに注意すると，

$$\begin{aligned} d\log\Xi(\alpha,\beta) &= d\log\left(\sum_N\sum_j e^{-\beta E_j + \alpha N}\right) \\ &= \Xi^{-1}(\alpha,\beta)\sum_N\sum_j e^{-\beta E_j+\alpha N}\left(-E_j d\beta + N d\alpha - \beta\frac{dE_j}{dV}dV\right) \\ &= -\bar{E}d\beta + \bar{N}d\alpha - \beta\overline{\left(\frac{dE}{dV}\right)}dV \end{aligned} \tag{1.135}$$

が得られる．これは，ちょうど熱力学的関係式

$$d\left(\frac{pV}{T}\right) = -Ud\left(\frac{1}{T}\right) + Nd\left(\frac{\mu}{T}\right) + \frac{p}{T}dV \tag{1.136}$$

と対応している．これから，$pV = k_B T\log\Xi$ が導かれたと解釈してもよい．逆に，この表式を既知として，熱力学的関係式(1.136)が微視的に導かれたと考えることもできる．これは，たいへん見通しのよい導き方であると言える．

c） Gibbs の自由エネルギーと圧力集団（アンサンブル）の状態和

圧力集団の状態和は，温度 T，圧力 p，粒子数 N を変数として

$$Y(T,p,N)=\int_0^\infty e^{-\beta pV}Z_N(T,V)dV=\int_0^\infty \sum_j e^{-\beta(E_j+pV)}dV \tag{1.137}$$

によって定義される．この対数の全微分は，前と同様にして，

$$d\log Y(T,p,N)=-\bar{E}d\beta-Vd(\beta p)-\beta\mu dN \tag{1.138}$$

となる．ただし，(1.117)の μ の表式を用いた．さて，熱力学的関係式

$$d\left(-\frac{G}{T}\right)=-Ud\left(\frac{1}{T}\right)-Vd\left(\frac{p}{T}\right)-\frac{\mu}{T}dN \tag{1.139}$$

と比較して，**Gibbs の自由エネルギー** G は

$$G=-k_{\mathrm{B}}T\log Y(T,p,N) \tag{1.140}$$

と表わされることがわかる．(1.137)の定義式から，$G=F+pV$ を直接導くこともできる．すなわち，(1.137)から $Z_N(T,V)$ は

$$Z_N(T,V)=\frac{1}{2\pi i}\oint\frac{Y(T,-k_{\mathrm{B}}T\log z,N)}{z^V}\frac{dz}{z} \tag{1.141}$$

$$=\frac{1}{2\pi i}\oint\exp\left(\log Y(T,-k_{\mathrm{B}}T\log z,N)-V\log z\right)\frac{dz}{z}$$

$$\simeq\exp(\log Y(T,-k_{\mathrm{B}}T\log z^*,N)-V\log z^*) \tag{1.142}$$

ただし，鞍点 z^* は，次の方程式

$$\frac{\partial}{\partial z^*}\log Y(T,-k_{\mathrm{B}}T\log z^*,N)=\frac{V}{z^*} \tag{1.143}$$

の解である．この式は，$z^*=e^{-\beta p}$ と見なせば，(1.137)の定義式と一致する．よって，(1.142)から，

$$\log Z=\log Y+\beta pV \tag{1.144}$$

となり，$F=G-pV$ が導かれる．

次に，同様にして，

$$G=\mu\bar{N} \tag{1.145}$$

を導くことができる．まず，(1.129)から $pV=k_{\mathrm{B}}T\log\Xi$ であるから，

$$G=pV+F=k_{\mathrm{B}}T(\log\Xi-\log Z_{\bar{N}}) \tag{1.146}$$

が得られる．鞍点法で得られた関係式(1.128)を用いると直ちに(1.145)が導か

れる．

d） 熱力学的関数と Legendre 変換

以上で，いろいろな熱力学的な関数(F, G, Y など)の微視的な表式を導き，それらの全微分を議論してきたが，それらの関係式は互いに独立ではなく，以下で定義される Legendre 変換によって互いに移り変わる．そこで，ここにその基本的な方法をまとめておくことにする．いま，一般に熱力学的関数 L が独立変数 $x, y, z, \cdots$ の関数であるとする．すなわち，

$$L = L(x, y, z, \cdots) \tag{1.147}$$

とする．この全微分は

$$dL = Xdx + Ydy + Zdz + \cdots \tag{1.148}$$

の形に表わせる．ここで，$X, Y, Z, \cdots$ は，それぞれ $x, y, z, \cdots$ に共役な力を表わす．いま，x の代りに，X を独立変数にとりたい場合には，次の変換

$$\tilde{L} = L - xX \tag{1.149}$$

を行ない，形式的に微分をとると

$$d\tilde{L} = dL - Xdx - xdX = -xdX + Ydy + Zdz + \cdots \tag{1.150}$$

となり，望み通り，独立変数の入れかえが行なわれ，新しい熱力学的関数 $\tilde{L}$ が導かれる．このような変換を **Legendre 変換**という．

例えば，ミクロカノニカル集団では，エントロピー S を，エネルギー E，粒子数 N，体積 V を独立変数とする熱力学的関数とみなす．すなわち，S の全微分は

$$dS = \frac{1}{T}dU + \frac{p}{T}dV - \frac{\mu}{T}dN \tag{1.151}$$

となる．これから，エネルギー U に対する微分形式

$$dU = TdS - pdV + \mu dN \tag{1.152}$$

が得られる．これに Legendre 変換 $H = U + pV$ を行なうと，**エンタルピー** H の微分形式

$$dH = TdS + Vdp + \mu dN \tag{1.153}$$

が得られる．また，Legendre 変換 $F = U - TS$ を行なうと，Helmholtz の自

由エネルギーに対する微分形式

$$dF = -SdT - pdV + \mu dN \tag{1.154}$$

が導かれる．さらに，Legendre 変換 $G = F + pV$ によって，Gibbs の自由エネルギーの微分形式

$$dG = -SdT + Vdp + \mu dN \tag{1.155}$$

が得られる．さらに $G = \mu N$ を用いると

$$SdT - Vdp + Nd\mu = 0 \tag{1.156}$$

という **Gibbs-Duhem の関係式**が得られる．さきに用いた熱力学的関係式(1.116)は(1.154)と等価であることが，$F = U - TS$ を用いて，容易にわかる．また，$G = U + pV - TS$ を用いて，(1.139)と(1.155)は等価であることが容易にわかる．

その他の熱力学的な関数の全微分についても同様に統計力学的な議論ができる．これで統計力学的な枠組みの説明は終わる．

2
統計力学の手法

第1章で要約された統計力学の原理をいかに使いこなすか，その手法を解説する．まず，理想的な量子系への応用を議論し，Fermi 分布や Bose 分布を導出する．その古典近似として，Maxwell-Boltzmann の分布を導く．さらに，理想 Fermi 粒子系および Bose 粒子系のビリアル展開を導き，一般の粒子数密度に対して成立する圧力の間の不等式を証明し，統計性によって現われる有効的な斥力と引力の効果を説明する．少数準位系の比熱のピークの現われ方を調べ，統計力学の初等的な応用の仕方を解説する．調和振動子と黒体放射の問題や独立なスピン系の常磁性の問題を扱って，さらに統計力学の使い方に慣れるようにする．固体物理への応用として，自由電子の Pauli 常磁性や Landau 軌道反磁性を導き，さらに，強い磁場の場合に対して de Haas-van Alphen 効果を直観的，現象論的に導出する．また Bose 粒子系の磁性にもふれる．Pauli 原理を理解するための応用例として少数 Fermi 粒子系を扱い，久保効果の統計力学的な側面を簡単に説明する．

統計力学を相互作用のある量子多体系に応用するためのいくつかの一般的な方法をこの章の最後に説明する．まず，キュムラント展開と高温展開を述べる．次に，Feynman の摂動展開法にふれ，最後に，指数摂動展開法の要点を解説する．この部分は，ごく最近の研究をまとめたものであり，他の教科書には全く書かれていないので，少し詳しく説明した．これは今後大いに役立つと期待される極めて一般的な方法である．

2-1 Fermi 統計および Bose 統計と波動関数の対称性

量子力学によると，系の状態は波動関数(または Hilbert 空間における状態ベクトル)で記述される．いま，N 個の粒子から成る系を考え，それらの粒子の座標を $\boldsymbol{r}_1, \boldsymbol{r}_2, \cdots, \boldsymbol{r}_N$ とし，波動関数を $\psi(\boldsymbol{r}_1, \boldsymbol{r}_2, \cdots, \boldsymbol{r}_N)$ と書くことにする．量子力学にしたがう粒子の大きな特徴の1つは，粒子が互いに識別できない(indistinguishable)ということである．これを波動関数を用いて表現すると，2つの粒子の座標 $\boldsymbol{r}_i$ と $\boldsymbol{r}_j$ の入れ替えを行なっても，独立な波動関数にならず，もとの波動関数の**線形結合**(いまの場合，比例する)となる．すなわち，

$$\psi(\cdots, \boldsymbol{r}_j, \cdots, \boldsymbol{r}_i, \cdots) = C\psi(\cdots, \boldsymbol{r}_i, \cdots, \boldsymbol{r}_j, \cdots) \tag{2.1}$$

となる．これをもう1度用いると $C^2=1$ となる．したがって，(2.1)の比例定数 C は，$C=\pm 1$ となる．$C=1$ の場合には，波動関数は，2つの**粒子の交換**に対して**対称関数**となる．このような対称性をもつ粒子を **Bose 粒子**という．$C=-1$ の場合には，波動関数は，粒子の交換に対して**反対称関数**となる．このような反対称性を示す粒子を **Fermi 粒子**という．Fermi 粒子の系では，2つの粒子は同じ状態(場所)をとることができない．なぜなら，$\boldsymbol{r}_i=\boldsymbol{r}_j=\boldsymbol{r}$ とすると，波動関数の反対称性から

$$\psi(\cdots, \boldsymbol{r}, \cdots, \boldsymbol{r}, \cdots) = -\psi(\cdots, \boldsymbol{r}, \cdots, \boldsymbol{r}, \cdots) = 0 \tag{2.2}$$

となるからである．これは，**Pauli 原理**とも呼ばれる．この Pauli 原理に基づく粒子の統計性を **Fermi 統計**という*．一方，Bose 粒子では，いくつかの粒子が同じ状態をとっても波動関数は必ずしも零にならない．このような統計性を **Bose 統計**という．

* ここでいう「統計」と第1章で述べた統計力学の原理との関係は，後の説明で明らかになるが，ここでの「統計」は，一般論での状態和のとり方に関する制限を表わしているに過ぎない．

量子的な粒子が，どちらの統計にしたがうかは，その粒子の本性にかかわることであり，粒子のスピンが整数の場合は，Bose 統計にしたがい，半奇数スピンをもつ粒子は Fermi 統計にしたがうことが知られている．例えば，電子(e^-)，陽電子(e^+)，陽子(p)，中性子(n)などは Fermi 粒子，光子は Bose 粒子である．一般に，Fermi 粒子が奇数個集まってできた複合粒子(例えば，$^3He=2p+2e^-+n$)は Fermi 粒子となり，Fermi 粒子が偶数個集まってできた複合粒子(例えば，$^4He=2p+2e^-+2n$)は Bose 粒子となる*．もちろん，Bose 粒子の複合粒子はつねに Bose 粒子である．

この章では，簡単のために，互いに相互作用をしていない粒子系(すなわち，理想的な系)を考える．これはあまりにも非現実的な仮定であると思われるかもしれないが，たとえ粒子間に相互作用があっても，多くの場合，近似的に，その相互作用の効果を，個々の粒子の質量などの変化としてとり込んで(くり込んで)，独立な準粒子として扱える**．

2-2 Fermi 統計

a) Fermi 分布

ここでは，理想的な Fermi 粒子(または Fermi 統計にしたがう準粒子の系)を考える．そこで，1 粒子の状態，エネルギー，および，その 1 粒子状態にある粒子の数をそれぞれ

$$
\begin{aligned}
&\text{状　　態} \to 1, 2, 3, \cdots, l, \cdots \\
&\text{エネルギー} \to \varepsilon_1, \varepsilon_2, \varepsilon_3, \cdots, \varepsilon_l, \cdots \\
&\text{粒　子　数} \to n_1, n_2, n_3, \cdots, n_l, \cdots
\end{aligned}
\tag{2.3}
$$

とする．ただし，Pauli の原理(Fermi 統計)から，$n_l=0$ または $n_l=1$ である．

---

* (2.1)で n 個の座標 $(\boldsymbol{r}_{i1}, \boldsymbol{r}_{i2}, \cdots, \boldsymbol{r}_{in})$ を他の座標 $(\boldsymbol{r}_{j1}, \boldsymbol{r}_{j2}, \cdots, \boldsymbol{r}_{jn})$ とそれぞれ交換すると，波動関数はもとの C^n 倍となり，n が奇数ならば反対称関数，n が偶数ならば対称関数となる．

** 準粒子の質量を**有効質量**と呼び，m^* と書くと，例えば運動エネルギーは，$p^2/2m^*$ と書けることになる．ただし，p は粒子の運動量である．後で述べるように，ap^k のように，p の指数まで変わる準粒子もあり得る．

さて，体系全体の粒子数を N，エネルギーを E とすると

$$\sum_l n_l = N \quad \text{および} \quad E = \sum_l n_l \varepsilon_l \tag{2.4}$$

となる．

さて，第1章で述べたグランドカノニカル集団の方法を用いて，この Fermi 粒子の分布を調べる．理想的な Fermi 粒子系の大状態和は(1.59)から

$$\begin{aligned}
\Xi(\alpha,\beta) &= \sum_{N=0}^{\infty} \sum_{\{n_l\}}{}' e^{-\beta\Sigma n_l\varepsilon_l+\alpha\Sigma n_l} = \sum_{\{n_l\}} e^{-\beta\Sigma n_l\varepsilon_l+\alpha\Sigma n_l} \\
&= \sum_{n_1}\sum_{n_2}\cdots\prod_{l=1}^{\infty}(e^{-\beta\varepsilon_l+\alpha})^{n_l} = \sum_{n_1}(e^{-\beta\varepsilon_1+\alpha})^{n_1}\sum_{n_2}(e^{-\beta\varepsilon_2+\alpha})^{n_2}\cdots \\
&= \prod_{l=1}^{\infty}\left\{\sum_{n=0,1}(e^{-\beta\varepsilon_l+\alpha})^{n}\right\} = \prod_{l=1}^{\infty}(1+e^{-\beta\varepsilon_l+\alpha})
\end{aligned} \tag{2.5}$$

となる．(2.5)の第1式の $\sum'$ は $\sum n_l=N$ の条件の下で $\{n_l\}$ に関する和をとることを表わす．一見これは極めて複雑な和になりそうであるが，N に関する和と組み合わせると第2式のように，$\{n_l\}$ に関して制限なしの和となり，簡単になる．これがグランドカノニカル集団を用いる利点である．このように，一般に扱う空間を広げて考えると見通しがよくなり便利なことが多い．

さて，状態 j にある Fermi 粒子の数 n_j の平均値 $\bar{n}_j$ を求めてみる．$\bar{n}_j$ の定義と(2.5)から

$$\begin{aligned}
\bar{n}_j &= \sum_N \sum_{\{n_l\}}{}' n_j e^{-\beta\Sigma n_l\varepsilon_l+\alpha\Sigma n_l}/\Xi(\alpha,\beta) \\
&= -\frac{\partial}{\partial(\beta\varepsilon_j)}\log\Xi(\alpha,\beta) \\
&= \frac{e^{-\beta\varepsilon_j+\alpha}}{1+e^{-\beta\varepsilon_j+\alpha}} = \frac{1}{e^{\beta(\varepsilon_j-\mu)}+1}
\end{aligned} \tag{2.6}$$

となる．ただし，$\alpha=\beta\mu$ を用いた．ここで，μ は化学ポテンシャルであり，(1.117)の関係を満たす．あるいは，(2.4)の第1式から，N の関数として決まる．すなわち，いま，平均の全粒子数 $\bar{N}$ を用いて

$$\bar{N} = \sum_j \bar{n}_j = \sum_j \frac{1}{e^{\beta(\varepsilon_j-\mu)}+1} \tag{2.7}$$

となる．

こうして求めたFermi粒子の分布関数(2.6)を**Fermi分布**といい，これを，エネルギーεの関数として

$$f_{\mathrm{F}}(\varepsilon) = \frac{1}{e^{\beta(\varepsilon-\mu)}+1} \tag{2.8}$$

と書く．特にここでμは**Fermi準位**または**Fermiエネルギー**と呼ばれる．そこで，次に，この**Fermi分布関数**(2.8)の特徴を調べてみる．実際は，Fermi準位μは(2.7)の条件から，温度Tや粒子数密度(N/V)の関数となるが，まず初めに，(2.8)で温度T，Fermi準位μを独立なパラメータとみなし，$f_{\mathrm{F}}(\varepsilon)$を$\varepsilon$の関数として図示すると，図2-1のようになる．すなわち，$T=0$では，$\varepsilon<\mu$（実際は$T=0$のFermi準位μ_0)に対して$f_{\mathrm{F}}(\varepsilon)=1$となり，$\varepsilon>\mu$に対して$f_{\mathrm{F}}(\varepsilon)=0$となる．また，$T>0$では，$T$が小さいとき，Fermi準位$\mu$の上下で$k_{\mathrm{B}}T$のオーダーの幅で分布が階段状の分布から滑らかな分布へとくずれていく．

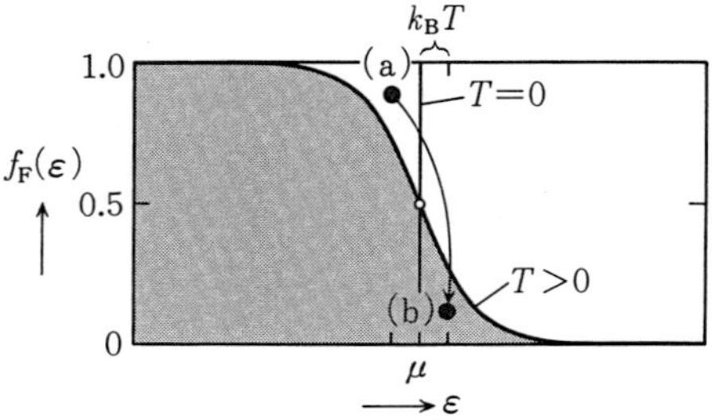

図2-1 Fermi分布関数$f_{\mathrm{F}}(\varepsilon)$．$T=0$では，$\varepsilon<\mu$に対して$f_{\mathrm{F}}(\varepsilon)=1$，$\varepsilon>\mu$に対して$f_{\mathrm{F}}(\varepsilon)=0$となる．$T>0$では，$T$が小さいとき，約$k_{\mathrm{B}}T$の幅にわたって分布がくずれる．(a)の粒子が励起されて(b)に移る．μはFermi準位と呼ばれる．

このFermi粒子系のHelmholtz自由エネルギーは

$$\begin{aligned} F &= \bar{E}-TS = -k_{\mathrm{B}}T\log Z(\beta) \\ &= -k_{\mathrm{B}}T(\log \Xi(\alpha,\beta)-\beta\mu\bar{N}) \\ &= \mu\bar{N}-k_{\mathrm{B}}T\sum_{l}\log(1+e^{-\beta(\varepsilon_l-\mu)}) \end{aligned} \tag{2.9}$$

と与えられる．一方，系のエネルギーは

$$\bar{E} = \sum_l \bar{n}_l \varepsilon_l = \sum_l \frac{\varepsilon_l}{e^{\beta(\varepsilon_l-\mu)}+1} \tag{2.10}$$

となる．したがって，系のエントロピーは，(2.9)と(2.10)から

$$S = -k_\mathrm{B} \sum_l \{\bar{n}_l \log \bar{n}_l + (1-\bar{n}_l)\log(1-\bar{n}_l)\} \tag{2.11}$$

となることが導ける．実際，(2.9)から(2.6)と(2.10)を用いて

$$\begin{aligned}\frac{S}{k_\mathrm{B}} &= \sum_l \beta(\varepsilon_l-\mu)\bar{n}_l - \sum_l \log(1-\bar{n}_l) \\ &= -\sum_l \bar{n}_l \log[\bar{n}_l/(1-\bar{n}_l)] - \sum_l \log(1-\bar{n}_l) \\ &= -\sum_l \{\bar{n}_l \log \bar{n}_l + (1-\bar{n}_l)\log(1-\bar{n}_l)\}\end{aligned} \tag{2.12}$$

となる．(2.11)の第1項は，識別できる粒子のエントロピーを表わし，第2項は識別できるホール(空孔)のエントロピーを表わすものと解釈できる．

1粒子系の状態密度 $D(\varepsilon)$ を用いると，全系のエネルギー $\bar{E}$，粒子数 $\bar{N}$ および自由エネルギー F は，

$$\left\{\begin{aligned}\bar{E} &= \int \varepsilon f_\mathrm{F}(\varepsilon)D(\varepsilon)d\varepsilon \\ \bar{N} &= \int f_\mathrm{F}(\varepsilon)D(\varepsilon)d\varepsilon \\ F &= \bar{N}\mu - k_\mathrm{B}T\int \log(1+e^{-\beta(\varepsilon-\mu)})D(\varepsilon)d\varepsilon\end{aligned}\right. \tag{2.13}$$

と表わせる．ただし，$f_\mathrm{F}(\varepsilon)$ は，Fermi 分布関数(2.8)を表わす．もちろん，(2.13)の第2式は化学ポテンシャル，すなわちここでは Fermi 準位 μ を決める式である．

b) 希薄 Fermi 気体と Maxwell-Boltzmann 分布

Fermi 粒子系の密度が非常に小さくなると，Fermi 分布(2.8)は1に比べて極めて小さくなる．すなわち，(2.8)の分母が大きくなる．したがって，(2.8)の分母の $+1$ は無視できることになり，Fermi 分布 $f_\mathrm{F}(\varepsilon)$ は

$$f_{\mathrm{F}}(\varepsilon) \simeq e^{-\beta(\varepsilon-\mu)} \propto e^{-\beta\varepsilon} \tag{2.14}$$

と近似できることになる．これは，古典気体に対して Maxwell によって初めて導かれ，後に，Boltzmann によって一般的に導出された古典分布であり，**Maxwell-Boltzmann 分布**と呼ばれる．エネルギー ε の指数関数で表わされるという点では古典的な Maxwell-Boltzmann 分布も，第1章で導入したカノニカル集団の分布も同形である．前者は1粒子の分布であり，後者は統計集団の分布であるという概念的な違いはあるが，次のように考えれば，同形になる必然性も理解できる．すなわち，いま，q 個からなる量子系が N 個互いに独立と見なせるくらいに十分離れて存在するとする．これら Nq 個の全系が熱平衡状態にあれば，それはカノニカル集団で記述できる．この全系の状態和 $Z_{Nq}(\beta)$ は，明らかに，

$$Z_{Nq}(\beta) = (Z_q(\beta))^N \tag{2.15}$$

と表わせる．ただし，$Z_q(\beta)$ は，q 個からなる量子系に対する状態和

$$Z_q(\beta) = \sum e^{-\beta E_j} \tag{2.16}$$

を表わし，E_j は，q 個からなる量子系のエネルギーを表わす．したがって，(2.16)は，q 個の粒子があたかもカノニカル集団となって，その状態和を表わしていることになる．(2.16)で，q はどんな自然数でもよいので，特に $q=1$ とおくと，$Z_1(\beta)=\sum e^{-\beta\varepsilon_j}$ となり，1個の粒子の状態和を表わすことになる．粒子が互いに区別できるくらいに十分離れて N 個存在する全体の系は古典的な分布になるはずであり，その分布が $e^{-\beta\varepsilon_j}$ に比例する Maxwell-Boltzmann 分布になる．これはカノニカル集団の中の1粒子の分布として，上のような特殊な極限(十分離れて独立に存在するという状況)で導かれる．普通，有限系の統計力学をカノニカル分布を用いて研究しているのは，上のような意味での解釈に基づいている．すなわち，同形の q 個の系が多数熱浴と接触し熱平衡状態にあるとして，それらの統計集団平均を考えているのである．

さて，古典的な理想気体では，1粒子のエネルギーは運動エネルギーにほかならないから，1粒子の質量を m，速度を v とすると，$\varepsilon=\dfrac{1}{2}mv^2$ となり，(2.14)の古典分布より，次の速度分布関数

$$f(v) \propto \exp\left(-\frac{mv^2}{2k_BT}\right)$$

が導かれる*．これを規格化すると

$$f(v) = \left(\frac{m}{2\pi k_BT}\right)^{3/2} \exp\left(-\frac{mv^2}{2k_BT}\right) \tag{2.17}$$

となる．これは **Maxwell の速度分布則**と呼ばれる．この分布では，運動エネルギー ε の平均値 $\bar{\varepsilon}$ は

$$\bar{\varepsilon} = \frac{1}{2}m\overline{v^2} = \frac{1}{2}m\int_0^\infty v^2 f(v)\cdot 4\pi v^2 dv = \frac{3}{2}k_BT \tag{2.18}$$

となり，1 自由度当り $\dfrac{1}{2}k_BT$ というよく知られた古典的な**等分配則**が導かれる**．ちなみに，15°C における O_2 分子の平均速度$\left(\sqrt{\overline{v^2}}\right)$は，約 470 m/s である．

次に，Fermi 分布(2.8)が Maxwell-Boltzmann 分布(2.14)で近似できる条件を具体的に求めよう．それは，$p=0$ すなわち $\varepsilon=0$ に対して $f(0)\ll 1$ となることであり，$\exp(\beta\mu)\ll 1$ となる．ところで，μ は $N=\sum\exp(-\beta\varepsilon_l+\beta\mu)$ の条件によって決まるから，(1.132)と同様に，求める条件は

$$e^{\beta\mu} = \frac{N}{\sum e^{-\beta\varepsilon_l}} = N\Bigg/\left[V\left(\frac{2\pi mk_BT}{h^2}\right)^{3/2}\right] \ll 1$$

となる．すなわち，粒子数密度 $\rho=N/V$ を用いて

$$\rho^{2/3} \ll \frac{2\pi mk_BT}{h^2} \tag{2.19}$$

となる．粒子間距離を r と書くと，$r\simeq\rho^{-1/3}$ となる．一方，**熱的 de Broglie 波長** λ_D は，$\dfrac{p^2}{2m}=\dfrac{3}{2}k_BT$ を満たす p を用いて

$$\lambda_D = \frac{h}{p} = \frac{h}{\sqrt{3mk_BT}} \tag{2.20}$$

で定義される．こうして，(2.19)の条件は

---

* これは，1860 年に Maxwell によって初めて導かれた．

** 歴史的には，むしろ逆に，(2.18)をもとにして(2.17)の温度依存性を決めたのである．

$$\lambda_D \ll r \tag{2.21}$$

に帰着する．すなわち，粒子間の距離が熱的 de Broglie 波長より十分大きく量子効果が効かなくなる条件の下で，Fermi 分布は Maxwell-Boltzmann 分布によって近似できるようになる．ついでながら，$e^{\beta\mu} \ll 1$ から，$T \to \infty$ では，$\mu \to -\infty$ となることがわかる．

c） 縮退した Fermi 粒子系

低温では，Fermi 粒子はエネルギーの低い順に下から 1 個ずつ（スピンの自由度を考えるとその縮重度ずつ）つまっていくことになる．このような状態を「**縮退している**」という．絶対零度 $T=0$ では，

$$N = \int_0^{\mu_0} D(\varepsilon) d\varepsilon \tag{2.22}$$

となる．ところで，状態密度 $D(\varepsilon)$ は，**スピンの縮重度** g_s を考慮し，$p^2=2m\varepsilon$ を用いると

$$D(\varepsilon) = g_s \frac{d}{d\varepsilon}\left(\frac{V}{h^3}\int_0^{\sqrt{2m\varepsilon}} 4\pi p^2 dp\right) = 2\pi g_s V\left(\frac{2m}{h^2}\right)^{3/2}\sqrt{\varepsilon} \tag{2.23}$$

となるから*，(2.22)より，$T=0$ における Fermi 準位 μ_0 は

$$\mu_0 = \frac{h^2}{2m}\left(\frac{3N}{4\pi g_s V}\right)^{2/3} = \frac{3N}{2D(\mu_0)} \tag{2.24}$$

と与えられる．物理量を温度 T に関して展開するには，次の公式が役立つ．すなわち，$g(\varepsilon)$ が $\varepsilon=\mu$ で何回でも微分可能な関数とすると，

$$\int_0^{\infty} g(\varepsilon)f(\varepsilon)d\varepsilon = \int_0^{\mu} g(\varepsilon)d\varepsilon + \frac{(\pi k_B T)^2}{6}g^{(1)}(\mu) + \frac{7(\pi k_B T)^4}{360}g^{(3)}(\mu) + \cdots \tag{2.25}$$

が成立する．ただし，$g^{(n)}(\varepsilon)$ は，$g(\varepsilon)$ の n 回微分を表わす．上式右辺第 2 項を求める際には，公式

---

* ここでは系の形を球形にしたが，立方体にしても，他のどのような（フラクタルでないまともな）形にしても，体積 V のオーダーで $D(\varepsilon)$ はいつも(2.23)で与えられることが示されている（**Weyl-Laue の定理**）．

$$\int_{-\infty}^{\infty}\frac{x^2}{(e^{-x/2}+e^{x/2})^2}dx = \frac{\pi^2}{3} \tag{2.26}$$

を用いた．こうして，

$$\begin{cases} \mu = \mu_0-\dfrac{\pi^2}{6}\dfrac{D'(\mu_0)}{D(\mu_0)}(k_{\mathrm{B}}T)^2+\cdots \\ \bar{E} = E_0+\dfrac{\pi^2}{6}D(\mu_0)(k_{\mathrm{B}}T)^2+\cdots \end{cases} \tag{2.27}$$

が得られる．ただし，(2.24)から $D(\mu_0)=3N/(2\mu_0)$ であることがわかる．この Fermi 粒子系の(定積)**比熱** C_v は

$$C_v = \frac{d\bar{E}}{dT} = \frac{\pi^2}{3}D(\mu_0)k_{\mathrm{B}}{}^2T+\cdots \tag{2.28}$$

となり，温度 T に比例する．このことを定性的に導くには，次のようにすればよい．図 2-1 からわかるように，$D(\mu_0)k_{\mathrm{B}}T$ くらいの数の粒子が，$k_{\mathrm{B}}T$ の程度だけ高いエネルギー状態へ移るので，その結果，この系のエネルギー E は絶対零度のエネルギー E_0 から，

$$\Delta E = E-E_0 \simeq D(\mu_0)k_{\mathrm{B}}T\times k_{\mathrm{B}}T = D(\mu_0)\times(k_{\mathrm{B}}T)^2 \tag{2.29}$$

だけ高くなる．こうして再び，比熱 C_v は $C_v=d(\Delta E)/dT\simeq 2D(\mu_0)k_{\mathrm{B}}{}^2T$ となり，温度 T に比例することが直観的にわかる．特に，電子比熱は，低温では，温度 T に比例することが実験的にも確かめられている．金属の Fermi 準位 μ_0 は $\mu_0\simeq 1\ \mathrm{eV}\simeq 10^4\ \mathrm{K}$ であるから，常温は条件 $k_{\mathrm{B}}T\ll\mu_0$ を満たし，それは金属にとっては低温であると言える．

2-3 Bose 統計

a) Bose 分布

Fermi 粒子の場合と同様に，(2.3)のような粒子の状態に対して，$n_l=0,1,2,\cdots$ と無限の和をとることに注意すると，理想的な Bose 粒子系の大状態和は，

$$\Xi(\alpha,\beta)=\prod_{l=1}^{\infty}\left\{\sum_{n=0}^{\infty}(e^{-\beta\varepsilon_l+\alpha})^n\right\}=\prod_{l=1}^{\infty}(1-e^{-\beta\varepsilon_l+\alpha})^{-1} \tag{2.30}$$

となる．したがって，状態 j にある Bose 粒子の数 n_j の平均 $\bar{n}_j$ は

$$\bar{n}_j\equiv f_{\mathrm{B}}(\varepsilon_j)=-\frac{\partial}{\partial(\beta\varepsilon_j)}\log\Xi(\alpha,\beta)=\frac{1}{e^{\beta(\varepsilon_j-\mu)}-1} \tag{2.31}$$

となる．化学ポテンシャル μ は

$$\sum_j\frac{1}{e^{\beta(\varepsilon_j-\mu)}-1}=N \tag{2.32}$$

から決まる．すべての $\varepsilon_j\geqq 0$ に対して(2.31)が正の値をとるためには，$\mu\leqq 0$ でなければならない．

希薄 Bose 気体では，(2.31)の分母の -1 が無視できて，Bose 分布(2.31)は Maxwell-Boltzmann 分布に帰着する．

b） Bose-Einstein 凝縮

次に，高密度の Bose 粒子系ではなにが起こるか調べてみる．質量 m の理想 Bose 粒子の1粒子状態密度 $D(\varepsilon)$ は，スピン縮重度 g_{s} を1として，

$$D(\varepsilon)=2\pi V\left(\frac{2m}{h^2}\right)^{3/2}\sqrt{\varepsilon} \tag{2.33}$$

となる．運動量 p を用いると

$$D(p)dp=\frac{V}{h^3}\cdot 4\pi p^2dp \tag{2.34}$$

であるから，粒子数 N（またはその平均値 $\bar{N}$）は

$$N=\sum_j\bar{n}_j=\frac{V}{h^3}\int_0^{\infty}\frac{4\pi p^2dp}{e^{\beta(p^2/2m-\mu)}-1}\equiv Vh(T,\mu) \tag{2.35}$$

となる．ここで，関数 $h(T,\mu)$ は

$$h(T,\mu)\leqq h(T,0) \tag{2.36}$$

の不等式を満たすことが容易にわかる．さらに，$h(T,0)$ は

$$h(T,0)=\frac{4\pi}{h^3}\int_0^{\infty}\frac{p^2dp}{e^{\beta p^2/2m}-1}$$

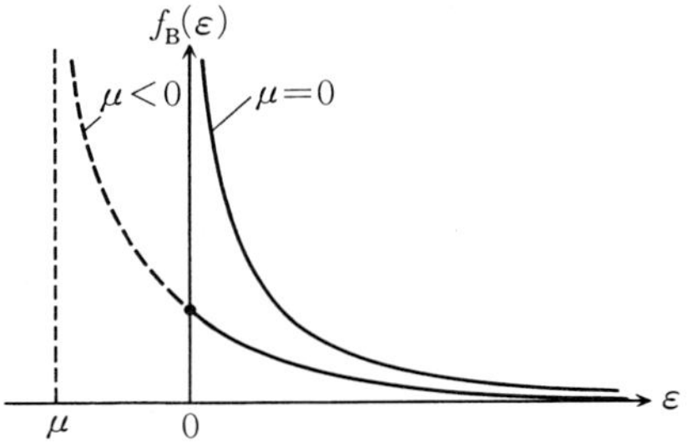

図 2-2 Bose 分布関数 $f_B(\varepsilon)$ の振舞い．

$$= \frac{4\pi}{h^3}\cdot(2mk_BT)^{3/2}\int_0^\infty \frac{x^2dx}{e^{x^2}-1}$$

$$= 2.612\cdot\left(\frac{2\pi mk_BT}{h^2}\right)^{3/2} \qquad (2.37)$$

となる．ここで，(2.37)の中の積分は，**ζ 関数*** $\zeta(z)$ を用いて，$\frac{1}{4}\sqrt{\pi}\ \zeta(3/2)$ となることを用いた**．したがって，**数密度** $\rho=N/V$ が大きくなって $h(T,0)$ を越えると，(2.35)の等式は成立しなくなることがわかる．この矛盾の理由は，(2.35)で和を積分に直すとき，$p=0$ の状態が正しくとり入れられていないためである．Bose 分布関数 $f_B(\varepsilon)$ は化学ポテンシャル $\mu=0$ に対して，図 2-2 のように，$\varepsilon=0$ で無限大になるから，$\varepsilon=0$ の状態にある粒子の数は巨視的な値にもなり得る．そこで，これを N_0 と書き，積分とは別に扱わねばならない．つまり，ρ が $h(T,0)$ を越えたときは，(2.35)は，

$$N = N_0+Vh(T,0) \qquad (2.38a)$$

すなわち，$\rho=N/V$ および $\rho_0=N_0/V$ とおいて

$$\rho = \rho_0+h(T,0) \qquad (2.38b)$$

と書き改める必要がある．この関係を図示すると図 2-3 のようになる．

以上から，与えられた数密度 ρ に対して

$$h(T_c,0) = \rho \qquad (2.39)$$

---

* $\zeta(z) = \sum_{n=1}^{\infty} n^{-z}$.

** $\int_0^\infty \frac{x^2}{e^{x^2}-1}dx = \frac{1}{2}\int_0^\infty \frac{\sqrt{t}}{e^t-1}dt = \frac{1}{2}\sum_{n=1}^{\infty}\int_0^\infty e^{-nt}\sqrt{t}\,dt = \frac{1}{2}\zeta\left(\frac{3}{2}\right)\Gamma\left(\frac{3}{2}\right)$.

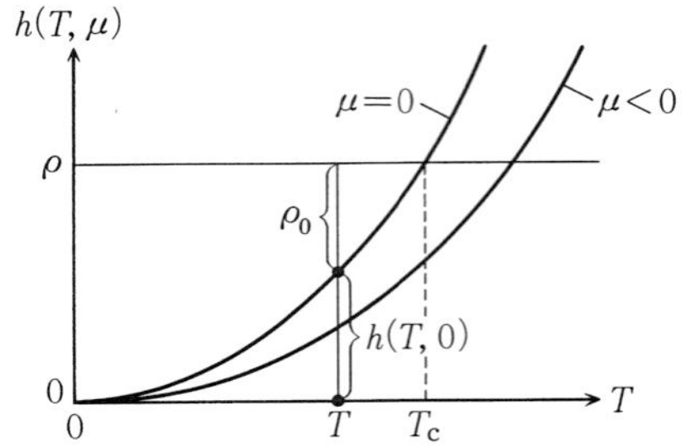

図 2-3 Bose-Einstein 凝縮のメカニズム．$T<T_c$ では，μ を最大 $\mu=0$ にしても，図の ρ_0 の分だけ，$p\neq 0$ の状態には収容しきれなくなり，その分が $p=0$ の状態に凝縮する．

によって決まる温度 T_c の上側の温度領域と下側の温度領域では，事情が定性的にも異なることがわかる．$T>T_c$ では，$h(T,\mu)=\rho$ で決まる化学ポテンシャル μ が必ず存在し，$\rho_0\equiv 0$ である．しかし，$T<T_c$ では，(2.38b)で与えられる ρ_0 が $\rho_0>0$ となる．こうして，(2.39)で決まる**臨界温度** T_c 以下では，N 個の粒子のうち，$N_0=V\rho_0$ 個が $p=0$ の状態(**最低エネルギー状態**)に凝縮する．これを **Bose-Einstein 凝縮**という．Bose 統計にしたがうヘリウム ^{4}He が**超流動**になるのは，この Bose-Einstein 凝縮と深く関係しているものと考えられている*．

さて，臨界温度 T_c は，(2.37)から

$$T_c = \frac{h^2}{2\pi k_B m}\left(\frac{\rho}{2.612}\right)^{2/3} \propto \frac{h^2}{m}\rho^{2/3} \qquad (2.40)$$

となる．液体ヘリウムの質量と数密度を(2.40)に入れると，$T_c=3.14\ \mathrm{K}$ となる．(2.40)からわかるように，粒子の質量 m が小さいほど，また粒子密度 ρ が大きいほど，Bose-Einstein 凝縮は起こりやすくなり，T_c が高くなる．また，凝縮しているヘリウム粒子の密度 ρ_0 は，(2.38b)と(2.39)から

$$\rho_0 = h(T_c,0)-h(T,0) = \rho\left(1-\left(\frac{T}{T_c}\right)^{3/2}\right) \qquad (2.41)$$

となる．T_c のごく近傍では，$\rho_0\propto(T_c-T)$ で零になる．

比熱も同様に求められる．低温側($T<T_c$)では，この系のエネルギーは

* Bose-Einstein 凝縮を起こした ^{4}He が超流動性を示すためには，相互作用によって励起状態のエネルギーに $p=0$ 以外のところで極小値が現われなければならない(**Landau の判定規準**)．

$$\bar{E} \simeq \frac{3}{2} k_{\mathrm{B}} T \cdot h^{-3} (2\pi m k_{\mathrm{B}} T)^{3/2} \zeta\left(\frac{5}{2}\right) \propto T^{5/2} \tag{2.42}$$

となる*．したがって，(定積)比熱 C_v は

$$C_v = \frac{d\bar{E}}{dT} \propto \frac{d}{dT} T^{5/2} \propto T^{3/2} \tag{2.43}$$

で温度と共に増大する．$T > T_{\mathrm{c}}$ では化学ポテンシャルの温度変化も考慮しなければならないので，少し面倒であるが，比熱 C_v は単調に減少することがわかる．したがって，比熱の温度変化は定性的には，図 2-4 のようになる．比熱は T_{c} で折れ曲がる．

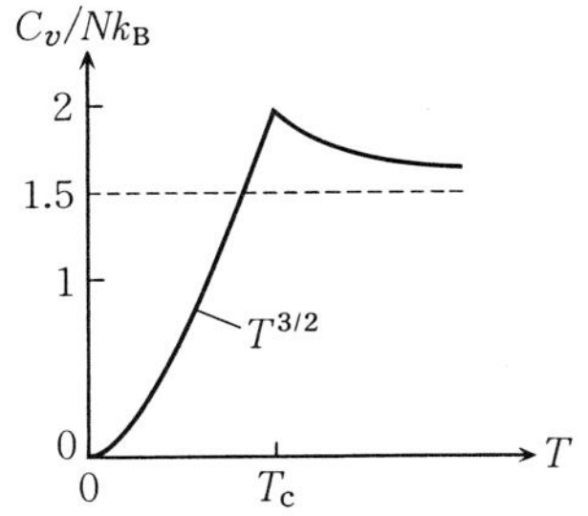

図 2-4 理想 Bose 気体の比熱の温度変化．

c) 準粒子の Bose-Einstein 凝縮

相互作用のある系では，粒子は一般には非常に複雑な運動をし，極めて困難な多体問題となる．しかし，相互作用によっては，その効果が結果として，粒子の質量や運動量依存性にくり込まれて独立した準粒子とみなせる場合もある．ここでは，このような準粒子の系について Bose-Einstein 凝縮を議論してみる．いま，運動量 p をもった準粒子のエネルギー ε_p が

$$\varepsilon_p = a p^k \qquad (a>0,\ k>0) \tag{2.44}$$

と表わせると仮定する．空間次元も一般に d 次元とする．前と同様にして，空間の 1 辺の長さを L とすると

---

* $\displaystyle\int_0^\infty \frac{x^4}{e^{x^2}-1} dx = \frac{1}{2}\int_0^\infty \frac{t^{3/2}}{e^t-1} dt = \frac{1}{2}\sum_{n=1}^{\infty}\int_0^\infty e^{-nt} t^{3/2} dt = \frac{1}{2}\zeta\left(\frac{5}{2}\right)\Gamma\left(\frac{5}{2}\right)$;　$\displaystyle\zeta(z) = \sum_{n=1}^{\infty} n^{-z}$.

$$N = N_0 + \frac{g_s L^d}{h^d}\int_0^\infty \frac{S_d p^{d-1}dp}{e^{\beta(ap^k-\mu)}-1} \tag{2.45}$$

という関係式が成立する．ただし，$g_s=2S+1$，および S_d は半径 1 の d 次元超球面の面積を表わし，ガンマ関数 $\Gamma(x)$ を用いると，

$$S_d = 2\pi^{d/2}\Big/\Gamma\left(\frac{d}{2}\right) \tag{2.46}$$

と書ける．この表現を用いると，次元 d は連続次元でもよい．(2.45)の積分の収束・発散の条件から，$d>d_c\equiv k$ では，Bose-Einstein 凝縮が起こり，$d\leqq d_c\equiv k$ では，(2.45)の積分が発散するので，Bose-Einstein 凝縮は起こらないことがわかる．$d>d_c$ の場合の臨界点 T_c は，(2.45)で $N_0=0$，$\mu=0$ とおいて，

$$\rho = \frac{N}{L^d} = \frac{g_s S_d}{h^d}\left(\frac{k_B T_c}{a}\right)^{d/k}\int_0^\infty \frac{x^{d-1}dx}{e^{x^k}-1} \tag{2.47}$$

によって与えられる．すなわち，Bose-Einstein 凝縮の起こる臨界点は

$$T_c = \frac{a}{k_B}\left(\frac{k\Gamma(d/2)h^d\rho}{2\pi^{d/2}g_s\Gamma(d/k)\zeta(d/k)}\right)^{k/d} \propto ah^k(\rho/(2S+1))^{k/d} \tag{2.48}$$

となる．ここで，$g_s=2S+1$ とした．このように，準粒子のスペクトルの指数 k が小さいほど，また準粒子のエネルギー係数 a が大きいほど，Bose-Einstein 凝縮は起こりやすいことがわかる．これは，小さな運動量 p に対して，a が大きいほど，また，k が小さいほど，準粒子のエネルギーは大きくなり，それに対応して正のエネルギーに対する Bose 分布関数が小さくなり，$p=0$ の状態に存在する粒子数 N_0 が増えるためである．

2-4 理想 Fermi 粒子系および理想 Bose 粒子系における ビリアル展開

以上で，密度が非常に小さい場合と大きい場合の両極限における理想 Fermi 粒子系と理想 Bose 粒子系の性質は定性的に理解できた．そこで，ここでは，密度が中間の場合を調べる方法として，希薄気体の状態方程式からの展開，す

なわち**ビリアル展開**を議論する.

まず，いままでの理想Bose粒子およびFermi粒子の系のエネルギーE，粒子数N，自由エネルギーFをまとめておく*:

$$E=\int \varepsilon f(\varepsilon)D(\varepsilon)d\varepsilon, \qquad N=\int f(\varepsilon)D(\varepsilon)d\varepsilon$$
$$F=N\mu\pm k_{\mathrm{B}}T\int\log(1\mp e^{-\beta(\varepsilon-\mu)})D(\varepsilon)d\varepsilon \tag{2.49}$$

ただし，$\pm$の複号は，上がBose粒子系，下がFermi粒子系に対するものとする．また，分布関数$f(\varepsilon)$は

$$f(\varepsilon)=\frac{1}{e^{\beta(\varepsilon-\mu)}\mp 1} \tag{2.50}$$

である．(2.49)の状態密度$D(\varepsilon)$は，$\varepsilon=p^2/2m$の形の分散関係に対しては，スピン自由度も入れて(2.23)で与えられ，$D(\varepsilon)\propto\sqrt{\varepsilon}$となる．準粒子の分散関係$\varepsilon=ap^k$に対しては，$D(\varepsilon)\propto\varepsilon^{(3-k)/k}$となる．この性質を用いると，状態密度は$D(\varepsilon)=\dfrac{k}{3}d(\varepsilon D(\varepsilon))/d\varepsilon$と書ける．これを用いて，$pV=N\mu-F$の表式(すなわち，(2.49)の第3式から$N\mu$を引いて，負符号をとった積分表式)を$\varepsilon$に関して部分積分して，次の一般化された**Bernoulliの式**

$$pV=\frac{k}{3}E \tag{2.51}$$

が容易に導かれる．通常の場合は，$k=2$から$pV=\dfrac{2}{3}E$となる．

さて，密度が小さい場合には，$\lambda=e^{\beta\mu}\ll 1$であるから，

$$f(\varepsilon)=\frac{\lambda}{e^{\beta\varepsilon}\mp\lambda}=\pm\sum_{n=1}^{\infty}(\pm\lambda e^{-\beta\varepsilon})^n \tag{2.52}$$

と展開できる．したがって，エネルギーEは，(2.49)から

$$E=\pm\sum_{n=1}^{\infty}(\pm\lambda)^n\int\varepsilon e^{-n\beta\varepsilon}D(\varepsilon)d\varepsilon \tag{2.53}$$

---

* ここでは，$\bar{E},\bar{N}$の代りにE,Nと書くことにする．

となる．同様にして，状態方程式は(1.129)より

$$\frac{pV}{k_{\mathrm{B}}T}=\log\Xi=\mp\int\log(1\mp\lambda e^{-\beta\varepsilon})D(\varepsilon)d\varepsilon$$
$$=\sum_{n=1}^{\infty}\frac{(\pm1)^{n-1}\lambda^n}{n}\int e^{-n\beta\varepsilon}D(\varepsilon)d\varepsilon \qquad (2.54)$$

となる．さらに，逃散能またはフーガシティと呼ばれるパラメータ λ は，

$$N=\pm\sum_{n=1}^{\infty}(\pm\lambda)^n\int e^{-n\beta\varepsilon}D(\varepsilon)d\varepsilon \qquad (2.55)$$

から決まる．(2.54)と(2.55)の第1項をとると，古典近似 $pV=Nk_{\mathrm{B}}T$ が得られる．さらに，それぞれの第2項まで求め，λ を消去すると，

$$\frac{pV}{Nk_{\mathrm{B}}T}=1\mp\frac{N}{2}\int e^{-2\beta\varepsilon}D(\varepsilon)d\varepsilon\Big/\left(\int e^{-\beta\varepsilon}D(\varepsilon)d\varepsilon\right)^2+\cdots \qquad (2.56)$$

となる．特に，$\varepsilon=p^2/2m$ の場合には，$D(\varepsilon)$ は(2.23)で与えられるから，(2.56)は，$\rho=N/V$ とおいて，もっと顕わに，

$$\frac{pV}{Nk_{\mathrm{B}}T}=1\mp\frac{1}{2^{5/2}g_{\mathrm{s}}}\frac{\rho h^3}{(2\pi mk_{\mathrm{B}}T)^{3/2}}+\cdots \qquad (2.57)$$

と求まる*．ただし通常，電子のようにスピンが1/2のFermi粒子系では $g_{\mathrm{s}}=2$，またスピンが0のBose粒子系では $g_{\mathrm{s}}=1$ である．こうして，図2-5のように，理想Bose粒子と理想Fermi粒子を同じ密度で同じ温度の熱平衡状態に保つと，Fermi粒子系の方がBose粒子系より圧力が大きくなり，2つの系の

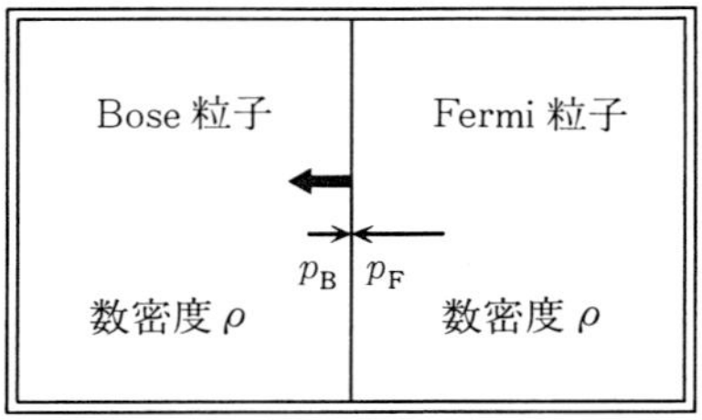

図 2-5 同じ数密度の理想Bose粒子と理想Fermi粒子が同じ温度で熱平衡状態にあると，Fermi粒子系の圧力 p_{F} の方がBose粒子系の圧力 p_{B} より大きい：$p_{\mathrm{F}}>p_{\mathrm{B}}$.

---

* $\int_0^{\infty}e^{-x}\sqrt{x}\,dx=\Gamma\left(\frac{3}{2}\right)=\frac{1}{2}\Gamma\left(\frac{1}{2}\right)=\frac{\sqrt{\pi}}{2}$ を用いた．

間の仕切りは，Bose 粒子系の側に動かされることになる．これは，Pauli 原理という量子効果が Fermi 粒子間に働き，一方 Bose 粒子間には Bose 統計性のため有効的に引力が働くためと考えられる*．実は，次の節で示すように，上の結果は，準粒子まで拡張して，任意の密度に対して一般に成り立つことが証明できる．

2-5 Fermi 粒子系，Bose 粒子系および Boltzmann 粒子系の間の関係

前節でビリアル展開を用いて説明した通り，統計性のために，同じ密度で比較すると，Fermi 粒子系の圧力 p_{F} は Bose 粒子系の圧力 p_{B} より大きいことがわかった．この結果は，次のように，もっと一般の場合に証明できる．

2-3 節 c)項で議論した準粒子($\varepsilon = ap^k$)の場合も含めて一般に，相互作用のない Fermi 粒子系と Bose 粒子系のグランドカノニカル集団の状態和の対数は，それぞれ(2.5)と(2.30)から，

$$\log \Xi_{\mathrm{F}}(\beta) = \sum_j \log(1+\lambda_{\mathrm{F}} e^{-\beta\varepsilon_j}) \tag{2.58}$$

$$\log \Xi_{\mathrm{B}}(\beta) = \sum_j \log\left(\frac{1}{1-\lambda_{\mathrm{B}} e^{-\beta\varepsilon_j}}\right) \tag{2.59}$$

となる．以下で，和記号にはスピンの縮重度 $g_{\mathrm{s}} = (2S+1)$ も含まれているものとする．ただし，もちろん Bose 粒子系では S は整数，Fermi 粒子系では半奇数である．**Boltzmann 粒子系**** の大状態和の対数は

$$\log \Xi_{\mathrm{cl}}(\beta) = \sum_j \lambda_{\mathrm{cl}} e^{-\beta\varepsilon_j} = N \tag{2.60}$$

となり，全粒子数そのもので表わされる．次に，Fermi 粒子系の粒子数 N はフーガシティ λ_{F} と次の関係式で結ばれている：

---

* Boltzmann 統計にしたがう粒子を規準にとると，Bose 粒子の方が互いに同じ状態をとりやすいから，この意味で有効的に引力が働くと解釈してもよいであろう．Fermi 粒子系では，この意味で有効的に斥力が働くと解釈できる．

** Boltzmann 統計(すなわち $f(\varepsilon) \propto e^{-\beta\varepsilon}$)にしたがう粒子の系を Boltzmann 粒子系という．

$$N = \sum_j \frac{\lambda_F e^{-\beta\varepsilon_j}}{1+\lambda_F e^{-\beta\varepsilon_j}} \tag{2.61}$$

また，Bose 粒子系では

$$N = \sum_j \frac{\lambda_B e^{-\beta\varepsilon_j}}{1-\lambda_B e^{-\beta\varepsilon_j}} \tag{2.62}$$

である．Fermi 粒子系と Bose 粒子系とでは，スピン縮重度も異なるし，一般には，エネルギー準位の様子も異なる．したがって，Fermi 粒子系の圧力 p_F と Bose 粒子系の圧力 p_B を，温度と粒子数密度 $\rho=N/V$ のみが等しいという条件の下で一般的に比較するのは一見むずかしそうに見えるが，(2.60)～(2.62)の関係をうまく利用すれば，それは次のようにして解決できる．

まず，体積 V と粒子数 N が 3 つの系でそれぞれ共通として，Fermi 粒子系の圧力と Boltzmann 粒子系の圧力を比較し，次に，Boltzmann 粒子系の圧力と Bose 粒子系の圧力を比較する．さて，(2.58)，(2.60)，(2.61)から，

$$\begin{aligned}\log \Xi_F(\beta) - \log \Xi_{cl}(\beta) &= \log \Xi_F(\beta) - N \\ &= \sum_j \left\{\log(1+\lambda_F e^{-\beta\varepsilon_j}) - \frac{\lambda_F e^{-\beta\varepsilon_j}}{1+\lambda_F e^{-\beta\varepsilon_j}}\right\}\end{aligned} \tag{2.63}$$

が導かれる．このように，Fermi 粒子系だけの変数の和に変換することが証明の要点である．ここで，次の不等式

$$\log(1+x) > \frac{x}{1+x} \qquad (x>0) \tag{2.64}$$

に注意すれば，(2.63)から

$$\log \Xi_F(\beta) > \log \Xi_{cl}(\beta) \quad \text{すなわち} \quad \Xi_F(\beta) > \Xi_{cl}(\beta) \tag{2.65}$$

が導かれる．これより，

$$\frac{p_F V}{N k_B T} > 1 \tag{2.66}$$

であることがわかる．

同様に，Bose 粒子系と Boltzmann 粒子系を比較する．まず，

$$\log \Xi_{\mathrm{B}}(\beta)-\log \Xi_{\mathrm{cl}}(\beta) = \log \Xi_{\mathrm{B}}(\beta)-N$$
$$= \sum_j \left\{\log\left(\frac{1}{1-\lambda_{\mathrm{B}} e^{-\beta\varepsilon_j}}\right)-\frac{\lambda_{\mathrm{B}} e^{-\beta\varepsilon_j}}{1-\lambda_{\mathrm{B}} e^{-\beta\varepsilon_j}}\right\} \qquad (2.67)$$

となる．ここで，次の不等式

$$\log\left(\frac{1}{1-x}\right) < \frac{x}{1-x} \qquad (0<x<1) \qquad (2.68)$$

に注意すれば，

$$\log \Xi_{\mathrm{B}}(\beta) < \log \Xi_{\mathrm{cl}}(\beta) \quad すなわち \quad \Xi_{\mathrm{B}}(\beta) < \Xi_{\mathrm{cl}}(\beta) \qquad (2.69)$$

となる*．こうして結局

$$\log \Xi_{\mathrm{F}}(\beta) > \log \Xi_{\mathrm{cl}}(\beta) > \log \Xi_{\mathrm{B}}(\beta) \qquad (2.70)$$

すなわち，

$$\Xi_{\mathrm{F}}(\beta) > \Xi_{\mathrm{cl}}(\beta) > \Xi_{\mathrm{B}}(\beta) \qquad (2.71)$$

が成立することになる**．さらに，上の証明で和記号を積分に直すと体積 V が顕わに出てくるので，その比を共通にとれば，N や V が異なる系にも上の証明は拡張できる．状態密度にスピンの縮重度 $g_{\mathrm{s}}=2S+1$ を含めて考える．こうして，一般に，同じ粒子数密度を持った Fermi 粒子系，Bose 粒子系および Boltzmann 粒子系のそれぞれの圧力 $p_{\mathrm{F}}, p_{\mathrm{B}}$ および p_{cl} の間には

$$p_{\mathrm{F}} > p_{\mathrm{cl}} > p_{\mathrm{B}} \qquad (2.72)$$

の関係があることになる．これは，前にも述べたように，Fermi 粒子系では，Pauli 原理により有効的な斥力が現われ，Bose 粒子系では，その統計性により，Boltzmann 粒子系に比べて有効的に引力が働くためと考えられる．

---

* Bose-Einstein 凝縮が起こって，$\varepsilon=0$ の状態に N のオーダーの Bose 粒子が存在しても，上の証明はそのまま成立する．

** もし，化学ポテンシャルを同一の値に固定し，スピン縮重度も無視し，状態密度が同じになる仮想的な 3 つの系を考えると，$\Xi_{\mathrm{B}}>\Xi_{\mathrm{cl}}>\Xi_{\mathrm{F}}$ のように逆の不等式が(Bose-Einstein 凝縮が起こらないとき)成立することになるが，これは数密度が異なるためで，あまり意味がない．

2-6 少数準位系の熱力学的性質

この節では，エネルギー準位と熱力学的性質，特に比熱との関係を直観的に理解するために，2 準位系，3 準位系などの比熱を議論する．これは，統計力学のもっとも簡単な応用例でもある．

a) 縮重した 2 準位系

図 2-6 のように，エネルギー準位が 0（m 重縮重）と ε（n 重縮重）からなる互いに独立な N 個の系が温度 T の熱平衡状態にあるとする．この系のカノニカル集団としての状態和 $Z_N(\beta)$ は(2.15)から，$q=1$ として

$$Z_N(\beta) = (Z_1(\beta))^N; \qquad Z_1(\beta) = m+ne^{-\beta\varepsilon} \tag{2.73}$$

と与えられる．したがって，この系のエネルギー E の平均 $\bar{E}$ は(1.60)から，

$$\bar{E} = -\frac{\partial}{\partial\beta}\log Z_N(\beta) = -N\frac{\partial}{\partial\beta}\log Z_1(\beta) = \frac{Nn\varepsilon}{me^{\beta\varepsilon}+n} \tag{2.74}$$

となる．比熱 C は

$$C = \frac{dE}{dT} = \frac{N\varepsilon^2}{k_B T^2}\frac{ae^{\beta\varepsilon}}{(e^{\beta\varepsilon}+a)^2}; \qquad a \equiv \frac{n}{m} \tag{2.75}$$

で与えられる．これを図示すると図 2-6 のようになる．これは Schottky 型比熱と呼ばれる．$m \geqq n$（すなわち $a \leqq 1$）では，比熱のピークの位置は，$T_{\max} \simeq 0.5\varepsilon/k_B$ である*．すなわち，$k_B T = 0.5\varepsilon$ 程度の温度になると，系は，下の準位から上の準位に励起されやすくなるので，系の平均エネルギー $\bar{E}$ は，この温度領域で急激に増大する．このため比熱 C はこの温度領域でピークを持つ．

しかし，逆に，$a \geqq 1$ では，$a \to \infty$ となるにつれて，ピークの位置が $T_{\max} = \varepsilon/(k_B \log a)$ に比例して小さくなる．すなわち，上側の縮重度が大きくなると，低い温度でも励起される割合が増えて，より低い温度でピークが現われる**．

---

* $a=1$ の場合のピークの正しい位置は $T_{\max}=0.41678\varepsilon/k_B$ である．

** (2.75)の比熱のピークの位置は，$x=\varepsilon/k_B T_{\max}$ とおくと，$e^x = a(x+2)/(x-2)$ の方程式の解として与えられる．

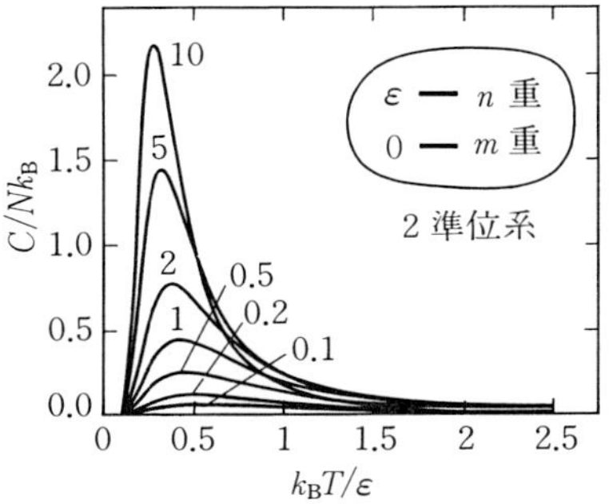

図 2-6　2 準位系の比熱．図の数値は $a=n/m$ を表わす．

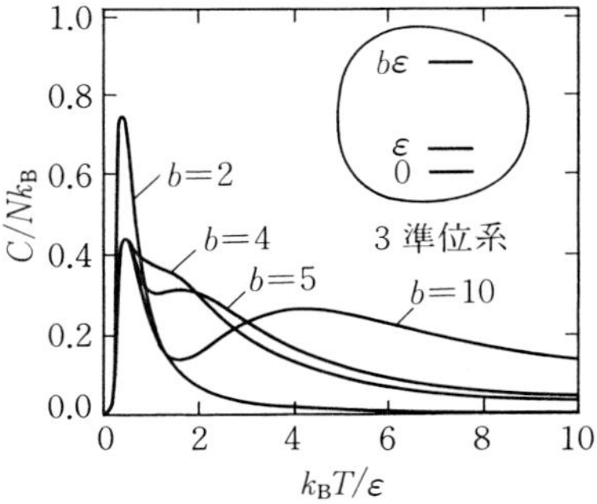

図 2-7　3 準位系の比熱．

このことは実験結果を解釈するときに有用である．

上では極端に簡単な場合として 2 準位系を考えたが，状態密度が 2 つのエネルギー準位の近傍に偏っている場合には定性的に上の議論が使える．

b）　3 準位系

次に図 2-7 のような 3 準位系，すなわち，エネルギー $0, \varepsilon, b\varepsilon\ (b \geqq 1)$ をとる独立した N 個の系を考える．3 つの準位がそれぞれ縮重していても同じ縮重度ならば，以下の議論はまったく同じである．実験結果を解釈する場合には，状態密度が 0, ε および $b\varepsilon$ の近傍に偏っている場合であると考えればよい．

さて，系の状態和は，

$$Z_N(\beta) = Z_1{}^N(\beta); \qquad Z_1(\beta) = 1 + e^{-\beta\varepsilon} + e^{-b\beta\varepsilon} \tag{2.76}$$

で与えられるから，エネルギーの平均値と比熱は

$$\begin{aligned} \bar{E} &= N\varepsilon \frac{e^{(b-1)\beta\varepsilon} + b}{e^{b\beta\varepsilon} + e^{(b-1)\beta\varepsilon} + 1} \\ C &= \frac{N\varepsilon^2}{k_B T^2} \frac{e^{(2b-1)\beta\varepsilon} + b^2 e^{b\beta\varepsilon} + (b-1)^2 e^{(b-1)\beta\varepsilon}}{(e^{b\beta\varepsilon} + e^{(b-1)\beta\varepsilon} + 1)^2} \end{aligned} \tag{2.77}$$

となる．比熱の温度変化を，$b=2, 4, 5, 10$ に対して示すと図 2-7 のようになる．すなわち b を大きくしていくと，$b=5$ 程度から*，ピークが 2 つに分かれる．

*　正確には，$b>4.4186\cdots$ で 2 つのピークが現われる．

最初のピークは，エネルギー準位 0 から ε への励起によるもので，a)項で議論したように，$T_{\max}^{(1)} \simeq 0.5\varepsilon/k_{\rm B}$ 程度の温度でピークを示す．このとき，高いエネルギー準位 $b\varepsilon$ は無視できる．次に，温度領域が $0.5b\varepsilon/k_{\rm B}$ 程度以上になると，下側の 2 つのエネルギー準位 0 と ε はまとめて $\varepsilon/2$ のところに 2 重に縮重していると考えることができる．こうすると，a)項で議論した 2 準位系の問題に帰着され，比熱のピークが $0.4b\varepsilon/k_{\rm B}$ 程度のところに現われることが直観的に理解される．同様にして，これら 3 つの準位をひとまとめにしてみることができる程度に高い($5b\varepsilon/k_{\rm B}$ 程度以上の)位置にエネルギー準位があれば，比熱に 3 つのピークが現われる．以下同様である．

2-7 調和振動子と黒体放射

ここでは，エネルギー準位が無限個ある系の中でもっとも簡単な系の 1 つとして 1 次元調和振動子を考える．この系のハミルトニアンは

$$\mathcal{H} = \frac{p^2}{2m} + \frac{1}{2}kq^2 \tag{2.78}$$

で与えられ，その固有値 ε_n は，よく知られているように，$\varepsilon_n = \left(n+\dfrac{1}{2}\right)h\nu$ で与えられる．ただし，$\nu = \dfrac{1}{2\pi}\sqrt{\dfrac{k}{m}}$ である．したがって，この系の状態和は

$$Z_1(\beta) = \sum_{n=0}^{\infty} e^{-\beta\varepsilon_n} = \frac{e^{-\frac{1}{2}\beta h\nu}}{1-e^{-\beta h\nu}} = \frac{1}{2\sinh(\beta h\nu/2)} \tag{2.79}$$

である．ゆえに，調和振動子 1 個当りのエネルギーは

$$\varepsilon = -\frac{\partial}{\partial\beta}\log Z_1(\beta) = \frac{1}{2}h\nu + \frac{h\nu}{e^{\beta h\nu}-1} \tag{2.80}$$

となる．これより，N 個の調和振動子からなる系の比熱 C は

$$C = N\frac{d\varepsilon}{dT} = \frac{N(h\nu)^2}{k_{\rm B}T^2}\frac{e^{\beta h\nu}}{(e^{\beta h\nu}-1)^2} \tag{2.81}$$

と与えられる．この式で，$\beta h\nu \to 0$ の場合，すなわち，高温近似($\beta \to 0$)，古典近似($h \to 0$)，低振動数近似($\nu \to 0$)のいずれの場合にも，比熱は $C_{\rm cl} = Nk_{\rm B}$ と

いう等分配則による古典的な値に近づく．低温になると，量子効果によるエネルギーギャップのため指数関数的に零に近づく．

この調和振動子の結果を用いて，黒体放射の問題を議論する．放射場は光量子で表わされると考えてよい*．しかも，光量子は，調和振動子のエネルギーのうち，零点振動エネルギー $h\nu/2$ を除いて，$nh\nu$ のエネルギーを持つものと考えられる．つまり振動数 ν の光量子のエネルギーは $\varepsilon(\nu)=h\nu/(\exp(\beta h\nu)-1)$ である．

一方，3次元放射場の振動数密度 $D(\nu)$ は次のように求められる．1辺の長さ L の箱に閉じこめられた波の波長 λ は，$L=n\lambda/2=nc/2\nu$ の関係，すなわち $n=2\nu L/c$ を満たさねばならない．ただし，n は正整数，c は光速である．また $c=\nu\lambda$ の関係を用いた．3次元では，3つの正整数 n_x, n_y, n_z を用いて，

$$n_x{}^2+n_y{}^2+n_z{}^2 = \left(\frac{2\nu L}{c}\right)^2 \tag{2.82}$$

となる．したがって，$\nu\sim\nu+d\nu$ の間にある振動子の数 $D(\nu)d\nu$ は，

$$2\cdot\frac{1}{8}\cdot 4\pi\left(\frac{2L}{c}\right)^3\nu^2 d\nu = \frac{8\pi V}{c^3}\nu^2 d\nu \tag{2.83}$$

と書ける．ただし，(2.83)の因子2は偏光の自由度を表わす．また，因子1/8は正の振動数に限定するために現われる．上記の $\varepsilon(\nu)$ の表式および(2.83)から，ν と $\nu+d\nu$ の間の振動数をもつ放射場の単位体積当りのエネルギー密度は

$$\rho(\nu)d\nu = \frac{8\pi h}{c^3}\cdot\frac{\nu^3 d\nu}{e^{\beta h\nu}-1} \tag{2.84}$$

となる．これは，低い振動数($\beta h\nu\to 0$)の領域では，**Rayleigh-Jeans の法則**

$$\rho(\nu) = \frac{8\pi\nu^2}{c^3}\cdot k_{\mathrm{B}}T \qquad (h\nu \ll k_{\mathrm{B}}T) \tag{2.85}$$

となり，逆に，高い振動数($\beta h\nu\to\infty$)の領域では，**Wien の法則**

$$\rho(\nu) = \frac{8\pi h}{c^3}\cdot\nu^3 e^{-h\nu/k_{\mathrm{B}}T} \qquad (h\nu \gg k_{\mathrm{B}}T) \tag{2.86}$$

---

* 本叢書『場の量子論』参照.

となる．このようにして，1900年に，Planckは放射場を統一的に扱うことに成功した．これらの式を実験の結果と比較することによって，Planckは**Boltzmann 定数** k_B や **Planck 定数** h の値を初めて決定した*．

2-8 独立なスピン系と常磁性

原子やイオンの磁性を扱うときには，$\hbar=h/2\pi$ を単位にした軌道角運動量 $\boldsymbol{L}$ とスピン角運動量 $\boldsymbol{S}$ の合成角運動量 $\boldsymbol{J}$ を考えなければならない．全角運動量 $\boldsymbol{J}=\boldsymbol{L}+\boldsymbol{S}$ は保存し，時間的に不変である．一方，軌道角運動とスピン角運動の効果による磁気モーメントの演算子は，無次元の $\boldsymbol{L}$ と $\boldsymbol{S}$ を用いて

$$\boldsymbol{\mu} = \frac{-e\hbar}{2mc}(\boldsymbol{L}+2\boldsymbol{S}); \quad \hbar \equiv \frac{h}{2\pi} \tag{2.87}$$

で与えられることが，少し面倒な量子力学的な計算で導ける．ここで，$\boldsymbol{S}$ は $\boldsymbol{L}$ に比べて2倍の効果を持っていることに注意すべきである．このため，$\boldsymbol{\mu}$ を $\boldsymbol{J}$ 方向に射影した大きさ，すなわち，歳差運動で打ち消されない時間平均した磁気モーメント $\bar{\boldsymbol{\mu}}$ は

$$\bar{\boldsymbol{\mu}} = -g\frac{e\hbar}{2mc}\boldsymbol{J}; \quad g = \frac{3}{2}+\frac{S(S+1)-L(L+1)}{2J(J+1)} \tag{2.88}$$

と表わされる**．この g は，**Landé 因子**と呼ばれる．この磁気モーメント $\bar{\boldsymbol{\mu}}$ が磁場 $\boldsymbol{H}$ の中におかれたときのエネルギー，すなわち，**Zeeman エネルギー**は

$$-\bar{\boldsymbol{\mu}}\cdot\boldsymbol{H} = g\mu_B\boldsymbol{J}\cdot\boldsymbol{H} \tag{2.89}$$

と表わされる．ここで，

$$\mu_B = \frac{e\hbar}{2mc} = \frac{eh}{4\pi mc} \tag{2.90}$$

---

* Planck 定数 h の値は $h=6.62377\times10^{-34}$ Js である．

** すなわち，$\bar{\boldsymbol{\mu}}=((\boldsymbol{\mu}\cdot\boldsymbol{J})/\boldsymbol{J}^2)\boldsymbol{J}$ を計算すればよい．そのさい，$\boldsymbol{J}\cdot\boldsymbol{S}=(\boldsymbol{J}^2+\boldsymbol{S}^2-\boldsymbol{L}^2)/2=(1/2)\cdot\{J(J+1)+S(S+1)-L(L+1)\}$ を用いる．

である．$\boldsymbol{L}=0$ のときは，$\boldsymbol{J}=\boldsymbol{S}$ となり，Zeeman エネルギーは，

$$\mathcal{H}_Z = -g\mu_B S^z H \tag{2.91}$$

と書ける．ただし，$\boldsymbol{H}$ の向きを z 方向にとり，また，電子の場合は慣例として，S^z の z の正の向きは，$\boldsymbol{H}$ のそれとは逆にとっている．これは，この方が便利だからである．また，スピンについては $g=2$ である．

さて，いま，N 個の独立なスピン $\{\boldsymbol{S}_j\}$ が磁場 H の中で熱平衡状態にあるとする．この系のハミルトニアンは

$$\mathcal{H} = -g\mu_B \sum_{j=1}^{N} S_j{}^z H \tag{2.92}$$

と表わされる．この系の状態和は

$$Z_N(\beta) = Z_1{}^N(\beta); \quad Z_1(\beta) = \sum_{m=-S}^{S} e^{\beta g\mu_B mH} = \frac{\sinh\left(\frac{2S+1}{2}\beta g\mu_B H\right)}{\sinh\left(\frac{1}{2}\beta g\mu_B H\right)} \tag{2.93}$$

となり，系のエネルギーの平均値は

$$E(T) = -Ng\mu_B SHB_S(\beta g\mu_B SH) \tag{2.94}$$

と表わされる．ただし，$B_S(x)$ は，

$$B_S(x) = \frac{2S+1}{2S}\coth\left(\frac{2S+1}{2S}x\right) - \frac{1}{2S}\coth\left(\frac{1}{2S}x\right) \tag{2.95}$$

で定義される **Brillouin 関数**である*．$S\to\infty$ でこれは，古典スピン系に対する次の **Langevin 関数**

$$L(x) = \coth x - \frac{1}{x} \tag{2.96}$$

に近づく．磁化 $M(T,H)$ は

$$M(T,H) = k_B T\frac{\partial}{\partial H}\log Z_N(\beta) = Ng\mu_B SB_S(\beta g\mu_B SH) \tag{2.97}$$

と与えられる．磁化率は

---

* $x\to 0$ では，$B_S(x) \simeq \left\{\frac{1}{3}(S+1)/S\right\}x$ である．また，$B_{1/2}(x) = \tanh x$ である．

$$\chi_0(T) \equiv \lim_{H\to 0}\frac{M(T,H)}{H} = \frac{N(g\mu_B)^2 S(S+1)}{3k_B T} \tag{2.98}$$

となる．これは**Hundの式**と呼ばれる．これは，$T\to 0$ で $1/T$ に比例して大きくなる．これを**Curieの法則**という*．特に，スピン $S=1/2$ に対しては，

$$\chi_0(T) = \frac{N\mu_B{}^2}{k_B T} \tag{2.99}$$

となる．ただし，$g=2$ であることを用いた．

2-9　自由電子の常磁性とLandau軌道反磁性

a）一般的な表式

磁場 H が z 方向にかけられているとする．この磁場中にある電子の運動エネルギーは，Landauが示したように，xy 面内の軌道運動が量子化されて

$$\varepsilon_n(p_z, H) = \frac{p_z{}^2}{2m} + (2n+1)\mu_B H; \qquad n = 0, 1, 2, \cdots \tag{2.100}$$

と与えられる**．これは**Landau準位**と呼ばれる（図2-8(a)参照）．xy 面内の円運動の自由度は，系の1辺の長さを L とし，

$$\frac{L^2}{h^2}\iint_{2n\mu_B H\cdot 2m < p_x{}^2+p_y{}^2 < (2n+2)\mu_B H\cdot 2m} dp_x dp_y = \frac{L^2}{h^2}\cdot\pi\cdot 2\mu_B H\cdot 2m = L^2\cdot\frac{eH}{hc} \tag{2.101}$$

となる．したがって，磁場中にある自由電子の大状態和の対数は，スピンのZeemanエネルギー $\pm\mu_B H$ を考慮して

$$\log \Xi = D\sum_{n=0}^{\infty}\sum_{\sigma=\pm 1}\int_{-\infty}^{\infty}\log\{1+\exp[-\beta(\varepsilon_n(p_z,H)-(\mu+\sigma\mu_B H))]\}dp_z \tag{2.102}$$

---

* 強磁性体の磁化率の表式 $\chi_0(T)=C/(T-T_c)$ は**Curie-Weiss則**と呼ばれる（第3章参照）が，これと混同しないこと．

** 磁場中の電子の円運動の振動数は $\nu=eH/(2\pi mc)$ となり，この円運動が量子化されると調和振動子のエネルギー準位 $h\nu(n+1/2)$ と同じエネルギー準位となる．

で与えられる．ただし，$D=(L/h)\cdot(L^2eH/hc)=VeH/h^2c$ である．化学ポテンシャル μ は粒子数 N(の平均)を用いて

$$N=\frac{\partial}{\partial(\beta\mu)}\log\Xi \tag{2.103}$$

によって決まる．(2.102)を一般の磁場の強さ H に対して正確に計算するのは困難である．そこで，ここでは，いくつかの極限について考察する．

b) Pauli の常磁性

まず，Landau の軌道の量子化の効果を無視して，スピンの Zeeman エネルギーの効果のみを考慮する．このときは，(2.102)の大状態和は，3 次元運動量の積分に帰着して

$$\log\Xi = V\frac{1}{h^3}\sum_{\sigma=\pm1}\iiint_{-\infty}^{\infty}\log(1+e^{-\beta(\varepsilon_p-\mu-\sigma\mu_{\mathrm{B}}H)})dp_x dp_y dp_z \tag{2.104}$$

となる．ただし，$\varepsilon_p=p^2/2m$ である．

この系の磁化 M は

$$M=\frac{\partial}{\partial(\beta H)}\log\Xi=\frac{V\mu_{\mathrm{B}}}{h^3}\iiint_{-\infty}^{\infty}\sum_{\sigma=\pm1}\frac{\sigma}{e^{\beta(\varepsilon_p-\mu-\sigma\mu_{\mathrm{B}}H)}+1}dp_x dp_y dp_z \tag{2.105}$$

と表わせる．これを磁場 H の 1 次まで展開して単位体積当りの常磁性磁化率 $\chi_{\mathrm{para}}(T)$ を求めると，

$$\chi_{\mathrm{para}}(T)=\frac{2\mu_{\mathrm{B}}{}^2}{h^3k_{\mathrm{B}}T}\iiint\frac{e^{\beta(\varepsilon_p-\mu)}}{(e^{\beta(\varepsilon_p-\mu)}+1)^2}dp_x dp_y dp_z \tag{2.106}$$

となる．ここで，$(\partial\mu/\partial H)_{H=0}=0$ を用いた*．したがって，Pauli の常磁性磁化率 $\chi_{\mathrm{para}}(T)$ は

$$\chi_{\mathrm{para}}(T)=\frac{\mu_{\mathrm{B}}{}^2}{V}\frac{\partial N}{\partial\mu} \tag{2.107}$$

とも書ける．ただし，粒子数は，(2.103)で $H=0$ とおいた式

---

* (2.103)からわかるように，μ は H の偶関数である．

$$N = \frac{2V}{h^3}\iiint \frac{1}{e^{\beta(\varepsilon_p-\mu)}+1}dp_x dp_y dp_z \tag{2.108}$$

で与えられる.

上の(2.107)の関係式は,実は,より簡単に,言わば現象論的に導くこともできる.すなわち,磁場中の電子系の自由エネルギー $F(T,H)$ は,磁場のない場合の自由エネルギー $F_0(\mu)$ を用いて

$$F(T,H) = \frac{1}{2}\{F_0(\mu+\mu_B H)+F_0(\mu-\mu_B H)\} \tag{2.109}$$

と書ける*.ここで,化学ポテンシャル μ は

$$N = -\frac{\partial F(T,H)}{\partial\mu} = -\frac{1}{2}\left\{\frac{\partial F_0(\mu+\mu_B H)}{\partial\mu}+\frac{\partial F_0(\mu-\mu_B H)}{\partial\mu}\right\} \tag{2.110}$$

から決まる.そこで,磁化 M は,

$$\begin{aligned} M &= -\frac{\partial F(T,H)}{\partial H} = -\frac{\mu_B}{2}\{F_0'(\mu+\mu_B H)-F_0'(\mu-\mu_B H)\} \\ &= -\mu_B{}^2 H F_0''(\mu)+O(H^2) \end{aligned} \tag{2.111}$$

と表わせる.したがって,単位体積当りの常磁性磁化率 $\chi_{\text{para}}(T)$ は

$$\chi_{\text{para}}(T) = -\frac{\mu_B{}^2}{V}\frac{\partial^2}{\partial\mu^2}F_0(\mu) \tag{2.112}$$

と書ける.ところで,(2.110)から $\partial F_0(\mu)/\partial\mu=-N$ となるから,これを用いると,(2.107)が導ける.

ここで,$T\to 0$ での $\chi_{\text{para}}(0)$ の値を求めてみよう.$T=0$ では,(2.24)から,$g_s=2$ とおいて,

$$N = V\frac{8\pi}{3}\left(\frac{2m\mu_0}{h^2}\right)^{3/2} \tag{2.113}$$

となるから,単位体積当り

* 磁場のない場合の F_0 はスピン縮重度2を含んでおり,半分ずつがそれぞれ $\pm\mu_B H$ だけ化学ポテンシャルがずれることになる.式(2.109)の1/2の因子はこのためである.

$$\chi_{\rm para}(0) = \frac{\mu_{\rm B}{}^2}{V}\frac{\partial N}{\partial \mu_0} = 4\pi\left(\frac{2m}{h^2}\right)^{3/2}\sqrt{\mu_0}\,\mu_{\rm B}{}^2 = \frac{3\mu_{\rm B}{}^2}{2\mu_0}\frac{N}{V} \qquad (2.114)$$

と与えられる．すなわち，(2.24)の状態密度 $D(\varepsilon)$ を用いると，1粒子当り $\chi_{\rm para}=3\mu_{\rm B}{}^2/(2\mu_0)=\mu_{\rm B}{}^2D(\mu_0)$ となる．これを **Pauli の常磁性**という．このように $T\to 0$ で正の有限の値をとるのが常磁性磁化率の特徴である．この結果は，現象論的には，次のように導ける．$T\to 0$ では，Fermi 準位 μ_0 の近傍にある個数 $D(\mu_0)\mu_{\rm B}H$ の電子が磁場 H の方向を向くことによって，エネルギーが $E\simeq-\mu_{\rm B}H\cdot D(\mu_0)\mu_{\rm B}H$ だけ下がり，磁化率は $\chi_{\rm para}(0)=-\partial^2E/\partial^2H\simeq\mu_{\rm B}{}^2D(\mu_0)$ のオーダーで与えられることになる．

高温では，(2.106)は古典近似(Boltzmann 統計)を用いて，

$$\chi_{\rm para}(T) = \frac{2\mu_{\rm B}{}^2}{h^3k_{\rm B}T}\iiint e^{-\beta(\varepsilon_p-\mu)}dp_xdp_ydp_z = \frac{2\mu_{\rm B}{}^2}{k_{\rm B}T}\left(\frac{2\pi mk_{\rm B}T}{h^2}\right)^{3/2}e^{\beta\mu} = \frac{\mu_{\rm B}{}^2}{k_{\rm B}T}\frac{N}{V} \qquad (2.115)$$

となる．ただし，N と μ との関係式を利用した．途中の温度領域を調べるにはビリアル展開や数値計算を行なわなければならない．

(2.114)と(2.115)を比べると，古典近似では $T\to 0$ で磁化率が発散するのに対して，Fermi 統計が発散を抑制する働きをしているのがわかる．これは，Pauli 原理のため，同じ準位に反対向きのスピンの粒子しか入れず，反磁性的効果が生じるためである．

c) Landau 軌道反磁性

次に，軌道の量子化の効果を調べてみる．(2.102)で Zeeman エネルギーの項を無視すると

$$\log \Xi = 2D\sum_{n=0}^{\infty}\int_{-\infty}^{\infty}\log\{1+\exp[-\beta(\varepsilon_n(p_z,H)-\mu)]\}dp_z \quad (2.116)$$

が得られる．これも一般的に計算するのは困難であるから，低温と高温の両極限を漸近的に調べてみる．まず，磁化率の表式を求めるために，(2.116)の $\log\Xi$ を磁場 H の2次まで展開することにする．しかし，ここで，(2.116)は，$H\to 0$ の極限で $0\times\infty$ の形になっていることに注意しなければならない．

ここで，次の変形された **Euler-Maclaurin** の公式*

$$\varepsilon\sum_{n=0}^{\infty} f\left(\left(n+\frac{1}{2}\right)\varepsilon\right) = \int_0^{\infty} f(x)dx + \frac{\varepsilon^2}{24}(f'(0)-f'(\infty)) + \mathrm{O}(\varepsilon^3) \quad (2.117)$$

を用いると便利である．この公式を(2.116)に適用するには，$\varepsilon=ehH/2\pi mc=2\mu_{\mathrm{B}}H$ とおき，さらに，$f(x)$ として，

$$f(x) = \frac{4\pi mV}{h^3}\int_{-\infty}^{\infty}\log\left\{1+\exp\left[-\beta\left(x+\frac{p_z^2}{2m}-\mu\right)\right]\right\}dp_z \quad (2.118)$$

とおけばよい．こうして，$f'(\infty)=0$ に注意すると，(2.116)から，H の2次までの近似で

$$\begin{aligned}\log \Xi(H)-\log \Xi(0) &= \frac{\varepsilon^2}{24}f'(0)\\ &= \frac{\mu_{\mathrm{B}}^2H^2}{6}\cdot\frac{4\pi mV}{h^3}(-\beta)\int_{-\infty}^{\infty}\frac{dp_z}{\exp[\beta(p_z^2/2m-\mu)]+1} \quad (2.119)\end{aligned}$$

となる．したがって，単位体積当りの磁化率 $\chi_{\mathrm{dia}}(T)$ は

$$\chi_{\mathrm{dia}}(T) = \lim_{H\to 0}\beta\frac{\partial^2}{\partial(\beta H)^2}\log\Xi = -\frac{\mu_{\mathrm{B}}^2}{3}\cdot\frac{4\pi m}{h^3}\int_{-\infty}^{\infty}\frac{dp_z}{\exp[\beta(p_z^2/2m-\mu)]+1} \quad (2.120)$$

と与えられ，**反磁性**(diamagnetism)となることがわかる．ここで，さらに，(2.106)の $\chi_{\mathrm{para}}(T)$ と比較する．まず，(2.106)から，

$$\begin{aligned}\chi_{\mathrm{para}}(T) &= \frac{2\mu_{\mathrm{B}}^2}{h^3k_{\mathrm{B}}T}\cdot 2mk_{\mathrm{B}}T\cdot\pi\int_0^{\infty}dx\int_{-\infty}^{\infty}\frac{e^{x+\beta(p_z^2/2m-\mu)}}{(e^{x+\beta(p_z^2/2m-\mu)}+1)^2}dp_z\\ &= \frac{\mu_{\mathrm{B}}^2\cdot 4\pi m}{h^3}\left[-\int_{-\infty}^{\infty}\frac{1}{e^{x+\beta(p_z^2/2m-\mu)}+1}dp_z\right]_0^{\infty}\\ &= \frac{\mu_{\mathrm{B}}^2\cdot 4\pi m}{h^3}\int_{-\infty}^{\infty}\frac{dp_z}{\exp[\beta(p_z^2/2m-\mu)]+1} \quad (2.121)\end{aligned}$$

---

* この公式は $f(x\varepsilon)=F(x)$ とおくことによって，(2.117)で $\varepsilon=1$ とおいた式と等価になる．この等価な $F(x)$ に対する公式は，

$$\int_a^b F(x)dx = F\left(\frac{a+b}{2}\right)(b-a)+\frac{1}{24}[F'(b)-F'(a)](b-a)^2+\cdots$$

より容易に導ける．すなわち，それは，上式で $a=n$，$b=n+1$ とおいて，$n=0,1,2,3,\cdots$ の式を辺々たし合わせると得られる．

となることに注意すると，

$$\chi_{\text{dia}}(T) = -\frac{1}{3}\chi_{\text{para}}(T) \tag{2.122}$$

であることがわかる．これを**Landau 軌道反磁性**という．このように，軌道運動に基づく磁性は反磁性を示す．これは，正電荷をもった粒子でも，また，Bose 粒子系や Boltzmann 粒子系でもまったく同様に成立する．この反磁性は，**Le Chatelier-Braun の原理**の一例である．すなわち，磁場がかかると，それを打ち消す方向に磁化するのである．これに反してスピンの場合は，単にエネルギーを下げる方向に磁化するので常磁性となる．両方の磁性の効果をたし合わせると，合計の磁化率 $\chi(T)$ は

$$\chi(T) = \chi_{\text{para}}(T) + \chi_{\text{dia}}(T) = \frac{2}{3}\chi_{\text{para}}(T) \tag{2.123}$$

となる*.

一般の半奇数スピン S をもつ Fermi 粒子系に対してもまったく同様にして，

$$\chi^{(S)}(T) = \chi_{\text{para}}{}^{(S)}(T) + \chi_{\text{dia}}{}^{(S)}(T) = \frac{\mu_B{}^2\{S(S+1)g^2-1\}}{3V}\frac{\partial N}{\partial \mu} \tag{2.124}$$

で与えられる．ここで，N は(2.108)を一般の S に拡張して

$$N = \frac{(2S+1)V}{h^3}\iiint \frac{1}{e^{\beta(\varepsilon_p-\mu)}+1}d^3p \tag{2.125}$$

で与えられる．こうして，一般のスピンでは，常磁性と反磁性の強さの比は，$S(S+1)g^2:1$ となる．こうして，$S=1/2$ の場合に $3:1$ となるメカニズムが理解できる．

d) 強い磁場中での自由電子の磁性——de Haas-van Alphen 効果

強い磁場の中での電子の振舞いを調べるには，(2.102)の一般的な表式を研究しなければならない．(2.102)のエネルギー準位 $\varepsilon_n(p_z, H) - \sigma\mu_B H$ は，まとめ直すと，$\varepsilon_{p^z} + 2n\mu_B H$ $(n=0,1,2,\cdots)$ と書ける．ただし，図 2-8 (b)のように，

---

* スピンと軌道の効果は対称性が異なるため，両方の積の効果は $\chi(T)$ には現われない．H の高次の効果としては現われる．

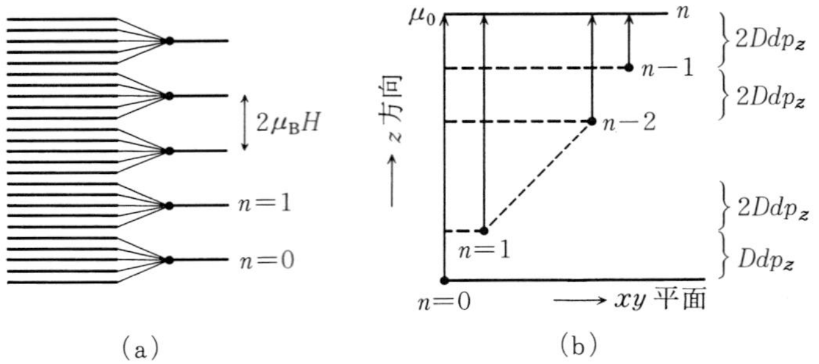

図 2-8 (a) 磁場 H の中で，量子化されたエネルギー準位．
(b) xy 平面内での量子化と z 方向の連続エネルギー準位．
D と $2D$ は状態密度を表わす．ただし，$D=VeH/h^2c$．

$n=0$ の縮重度を D とすると，$n=1, 2, \cdots$ の縮重度は $2D$ となる．ここで，D は，(2.102)のすぐ後で定義した通り，$D=VeH/h^2c$ で与えられる．このようにまとめ直しても，(2.102)を正確に計算するのは大変面倒であるから，ここではまず，現象論的な議論をする．そこで量子効果が顕著に現われる絶対零度 $T=0$ の場合を調べてみる．図 2-8 からわかるように，磁場を強くすると Landau 準位の間隔が広がり，Landau 準位(2.100)の 1 つ 1 つが Fermi 準位を通過するたびに磁化が急激に変化し，振動することがわかる．磁場の強さを変化させると，結果的に Fermi 準位が変化したのと同じになる．いま，n 番目の Landau 準位のところに Fermi 準位 μ_0 が対応しているとすると，

$$2\mu_B H\cdot n = \mu_0 \tag{2.126}$$

となる．次に，磁場が ΔH だけ大きくなり，$(n-1)$番目の Landau 準位が Fermi 準位のところにくるとすれば

$$2\mu_B(H+\Delta H)(n-1) = \mu_0 \tag{2.127}$$

となる．これより，n が大きいとき，$\Delta H=H/n=H^2\cdot 2\mu_B/\mu_0$ が得られる．この式の右辺には H^2 が含まれているので，$1/H$ を変数にとると

$$\Delta\left(\frac{1}{H}\right) = \frac{\Delta H}{H^2} = \frac{2\mu_B}{\mu_0} \tag{2.128}$$

となる．すなわち，$\Delta(1/H)$ は H によらずに一定となるので，これは振動の

周期とみなせる．これは，Landau による，より詳しい正確な計算結果と一致する．

次に，磁化振動の振幅を求めるために，エネルギーの振動部分 $E_{\text{osc}}(H)$ を再び現象論的に求めてみる．Landau 準位の間隔の 1/2 が Fermi 準位 μ_0 を通過するときに変化するエネルギー* は，z 方向の準位の数

$$\frac{L}{h}\int_0^{\sqrt{2m\mu_{\text{B}}H}} dp_z = \frac{L}{h}\sqrt{2m\mu_{\text{B}}H} \tag{2.129}$$

と xy 平面内の準位の数 $2L^2eH/hc$ との積に，Landau 準位のエネルギー単位 $2\mu_{\text{B}}H$ の半分をかけて

$$\begin{aligned} E_{\text{osc}}(H)\text{ の振幅} &= \frac{L}{h}\sqrt{2m\mu_{\text{B}}H}\cdot\frac{2L^2eH}{hc}\cdot 2\mu_{\text{B}}H\times\frac{1}{2} \\ &= \frac{V}{h^3}\cdot 8\sqrt{2}\,\pi m^{3/2}(\mu_{\text{B}}H)^{5/2} \end{aligned} \tag{2.130}$$

と求められる．振動の周期が(2.128)で与えられることを考慮して，振動部分を近似的に $\cos(\pi\mu_0/\mu_{\text{B}}H-\varphi)$ と表わすと，

$$E_{\text{osc}}(H) \simeq \frac{V}{h^3}\cdot 8\sqrt{2}\,\pi m^{3/2}(\mu_{\text{B}}H)^{5/2}\cos\left(\frac{\pi\mu_0}{\mu_{\text{B}}H}-\varphi\right) \tag{2.131}$$

となる．したがって，磁化 $M_{\text{osc}}(H)$ は，数因子を省いて，

$$M_{\text{osc}}(H) \simeq -\frac{\partial E_{\text{osc}}(H)}{\partial H} \simeq -\frac{V}{h^3}(m\mu_{\text{B}})^{3/2}\mu_0 H^{1/2}\sin\left(\frac{\pi\mu_0}{\mu_{\text{B}}H}-\varphi\right) \tag{2.132}$$

と与えられる．ここで，(2.131)の中の $H^{5/2}$ を微分して出てくる項は，(2.132)の項と比べると $\mu_{\text{B}}H/\mu_0$ のオーダーで小さいから無視できる．Landau は詳しい計算により，$k_{\text{B}}T\ll\mu_0$ を満たす一般の温度に対して次の表式(主要項)

$$M_{\text{osc}}{}^{(\text{L})}(H) = -\frac{8\sqrt{2}\,\pi^2\sqrt{\mu_{\text{B}}}m^{3/2}\mu_0 k_{\text{B}}TV}{h^3\sqrt{H}}\frac{\sinh(\pi\mu_0/\mu_{\text{B}}H-\pi/4)}{\sinh(\pi^2k_{\text{B}}T/\mu_{\text{B}}H)} \tag{2.133}$$

を求めた．この式で $T\to 0$ とすると，それは(2.132)の $\varphi=\pi/4$ の場合に，数

---

* 因子 1/2 は，エネルギーが周期の 1/2 ごとに大きく変化することに対応している．

因子を除いて一致する．

このように，強い磁場中で量子効果により磁化の磁場に関する振動が現われることを**de Haas-van Alphen効果**という．上の現象論は，$k_B T \lesssim \mu_B H$ の温度領域では同様に成り立ち，Landauの表式(2.133)からもわかるように，磁化には振動的な磁場依存性が現われる．振動の周期はLandau準位の幅 $2\mu_B H$ によって決まるが，その振幅には z 方向の運動も効いて $H^{1/2}$ の因子がはいる．2次元電子系の場合には，振幅は磁場 H によらなくなる．

さて，波数 k ($p \equiv \hbar k$)を用いて，Fermi運動量を $p_F = \sqrt{2m\mu_0} = \hbar k_F$ と表わすと，Fermi波数 k_F は $k_F = p_F/\hbar = \sqrt{2m\mu_0}/\hbar$ となる．自由電子の**Fermi面***は波数空間で球面となり，半径が k_F であるから，そのFermi面の面積 S は $S = \pi k_F{}^2 = 2\pi m\mu_0/\hbar^2$ となる．この面積 S を用いると，de Haas-van Alphen効果の振動の周期は，

$$\Delta\left(\frac{1}{H}\right) = \frac{2\pi e}{\hbar c S} \tag{2.134}$$

と表わされる．実は，金属などのように，Fermi面が球面でなく，電子の質量も有効質量 m^* となっている場合でも，磁場 H に垂直な断面積 S を用いれば，物質中の磁束密度 B の逆数に対する周期 $\Delta(1/B)$ が(2.134)の右辺で表わされることになる．こうして，金属のいろいろな方向に磁場をかけて，振動の周期 $\Delta(1/B)$ を十分低温で実験的に測定すると，それぞれの断面積 S がわかり，これより，その物質(金属や半金属など)のFermi面の様子がわかる．

2-10 Bose粒子の磁性

自由電子の磁性とまったく同様にして，電荷 e，スピン S (整数)をもった理想Bose粒子系の常磁性磁化率 $\chi_{para}{}^{(B)}(T)$ は，

* 結晶内電子の1電子エネルギー ε は，Blochの定理により波数ベクトル $\boldsymbol{k}$ の関数として，$\varepsilon = \varepsilon(\boldsymbol{k})$ のように表わされる．Fermi準位 μ_0 に対して，$\varepsilon(\boldsymbol{k}_F) = \mu_0$ となる $\boldsymbol{k}_F$ の作る波数空間の面をFermi面という．

$$\chi_{\text{para}}{}^{(\text{B})}(T) = \frac{S(S+1)}{3}\frac{(g\mu_{\text{B}})^2}{V}\frac{\partial N}{\partial \mu} \tag{2.135}$$

となる．ただし，N は $\varepsilon_p=0$ に凝縮した粒子数 N_0 を用いて

$$N = N_0+\frac{(2S+1)V}{h^3}\iiint\frac{1}{e^{\beta(\varepsilon_p-\mu)}-1}d^3p \tag{2.136}$$

と書ける*．また N_0 は，

$$N_0 = \frac{1}{e^{-\beta\mu}-1} \tag{2.137}$$

で与えられる．したがって，

$$\frac{\partial N_0}{\partial \mu} = \frac{\beta e^{-\beta\mu}}{(e^{-\beta\mu}-1)^2} = \beta e^{-\beta\mu}N_0{}^2 \sim N_0{}^2 \tag{2.138}$$

となり，Bose-Einstein 凝縮が起こって N_0 が巨視的な数，すなわち，N のオーダーになると，1 粒子当りの磁化率 $\chi_{\text{para}}{}^{(\text{B})}(T)$ は，$T \leqq T_{\text{c}}$ では常に発散して存在しない．

そこで，Bose-Einstein 凝縮が起こらない温度領域，すなわち，$T > T_{\text{c}}$ の領域に対して以下議論する．このときは，$N_0=0$ であり，Landau の軌道反磁性磁化率は，Fermi 粒子系とまったく同様に，

$$\chi_{\text{dia}}{}^{(\text{B})}(T) = -\frac{1}{V}\frac{\mu_{\text{B}}{}^2}{3}\frac{\partial N}{\partial \mu} \tag{2.139}$$

と与えられる．したがって，全磁化率 $\chi^{(\text{B})}(T)$ は，

$$\chi^{(\text{B})}(T) = \chi_{\text{para}}{}^{(\text{B})}(T)+\chi_{\text{dia}}{}^{(\text{B})}(T) = \frac{\mu_{\text{B}}{}^2}{3V}\{S(S+1)g^2-1\}\frac{\partial N}{\partial \mu} \tag{2.140}$$

で与えられ，Fermi 粒子系の表式(2.124)と同形になる．もちろん，N の表式やスピン S はそれぞれ Fermi 粒子系，Bose 粒子系に対応するものを用いなければならない．(2.140)で $S=0$ の場合は，当然ながら，Landau の軌道反磁性のみとなる．

---

* $\displaystyle\sum_{S_z=-S}^{S} S_z{}^2 = \frac{1}{3}S(S+1)(2S+1)$ を用いた．

2-11 少数 Fermi 粒子系と久保効果

a) 少数 Fermi 粒子系の磁性

まず初めに，統計力学的な単なるモデルとして，スピン $S=1/2$ の Fermi 粒子(例えば自由電子)が少数個存在する統計集団を考える．エネルギー準位は ε_0 $(=0), \varepsilon_1, \varepsilon_2, \cdots$ とする．磁場 H 中の 1 個の Fermi 粒子の状態和は，

$$Z(\beta, H) = \sum_j \sum_{\sigma=\pm 1} e^{-\beta(\varepsilon_j - \sigma\mu_B H)} = 2\cosh(\beta\mu_B H)\sum_j e^{-\beta\varepsilon_j} \quad (2.141)$$

となり，当然ながら Fermi 統計性は現われない．したがって，磁化と磁化率は，それぞれ

$$M^{(1)} = \mu_B \tanh\left(\frac{\mu_B H}{k_B T}\right), \qquad \chi_0{}^{(1)}(T) = \frac{\mu_B{}^2}{k_B T} \quad (2.142)$$

となり，$\{\varepsilon_j\}$ の構造は効かない．

次に，2 個の Fermi 粒子系を考えると，この系の状態和は，Fermi 統計性を考慮して

$$Z_2(\beta, H) = \frac{1}{2}\sum_{j_1}\sum_{j_2}\sum_{\sigma_1=\pm 1}\sum_{\sigma_2=\pm 1} e^{-\beta(\varepsilon_{j_1}(\sigma_{j_1}) + \varepsilon_{j_2}(\sigma_{j_2}))} = \frac{1}{2}(Z^2(\beta, H) - Z(2\beta, H))$$

(ただし $j_1 = j_2$ かつ $\sigma_1 = \sigma_2$ を除く) (2.143)

と与えられる．ただし，$\varepsilon_j(\sigma_j) = \varepsilon_j - \sigma_j\mu_B H$ である．よって，この系の磁化 $M^{(2)}$ は，

$$\frac{M^{(2)}}{\mu_B} = \frac{\partial}{\partial(\beta H)}\log Z_2(\beta, H) = \frac{2Z(\beta, H)\dfrac{\partial}{\partial(\beta H)}Z(\beta, H) - \dfrac{\partial}{\partial(\beta H)}Z(2\beta, H)}{Z^2(\beta, H) - Z(2\beta, H)} \quad (2.144)$$

となり，(2.141)を用いると，この系の磁化率は，

$$\chi_0{}^{(2)}(T) = \frac{2\mu_B{}^2}{k_B T} \times \frac{Z^2(\beta, 0) - 2Z(2\beta, 0)}{Z^2(\beta, 0) - Z(2\beta, 0)} \quad (2.145)$$

と求められる．低温では $\varepsilon_0=0$ と $\varepsilon_1=\varepsilon$ という最低の 2 つの準位だけを用いて

$$Z(\beta,0) \simeq 2(1+e^{-\beta\varepsilon}) \tag{2.146}$$

と近似できるので，磁化率は，低温では

$$\chi_0^{(2)}(T) \simeq \frac{8\mu_B^2}{k_B T}\frac{e^{-\beta\varepsilon}}{1+4e^{-\beta\varepsilon}+e^{-2\beta\varepsilon}} \simeq \frac{8\mu_B^2}{k_B T}e^{-\beta\varepsilon} \tag{2.147}$$

となる*．このように，Fermi 統計性により，結果として 2 つのスピンの間には，反強磁性的な力が働いているのと同様の振舞いが低温で見られる．この様子は，図 2-9 を見るとよくわかる．

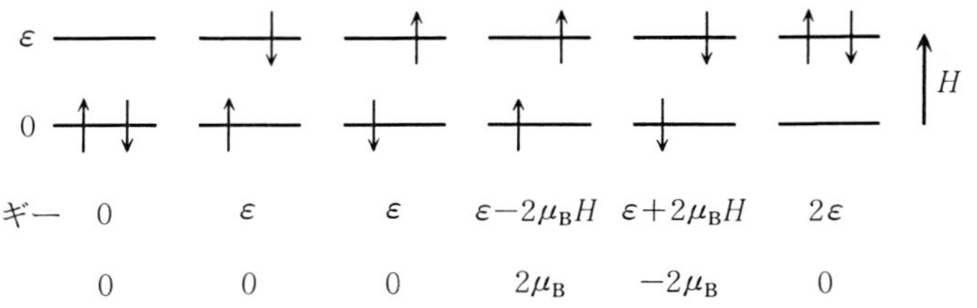

図 2-9　2 準位系の 2 つの Fermi 粒子の配位とそのエネルギーおよび磁化.

同様にして，N 個の Fermi 粒子系の状態和，磁化，および磁化率を求めることができるが，一般には，自由 Fermi 粒子系の大状態和

$$\Xi(\lambda) = \exp\left[\sum_{j,\sigma_j}\log(1+\lambda e^{-\beta\varepsilon_j(\sigma_j)})\right] \tag{2.148}$$

から

$$Z_N(\beta) = \frac{1}{2\pi i}\oint\frac{\Xi(\lambda)}{\lambda^{N+1}}d\lambda \tag{2.149}$$

の公式を用いて求めることができる．すなわち，(2.148)を λ で展開して λ^N の項を求めればよい．容易に，$Z_N(\beta)$ は

$$\Xi(\lambda) = \exp\left[-\sum_{n=1}^{\infty}\frac{(-\lambda)^n}{n}Z(n\beta)\right]; \qquad Z(\beta) = \sum_{j,\sigma}e^{-\beta\varepsilon_j(\sigma)} \tag{2.150}$$

---

* もし，$\varepsilon_2=2\varepsilon$ の場合には，エネルギー準位 ε_2 が $\exp(-2\beta\varepsilon)$ の項に効いてくる．$\varepsilon_2>2\varepsilon$ ならば，(2.147)は $\exp(-2\beta\varepsilon)$ のオーダーまで正しい表式である．

から，

$$Z_N(\beta) = \sum_{k_1, k_2, \cdots (k_1+2k_2+\cdots=N)} \sum \cdots \sum \frac{{z_1}^{k_1}{z_2}^{k_2}{z_3}^{k_3}}{k_1!k_2!k_3!\cdots} \tag{2.151}$$

と与えられる*．ここで，z_n は

$$z_n = \frac{(-1)^{n-1}}{n} Z(n\beta) \tag{2.152}$$

である．(2.151)で $N=2$ とおくと，

$$Z_2(\beta) = \frac{1}{2}{z_1}^2 + z_2 = \frac{1}{2}(Z^2(\beta) - Z(2\beta)) \tag{2.153}$$

となり，再び(2.143)が導かれる．同様に，

$$Z_3(\beta) = \frac{1}{3!}(Z^3(\beta) - 3Z(\beta)Z(2\beta) + 2Z(3\beta)) \tag{2.154}$$

が得られる．$N \geqq 4$ の表式も同様である．

特に，図 2-10 のような 3 準位系について，$Z_3(\beta)$ を求めると

$$\begin{aligned} Z_3(\beta) = &(e^{-\beta\varepsilon_1} + e^{-\beta\varepsilon_2} + e^{-2\beta\varepsilon_1} + e^{-2\beta\varepsilon_2} + e^{-\beta(2\varepsilon_1+\varepsilon_2)} + e^{-\beta(\varepsilon_1+2\varepsilon_2)}) \\ &\times 2\cosh(\beta\mu_B H) + e^{-\beta(\varepsilon_1+\varepsilon_2)} \cdot 8\cosh^3(\beta\mu_B H) \end{aligned} \tag{2.155}$$

となる．これより，この系の磁化や磁化率が容易に求まる．すなわち，低温では，図 2-10 の 6 つの準位が主として効くので

$$\chi_0^{(3)}(T) \simeq \frac{{\mu_B}^2}{k_B T} \tag{2.156}$$

となり，1 個の Fermi 粒子の場合の磁化率(2.142)と同じ振舞いをする．このように，一般に粒子数が一定の Fermi 粒子系の磁化率の低温での振舞いは，粒子数が奇数か偶数かによって定性的に異なる．これは，次項で述べる久保効果の一例である．独立なスピン系の磁化率は，スピン数 N の偶奇によらず，(2.99)すなわち，$\chi_0(T) = N\mu_B^2/k_B T$ で与えられるので，Fermi 粒子系とは大

* 古典的粒子のように 1 粒子の状態和 $Z(\beta)$ が体積 V に比例する場合には，$V\to\infty$ の極限では，(2.151)で $k_1=N$ の項のみが残り，他の項は $(1/V)$ の高次となり，よく知られた公式 $Z_N(\beta) = Z^N(\beta)/N!$ となって，(2.151)式は無用である．

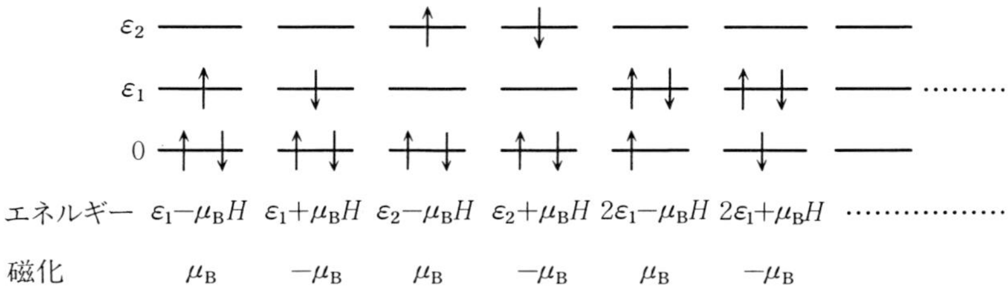

図 2-10　3 準位系の配位(エネルギーの低い方から 6 つを例示したが，合計で 20 個の配位がある).

いに異なる.

b)　金属微粒子と久保効果

金属微粒子と久保効果の全貌を説明する紙数はここにはないので，その統計力学的側面を主として述べる．久保によると*，金属微粒子では，低温においては，電気的中性の条件が完全になり立ち，各微粒子の電子数は一定に保たれる．なぜなら，半径 a の金属微粒子から電子を 1 個とり除く(かまたは追加する)ための静電エネルギーは $W=e^2/2a$ であり，$a\simeq200$ Å としても $W\simeq0.035$ eV $\simeq400$ K となるから，1 K 程度の温度においては，この程度の半径の金属微粒子では電子数は一定に保たれる．したがって，通常よく使われる大状態和に基づく Fermi 分布関数を用いた計算は金属微粒子には適用できない．前 a)項に述べたような少数 Fermi 粒子系の統計力学的取扱いが必要となる．さらに，金属微粒子の大きさが有限であるから，その 1 粒子エネルギー準位も離散的であり，a)項のモデルのように，$\varepsilon_0, \varepsilon_1, \varepsilon_2, \cdots$ の間の間隔は有限である.

さて，このように，エネルギー準位もとびとびで電子数も一定の系の統計力学的計算をするには，カノニカル集団の方法を用いなければならない．ところで，微粒子と言えども，半径が 100 Å 程度になれば電子数も数万から数十万の大きさになるであろうから，a)項の方法で，$N=10^4\sim10^5$ まで計算を進めるのは困難である．しかし，低温では，電子は Fermi 統計性により，Fermi 準

* もっと詳しい物理的議論は原著論文 R. Kubo: J. Phys. Soc. Jpn. **17** (1962) 975; および解説 W. P. Halperin: Rev. Mod. Phys. **58** (1986) 533 を参照.

位 μ_0 までほとんどつまっており，Fermi 準位近傍の少数個の電子が励起されるだけである．そこで，前項のエネルギー準位を Fermi 準位から測った値と解釈し直せば，計算結果はそのまま使えることになる．ただし，次のことに注意しなければならない．実際の金属微粒子は大きさがまちまちであり，また，相互作用の対称性により，Fermi 準位近傍のエネルギー差 ε の分布 $P(\varepsilon)d\varepsilon$ には，次のように 3 種類あることが知られている：

$$P(\varepsilon) \sim \varepsilon^n \qquad (n=1,2,4) \tag{2.157}$$

詳しい研究によると，(i) ハミルトニアンが直交変換群をもつ場合(orthogonal ensemble)，すなわち電子の軌道運動としてエネルギーが決まる場合には，$n=1$，(ii) ハミルトニアンが斜交変換群をもつ場合(symplectic ensemble)，すなわちスピン軌道相互作用の場合には，$n=4$，(iii) ハミルトニアンがユニタリ変換群をもつ場合(unitary ensemble)，すなわち磁場が強く時間反転対称性が破れている場合には，$n=2$ である．

これらの分布を用いて，前項の磁化率(2.147)や(2.156)を平均することにより，すなわち前項で求めた磁化率を $\chi_0(T,\varepsilon)$ とおき，これを

$$\langle\chi_0(T)\rangle = \int_0^\infty \chi_0(T,\varepsilon)P(\varepsilon)d\varepsilon \tag{2.158}$$

によって平均することによって，金属微粒子の磁化率が得られる．前項の表式からもわかるように，これらの平均磁化率などは，通常の巨視的な系($V\to\infty$)の磁化率などとは，低温領域での温度変化が異なる．これは，実験的にも定性的に確かめられている．このように，微粒子の特異な量子効果は一般に**久保効果**と呼ばれている．

2-12 相互作用のある系とキュムラント展開および高温展開

今まで主として相互作用のない系の統計力学的取扱いを説明してきた．すなわち，相互作用があっても有効的に質量にくり込まれている場合や量子効果が有効的に引力や斥力として働くような場合を扱った．ここでは，もっと一般の相

互作用がある場合を扱う方法の1つを説明する.

一般的な系のハミルトニアン $\mathcal{H}$ の状態和 Z は

$$Z = \mathrm{Tr}\, e^{-\beta\mathcal{H}} = \sum_{n=0}^{\infty} \frac{(-\beta)^n}{n!} \mathrm{Tr}\, \mathcal{H}^n \tag{2.159}$$

と展開できる. $\mathrm{Tr}\, \mathcal{H}^n$ は原理的には計算可能である. 自由エネルギー F は

$$\begin{aligned} -\beta F &= \log Z = \log\left(\mathrm{Tr}\, \mathbf{1} - \beta\, \mathrm{Tr}\, \mathcal{H} + \frac{1}{2}\beta^2\, \mathrm{Tr}\, \mathcal{H}^2 + \cdots\right) \\ &= \log \mathrm{Tr}\, \mathbf{1} + \log\left(1 - \beta\langle\mathcal{H}\rangle + \frac{1}{2}\beta^2\langle\mathcal{H}^2\rangle + \cdots\right) \\ &= \log \mathrm{Tr}\, \mathbf{1} - \beta\langle\mathcal{H}\rangle + \frac{1}{2}\beta^2(\langle\mathcal{H}^2\rangle - \langle\mathcal{H}\rangle^2) + \cdots \end{aligned} \tag{2.160}$$

と展開できる. ただし, $\langle\cdots\rangle$ は

$$\langle Q\rangle = \mathrm{Tr}\, Q/\mathrm{Tr}\, \mathbf{1} \tag{2.161}$$

と定義する.

β の n 次の項を議論するために, 次のような**キュムラント**を導入する. すなわち,

$$\langle e^{xQ}\rangle = \exp\left(\sum_{m=1}^{\infty} \frac{x^m}{m!}\langle Q^m\rangle_{\mathrm{c}}\right) \tag{2.162}$$

によって, **m 次のキュムラント** $\langle Q^m\rangle_{\mathrm{c}}$ を定義する. これらは, 具体的には, $\kappa_m \equiv \langle Q^m\rangle_{\mathrm{c}}$ および $\mu_m \equiv \langle Q^m\rangle$ とおくと,

$$\kappa_1 = \mu_1, \quad \kappa_2 = \mu_2 - \mu_1{}^2, \quad \kappa_3 = \mu_3 - 3\mu_2\mu_1 + 2\mu_1{}^3, \quad \cdots \tag{2.163}$$

と表わされる. もっと一般にはモーメント $\{\mu_j\}$ を用いて

$$\kappa_m = -m! \sum_{j=1}^{m} \sum_{k_1, k_2, \cdots} \left(\sum_i k_i - 1\right)! (-1)^{\Sigma k_i} \prod_{i=1}^{j} \frac{1}{k_i!} \left(\frac{\mu_{m_i}}{m_i!}\right)^{k_i} \tag{2.164}$$

と書ける. ただし, $\{k_j\}$ は $0 \leqq m_1 < m_2 < \cdots < m_j$ を満たす整数 $\{m_i\}$ に対して

$$k_1 m_1 + k_2 m_2 + \cdots + k_j m_j = m \tag{2.165}$$

の解として与えられる. この m 次のキュムラントはまた

$$\kappa_m = (-1)^{m-1} \begin{vmatrix} \mu_1 & 1 & 0 & \cdots & & & \\ \mu_2 & \mu_1 & 1 & 0 & & & \\ \mu_3 & \mu_2 & \binom{2}{1}\mu_1 & 1 & 0 & & \\ \mu_4 & \mu_3 & \binom{3}{1}\mu_2 & \binom{3}{2}\mu_1 & 1 & 0 & \\ \mu_5 & \mu_4 & \binom{4}{1}\mu_3 & \binom{4}{2}\mu_2 & \binom{4}{3}\mu_1 & 1 & 0 \\ \vdots & & & & & & \ddots \end{vmatrix}_m \qquad (2.166)$$

のように行列式を用いて表わすこともできる．ただし，$\binom{n}{m} = {}_nC_m$ である．

以上のように定義したキュムラントは，その定義からわかるように，次のような特徴を持っている．いま，Q が $Q=\sum Q_j$ のように N 個の和として表わされる N のオーダーの変数であるとき，モーメント $\mu_m = \langle Q^m \rangle$ は N^m のオーダーであるが，m 次のキュムラント $\kappa_m = \langle Q^m \rangle_c$ は，すべての m に対して N のオーダーである．物理的には，これは明らかである．すなわち，(2.162)で $\log\langle e^{xQ}\rangle$ は，x によらず，いつも示量的(N のオーダー)でなければならないからである．

このキュムラントを用いると，(2.160)の展開は

$$-\beta F = \log \mathrm{Tr}\, 1 + \sum_{n=1}^{\infty} \frac{(-\beta)^n}{n!} \langle \mathcal{H}^n \rangle_c \qquad (2.167)$$

と表わされる．$\beta = 1/k_B T$ であるから，この展開は**高温展開**と呼ばれる．第3章で述べるように，この高温展開法は臨界現象の研究によく用いられている．

2-13　摂動展開法

いま，全体系のハミルトニアンが $\mathcal{H} = \mathcal{H}_0 + \lambda \mathcal{H}_1$ と2つの相互作用の和として表わされ，$\mathcal{H}_0$ は容易に対角化されるとする．このとき，$\exp[-\beta(\mathcal{H}_0 + \lambda\mathcal{H}_1)]$ を λ で展開するのが摂動展開法である．

a)　$\mathcal{H}_0$ が $\mathcal{H}_1$ と可換なときの摂動展開

まず，状態和は

$$Z(\beta) = \mathrm{Tr}\, e^{-\beta(\mathcal{H}_0+\lambda\mathcal{H}_1)} = \mathrm{Tr}\, e^{-\beta\mathcal{H}_0}e^{-\beta\lambda\mathcal{H}_1}$$

$$= \sum_{n=0}^{\infty} \frac{(-\beta\lambda)^n}{n!}(\mathrm{Tr}\, \mathcal{H}_1{}^n e^{-\beta\mathcal{H}_0}/\mathrm{Tr}\, e^{-\beta\mathcal{H}_0})\, \mathrm{Tr}\, e^{-\beta\mathcal{H}_0} \tag{2.168}$$

と展開できる．したがって，

$$\log Z(\beta) = \sum_{m=1}^{\infty} \frac{(-\beta\lambda)^m}{m!}\langle\mathcal{H}_1{}^m\rangle_c + \log \mathrm{Tr}\, e^{-\beta\mathcal{H}_0} \tag{2.169}$$

と書ける．ただし，m 次のキュムラント $\langle\mathcal{H}_1{}^m\rangle_c$ はモーメント

$$\langle\mathcal{H}_1{}^m\rangle = \mathrm{Tr}\, \mathcal{H}_1{}^m e^{-\beta\mathcal{H}_0}/\mathrm{Tr}\, e^{-\beta\mathcal{H}_0} \tag{2.170}$$

を用いて定義される．

b）$\mathcal{H}_0$ が $\mathcal{H}_1$ と非可換なときの摂動展開

いま，

$$e^{-\beta(\mathcal{H}_0+\lambda\mathcal{H}_1)} = e^{-\beta\mathcal{H}_0}f(\beta) \tag{2.171}$$

とおくと，$f(\beta)$ は次の微分方程式を満たす：

$$\frac{\partial f(\beta)}{\partial\beta} = -\lambda(e^{\beta\mathcal{H}_0}\mathcal{H}_1 e^{-\beta\mathcal{H}_0})f(\beta) \tag{2.172}$$

そこで，相互作用表示

$$\mathcal{H}_1(\beta) \equiv e^{\beta\mathcal{H}_0}\mathcal{H}_1 e^{-\beta\mathcal{H}_0} \tag{2.173}$$

を用いると，$f(0)=1$ に注意して，(2.172)は次の積分方程式に変換される：

$$f(\beta) = 1-\lambda\int_0^\beta \mathcal{H}_1(t)f(t)dt \tag{2.174}$$

これを逐次解いて(2.171)に代入すると，

$$e^{-\beta(\mathcal{H}_0+\lambda\mathcal{H}_1)} = e^{-\beta\mathcal{H}_0}\Big(1-\lambda\int_0^\beta\mathcal{H}_1(t_1)dt_1+\lambda^2\int_0^\beta dt_1\int_0^{t_1}dt_2\mathcal{H}_1(t_1)\mathcal{H}_1(t_2)+\cdots$$
$$+(-\lambda)^n\int_0^\beta dt_1\int_0^{t_1}dt_2\cdots\int_0^{t_{n-1}}dt_n\mathcal{H}_1(t_1)\mathcal{H}_1(t_2)\cdots\mathcal{H}_1(t_n)+\cdots\Big) \tag{2.175}$$

と書ける．このトレースをとり，さらにその対数をとると，

$$\log Z(\beta) = \log \mathrm{Tr}\, e^{-\beta(\mathcal{H}_0+\lambda\mathcal{H}_1)}$$
$$= \log \mathrm{Tr}\, e^{-\beta\mathcal{H}_0}$$
$$+\sum_{n=1}^{\infty}\frac{(-\lambda)^n}{n!}\int_0^{\beta}dt_1\int_0^{t_1}dt_2\cdots\int_0^{t_{n-1}}dt_n\langle\mathcal{H}_1(t_1)\mathcal{H}_1(t_2)\cdots\mathcal{H}_1(t_n)\rangle_{\mathrm{c}} \tag{2.176}$$

が得られる．ここで，キュムラント $\langle\mathcal{H}_1(t_1)\mathcal{H}_1(t_2)\cdots\mathcal{H}_1(t_n)\rangle_{\mathrm{c}}$ はモーメント

$$\langle\mathcal{H}_1(t_1)\mathcal{H}_1(t_2)\cdots\mathcal{H}_1(t_n)\rangle = \mathrm{Tr}\, e^{-\beta\mathcal{H}_0}\mathcal{H}_1(t_1)\mathcal{H}_1(t_2)\cdots\mathcal{H}_1(t_n)/\mathrm{Tr}\, e^{-\beta\mathcal{H}_0} \tag{2.177}$$

を用いて前と同様に定義される．例えば，

$$\langle\mathcal{H}_1(t_1)\mathcal{H}_1(t_2)\rangle_{\mathrm{c}} = \langle\mathcal{H}_1(t_1)\mathcal{H}_1(t_2)\rangle-\langle\mathcal{H}_1(t_1)\rangle\langle\mathcal{H}_1(t_2)\rangle \tag{2.178}$$

である*.

2-14 指数摂動展開法

a) 一般化された Trotter 公式

前節の展開では，$\mathcal{H}_0$ と $\mathcal{H}_1$ が対等に扱われていないので，$\lambda=1$ のオーダーのところでは使えない．そこで，A と B を別々に対角化するのは容易であるとすれば，e^{xA} と e^{xB} の行列要素を求めるのも容易であるから，ここでは $e^{x(A+B)}$ を $\{e^{t_jA}\}$ と $\{e^{t_jB}\}$ の積を用いて近似的に展開する方法を説明する．すなわち，

$$e^{x(A+B)} = e^{t_1A}e^{t_2B}e^{t_3A}e^{t_4B}\cdots e^{t_MA}+\mathrm{O}(x^{m+1}) \tag{2.179}$$

となるようにパラメータ $\{t_j\}$ を決めることにする．この展開法を**指数摂動展開法**（または**指数積展開法**）という．変数 x が小さくないときには，恒等式

$$e^{x(A+B)} = \left(e^{\frac{x}{n}(A+B)}\right)^n \tag{2.180}$$

を用いて，上式の右辺は n を十分大きくとり，$|x/n|\ll 1$ となるようにしてから，$\exp\left[\frac{x}{n}(A+B)\right]$ に対して(2.179)の展開を適用すればよい．(2.179)の最

* もっと詳しいキュムラントの性質は，R. Kubo: J. Phys. Soc. Jpn. 17 (1962) 1100 参照.

低次の公式は $\exp[x(A+B)]\simeq e^{xA}e^{xB}$ となり，これを(2.180)に代入すると，よく知られた **Trotter 公式**

$$e^{x(A+B)} = \lim_{n\to\infty}(e^{(x/n)A}e^{(x/n)B})^n \tag{2.181}$$

が得られる*．一般に m 次近似公式

$$e^{x(A+B)} = F_m(x)+\mathrm{O}(x^{m+1}) \tag{2.182}$$

が求まれば，その m 次近似式 $F_m(x)$ を用いて，x が小さくない場合にも，次の**一般化された Trotter 公式**が成立する：

$$e^{x(A+B)} = (e^{(x/n)(A+B)})^n = \left[F_m\left(\frac{x}{n}\right)\right]^n+\mathrm{O}\left(\frac{x^{m+1}}{n^m}\right) \tag{2.183}$$

すなわち，$|x/n|\ll 1$ となるように十分大きな n を用いれば，(2.183)により $\exp[x(A+B)]$ の精度のよい評価が得られる．そこで，高次近似式 $F_m(x)$ の一般的な作り方を以下に説明する．

いちばん単純な m 次近似は，$\exp[x(A+B)]$ を

$$e^{x(A+B)} = 1+x(A+B)+\frac{x^2}{2}(A+B)^2+\cdots+\frac{x^m}{m!}(A+B)^m+\mathrm{O}(x^{m+1}) \tag{2.184}$$

と展開して求められるが，これは，対称性や実用性の点で(2.179)の指数摂動展開に比べて欠点が多いのでここでは考えない．さて，一般に(2.179)の形の m 次近似式を求める初等的な方法は，(2.179)を m 次まで A,B の順序も考慮して展開し，すべての項の係数を(2.184)の対応する係数と比較し，$\{t_j\}$ に関する方程式を導き，それを解くことである．しかし，この初等的な方法は，わかりやすいけれども，高次になるにつれて指数関数的に方程式の次元が増えて

* (2.181)の左辺のトレースと右辺の極限の中のトレースとの間には，A,B が Hermite 演算子であるとき，次の不等式

$$\mathrm{Tr}\exp[x(A+B)] \leqq \mathrm{Tr}[\exp(xA/2n)\exp(xB/n)\exp(xA/2n)]^n$$

が成立する．すなわち，上式の右辺は正の整数 $n=2^m$ に関して単調減少である(M. Suzuki: J. Stat. Phys. **43** (1986) 883)．さらに H. Araki: Lett. Math. Phys. **19** (1990) 167 では，正の実数 n に対して単調減少性を証明している．この不等式は，**Löwner-Heinz の定理**，すなわち，正値演算子 A および B に対して，$A\geqq B\geqq 0$ ならば $A^\alpha\geqq B^\alpha$ $(1\geqq\alpha\geqq 0)$ であるという定理からも導かれる．

面倒になる．もっと一般の指数演算子 $\exp[x(A_1+A_2+\cdots+A_r)]$ の m 次近似式 $F_m(x)$ を作る場合にはさらにやっかいになる．以下に述べる一般論では，最小の次元数で解が求められる．

b）交換子の作る代数——自由 Lie 代数

前項で述べたような指数演算子の m 次近似式(2.179)を作るには，A と B の非可換性を考慮して，

$$e^{t_1A}e^{t_2B}\cdots e^{t_MA}=e^{(t_1+t_3+\cdots+t_M)A+(t_2+t_4+\cdots)B+R(t_1,\cdots,t_M)} \tag{2.185}$$

と変形し，$R(t_1,\cdots,t_M)$ が x の m 次まで* 零になるという条件を置けばよい．そこで，一般に

$$e^{A_1}e^{A_2}\cdots e^{A_r}=e^{\Phi(A_1,A_2,\cdots,A_r)} \tag{2.186}$$

で定義される $\Phi(A_1,A_2,\cdots,A_r)$ に対する **Baker-Campbell-Hausdorff (BCH)の公式**を説明する．すなわち，(2.186)で定義される $\Phi(A_1,A_2,\cdots,A_r)$ は，$A_1,A_2,\cdots,A_r$ から作られる交換子(交換関係によって作られる演算子 $[A_1,A_2]$, $[A_1,A_r]$, $[[A_2,A_1],A_1]$ など)の線形結合で表わされる．さて，交換子を次数の低い順に適当に並べて $Z_1,Z_2,Z_3,\cdots$ と書くことにする．これを**自由 Lie 代数**という．例えば，

$$Z_1=A_1,\quad Z_2=A_2,\quad \cdots,\quad Z_r=A_r,$$
$$Z_{r+1}=[A_2,A_1],\quad Z_{r+2}=[A_3,A_1],\quad \cdots$$

である．BCH の公式の本質は

$$\Phi(A_1,A_2,\cdots,A_r)=\sum_j a_jZ_j \tag{2.187}$$

のように，Φ が $\{Z_j\}$ の線形空間で張られることである．決して，$Z_{r+1}{}^2$ とか $Z_{r+1}Z_{r+2}$ のような交換子の積は現われない．これは，次のようにして容易に示せる．$\{A_j\}$ とは可換な演算子 $\{A_j'\}$ を考え，$\Phi(\{A_j\})$ と同様にして $\Phi(\{A_j'\})$ を定義する．このとき(2.187)のように，$\Phi(\{A_j\})$ が Z_j の線形結合で表わされるための必要十分条件は，

* t_j は x に比例するものとする．

$$\boldsymbol{\Phi}(\{A_j+A_j'\}) = \boldsymbol{\Phi}(\{A_j\})+\boldsymbol{\Phi}(\{A_j'\}) \tag{2.188}$$

となることである*．必要条件であることは(2.187)から明らかである．またもし，$\boldsymbol{\Phi}(\{A_j\})$ に $Z_{r+1}{}^2$ や $Z_{r+1}Z_{r+2}$ のような交換子の積があれば，(2.188)のような $\boldsymbol{\Phi}$ に関する線形性は成立しない．この対偶より，(2.188)は(2.187)の十分条件でもある．

さて，(2.186)の定義から(2.188)が導けることを示す．$\{A_j\}$ と $\{A_j'\}$ とは可換であるから，

$$\begin{aligned} e^{\boldsymbol{\Phi}(\{A_j+A_j'\})} &= e^{A_1+A_1'}e^{A_2+A_2'}\cdots e^{A_r+A_r'} = (e^{A_1}e^{A_1'})(e^{A_2}e^{A_2'})\cdots(e^{A_r}e^{A_r'}) \\ &= e^{\boldsymbol{\Phi}(\{A_j\})}e^{\boldsymbol{\Phi}(\{A_j'\})} = e^{\boldsymbol{\Phi}(\{A_j\})+\boldsymbol{\Phi}(\{A_j'\})} \end{aligned} \tag{2.189}$$

となり，(2.188)が導かれる．したがって，(2.187)が成立する．

ここで，(2.187)を具体的に，$r=2$ のときに書き下すと，

$$\begin{aligned} \boldsymbol{\Phi}(A,B) = A+B+\frac{1}{2}[A,B]-\frac{1}{12}[[A,B],A]+\frac{1}{12}[[A,B],B] \\ -\frac{1}{24}[[[A,B],B],A]-\frac{1}{720}[[[[A,B],B],B],B] \\ +\frac{1}{720}[[[[A,B],A],A],A]+\frac{1}{180}[[[[A,B],A],A],B] \\ -\frac{1}{180}[[[[A,B],A],B],B]+\frac{1}{120}[[A,B],[[A,B],A]] \\ +\frac{1}{360}[[A,B],[[A,B],B]]+\cdots \end{aligned} \tag{2.190}$$

となる．$\boldsymbol{\Phi}(A,B)$ には，4次の項は $[[[A,B],B],A]$ という1つの交換子しか出てこないが，2つの演算子 A,B から作られる4次の交換子は，上記の他に $[[[A,B],B],B]$ と $[[[A,B],A],A]$ があり，全体で独立なものは3つある．その他にも，独立でない4次の交換子がいくつか存在するので，(2.190)の展開は，独立な交換子のとり方によって，他の表示方法も可能である．

$r=3$ の場合にも，3個の演算子 A,B,C のつくる3次の交換子としては，$[[A,B],C]$，$[[B,C],A]$，$[[C,A],B]$ などがあるが，これら3つの和は0

---

* これは **Friedrichs** の定理と呼ばれる．

となり(**Jacobiの恒等式**), 独立なものは2つである. このように, 各次数で独立な交換子が何個あるかが重要な問題となる.

この問いに答えるために, 一般の r の場合に, 次のような演算子を含む母関数を考える. すなわち, まず

$$G_1 = (1-tZ_1)^{-1}(1-tZ_2)^{-1}\cdots(1-tZ_r)^{-1} \tag{2.191}$$

を考える*. これを t について展開してみるとわかるように, もし $\{Z_j\}$ が可換であれば, (2.191)の展開の各項には $\{Z_j\}$ から作られるあらゆる項が含まれている. しかし, いまは可換でないため, 例えば, Z_2Z_1 のような項は(2.191)には含まれていない. そこで, 独立な項として $Z_{r+1}=[Z_2, Z_1]$ を追加する. 同様に $Z_{r+2}(\equiv[Z_3, Z_1])$, $\cdots$, $Z_{r+w(2)}$ のように新しく $w(2)$ 個の独立な交換子を追加して初めて, $\{Z_j\}$ から作られる2次までの空間が張られるものとする. この $w(2)$ が求めたい2次の独立な交換子の数である. このとき

$$G_2 = G_1(1-t^2Z_{r+1})^{-1}(1-t^2Z_{r+2})^{-1}\cdots(1-t^2Z_{r+w(2)})^{-1} \tag{2.192}$$

を考えると, $\{Z_j\}$ $(j=1, 2, \cdots, w(2))$ が互いに可換であれば, それから作られるあらゆる3次までの項が G_2 に含まれている. いまはそれらは一般に可換でないから, $w(3)$ 個の新しい3次の交換子 $Z_{r+1+w(2)}$, $\cdots$, $Z_{r+w(2)+w(3)}$ をつけ加えて初めてあらゆる3次の演算子が作られる. 母関数は, これに対応して

$$G_3 = G_2(1-t^3Z_{r+1+w(2)})^{-1}(1-t^3Z_{r+2+w(2)})^{-1}\cdots(1-t^3Z_{r+w(2)+w(3)})^{-1} \tag{2.193}$$

となる. こうして, それぞれ $w(4)$ 個, $\cdots$, $w(n)$ 個の独立な交換子を用いて母関数 G_n を作る. この母関数の t^n の係数には, 交換子 $\{Z_j\}$ から作られるあらゆる n 次の項がちょうど1回ずつ含まれることになる. n 次の項は明らかに r^n 個あるから, G_n で Z_j をすべて1とおいて作られるスカラーの母関数

$$g_n(t) = (1-t)^{-r}(1-t^2)^{-w(2)}(1-t^3)^{-w(3)}\cdots(1-t^n)^{-w(n)} \tag{2.194}$$

の t^n の係数は r^n に等しくなければならない. これより, $\{w(j)\}$ に対する条件式が求まり, それを解けば $\{w(j)\}$ がわかることになる. そこでまず, $w(1)$

---

* r 種類の自由Bose粒子の分布関数と類似していることは興味深い.

$=r$ とおいて,

$$\lim_{n\to\infty} g_n(t) = \sum_{n=0}^{\infty} r^n t^n = \frac{1}{1-rt} \tag{2.195}$$

に着目し，この対数をとって，t で微分して t をかけると，(2.194)から，

$$\sum_{k=1}^{\infty} \frac{kw(k)}{1-t^k} t^k = \frac{rt}{1-rt} = \sum_{n=1}^{\infty} (rt)^n \tag{2.196}$$

となる．ここで，(2.196)のいちばん左側にある t の関数 $t^k(1-t^k)^{-1}$ を展開して，(2.196)の t^n の項を辺々比較すると，

$$\sum_{k/n} kw(k) = r^n \tag{2.197}$$

が得られる．ただし，記号 k/n は，k が n の約数であることを表わす．これを逆に解くと，$w(k)$ は Möbius 関数 $\mu(d)$ を用いて

$$w(k) = \frac{1}{k} \sum_{d/k} \mu(d) r^{k/d} \tag{2.198}$$

と表わされる*．**Möbius 関数** $\mu(d)$ は，正の整数 d に対して $1, 0, -1$ だけの値をとる関数である．これは，$\mu(1)=1$，p が素数なら $\mu(p)=-1$，$k>1$ に対して $\mu(p^k)=0$，また，b と c が互いに素ならば，$\mu(bc)=\mu(b)\mu(c)$ によって定義される．(2.198)の $w(k)$ を(2.197)に代入してみれば，解であることは容易にわかる．

例えば，A と B から作られる交換子は，(2.198)で $r=2$ とおいて $w(1)=2$, $w(2)=1$, $w(3)=2$, $w(4)=3$, $w(5)=6$, $w(6)=9$, … となり，(2.190)に対応している(4次の項は前に説明した通り，たまたま3つのうち1つだけで表わされている)．

c) 指数摂動展開の一般論

さて，一般に，指数演算子 $\exp[x(A_1+A_2+\cdots+A_r)]$ を各要素の指数演算子の積に任意の m 次まで分解する：

---

* これは，**Witt の公式**と呼ばれる．

$$e^{x(A_1+\cdots+A_r)} = e^{t_1A_1}e^{t_2A_2}\cdots e^{t_rA_r}e^{t_{r+1}A_1}e^{t_{r+2}A_2}\cdots e^{t_MA_r}+\mathrm{O}(x^{m+1}) \qquad (2.199)$$

このような m 次近似式 $F_m(x)$ を作るための最小(minimal)の M の値 $M_{\min}$ とそれに対応する $\{t_j\}$ の満たす方程式の求め方を，前項の自由 Lie 代数の次元数の公式(2.198)を用いて議論する．

まず，

$$F_m(x) = e^{x\mathcal{H}+x^2R_2+x^3R_3+\cdots+x^nR_n+\cdots} \qquad (2.200)$$

とおく．ただし，$\mathcal{H}=A_1+A_2+\cdots+A_r$ である．(2.200)で x の1次が $x\mathcal{H}$ となるためには，まず $\{t_j\}$ に関する r 個の条件が必要となる．さらに，(2.200)で $\{R_n\}$ は補正の効果を表わしている．前項の交換子の理論からわかるように，R_2 は $\{A_j\}$ の2次の交換子の線形結合で表わされ，その次元数は，(2.198)の $w(2)$ で与えられる．一般に，R_n は $\{A_j\}$ の n 次の交換子の線形結合で表わされる．すなわち，n 次の交換子の基底を改めて $\{Z_{nj}\}$ と書くことにすると，

$$R_n = \sum_{j=1}^{w(n)} a_{nj}(\{t_j\})Z_{nj} \qquad (2.201)$$

となる．そこで，$F_m(x)$ がもとの指数演算子の m 次近似になるための条件は $R_n=0$ $(n=2,3,\cdots,m)$ であるから，(2.201)より，それは

$$a_{nj}(\{t_j\}) = 0 \qquad (n=2,3,\cdots,m;\ j=1,2,\cdots,w(n)) \qquad (2.202)$$

と書き表わされる．これを解けば，パラメータ $\{t_j\}$ が求められる．したがって，最小の M の値 $M_{\min}$ は

$$M_{\min} = w(1)+w(2)+\cdots+w(m) \qquad (2.203)$$

で与えられる*．ただし，$w(1)=r$ である．$\{t_j\}$ に関する条件式の数 $M_{\min}$ は $(A_1+A_2+\cdots+A_r)^n$ $(n=1,2,\cdots,m)$ を展開して出てくる演算子の数 $\sum_{n=1}^{m} r^n$ よりもはるかに小さい．たとえば，$r=2$ のとき，$w(3)=2$ は $2^3=8$ よりずっと小さい．つまり，初等的に(2.199)の両辺を展開してすべての項を両辺等置して得られる $\{t_j\}$ の方程式は，互いに独立でないものが多いのである．そこで

* 対称的な分解 $t_{M+1-j}=t_j$ に対しては，次項で述べるように，偶数次の補正項 R_{2n} は恒等的に零になるので，条件式の数の減り方がパラメータのそれよりも大きく，結果として，(2.203)の値より積の数が小さくなり得る．

線形独立な交換子を展開して現われる演算子の積を代表的に 1 つとり出して，その係数を両辺等値させ，$\{t_j\}$ に関する $w(n)$ 個の独立な方程式を作ればよい．たとえば，$r=2$ の場合の 3 次の項については，独立な交換子は $[[A, B], A]$ と $[[A, B], B]$ であるから，それぞれ代表的に ABA と AB^2 の係数を等置させれば，他は自動的に成り立っている．こうして高次の展開が原理的にいくらでも求められる．

特に，$r=2$ の場合の 2 次近似 $F_2(x)$ に関しては，2 次の交換子が $[A, B]$ ただ 1 つであるから，$w(1)+w(2)=3$ である．よって，$M_{\min}=3$ として，$F_3(x)=e^{t_1A}e^{t_2B}e^{t_3A}$ とおくと，まず 1 次の項から $t_1+t_3=x$，$t_2=x$ であり，また AB の項に関する条件から $t_1t_2=\frac{1}{2}x^2$ となるから，結局 $t_1=t_3=\frac{1}{2}x$ と求められ，

$$F_2(x) = e^{\frac{x}{2}A}e^{xB}e^{\frac{x}{2}A} \tag{2.204}$$

というよく知られた対称的な解が求められる．$r=2$ に対する 3 次近似に関しては，$M_{\min}=w(1)+w(2)+w(3)=5$ であるが，$F_3(x)=e^{t_1A}e^{t_2B}e^{t_3A}e^{t_4B}e^{t_5A}$ という 5 つの積では解は複素数となり，実数解 $\{t_j\}$ は存在しない．次に積の数 M を $M=6$ とすれば，方程式の数が 5 に対してパラメータが 6 であるから，無数の実数解がある．特に，次の **Ruth の有理数解**

$$F_3^{(\mathrm{R})}(x) = e^{\frac{7}{24}xA}e^{\frac{2}{3}xB}e^{\frac{3}{4}xA}e^{-\frac{2}{3}xB}e^{-\frac{x}{24}A}e^{xB} \tag{2.205}$$

がよく知られている．

d) 漸化方式と対称分解

前項では，(2.199)の形を直接用いてパラメータ $\{t_j\}$ を決める一般的処方箋を説明したが，$\{t_j\}$ に関する方程式は，一般に多元高次方程式となり解析的に解くのが困難である．以下に述べる漸化方式を用いると容易に無限次までパラメータが解析的に求まる場合もあって便利である．

いま，$(m-1)$ 次近似の 1 つ $Q_{m-1}(x)$ が求まったとすると，m 次近似 $Q_m(x)$ の 1 つを

$$Q_m(x) = Q_{m-1}(p_1x)Q_{m-1}(p_2x)\cdots Q_{m-1}(p_sx) \tag{2.206}$$

の漸化式で求めることができる．ただし，パラメータ $\{p_j\}$ は

$$p_1+p_2+\cdots+p_s=1 \quad \text{および} \quad p_1{}^m+p_2{}^m+\cdots+p_s{}^m=0 \tag{2.207}$$

の解である．これは，$Q_{m-1}(x)$ を

$$Q_{m-1}(x)=e^{x(A_1+A_2+\cdots+A_r)+x^m R_m+\cdots} \tag{2.208}$$

とおくと，$Q_m(x)$ は，(2.207)の第1式の条件の下で，

$$Q_m(x)=e^{x(A_1+A_2+\cdots+A_r)+x^m(p_1{}^m+p_2{}^m+\cdots+p_s{}^m)R_m+\cdots} \tag{2.209}$$

となることから明らかである．

ところで，m が偶数のときは，(2.207)には実数解は存在しない．したがって，実数のパラメータ $\{p_j\}$ を求めたい場合には，この方式は使えないように見える．幸いなことに，奇数次の近似式 $S_{2m-1}(x)$ が次の意味で対称的であれば，すなわち，

$$S_{2m-1}(x)S_{2m-1}(-x)=1 \quad \text{すなわち} \quad S_{2m-1}{}^{-1}(x)=S_{2m-1}(-x) \tag{2.210}$$

であれば，実は $S_{2m-1}(x)$ は $2m$ 次まで正しい*．こうして，上の漸化方式は，奇数の m だけについて行なえばよいことになり，必ず実数解が求まる．その場合，パラメータ $\{p_j\}$ も対称的にとる．すなわち $p_{s+1-j}=p_j$ である．例えば，$s=3$ とすると，一般の m に対して

$$p_1=p_3=\frac{1}{2-2^{1/m}}, \qquad p_2=-\frac{2^{1/m}}{2-2^{1/m}} \tag{2.211}$$

と求まる．特に，$S_4(x)$ は，(2.211)において $m=3$ とおいた $p_1=p_3=p$ の値を用いて，$r=2$ の場合に，

$$S_4(x)=S_3(x)=e^{\frac{p}{2}xA}e^{pxB}e^{\frac{1-p}{2}xA}e^{(1-2p)xB}e^{\frac{1-p}{2}xA}e^{pxB}e^{\frac{p}{2}xA} \tag{2.212}$$

と与えられる．

e）対称な高次分解の一般論と具体例

また，初めから2次の対称式 $S_2(x)$ を用いて，$2m$ 次近似 $F_{2m}(x)$ を

---

* これは，$S_{2m-1}(x)$ を(2.200)の形に表わすと，すべての n に対して $R_{2n}\equiv 0$ が容易に導けるからである．この場合の積の最小数 $M_{\min}$ は $M_{\min}=w(1)+w(3)+\cdots+w(2m-1)$ で与えられる．

$$F_{2m}(x) = S_2(p_1x)S_2(p_2x)\cdots S_2(p_sx) \tag{2.213}$$

によって構成することもできる．(2.210)の対称性から，$S_2(x)$ は

$$S_2(x) = e^{x\mathcal{H}+x^3R_3+x^5R_5+\cdots+x^{2n-1}R_{2n-1}+\cdots} \tag{2.214}$$

の形に表わせるので，$p_{s+1-j}=p_j$ および $p_1+p_2+\cdots+p_s=1$ の条件の下では，

$$F_{2m}(x) = e^{x\mathcal{H}+x^3P_3+x^5P_5+\cdots+x^{2n-1}P_{2n-1}+\cdots} \tag{2.215}$$

と書ける．ここで，演算子 P_{2n-1} は $\{A_j\}$ と $\{R_{2j-1}\}$ の交換子の線形結合で表わされ，$2m$ 次に対する積の数の最小数 $s_{\min}(2m)$ は再び Witt の公式(2.198)を用いて表わされる．その結果，$s_{\min}(2)=1$，$s_{\min}(4)=3$，$s_{\min}(6)=7$，$s_{\min}(8)=15$，$s_{\min}(10)=31$，$s_{\min}(12)=67$，$s_{\min}(14)=147$，… であることがわかる．c)項の一般論の処方箋にしたがって，$\{p_j\}$ に関する方程式も容易に次のように求められる：

(1) 4次近似に対しては

$$\sum p_k = 1 \quad \text{および} \quad \sum p_k{}^3 = 0 \tag{2.216}$$

(2) 6次近似に対しては

$$\sum p_k = 1,\ \sum p_k{}^3 = 0,\ \sum p_k{}^5 = 0 \ \ \text{および} \ \ \sum p_k{}^3 a_{1k} b_{1k} = 0 \tag{2.217}$$

(3) 8次近似に対しては

$$\begin{aligned}&\sum p_k = 1;\quad \sum p_k{}^{2n-1} = 0 \quad (n=2,3,4);\quad \sum p_k a_{3k} b_{3k} = 0\\ &\sum p_k{}^{2n-1} a_{1k} b_{1k} = 0 \quad (n=2,3);\quad \sum p_k{}^3 a_{1k}{}^2 b_{1k}{}^2 = 0\end{aligned} \tag{2.218}$$

である．ただし，a_{nk} と b_{nk} は次式で定義される：

$$a_{nk} = \sum_{j<k} p_j{}^n + \frac{1}{2}p_k{}^n \quad \text{および} \quad b_{nk} = \sum_{j>k} p_j{}^n + \frac{1}{2}p_k{}^n \tag{2.219}$$

これらの方程式は，r を大きくすれば無数に多くの実数解を持ち得るが，ここでは，すべての j に対して $|p_j|<1$ となるものを探す．その結果，次のような解が存在することがわかる．

(1) 4次近似では，$s=5$ の場合に $|p_j|<1$ となる解がある：

$$p_1 = p_2 = p_4 = p_5 = p = 1/(4-4^{1/3}) = 0.4144907717943757\cdots$$

$$p_3 = -4^{1/3}/(4-4^{1/3}) = 1-4p$$

(2) 6次近似に対しては，$s=14$ の場合にすべての $p_j=p_{15-j}$ が $|p_j|<1$ とな

る次のような解がある：

$$p_1 = p_2 = p_{13} = p_{14} = 0.3922568052387732$$
$$p_3 = p_4 = p_{11} = p_{12} = 0.1177866066796810$$
$$p_5 = p_6 = p_9 = p_{10} = -0.5888399920894384$$
$$p_7 = p_8 = 0.6575931603419684$$

（3） 8次近似に対しては，最小分解 $s=15$ に対して，すべての $p_j=p_{16-j}$ が $|p_j|<1$ となる解がある：

$$p_1 = 0.210902950774054 \qquad p_5 = 0.769771783843536$$
$$p_2 = 0.835657990415923 \qquad p_6 = 0.199415314882502$$
$$p_3 = -0.658440728286576 \qquad p_7 = 0.363152045812476$$
$$p_4 = -0.774373402366569 \qquad p_8 = -0.892171910150694$$

以上のように高次分解の各係数の典型的な例を詳しく示したのは，後で議論するように，それらが実用的な分解であり，応用するさいには高い精度の係数が必要となるからである．

f） 非対称高次分解

ここでは，簡単のために2つの非可換な演算子 A, B に対する指数演算子 $\exp[x(A+B)]$ の非対称分解を考える．まず，2つの異なる1次分解 $F_1(x)=e^{xA}e^{xB}$ と $\tilde{F}_1(x)=e^{xB}e^{xA}$ を用いて r 個の積（r は偶数）

$$F_m(x) = F_1(p_1x)\tilde{F}_1(p_2x)F_1(p_3x)\tilde{F}_1(p_4x)\cdots F_1(p_{r-1}x)\tilde{F}_1(p_rx) \quad (2.220)$$

を作ると，適当にパラメータ $\{p_j\}$ を決めることにより，$F_m(x)$ を m 次近似にすることができる．この表式は，$r=2$ に対する(2.199)の積表示と等価であるが，次のような利点がある．すなわち，$F_1(x)=\exp[x(A+B)+x^2R_2+x^3R_3+\cdots]$ と展開すると，$\tilde{F}_1(x)=\exp[x(A+B)-x^2R_2+x^3R_3+\cdots]$ のように偶数補正項のみ符号が変わるだけで同じ $\{R_j\}$ を用いて $F_1(x)$ と $\tilde{F}_1(x)$ が表わされる．これは，パラメータ $\{p_j\}$ を決める方程式を導く際に極めて有効である．ここで，$S_2(x)=F_1(x/2)\tilde{F}_1(x/2)=e^{\frac{1}{2}xA}e^{xB}e^{\frac{1}{2}xA}$ となることに注意すると，e)項の対称分解(2.213)は(2.220)に含まれることがわかる．非対称分解(2.220)では，上に述べたとおり，$\tilde{F}_1(x)$ の補正項に負の項があるので，積 $F_m(x)$ の補正項

を零にする $\{p_j\}$ の方程式は実数解をもちやすい．Ruth の解(2.205)はこうして求めることもできる．

g）高次分解のフラクタル性

前項の議論からもわかるように，3 次以上の分解には必ず負の t_j（や p_j）が現われる．すなわち，正のパラメータだけの分解は 2 次までに限られることが厳密に証明されている．(2.206)のような漸化方式ですべての j に対して $|p_j|<1$ となる分解を無限に続けると，上のことから正負のパラメータが入り込んでフラクタルな構造となる．この高次の極限における，元の指数演算子 $\exp(x\mathcal{H})$ への収束性は，有界な演算子 $\{A_j\}$ に対して証明されている*．なお，指数演算子の間に完全直交系を挿入して和をとると**フラクタル経路積分**となる．

h）高次分解の応用の可能性

今まで解説してきた高次分解は，一般化された Trotter 公式(2.183)と組み合わせると，量子モンテカルロ法** など統計物理学だけに限らず，量子力学(特に Aharonov-Bohm 効果の数値計算による研究)，分子動力学，量子化学，量子光学，加速器物理，天体物理学，宇宙物理学(特に Einstein の重力方程式の数値計算)，カオスの科学など，いろいろな分野で有効に利用できる．

例えば，量子力学では時刻 t の波動関数 $\psi(t)$ は Schrödinger 方程式(1.82)で記述されるから，ハミルトニアンが時間 t によらず，$\mathcal{H}=\mathcal{H}_0+\mathcal{H}_1$ のように和で書けるときには，その解 $\psi(t)$ は，次のような指数演算子で与えられる：

$$\psi(t) = \exp\left[-\frac{it}{\hbar}(\mathcal{H}_0+\mathcal{H}_1)\right]\psi(0) \tag{2.221}$$

ここで，$\mathcal{H}_0$ と $\mathcal{H}_1$ はそれぞれ独立には容易に対角化可能であるとすれば，$\exp\left(-\frac{it}{n\hbar}\mathcal{H}_0\right)$ と $\exp\left(-\frac{it}{n\hbar}\mathcal{H}_1\right)$ の行列要素を求めるのは容易にできるから，一般化された Trotter 公式(2.183)の中の $F_m(x)$ として，上に述べた高次分解，特に，展開パラメータ $\{p_j\}$ として(1)～(3)までに与えた詳しい値を用いると，非常に精度の高い波動関数 $\psi(t)$ が求められることになる．したがって，具体

* M. Suzuki: Commun. Math. Phys. **163** (1994) 491.

** 量子モンテカルロ法への応用に関しては，本叢書『経路積分の方法』参照.

的に $\mathscr{H}_0$ と $\mathscr{H}_1$ を与えれば，その系の遷移確率や，そのほか量子化学や量子光学の過程を高い精度で計算できる．すでに，これらの分野への応用が行なわれつつある．

また一般に，確率過程において，確率変数 x が時間 t において実現される確率 $P(x,t)$ は，時間発展演算子 $\mathscr{L}=\mathscr{L}_0+\mathscr{L}_1$ を用いて

$$P(x,t) = e^{t(\mathscr{L}_0+\mathscr{L}_1)}P(x,0) \tag{2.222}$$

と書ける(ここで，$\mathscr{L}_0$ は拡散を記述し，$\mathscr{L}_1$ はドリフト項を表わす)．つまり，D を拡散係数とし，$V(x)$ を確率変数 x に対するポテンシャルとすると

$$\mathscr{L}_0 = D\frac{\partial^2}{\partial x^2} \quad および \quad \mathscr{L}_1 = \frac{\partial}{\partial x}\left(\frac{dV(x)}{dx}\right) \tag{2.223}$$

である．明らかに，$e^{t\mathscr{L}_0}$ や $e^{t\mathscr{L}_1}$ の演算は解析的に容易に実行できるので，再び，高次分解の公式が，この確率過程の問題にも応用できる．特にこれは第4章で秩序生成の問題に応用される．

さらに，分子動力学，天体物理学，加速器物理，カオスの科学などの非線形動力学の問題では，次のハミルトニアン

$$\mathscr{H}(\boldsymbol{x},\boldsymbol{p}) = K(\boldsymbol{p})+V(\boldsymbol{x}) \tag{2.224}$$

で記述される **Hamilton 系のマップ**(写像)を扱うことになる．ただし，$K(\boldsymbol{p})$ および $V(\boldsymbol{x})$ は，それぞれ運動エネルギーとポテンシャルエネルギーを表わし，$f(\equiv 3N)$ 次元空間の座標(ベクトル) $\boldsymbol{x}$ と運動量(ベクトル) $\boldsymbol{p}$ の関数である．$\boldsymbol{p}$ と $\boldsymbol{x}$ をまとめて $2f$ 次元ベクトル $\boldsymbol{X}$ で表わすと，すなわち，

$$\boldsymbol{X} = \begin{pmatrix} \boldsymbol{p} \\ \boldsymbol{x} \end{pmatrix} \tag{2.225}$$

と書くことにすると，$\boldsymbol{X}$ の運動方程式は

$$\frac{d}{dt}\boldsymbol{X} = \begin{pmatrix} 0 & -V_{\boldsymbol{x}}\cdot \\ K_{\boldsymbol{p}}\cdot & 0 \end{pmatrix}\boldsymbol{X} \equiv (A+B)\boldsymbol{X} \tag{2.226}$$

の形に表わされる．ただし，$V_{\boldsymbol{x}}\cdot$ および $K_{\boldsymbol{p}}\cdot$ は，それぞれ $\boldsymbol{x}$ や $\boldsymbol{p}$ を

$$V_{\boldsymbol{x}}\cdot\boldsymbol{x} \equiv V_{\boldsymbol{x}}(\boldsymbol{x}) = \frac{d}{d\boldsymbol{x}}V(\boldsymbol{x}), \qquad K_{\boldsymbol{p}}\cdot\boldsymbol{p} \equiv K_{\boldsymbol{p}}(\boldsymbol{p}) = \frac{d}{d\boldsymbol{p}}K(\boldsymbol{p}) \tag{2.227}$$

にマップする非線形演算を表わす．こうして，解 $\boldsymbol{X}(t)$ は再び，次のような指数演算子で表わされる：

$$\boldsymbol{X}(t) = e^{t(A+B)}\boldsymbol{X}(0) \tag{2.228}$$

上に定義された **Hamilton 力学系**に対する演算子 A と B に関しては，明らかに $A^2=0$, $B^2=0$ から，部分的な指数演算子は

$$e^{c_j\tau A} = 1+c_j\tau A \quad \text{および} \quad e^{d_j\tau B} = 1+d_j\tau B; \quad \tau \equiv \frac{t}{n} \tag{2.229}$$

のように，時間 τ の 1 次関数で表わされる．したがって，

$$\begin{pmatrix} \boldsymbol{p}' \\ \boldsymbol{x}' \end{pmatrix} = e^{c_j\tau A}\begin{pmatrix} \boldsymbol{p} \\ \boldsymbol{x} \end{pmatrix} = \begin{pmatrix} \boldsymbol{p}-c_j\tau V_{\boldsymbol{x}}(\boldsymbol{x}) \\ \boldsymbol{x} \end{pmatrix} \tag{2.230}$$

となる．同様に，

$$\begin{pmatrix} \boldsymbol{p}' \\ \boldsymbol{x}' \end{pmatrix} = e^{d_j\tau B}\begin{pmatrix} \boldsymbol{p} \\ \boldsymbol{x} \end{pmatrix} = \begin{pmatrix} \boldsymbol{p} \\ \boldsymbol{x}+d_j\tau K_{\boldsymbol{p}}(\boldsymbol{p}) \end{pmatrix} \tag{2.231}$$

となる．ただし，パラメータ $\{c_j\}$ や $\{d_j\}$ は高次分解の公式を変形して

$$e^{\tau(A+B)} = e^{d_n\tau B}e^{c_n\tau A}\cdots e^{d_2\tau B}e^{c_2\tau A}e^{d_1\tau B}e^{c_1\tau A}+\mathrm{O}(\tau^{m+1}) \tag{2.232}$$

と表わしたときに現われる定数である．こうして，(2.232)の指数摂動展開の j 番目の部分指数演算子 $e^{d_j\tau B}e^{c_j\tau A}$ の効果，すなわち逐次近似の働きは

$$\begin{pmatrix} \boldsymbol{p}^{(j)} \\ \boldsymbol{x}^{(j)} \end{pmatrix} = e^{d_j\tau B}e^{c_j\tau A}\begin{pmatrix} \boldsymbol{p}^{(j-1)} \\ \boldsymbol{x}^{(j-1)} \end{pmatrix} = \begin{pmatrix} \boldsymbol{p}^{(j-1)}-c_j\tau V_{\boldsymbol{x}}(\boldsymbol{x}^{(j-1)}) \\ \boldsymbol{x}^{(j-1)}+d_j\tau K_{\boldsymbol{p}}(\boldsymbol{p}^{(j)}) \end{pmatrix} \tag{2.233}$$

と表わされる．ただし，$\boldsymbol{p}^{(0)}=\boldsymbol{p}$, $\boldsymbol{x}^{(0)}=\boldsymbol{x}$ である．したがって，高次分解(2.232)は，全体として，次の n 個の逐次近似に対応する：

$$\begin{cases} \boldsymbol{p}^{(1)} = \boldsymbol{p}-c_1\tau V_{\boldsymbol{x}}(\boldsymbol{x}) \\ \boldsymbol{x}^{(1)} = \boldsymbol{x}+d_1\tau K_{\boldsymbol{p}}(\boldsymbol{p}^{(1)}) \end{cases}, \quad \begin{cases} \boldsymbol{p}^{(2)} = \boldsymbol{p}^{(1)}-c_2\tau V_{\boldsymbol{x}}(\boldsymbol{x}^{(1)}) \\ \boldsymbol{x}^{(2)} = \boldsymbol{x}^{(1)}+d_2\tau K_{\boldsymbol{p}}(\boldsymbol{p}^{(2)}) \end{cases}, \quad \cdots,$$

$$\begin{cases} \boldsymbol{p}^{(n)} = \boldsymbol{p}^{(n-1)}-c_n\tau V_{\boldsymbol{x}}(\boldsymbol{x}^{(n-1)}) \\ \boldsymbol{x}^{(n)} = \boldsymbol{x}^{(n-1)}+d_n\tau K_{\boldsymbol{p}}(\boldsymbol{p}^{(n)}) \end{cases} \tag{2.234}$$

特に，$m=2$，すなわち 2 次の対称分解(2.204)に対応するシンプレクティックな分解は，次の**非線形マップ**

$$\begin{cases} \boldsymbol{p}' = \boldsymbol{p} - \dfrac{1}{2}\tau V_{\boldsymbol{x}}(\boldsymbol{x}) \\ \boldsymbol{x}' = \boldsymbol{x} + \tau K_{\boldsymbol{p}}(\boldsymbol{p}') \end{cases}, \qquad \begin{cases} \boldsymbol{p}'' = \boldsymbol{p}' - \dfrac{1}{2}\tau V_{\boldsymbol{x}}(\boldsymbol{x}') \\ \boldsymbol{x}'' = \boldsymbol{x}' \end{cases} \tag{2.235}$$

で与えられる．簡単な応用例を図 2-11 に示す．上の表式で $\tau = t/n \equiv \Delta t$ を小さくとれば，いくらでも精度があげられるが，それに対応して n（Trotter 数）を大きくしなければならない．図 2-11 のように，$t=10^3$ の時間領域では，$n=10^6$ となり，エネルギーの誤差 ΔE は 2 次近似(2.235)では

$$\Delta E \simeq (10^{-3})^3 \times 10^6 \times (\text{数因子}) \simeq (\text{数因子}) \times 10^{-3} \tag{2.236}$$

となる．図 2-11 では，$\Delta E \simeq 0.1$ の程度になっているので，(2.236)の数因子は 10^2 の程度であることがわかる．さらに $m=6, 8, 10$ に対する高次分解公式を用いることによって高い精度の計算が可能となるが，それに対応して，用いるパラメータ $\{p_j\}$ も，(1)～(4)の表に与えたような詳しい数値を用いなければならない．一般に m 次近似を用いると，$\Delta t = 10^{-3}$ にとって $t \simeq 10^3$ とすると，

$$\Delta E \simeq (10^{-3})^{m+1} \times 10^6 \times (\text{数因子}) \simeq (\text{数因子}) \times 10^{-3(m-1)} \tag{2.237}$$

となる．図 2-11 と同様な時間的変化のグラフがより狭いエネルギー領域で現われる．

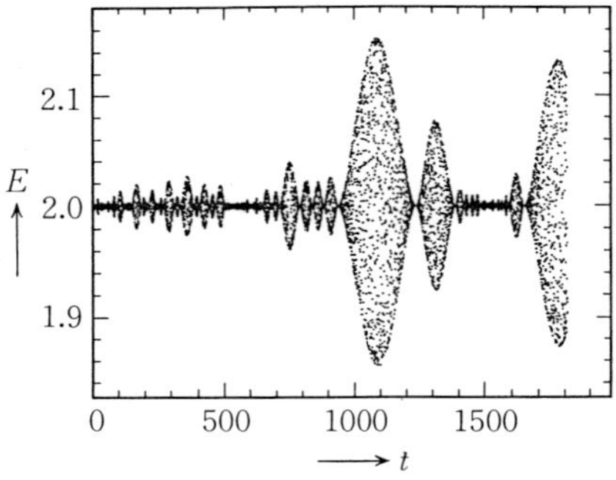

図 2-11 ハミルトニアン $\mathscr{H} = \frac{1}{2}(p_1{}^2 + p_2{}^2 + x_1{}^2 x_2{}^2)$ に対する 2 次近似(2.235)によるエネルギー E の時間変化．初期値 $p_1 = p_2 = 0$, $x_1 = 2$, $x_2 = 1$ に対して $\Delta t = 10^{-3}$ で計算した結果を示す．(K. Umeno and M. Suzuki: Phys. Lett. **A181** (1993) 387 より)

ここで説明した指数摂動展開は，通常の摂動展開と比較すると，いくつかの利点がある．すなわち，前者は，$x = it/\hbar$ とすればユニタリ性が保存される展開であり，動力学に応用すればシンプレクティックな性質が保たれる展開法である．このように対称性が保存される近似法は高精度の数値計算には欠かせな

い方法である．また，この指数摂動展開法ではパラメータ x の無限次までが部分的ではあるがとり込まれており，この意味で，この展開法はくり込まれた摂動展開であると言える．したがって，この指数摂動展開法は，今後いろいろな分野でますます重要になるものと期待される．また，上に説明したような数値計算だけでなく，解析的な計算にも役立ち得ることを注意しておきたい．

2-15 補遺——順序づき指数演算子の一般分解理論

前節では，演算子 $\{A_j\}$ が時間によらない場合を議論したが，ここでは，これらが時間に依存する場合について一般論を説明する．時間に依存する Schrödinger 方程式などを形式的に解くと，次のような**順序づき指数演算子** (ordered exponential) が現われる：

$$U(t,0) \equiv \mathrm{P}\left(\exp\int_0^t \mathcal{H}(s)ds\right)$$
$$= 1+\int_0^t \mathcal{H}(s_1)ds_1+\int_0^t ds_1 \int_0^{s_1} ds_2 \mathcal{H}(s_1)\mathcal{H}(s_2)+\cdots \quad (2.238)$$

ただし，$\mathcal{H}(t)$ は時間 t に依存したハミルトニアンを表わし，P は時間の順序をつける演算子である．方程式 $d\psi(t)/dt=\mathcal{H}(t)\psi(t)$ の形式解は，(2.238)の $U(t,0)$ を用いて，$\psi(t)=U(t,0)\psi(0)$ と与えられる．時刻 t から t' への**時間発展演算子** $U(t',t)$ は，$t'-t=n\Delta t$ と n 分割して

$$U(t',t) = \mathrm{P}\left(\exp\int_t^{t'} \mathcal{H}(s)ds\right)$$
$$= U(t',t+(n-1)\Delta t)\cdots U(t+2\Delta t,t+\Delta t)U(t+\Delta t,t) \quad (2.239)$$

のようにして，微小時間 Δt に対する $U(t+\Delta t,t)$ を用いて具体的に計算できる．そこで，この高次分解の一般論を解説する．Δt の m 次まで正しい分解を $U_m(t+\Delta t,t)$ と書き表わすことにする．1次まで正しい分解 $U_1(t+\Delta t,t)$ は，通常の1次分解 $e^{\Delta t(A+B)}=e^{\Delta tA}e^{\Delta tB}+\mathrm{O}((\Delta t)^2)$ に対応して，めのこで

$$U_1(t+\Delta t, t) = e^{\Delta tA\left(t+\frac{1}{2}\Delta t\right)} e^{\Delta tB\left(t+\frac{1}{2}\Delta t\right)} \tag{2.240}$$

と求められる．ただし，簡単のために $\mathcal{H}(t)=A(t)+B(t)$ と仮定した．ここで，$A(t), B(t)$ や $A(t+\Delta t)$, $B(t+\Delta t)$ を用いても Δt の1次までの範囲では同等である．すなわち，分解は一意的ではない．

一般の m 次分解 $U_m(t+\Delta t, t)$ を求めるため，次の演算 $\mathcal{T}$ を導入する：任意の演算子 $F(t)$ と $G(t)$ に対して，

$$F(t)e^{\Delta t\mathcal{T}}G(t) = F(t+\Delta t)G(t) \tag{2.241}$$

とする．すなわち，$F(t)$ が t に関して微分可能ならば，

$$\mathcal{T} = \frac{\overleftarrow{\partial}}{\partial t} \tag{2.242}$$

である．矢印(←)は，$\mathcal{T}$ より前の演算子に作用することを表わす．(2.241)の定義は，$F(t)$ が t に関して微分可能でなくても適用できる．ただし，そのときは $\exp(\Delta t\mathcal{T})$ の形でのみ利用する．以下では，指数の形でのみ用いる．

次の公式が一般分解の基本となる：

基本公式：次のように，演算子 $\mathcal{T}$ を用いると，順序づき指数演算子は，通常の指数演算子で表わされる：

$$\mathrm{P}\left(\exp\int_t^{t+\Delta t}\mathcal{H}(s)ds\right) = \exp[\Delta t(\mathcal{H}(t)+\mathcal{T})] \tag{2.243}$$

これは，Trotter 公式を用いて次のように簡単に導ける：

$$\begin{aligned} e^{\Delta t(\mathcal{H}(t)+\mathcal{T})} &= \lim_{n\to\infty}(e^{\Delta t\mathcal{H}(t)/n}e^{\Delta t\mathcal{T}/n})^n \\ &= \lim_{n\to\infty} e^{\Delta t\mathcal{H}(t+\Delta t)/n}\cdots e^{\Delta t\mathcal{H}(t+2\Delta t/n)/n}e^{\Delta t\mathcal{H}(t+\Delta t/n)/n} \\ &= \mathrm{P}\left(\exp\int_t^{t+\Delta t}\mathcal{H}(s)ds\right) \end{aligned} \tag{2.244}$$

この公式を用いると，順次づき指数演算子の高次分解の問題は前節で説明した通常の指数演算子の分解の問題に帰着される．いま $\mathcal{H}(t)=A_1(t)+\cdots+A_q(t)$ に対して，上の基本公式(2.243)を用いると，

$$\mathrm{P}\left(\exp\int_t^{t+\Delta t}\mathscr{H}(s)ds\right) = \exp[\Delta t(A_1(t)+\cdots+A_q(t)+\mathscr{T})] \tag{2.245}$$

となる．これより，1次の分解 $U_1(t+\Delta t, t)$ は

$$U_1(t+\Delta t, t) = e^{\Delta t\mathscr{T}/2}e^{\Delta tA_1(t)}\cdots e^{\Delta tA_q(t)}e^{\Delta t\mathscr{T}/2} = e^{\Delta tA_1(t+\Delta t/2)}\cdots e^{\Delta tA_q(t+\Delta t/2)} \tag{2.246}$$

と求められる．特に，$q=2$ の場合には，(2.240)となる．同様に，2次の分解 $U_2(t+\Delta t, t)$ は，

$$\begin{aligned} U_2(t+\Delta t, t) &= e^{\Delta t\mathscr{T}/2}e^{\Delta tA_1(t)/2}\cdots e^{\Delta tA_{q-1}(t)/2}e^{\Delta tA_q(t)}e^{\Delta tA_{q-1}(t)/2}\cdots e^{\Delta tA_1(t)/2}e^{\Delta t\mathscr{T}/2} \\ &= e^{\Delta tA_1(t+\Delta t/2)/2}\cdots e^{\Delta tA_{q-1}(t+\Delta t/2)/2}e^{\Delta tA_q(t+\Delta t/2)/2} \\ &\quad \times e^{\Delta tA_{q-1}(t+\Delta t/2)/2}\cdots e^{\Delta tA_1(t+\Delta t/2)/2} \end{aligned} \tag{2.247}$$

と求められる．同様にして，一般の m 次分解 $U_m(t+\Delta t, t)$ は，1次分解

$$Q(x\,;\,t) = e^{xA_1(t)}\cdots e^{xA_q(t)} \tag{2.248}$$

および，中間の時間 $t_j=t+(p_1+p_2+\cdots+p_{j-1}+p_j/2)\Delta t$ を用いて

$$U_m(t+\Delta t, t) = Q(p_r\Delta t\,;\,t_r)\cdots Q(p_2\Delta t\,;\,t_2)Q(p_1\Delta t\,;\,t_1) \tag{2.249}$$

と与えられる．対称分解 $S(x\,;\,t)$，すなわち，

$$S(x\,;\,t) = e^{xA_1(t)/2}\cdots e^{xA_{q-1}(t)/2}e^{xA_q(t)}e^{xA_{q-1}(t)/2}\cdots e^{xA_1(t)/2} \tag{2.250}$$

を用いても，同様に，$t_j=t+(p_1+p_2+\cdots+p_{j-1}+p_j/2)\Delta t$ とおいて

$$U_m{}^{(\mathrm{s})}(t+\Delta t, t) = S(p_r\Delta t\,;\,t_r)\cdots S(p_2\Delta t\,;\,t_2)S(p_1\Delta t\,;\,t_1) \tag{2.251}$$

という m 次分解公式が得られる*.

これらの分解公式は，時間に依存した Schrödinger 方程式や非平衡系の問題などを解くときに有効である．

* 詳しくは，M. Suzuki: Proc. Japan Acad. **69** Ser. B (1993) 161 およびその参考文献参照.

3 相転移の統計力学

この章では，統計力学の課題の中でもっとも基本的で興味深い相転移の理論を解説する．相転移の熱力学から始まって，平均場理論およびそれと等価なLandauの相転移の現象論を説明し，その一般化を行ない，臨界点でのフラクタル性とスケーリング則を議論する．平均場理論をクラスター平均場近似へと拡張し，フラクタルな臨界的振舞いを導く一般論であるコヒーレント異常法(CAM)を説明する．これは，系統的な平均場近似の列を作り，その近似的な相転移点とそこでの平均場臨界係数との系統的な変化，すなわちコヒーレントな異常から真の相転移点と臨界指数などを精度よく評価する便利なわかりやすい方法である．さらに，くり込み理論についても簡単にふれる．臨界現象を記述するための基本的な物理量である相関関数の間に普遍的に成立する一般的な等式を導き，その応用について述べる．また，気相-液相転移に関するvan der Waalsの状態方程式を説明し，ビリアル展開の一般論を解説し，前者への応用にふれる．動的臨界現象，特に，臨界緩和現象の理論を簡単に述べる．さらに，カイラルオーダーなどで特徴づけられるエキゾティックな相転移を平均場近似でとり扱う方法として，いわゆる超有効場理論を解説する．最後に，量子相転移と量子クロスオーバー効果，厳密解の方法，共形場理論および量子群などにもふれる．

3-1 相とは

気相，液相および固相のように，一様な物質の存在形態で，1つの熱力学的関数で表わされる状態を**相**という．同じ物質でも，温度が変化すると異なる相に移ることがある．これを**相転移**という*．この相転移は，相を特徴づける**対称性**の変化を伴う．一般に，相転移点より高い温度領域の相は高い対称性をもっているが，相転移点以下ではその対称性が破れて低い対称性をもつ相に移る．この**対称性の破れ**を特徴づけるパラメータを**秩序パラメータ**という．この秩序パラメータに共役な外場を与えると，必ず対称性は破れて秩序が現われるが，相転移点以下では，このような外場を加えなくとも自然に秩序が現われる．これを**自発的対称性の破れ**という．対称性の破れた典型的な相としては，強磁性相，反強磁性相，超伝導相，超流動相および強誘電相などがある．

3-2 相転移の熱力学——次数，相律および相図

a) 相転移の次数

相転移の中には，気相-液相転移や液相-固相転移のように蒸発熱や凝縮熱などの熱の出入りを伴う相転移と，超伝導転移や超流動転移のように熱の発生や吸収はないが比熱に異常(跳びや発散)が現われる相転移がある．前者を**1次相転移**，後者を**2次相転移**という．熱力学的には，自由エネルギーの温度などに関する1階微分に跳びが現われるのが1次相転移であり，2階微分に異常が現われるのが2次相転移である．こうして，一般に自由エネルギーの n 階微分に初めて跳びなどの異常が現われる相転移を n **次相転移**と定義する(図3-1～図3-3参照)．

---

* 相変化または相変態ということもある．

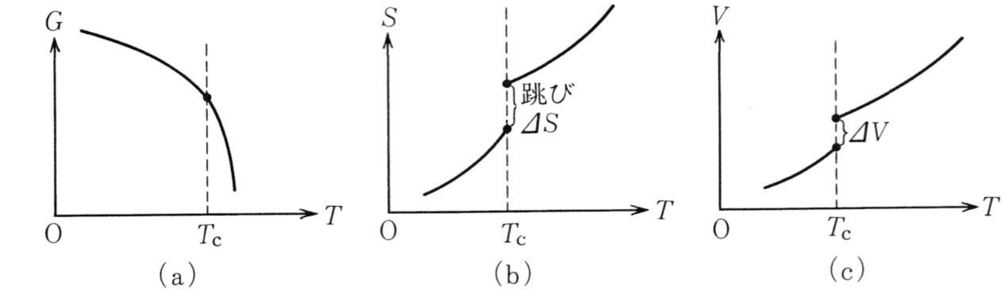

図 3-1 1次相転移と熱力学的関数の変化.（**a**）Gibbs の自由エネルギー G は相転移点 T_c で連続であるが折れ曲がる.（**b**）エントロピー $S=-(\partial G/\partial T)_p$ に T_c で跳び ΔS が現われる.（**c**）体積 $V=(\partial G/\partial p)_T$ にも跳び ΔV が現われる.

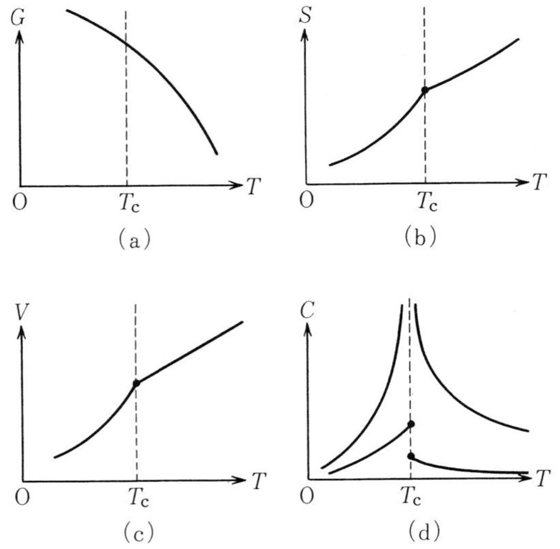

図 3-2 2次相転移と熱力学的関数の変化.（**a**）Gibbs の自由エネルギー G は相転移点 T_c で滑らかに変化する.（**b**）エントロピー S も T_c で連続的である.（**c**）体積も連続している.（**d**）比熱 C は T_c で跳びを示すかまたは発散する.

b） Gibbs の相律

1成分系では，図 3-4(a)のように，3 相が共存する **3 重臨界点**が現われる．たとえば，ヘリウム(^{4}He)では図 3-4(b)のように，固体ヘリウム，液体ヘリウム I（He I——常流体），液体ヘリウム II（He II——超流体）の 3 相共存の 3 重臨

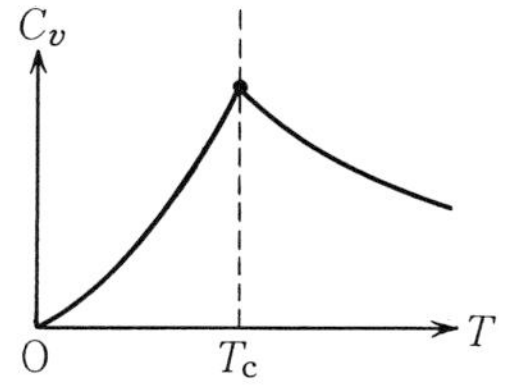

図 3-3 3次相転移．比熱は T_c で連続であるが，その微係数が不連続である．理想 Bose 気体における Bose - Einstein 凝縮に伴う比熱(C_v)の変化は3次相転移の例である(定量的には図 2-4 を参照)．

界点が存在する．また，図 3-5 に示されているように，2 成分系で異方性の競合するランダム磁性体 $Fe_{1-x}Co_xCl_2\cdot 2H_2O$ では，**4 重臨界点**が観測されている．一般に，n 成分系では $(n+2)$ 重臨界点が存在できる．これは，Gibbs の相律から導かれる．すなわち，Gibbs の相律によると，n 種類(n 成分)の物質からなる混合系が α 個の相に分かれて熱平衡にあれば(共存すれば)，独立に変化し得る状態変数の数(自由度) f は

$$f = n+2-\alpha \tag{3.1}$$

で与えられる．この **Gibbs の相律**は次のようにして熱力学的に導かれる．まず，相の共存の条件は，温度 T と圧力 p が等しく，かつ，それぞれの相の化学ポテンシャルが互いに等しいということである．第 1 章の(1.117)や(1.145)からわかるように，化学ポテンシャル μ は，系の粒子を 1 個増やすときに要するエネルギーを表わしており，Gibbs の自由エネルギー G とは $G=\mu N$ の関係にある．平衡状態にある共存相では，α 個の相の間で，μ は互いに等しく

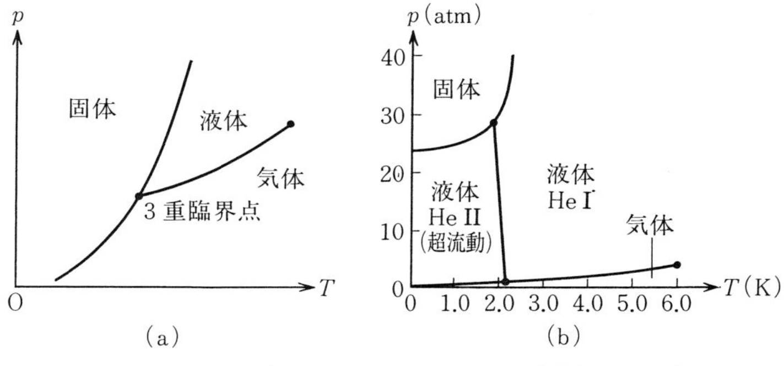

図 3-4 3 相共存の相図(a)とヘリウムの相図(b)．3 重臨界点が現われる．

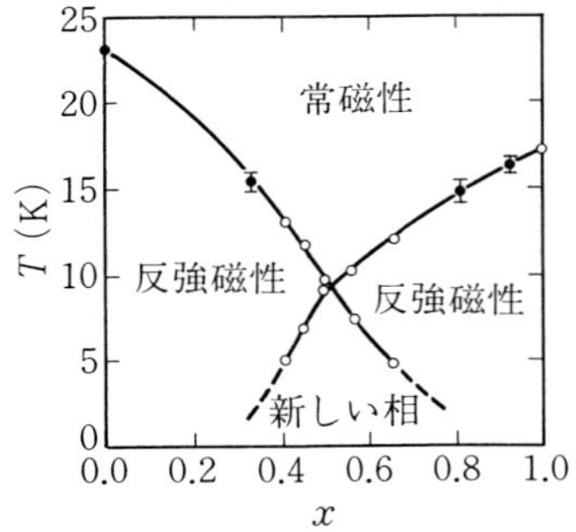

図 3-5 異方性の競合するランダム磁性体 $Fe_{1-x}Co_xCl_2 \cdot 2H_2O$ の相図と 4 重臨界点．(K. Katsumata, M. Kobayashi, T. Sato and Y. Miyako: Phys. Rev. **B19** (1979) 2700 による)

なければならない．その条件式の数は $n(\alpha-1)$ である．一方，状態変数の数は，温度 T と圧力 p の 2 個のほかに，各相ごとに成分比を表わすパラメータが $(n-1)$ 個あり，α 個の相全体では $(n-1)\alpha$ となる．よって共存相で独立に変化し得る状態変数の数 f は

$$f = 2+(n-1)\alpha-n(\alpha-1) = 2+n-\alpha \tag{3.2}$$

となる．明らかに，$f \geqq 0$ でなければならない．すなわち，$\alpha \leqq n+2$ である．したがって，n 成分系で共存できる相の数の最大は $\alpha_{\max}=n+2$ である．こうして，成分比のほかに圧力 p と温度 T だけが変数となる状況のもとにある n 成分系では $(n+2)$ 重臨界点までしか存在できないことがわかる．

c) 1 次相転移における Clausius-Clapeyron の関係式

このように，Gibbs の相律によると，1 成分系($n=1$)で 2 相が共存する($\alpha=2$)場合には，独立に変化し得る状態変数の数 f は $f=1$ となるので，共存線(p-T 線)が相図に現われる．そこで，この p-T (共存)線の勾配 dp/dT を熱力学的な量を用いて表わしてみよう．

まず，ここでは 1 次相転移の場合を議論する．図 3-6 のように，それぞれの相の Gibbs の自由エネルギーを $G(p, T)$ および $G'(p', T')$ とすると，共存線上の 2 点 (p, T) と $(p+dp, T+dT)$ では，

$$G(p, T) = G'(p, T) \quad \text{および} \quad G(p+dp, T+dT) = G'(p+dp, T+dT) \tag{3.3}$$

が成立する．dp および dT の 1 次までの範囲で，

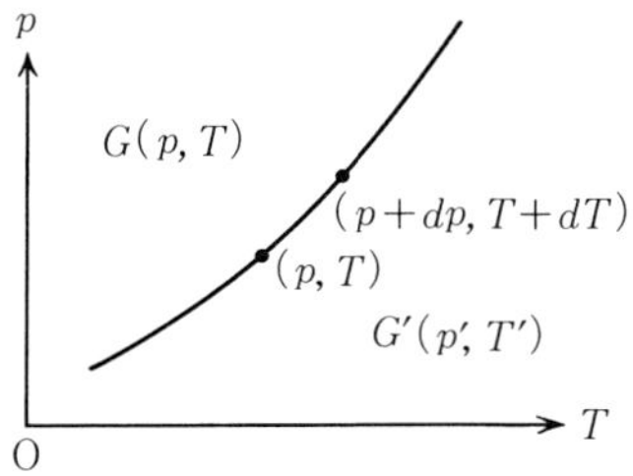

図 3-6 2 相平衡の条件．共存線上では，$G(p, T) = G'(p', T')$ が成立する．ただし，$p' = p$ および $T' = T$ である．

$$\left(\frac{\partial G}{\partial p}\right)_T dp + \left(\frac{\partial G}{\partial T}\right)_p dT = \left(\frac{\partial G'}{\partial p}\right)_T dp + \left(\frac{\partial G'}{\partial T}\right) dT \tag{3.4}$$

が導かれる．ここで，熱力学的関係式(1.155)を用いると，

$$Vdp - SdT = V'dp - S'dT \tag{3.5}$$

が得られる．こうして，次の **Clausius-Clapeyron** の関係式

$$\frac{dp}{dT} = \frac{S'-S}{V'-V} = \frac{\Delta Q}{T} \cdot \frac{1}{\Delta V} \tag{3.6}$$

が導かれる．ただし，$\Delta Q = T(S'-S)$ は潜熱を表わし，$\Delta V = V'-V$ は体積の跳びを表わす．

通常は，$dp/dT > 0$ であり，共存線は右上がりになり，圧力とともに融解点は上昇するが，水と氷の場合は逆になる．すなわち，水の比体積の方が氷の比体積より小さく，$\Delta V < 0$ となり，$dp/dT < 0$ である．したがって，圧力をかけると氷は融けやすくなる．

d) 2 次相転移における Ehrenfest の関係式

2 次相転移では，図 3-2(b)のようにエントロピー S が連続になるので，1 次相転移で $G(p, T)$ に対して行なった議論と同様にして，今度は，$S(p, T)$ に対して変分をとって，

$$\left(\frac{\partial S}{\partial T}\right)_p dT + \left(\frac{\partial S}{\partial p}\right)_T dp = \left(\frac{\partial S'}{\partial T}\right)_p dT + \left(\frac{\partial S'}{\partial p}\right)_T dp \tag{3.7}$$

となる．

さて，定圧比熱 C_p はエンタルピー H を用いて $C_p = (\partial H/\partial T)_p$ と表わされ，(1.153)より $C_p = T(\partial S/\partial T)_p$ となるから，

$$\frac{C_p}{T}dT-\left(\frac{\partial V}{\partial T}\right)_p dp = \frac{C_p'}{T}dT-\left(\frac{\partial V'}{\partial T}\right)_p dp \tag{3.8}$$

が得られる．ここで，(1.155)から G の完全微分性*を用いて導かれる **Maxwell の関係式** $(\partial S/\partial p)_T=-(\partial V/\partial T)_p$ などを用いた．さらに，体膨張係数

$$\beta_{\mathrm{v}} \equiv \frac{1}{V}\left(\frac{\partial V}{\partial T}\right)_p, \qquad \beta_{\mathrm{v}}' \equiv \frac{1}{V'}\left(\frac{\partial V'}{\partial T}\right)_p \tag{3.9}$$

を用いると，

$$\frac{dp}{dT} = \frac{C_p'-C_p}{T(V'\beta_{\mathrm{v}}'-V\beta_{\mathrm{v}})} = \frac{\Delta C_p}{TV\Delta\beta_{\mathrm{v}}} \tag{3.10}$$

という **Ehrenfest の関係式**が導かれる．ただし，2 次相転移では，$V'=V$ であることを用いた．また，$\Delta\beta_{\mathrm{v}}=\beta_{\mathrm{v}}'-\beta_{\mathrm{v}}$ である．

3-3 van der Waals の状態方程式と気相-液相転移

分子間に相互作用があると，気体の状態方程式は **Boyle-Charles の法則** $pV=Nk_{\mathrm{B}}T$ からずれる．そのずれ方を以下に議論する．まず，斥力として剛体球の効果をとり入れる．大雑把には，剛体球の体積の N 倍程度の体積が減ったことに対応するから，$p(V-Nb)=Nk_{\mathrm{B}}T$ と書ける．ただし，b は剛体球の体積程度の大きさの数である．次に引力の効果をとり入れる．分子間の引力は 2 体力なので粒子数密度 $\rho=N/V$ の 2 乗に比例する．すなわち，圧力は，$-a\rho^2=-aN^2/V^2$ という量に比例して小さくなる．こうして得られた相互作用のある気体の状態方程式は

$$\left(p+\frac{aN^2}{V^2}\right)(V-Nb) = Nk_{\mathrm{B}}T \tag{3.11}$$

となる．これが有名な **van der Waals の状態方程式**である．ここで，a と b は物質に依存する定数である．(3.11)は，圧力 p について解いた形に書くと

---

* G の完全微分性とは，$\partial^2 G/\partial p\partial T=\partial^2 G/\partial T\partial p$ などを表わす．

$$p = \frac{Nk_{\rm B}T}{V-Nb} - a\left(\frac{N}{V}\right)^2 \tag{3.12}$$

となる．第1項は，体積 V に関して単調減少関数であり，第2項は，V に関して単調増加関数である．この2つの効果が競合して，係数に含まれている温度 T の値によっては，非線形性が現われる．ここで，非線形性を**弱い意味での非線形性**と**強い意味での非線形性**に分類すると便利である．前者は単調関数を用いた変換で線形に移る場合をいい，後者はそうでない一般の非線形な場合をいうことにする．一般に，弱い非線形効果の和や差は，強い非線形の効果となることが多い．(3.12)はその典型的な例である．van der Waals の状態方程式(3.12)でこのような強い非線形性が現われる温度を臨界点といい，$T_{\rm c}$ と書く．この臨界点は，(3.12)の変曲点として決まる．すなわち，

$$\left(\frac{\partial p}{\partial V}\right)_{T=T_{\rm c}} = 0 \quad \text{および} \quad \left(\frac{\partial^2 p}{\partial V^2}\right)_{T=T_{\rm c}} = 0 \tag{3.13}$$

の2つの方程式と(3.12)より，$T_{\rm c}$ と変曲点での圧力 $p_{\rm c}$，体積 $V_{\rm c}$ が求まる．簡単な計算により，それらは

$$k_{\rm B}T_{\rm c} = \frac{8}{27}\frac{a}{b}, \quad p_{\rm c} = \frac{1}{27}\frac{a}{b^2} \quad \text{および} \quad V_{\rm c} = 3bN \tag{3.14}$$

と与えられる．これらの臨界点パラメータ $T_{\rm c}, p_{\rm c}$ および $V_{\rm c}$ で規格化された変数

$$\hat{T} = \frac{T}{T_{\rm c}}, \quad \hat{p} = \frac{p}{p_{\rm c}} \quad \text{および} \quad \hat{V} = \frac{V}{V_{\rm c}} \tag{3.15}$$

を用いると，van der Waals の状態方程式(3.11)は

$$\left(\hat{p}+\frac{3}{\hat{V}^2}\right)(3\hat{V}-1) = 8\hat{T} \tag{3.16}$$

のように物質定数 a や b を含まない形になる．このことを**対応状態の法則**という．(3.16)をいろいろな温度 $\hat{T}$ に対して p-V 曲線を書くと図3-7のようになる．

逆に，体積 V を圧力 p の関数としてみると，$T < T_{\rm c}$ では，図3-8のように多価関数となる．しかし，実際は図の太線のように，左右等面積となる圧力

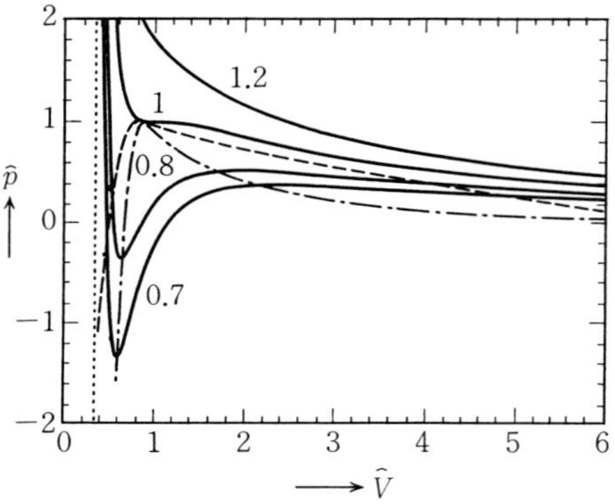

図 3-7 van der Waals の状態方程式．$\hat{p}=p/p_c$ および $\hat{V}=V/V_c$ はそれぞれ換算圧力と換算体積を表わす．図の数値は $T=T/T_c$ の値を示す．破線の内側は液相-気相の共存領域を表わす．1 点鎖線はスピノーダル分解(次ページ脚注参照)の起こる領域(不安定領域)を表わす．

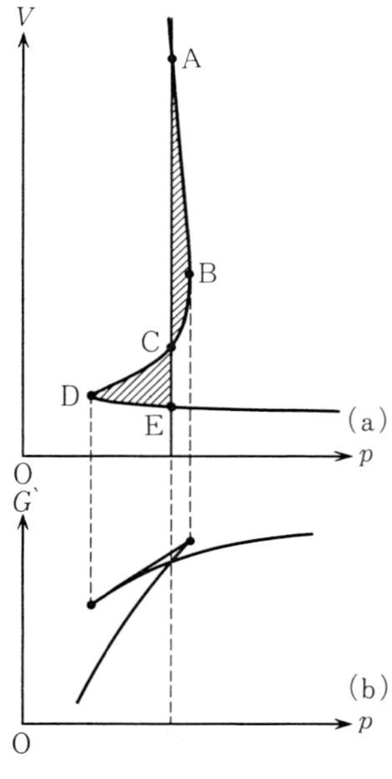

図 3-8 (a) p-V 面上の等温線と Maxwell の等面積則．(b) Gibbs の自由エネルギー G と圧力 p との関係．BCD の領域は不安定領域でスピノーダル分解の起こる領域である．

p_M のところで**気相-液相転移**が起こる．これは **Maxwell の等面積則**と呼ばれるもので，次のようにして熱力学的に導かれる．1-9 節で議論したように，2 相平衡の条件は化学ポテンシャルが気相と液相で等しくなることである．すなわち，それは(1.145)からわかるように，Gibbs の自由エネルギーが等しくなることである．したがって，(1.155)で $dT=0$ および $dN=0$ として，

$$G(T,p) = G(T,p_0) + \int_{p_0}^{p} V(p,T)dp \tag{3.17}$$

の値が，図 3-8 の A と E で等しくならなければならない．p_0 はどこにとってもよいので，それをいま求めようとしている点での値 p_M とおくことにする．明らかに，点 B から点 C までの積分は，p の向きが負の向きであるから，負の値となり

$$\int_{A\to B\to C} V(p,T)dp = \text{領域 ABC の面積} \tag{3.18a}$$

となる．同様にして

$$\int_{C\to D\to E} V(p,T)dp = -(\text{領域 CDE の面積}) \tag{3.18b}$$

となる．Gibbs の自由エネルギーが A と E で等しくなる条件は，上の 2 つの積分の和が零に等しくなることであり，したがって Maxwell の等面積則が導かれた*．これはまた次のようにして導くこともできる．まず，(1.154)を用いると，Helmholtz の自由エネルギー $F(T,V)$ は

$$F(T,V) = F(T,V_0) - \int_{V_0}^{V} p(V,T)dV \tag{3.19}$$

と書ける．また(1.118)より，

$$G(T,p) = F(T,V) + pV \tag{3.20}$$

となる．p_M は(3.20)の G を V に関して極小にする条件

$$\frac{\partial F(T,V)}{\partial V} + p_M = 0 \tag{3.21}$$

を満たし，V_g と V_l で $G(T,p)$ の極小値は等しいとする条件より

$$\int_{V_l}^{V_g} p(V,T)dV = p_M(V_g - V_l) \tag{3.22}$$

が導かれる．これは，Maxwell の規則に他ならない．

---

* Gibbs の自由エネルギーの p 依存性は図 3-8(b) のようになる．これは背骨(spine)に似ているので，点 B と点 D の温度 T の変化とともに描く軌跡を**スピノーダル分解**という．

相転移としては，$V_g - V_l$ を秩序パラメータとみなすことができる．図3-7からも容易にわかるように，T_c の近傍では，$(V_g - V_l)^2 \propto T_c - T$ となるから，$T < T_c$ では

$$V_g - V_l \sim (T_c - T)^\beta; \qquad \beta = 1/2 \tag{3.23}$$

と表わされる．後で述べる平均場近似では，一般に $\beta = 1/2$ が得られる．

van der Waals の仕事は，相転移に関する最初の理論であり，その後の物理や化学の発展に大きな影響を与えた．この功績により，彼は1910年にNobel物理学賞を受賞した．

3-4 平均場理論

相転移現象は，無限に多くの粒子の間に働く協力的な相互作用の効果と，その効果を弱める熱的なゆらぎ，すなわちエントロピー効果との競合によって起こる．そのような多粒子系を統計力学的に厳密に扱うのは多くの場合極めて困難である．そこで，何らかの近似法が必要になる．1907年にP. Weissは，次のような磁性体の**分子場近似**，すなわち**平均場理論**を提唱した．

まず，Langevinによると，磁場 H 中にある自由なスピンの磁化 $M(T, H)$ は，(2.97)より

$$M(T, H) = Ng\mu_B SB_S(\beta g\mu_B SH) \tag{3.24}$$

と与えられる．特に $S = 1/2$ のときは

$$M(T, H) = N\mu_B \tanh(\beta\mu_B H) \tag{3.25}$$

と書ける．ただし，$g = 2$ とした．この式で磁場 H を0にすると当然のことながら磁化は0になる．Weissは，強磁性体では，**Curie温度** T_c 以下になると，スピン1個当りの磁化 $m(=M/N)$ に比例した分子場 $H' = k_{mf} m$ が各スピンに働くものと考えた．ただし，k_{mf} は**分子場係数**である．この分子場 H' と外からの磁場 H との和によって磁化 m ができると考えると，(3.25)より，

$$m = \mu_B \tanh[\beta\mu_B(k_{mf} m + H)] \tag{3.26}$$

という m に関する非線形方程式すなわち状態方程式が得られる．m が H に

比例して小さくなる高温領域では，(3.26)は線形化できて

$$m = \beta\mu_B{}^2 k_{mf} m + \beta\mu_B{}^2 H \tag{3.27}$$

すなわち，$\beta=1/k_B T$ を用いて

$$m = \chi_0(T)H\,; \qquad \chi_0(T) = \frac{\mu_B{}^2}{k_B T - \mu_B{}^2 k_{mf}} \sim \frac{1}{T-T_c} \tag{3.28}$$

となる．ここで，

$$T_c = \mu_B{}^2 k_{mf}/k_B \tag{3.29}$$

である．鉄などの強磁性体では $T_c \sim 1000$ K くらいになるので，分子場エネルギー $k_{mf}\mu_B{}^2$ は，10^{-20} J 程度の大きさになる．もし，これが古典的な磁気双極子によるものとすると，その大きさは，格子定数を a_L として，$\mu_B{}^2/a_L{}^3 \sim 10^{-25}$ J 程度であり，これはあまりにも小さ過ぎる．このように，Weiss の**分子場(平均場)理論**は，そのミクロなメカニズムに関しては量子力学の誕生まで大きな謎であった．後にそれは Heisenberg によって電子の**交換相互作用**として説明された*.

(3.28)からわかるように，相転移点 T_c の近傍では，磁化率 $\chi_0(T)$ は，Curie-Weiss 則を示す．一般に，T_c の近くで

$$\chi_0(T) \sim \frac{1}{(T-T_c)^{\gamma}} \tag{3.30}$$

によって磁化率の臨界指数 γ を定義すると，平均場理論では，$\gamma=1$ である．

相転移点以下($T<T_c$)では，自発磁化が現われることが次のようにしてわかる．すなわち，(3.26)で $H=0$ とおいた m に関する非線形方程式は，

$$m = (\beta k_{mf}\mu_B{}^2)m - \frac{1}{3}(\beta k_{mf})^3 \mu_B{}^4 m^3 + \cdots$$

となり，$T<T_c$ では，トリビアルな解 $m\equiv 0$ の他に，

$$m_s \sim (T_c - T)^{\beta}\,; \qquad \beta = 1/2 \tag{3.31}$$

---

* Heisenberg の交換相互作用は，スピン $\boldsymbol{S}_i$ と $\boldsymbol{S}_j$ との間に働く相互作用のエネルギー $-J\boldsymbol{S}_i\cdot\boldsymbol{S}_j$ によって表わされる．ここで，交換相互作用 J は，Coulomb 相互作用のエネルギー $\sim e^2/a_L$ に，重なり積分の大きさ $\sim 10^{-1}$ をかけて 10^{-19} J 程度となる．

のような温度変化を示す解をもつことが容易にわかる．$T<T_c$ では，比熱は0でない値をもつが，$T>T_c$ では，ゆらぎが完全に無視されているため，比熱は恒等的に0となる．したがって，相転移点の近傍では，平均場理論による比熱は跳びを示す．

3-5 Landauの相転移の現象論とその一般化

Landauは，相転移の本質を対称性の破れとして捉え，対称性を群論的に分類し，その対称性の変化を表わすパラメータとして秩序パラメータ M を導入し，相転移の現象論をつくった．Helmholtzの自由エネルギー F を M に関して展開し

$$F = F_0+AM^2+BM^4+\cdots-HM \tag{3.32}$$

と書くことにする．H は M に共役な外力(磁性体では磁場)を表わし，$A,B,\cdots$ は温度 T の関数である．状態方程式は，F の M に関する変分が極小になる条件，すなわち，$\partial F/\partial M=0$ という条件より，

$$2AM+4BM^3+\cdots = H \tag{3.33}$$

と与えられる．係数 $A,B,\cdots$ などのミクロな表式は後に導くことにして，まずここでは現象論的に相転移のメカニズムを議論する．$H\equiv 0$ のときの自由エネルギー F を定性的に示すと，図3-9のようになる．$A=A(T)$ は $T=T_c$ で0になり，T_c の近傍ではある正の定数 a を用いて $A=a(T-T_c)$ とおけるであろう．(この仮定は，平均場理論が厳密に成り立つ系では正しいが，一般の系

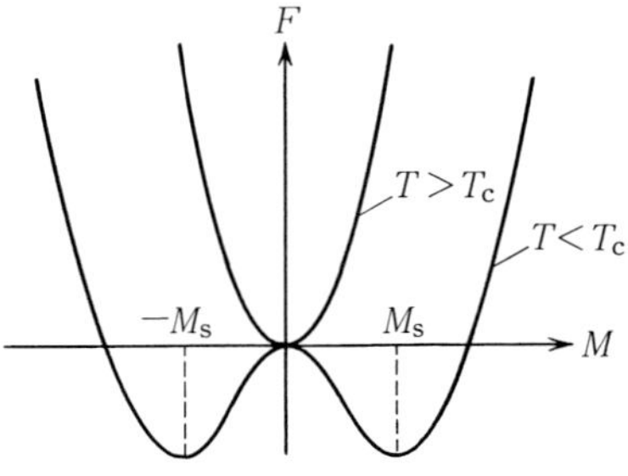

図3-9 Landauの自由エネルギー F と秩序パラメータ M との関係．温度 T が相転移点 T_c より低くなると $\pm M_s$ で2つの極小値をもつようになる．

では，後でわかるように正しくない.）図3-9のように，$T<T_c$ において，(3.32)のように，M^4 までの近似で F が最小値をもつためには，$B(T_c)>0$ でなければならない．これらの仮定の下では，H に対する応答係数(磁性体では磁化率) $\chi_0(T)$ は(3.33)で M^3 の項を無視して

$$\chi_0(T) = \lim_{H\to 0}\frac{M}{H} = \frac{1}{2A} = \frac{1}{a(T-T_c)} \tag{3.34}$$

となる．これは，平均場近似の結果(3.28)と一致する．また，$T<T_c$ での秩序パラメータ(磁性体では自発磁化) M_s は，(3.33)で $H=0$ とおいた式より，

$$M_s = (-A(T)/2B(T))^{1/2} \simeq (a/2B(T_c))^{1/2}(T_c-T)^{1/2} \tag{3.35}$$

と与えられ，再び，平均場理論で求めた秩序パラメータ(3.31)と同じ臨界的振舞いが現象論的に導かれる．比熱が T_c のところで跳びを示すことも前と同様に容易に示される．

このように，**Landau 理論**は，平均場近似と等価な相転移の現象論である．しかし，それは，相転移の本質とそのメカニズムを理解するには欠かせない基本的な理論である．そこで，次に，Landau 理論のミクロな基礎づけを行ない，(3.30)で $\gamma\neq 1$ となるような非古典的な臨界現象まで記述できるように拡張してみよう．

まず，Landau の自由エネルギーの展開係数 $A, B, \cdots$ などのミクロな表式を求める．(3.32)で $H=0$ とおいた式を $F(M)$ と書くことにする．秩序パラメータ M に対応する演算子を S とする(磁性体では，$S=g\mu_B\sum S_j{}^z$)．すなわち，$M=\langle S\rangle$ である．そこで，$F(M)$ の物理的な意味を考えてみる．いま，S を対角化した表示で，ミクロな状態(すなわち配位)を $S=M$ という位相空間に限定して状態和を求めたときの自由エネルギーが $F(M)$ である．これを式で書くと，

$$F(M) = -k_BT\log \mathrm{Tr}\, e^{-\beta\mathcal{H}}\delta(S-M) \tag{3.36}$$

となる．**デルタ関数の積分表示**を用いて

$$e^{-\beta F(M)} = \frac{1}{2\pi i}\int_{c-i\infty}^{c+i\infty}\mathrm{Tr}\, e^{-\beta\mathcal{H}}e^{h(S-M)}dh \tag{3.37}$$

と書ける．さて，2-12節で説明した**キュムラント** $\{\langle S^n\rangle_c\}$ を用いて

$$\begin{aligned}\mathrm{Tr}\, e^{-\beta\mathcal{H}} e^{hS} &= \langle e^{hS}\rangle \mathrm{Tr}\, e^{-\beta\mathcal{H}} \\ &= \mathrm{Tr}\, e^{-\beta\mathcal{H}}\cdot\exp\left(\sum_{n=1}^{\infty}\frac{h^{2n}}{(2n)!}\langle S^{2n}\rangle_c\right)\end{aligned} \tag{3.38}$$

と書ける．ただし，奇数次のキュムラントは，$\mathcal{H}$ の対称性から0になることを用いた．(3.38)の最初の因子を $e^{-\beta F_0}$ と書くと，F_0 は，$h=0$ のとき，すなわち $M=0$ のときの自由エネルギーを表わす．第2の因子は h によって誘起された自由エネルギーの効果を表わす．これを，$e^{-\beta F_1(h)}$ と書くと，$F_1(h)$ は，粒子数 N のオーダーの量であることが，キュムラント $\{\langle S^{2n}\rangle_c\}$ の性質からわかる．こうして(3.37)は

$$e^{-\beta F(M)} = e^{-\beta F_0}\frac{1}{2\pi i}\int_{c-i\infty}^{c+i\infty} e^{-\beta F_1(h)-hM}dh \tag{3.39}$$

となる．積分の中の指数の肩は，粒子数 N のオーダーの巨視的な量であるから，第1章で説明したように，(3.39)の積分は**鞍点法**を用いて漸近評価することができ，結局

$$F(M) = F_0+F_1(\beta H)+HM = F+HM \tag{3.40}$$

となる．ただし，$h=\beta H$ とおいた．これは，**Legendre 変換**(1.149)に他ならない．ここで，(3.40)の H または h は

$$\beta\frac{\partial}{\partial h}F_1(h)+M = 0 \tag{3.41}$$

によって決める．よって，$F_1(h)$ の定義から

$$M = \sum_{n=1}^{\infty}\frac{h^{2n-1}}{(2n-1)!}\langle S^{2n}\rangle_c \tag{3.42}$$

となる．これを h に関して解いて

$$h = a_1M+a_3M^3+a_5M^5+\cdots \tag{3.43}$$

とおくと，容易に，係数 $\{a_j\}$ はキュムラントを用いて次のように表わされる：

$$a_1 = \frac{1}{\langle S^2\rangle_c}, \qquad a_3 = -\frac{1}{3!}\frac{\langle S^4\rangle_c}{\langle S^2\rangle_c{}^4}$$

$$a_5 = -\frac{1}{5!}\left(\frac{\langle S^6\rangle_c}{\langle S^2\rangle_c{}^6} - 10\frac{\langle S^4\rangle_c{}^2}{\langle S^2\rangle_c{}^7}\right)$$

$$a_7 = -\frac{1}{7!}\left(\frac{\langle S^8\rangle_c}{\langle S^2\rangle_c{}^8} - 56\frac{\langle S^6\rangle_c\langle S^4\rangle_c}{\langle S^2\rangle_c{}^9} + 280\frac{\langle S^4\rangle_c{}^3}{\langle S^2\rangle_c{}^{10}}\right)$$

$$\cdots\cdots\cdots\cdots\cdots \tag{3.44}$$

一方，Landau理論によると，状態方程式は(3.33)で与えられる．これを(3.43)と等置して，**Landau展開**の係数 $A, B, C, D, \cdots$ は，$h=\beta H$ より

$$A = \frac{a_1}{2\beta} = \frac{1}{2\beta\langle S^2\rangle_c},\quad B = \frac{a_3}{4\beta},\quad C = \frac{a_5}{6\beta},\quad D = \frac{a_7}{8\beta},\quad \cdots \tag{3.45}$$

と求まる*．こうして，Landauの現象論はミクロな基礎づけが行なわれ，展開係数は，秩序パラメータ演算子 S の高次のゆらぎ(キュムラント)で表わされることがわかる．S に共役な H に関する線形応答 $\chi_0(T)$ は(3.34)より

$$\chi_0(T) = \frac{1}{2A} = \beta\langle S^2\rangle_c = \beta(\langle S^2\rangle - \langle S\rangle^2) = \beta\langle S^2\rangle \tag{3.46}$$

と与えられる．これは，(1.105)に対応している．

磁性体の場合には，S は，$S=\mu_B\sum S_j{}^z$ と与えられるから，磁化率 $\chi_0(T)$ は

$$\chi_0(T) = \frac{N\mu_B{}^2}{k_B T}\sum_{j=1}^{N}\langle S_1{}^z S_j{}^z\rangle \tag{3.47}$$

のように，平衡系($H=0$)におけるスピン相関関数 $\langle S_1{}^z S_j{}^z\rangle$ を用いて表わされる．格子点1と j の距離を R とすると，一般に相関関数 $C(R)=\langle S_1{}^z S_j{}^z\rangle$ は相転移点近傍($\kappa R \lesssim 1$)では，次のような漸近形を示す：

$$C(R) \sim \frac{1}{R^{d-2+\eta}}e^{-\kappa R};\qquad \kappa \sim (T-T_c)^\nu \tag{3.48}$$

ただし，d は系の次元を表わす．η は**Fisherの指数**と呼ばれ，**Ornstein-Zernikeの漸近形**からのずれを表わす**．(3.48)を用いると，

---

* これらのミクロな表式は，M. Suzuki: J. Phys. Soc. Jpn. **22** (1967) 757で最初に導かれ，後に，R. Brout: Phys. Rep. **10** (1974) 1 および H. Nakano and N. Hattori: Prog. Theor. Phys. **49** (1973) 1752で類似の変換が議論された．

** M. E. Fisher: J. Math. Phys. **5** (1964) 944.

$$\chi_0(T) \sim \int C(R)d^dR \sim \frac{1}{\kappa^{2-\eta}} \sim \frac{1}{(T-T_c)^{\nu(2-\eta)}} \qquad (3.49)$$

となり，(3.30)と比較して

$$\gamma = (2-\eta)\nu \qquad (3.50)$$

という**Fisherの関係式**が導かれる．こうして，一般には，$\gamma \neq 1$ となり，平均場近似とは異なる臨界的振舞いを示すことになる．したがって，(3.46)から $A \sim (T-T_c)^{\gamma}$ となり，Landau のナイーヴな仮定 $A=a(T-T_c)$ は一般には正しくないことがわかる．

次に，このような非古典的な臨界現象をも説明できるように，ミクロな表式(3.44)を利用して，Landau 理論を拡張してみよう．通常，$\gamma>1$ であるから，展開の中の M^2 の係数 A は，$T=T_c$ で 1 位の零点より速く 0 になる．したがって，M^4 の係数 B も T_c で正ではなく 0 になる可能性がある．一般に，M^{2n} の係数 $A_{2n}(T)$ が初めて $T=T_c$ で有限($A_{2n}(T_c)>0$)になるものとする．それ以下の項はすべて $T=T_c$ で 0 になり，臨界的な振舞い，たとえば M_s の臨界指数 β は，AM^2 と $A_{2n}M^{2n}$ のバランスで決まるとすると，

$$M_s \sim A(T)^{1/(2n-2)} \sim (T_c-T)^{\gamma/(2n-2)} \qquad (3.51)$$

となる．すなわち，$\beta=\gamma/(2n-2)$ となる．$n=8$ とすると $\gamma=14\beta$ となり，正方格子 Ising 模型*の β の値(Onsager-Yang の計算結果) $\beta=1/8$ を用いると $\gamma=7/4$ となる．これは Onsager の結果 $\nu=1$ および $\eta=1/4$ を用いて Fisher の関係式(3.50)から得られる値 $\gamma=7/4$ と一致する．こうして，2 次元 Ising 模型の臨界現象は，Landau 理論を拡張して，M の 14 次までの係数が相転移点で 0 になり，16 次の係数が初めて 0 でない値をもつとして現象論的に理解される**.

これらの状況をミクロに理解するため，(3.44)の表式の相転移点 T_c の近傍

---

* **Heisenberg 模型** $\mathcal{H}=-J\sum \boldsymbol{S}_i\cdot\boldsymbol{S}_j=-J\sum(S_i^xS_j^x+S_i^yS_j^y+S_i^zS_j^z)$ の対角成分のみのハミルトニアン $\mathcal{H}_I=-J\sum S_i^zS_j^z$ を **Ising 模型**という．

** これは，1964 年 12 月に京大基研で開催された研究会で著者によって提唱され，「物性研究」3 (1965) 317 (1 月 18 日受理)にも報告され，1965 年春の日本物理学会でも発表された．その後このアイデアのミクロな基礎づけが続けられた(著者の博士論文，1965 年 12 月)．

の様子を考察しよう．たとえば，M^4 の係数 B が T_c で 0 になることは，a_3 の表式からわかるように，$\langle S^2\rangle_c{}^4$ が $\langle S^4\rangle_c$ よりも T_c で強く発散することに対応している．そこで，一般に，$\langle S^{2n}\rangle_c$ が T_c 近傍で

$$\langle S^{2n}\rangle_c \sim (T-T_c)^{-\alpha_{2n}} \tag{3.52}$$

の異常性を示すとする．いま，$t=(T-T_c)/T_c$ とおいて，$A,B,C,D,\cdots$ の異常性を調べてみると，

$$\begin{cases} A\sim t^{\alpha_2}, \quad B\sim t^{4\alpha_2-\alpha_4}, \quad C=\mathrm{O}(t^{6\alpha_2-\alpha_6})+\mathrm{O}(t^{7\alpha_2-2\alpha_4}) \\ D\sim \mathrm{O}(t^{8\alpha_2-\alpha_8})+\mathrm{O}(t^{9\alpha_2-\alpha_4-\alpha_6})+\mathrm{O}(t^{10\alpha_2-3\alpha_4}), \quad \cdots \end{cases} \tag{3.53}$$

となる．M^6 の係数以降は，多数の項の和として表わされるが，それらの項は，同じ M の次数の中では，皆同じオーダーの異常性を示すと考えるのが自然であるから，$6\alpha_2-\alpha_6=7\alpha_2-2\alpha_4$, $8\alpha_2-\alpha_8=9\alpha_2-\alpha_4-\alpha_6=10\alpha_2-3\alpha_4$, $\cdots$ とおけるであろう．この仮定より，$\{\alpha_{2n}\}$ は次のような等差数列になることがわかる：

$$\alpha_{2n}=(n-1)\alpha_0+\alpha_2 \tag{3.54}$$

これより，$F(M)$ の中の M^{2n} の項の係数 A_{2n} は T_c の近傍で

$$A_{2n}\sim (T-T_c)^{-n(\alpha_0-2\alpha_2)+(\alpha_0-\alpha_2)} \tag{3.55}$$

となる．こうして自由エネルギーは，T_c 近傍で，

$$\begin{aligned} F(t) &= F_0(t)+t^{\alpha_0-\alpha_2}\sum_{n=1}^{\infty}a_n\left(\frac{M^2}{t^{\alpha_0-2\alpha_2}}\right)^n \\ &\equiv F_0(t)+t^{\alpha_0-\alpha_2}f_{sc}\left(\frac{M^2}{t^{\alpha_0-2\alpha_2}}\right) \end{aligned} \tag{3.56}$$

という同次形の関数で表わされることになる．これが，1965年にWidomによって提唱された**同次形の仮説**である*．次節で述べるように，この同次形の仮説の導入が現代的な臨界現象の理論の草分けとなった．

状態方程式は，$\partial F(t)/\partial M=H$ より，

$$2Mt^{\alpha_2}f_{sc}'\left(\frac{M^2}{t^{\alpha_0-2\alpha_2}}\right)=H \tag{3.57}$$

---

* B. Widom: J. Chem. Phys. **43** (1965) 3898. (3.56)の $f_{sc}(x)$ は，ハミルトニアンごとに普遍的に決まる関数であり，**スケーリング**(scaling)**関数**と呼ばれる．

と与えられる．磁化率 $\chi_0(T)$ は

$$\chi_0(T) = \lim_{H\to 0}\frac{M}{H} = \frac{1}{2f_{\mathrm{sc}}{}'(0)}\frac{1}{t^{\alpha_2}} \tag{3.58}$$

となり，$\gamma=\alpha_2$ が得られる．自発磁化 M_{s} は，(3.57)で $H=0$ とおいて得られる方程式 $f_{\mathrm{sc}}{}'(x_{\mathrm{s}})=0$ の根を x_{s} とすると，

$$M_{\mathrm{s}}{}^2 = x_{\mathrm{s}}t^{\alpha_0-2\alpha_2} \tag{3.59}$$

によって与えられる．すなわち，$\beta=\frac{1}{2}\alpha_0-\alpha_2$ となる．

このようにして平衡系のさまざまな臨界指数は，2つの独立な指標 α_0 と α_2 を用いて表わされる．これが同次形の仮説の大きな利点の1つである．

3-6 臨界点でのフラクタル性とスケーリング則

ここでは前節で述べた同次形の仮説の物理的意味を考察し，その現象論的な導出を行なう．まず，秩序パラメータ M のサイズ L 依存性を議論する．

$T>T_{\mathrm{c}}$ では $M=0$ で，ゆらぎ $\langle S^2\rangle$ が L^d のオーダーとなる．d は系の次元を表わす．$T<T_{\mathrm{c}}$ では $\langle S^2\rangle=M^2$ となり，これは L^{2d} のオーダーとなる．したがって，$\langle S^2\rangle$ は T_{c} で L 依存性が急激に変化する．ちょうど T_{c} では，L^d と L^{2d} の中間のフラクタルな L 依存性を示すものと考えられる．すなわち，サイズ L の系に対する秩序パラメータ $M(L)$ を $M(L)\sim L^{d-\omega}$ とおくと，$0<\omega<\frac{1}{2}d$ である．実際に2次元Ising模型を $T=T_{\mathrm{c}}$ でモンテカルロ法によってシミュレートすると，図3-10(a)のような配位が得られる．これを(b)図のように粗視化してみると，その配位はもとの(a)の配位と相似になっていることがわかる．あるいは，部分と全体が自己相似になっていると言ってもよい．これを**フラクタル**という．この系の $M(L)$ に関するフラクタル次元が $d-\omega$ であるとみることもできる．図3-10の配位について ω を測定すると，$\omega=0.125$ という値が得られ，$\omega=\beta/\nu$ の関係を満たしていることがわかる．

この**自己相似**な**フラクタル構造**は，特徴的な長さが存在しないことの反映として現われる．実際，$T=T_{\mathrm{c}}$ では，相関距離 $\xi=\infty$ となり，フラクタルにな

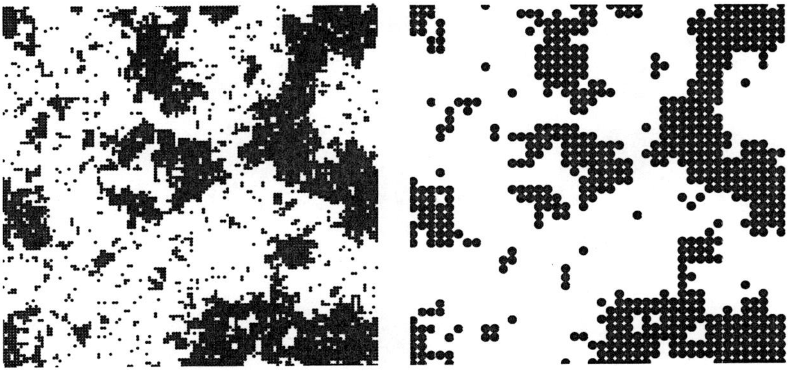

(a)　　　　　　　　　　　　(b)

図 3-10　正方格子 Ising 模型の T_c における配位．(a) 128×128 格子の配位．(b) (a)の配位をスケール $b=3$ で粗視化した配位．

ることがわかる．$0<(T-T_c)/T_c\ll 1$ の臨界領域では，特徴的な長さは相関距離 $\xi\sim(T-T_c)^{-\nu}$ で表わされる．長さ L の系で，温度 T を高温側から T_c に近づけるとそれにつれて相関距離 ξ は長くなるが，ξ が L の程度になるとそれ以上長い距離は意味がなくなるので，$\xi\sim L$ となる温度差 $(T-T_c)$ で頭打ちとなる．$\xi\sim(T-T_c)^{-\nu}$ とすると，$(T-T_c)\sim L^{-1/\nu}$ の対応関係が成り立つと考えられる．したがって，単位体積当りの秩序パラメータ m は $(T_c-T)^{\beta}$ に比例するが，サイズ L の有限系では，$T=T_c$ で $m\sim L^{-\beta/\nu}$ というサイズ依存性を示すことになる．したがって，系全体の秩序パラメータ M は $T=T_c$ では

$$M = Vm = L^d m \sim L^{d-\beta/\nu} \tag{3.60}$$

というようなフラクタルな L 依存性を示すことになり，$\omega=\beta/\nu$ が一般的に導かれる．

この議論を拡張すると，自由エネルギー $F(M)$ や状態方程式に対する**スケーリング則**(すなわち同次形の仮説)が次のようにして導かれる．具体的には，Ising 模型を頭に描いてみるとわかりやすい．図 3-11 のように，格子定数 a_0 の b 倍のセルを考える．もとの系の温度差を $t=(T-T_c)/T_c$ とし，外場(を無

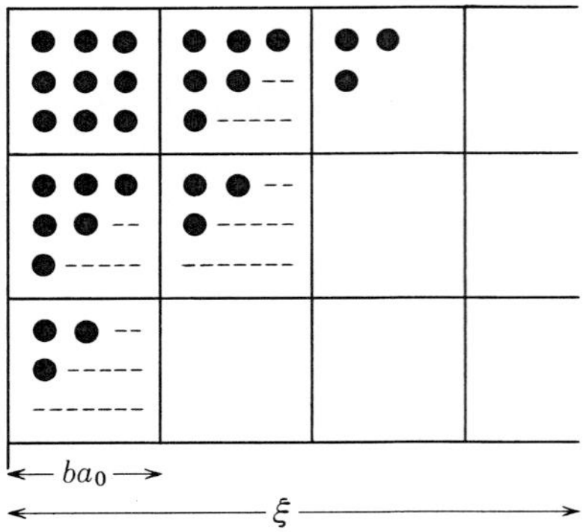

図 3-11 セル分割．セルの大きさ $L=ba_0$ は相関距離 ξ よりも十分小さいとする．

次化した量)を h とし，1粒子当りの秩序パラメータを m とする．秩序パラメータは，t と h の関数であるから，

$$m = f(t, h) \tag{3.61}$$

と書くことにする．同様に，セルに粗視化した系の対応する変数を $\tilde{t}, \tilde{h}$ および $\tilde{m}$ とすると，同じ関数形を用いて

$$\tilde{m} = f(\tilde{t}, \tilde{h}) \tag{3.62}$$

と書けるものとする．これが自己相似性，すなわち，臨界現象におけるスケール不変性という基本的な仮定である．ただし，$\tilde{t}$ と $\tilde{h}$ は，もとの t と h と次の変換で結ばれているものとする：

$$\tilde{t} = b^y t, \qquad \tilde{h} = b^x h \tag{3.63}$$

外場 h と $\tilde{h}$ によって誘起された全体のエネルギーが互いに等しいという物理的要請から，$mb^d h = \tilde{m}\tilde{h}$ でなければならない．こうして，次の関数方程式が導かれる：

$$f(b^y t, b^x h) = b^{d-x} f(t, h) \tag{3.64}$$

この関数方程式の解は，次の同次形の関数として与えられる：

$$m = f(t, h) = t^{(d-x)/y} f(h/t^{x/y}) \tag{3.65}$$

これを h について解いて，見やすい形に少し変形すると

$$h = mt^{(2x-d)/y} g(m/t^{(d-x)/y}) \tag{3.66}$$

となる．これと(3.57)とを比較すると，

$$\alpha_2 = \frac{2x-d}{y}, \quad \frac{\alpha_0}{2}-\alpha_2 = \frac{d-x}{y} \tag{3.67}$$

が得られる．すなわち，$\Delta=\frac{1}{2}\alpha_0$ とおくと，

$$\Delta = \frac{x}{y}, \quad \beta = \frac{d-x}{y}, \quad \gamma = \frac{2x-d}{y}, \quad \nu = \frac{1}{y} \tag{3.68}$$

などが導かれる．比熱の臨界指数 α（すなわち，比熱 $C\sim t^{-\alpha}$）は，Helmholtz の自由エネルギー(3.56)の t に関する 2 階微分から，

$$\alpha = \alpha_2-\alpha_0+2 = 2+\gamma-2\Delta = 2-(\gamma+2\beta) \tag{3.69}$$

となる．すなわち，$\alpha+2\beta+\gamma=2$ というよく知られた**スケーリング関係式**が導かれる．

こうして，外場 h が小さいとき状態方程式が相転移点近傍（$t\ll 1$）で(3.65)のようなスケーリング形で表わされることの帰結の 1 つとして，すべての平衡系の臨界指数*（$\alpha, \beta, \gamma, \delta, \eta, \nu, \cdots$ など）が 2 つの独立な指数 x と y によって表わされることになる．この結果，**臨界指数** $\alpha, \beta, \gamma, \cdots$ などは互いに独立でなくなり，**スケーリング関係式**と呼ばれる等式が成立する．たとえば，

$$\begin{aligned} &\alpha+2\beta+\gamma = 2, \quad \alpha+\beta(1+\delta) = 2, \quad \gamma = \nu(2-\eta) \\ &d\nu = 2-\alpha, \quad d\gamma = (2-\alpha)(2-\eta), \quad \eta = 2-d(\delta-1)/(\delta+1) \end{aligned} \tag{3.70}$$

などが知られている．ただし，δ は，相転移点 T_c での秩序パラメータの外場 H 依存性を表わす指数で $M_c\sim H^{1/\delta}$ で定義される．

一般に，乱れた状態すなわち無秩序状態から秩序状態に移る境目（すなわち相転移点）で，体系のミクロな状態（配位）がフラクタルになり，その近傍で状態方程式などがスケール不変になることが，臨界現象のもっとも基本的な特徴であり，興味深い点である．個々の模型で臨界指数を具体的に評価する方法については，次節以下で議論することにしよう．

---

* 詳しくは，3-8 節の c)項参照．

3-7 平均場理論の拡張——クラスター平均場近似

a) 一般的考察

3-4 節で説明した Weiss の平均場理論では，無限の粒子系を 1 個の粒子系に置きかえているので，ゆらぎの効果はまったく無視されており，**Weiss 近似**で求めた相転移点は正しい値 T_c^* よりもかなり高い値になっている．また，この近似で得られる臨界指数も古典的な値である．

この節では，ゆらぎの効果を順次とり入れられるようなクラスター平均場近似を議論する．大きなクラスターを用いるほど，大きなゆらぎをとり込むことができ，このクラスター平均場近似で求めた相転移点 T_c はますます正しい値 T_c^* に近づく．そもそも，ゆらぎとは平均値からのずれのことであるから，平均からずれた配位(状態)をその出現確率に応じてとり込むことによってゆらぎの効果がとり入れられることになる．相転移，特に秩序生成のメカニズムの本質が，非古典的な臨界現象までも含めて，**拡張された平均場理論**で理解できることをこの節では説明したい．

図 3-12 のように，有限の格子を考え，その境界の粒子(磁性体ではスピン)

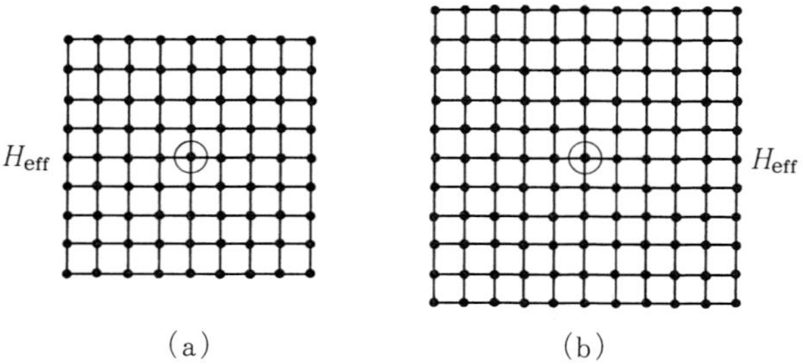

図 3-12 有限クラスターとその境界にかけた有効場 $H_{\rm eff}$．サイズ $L=9$ のクラスター(a)およびサイズ $L=11$ のクラスター(b)．有効場 $H_{\rm eff}$ を一定にしながら，サイズ L を大きくしていき，クラスターの中心の秩序パラメータ m_0 を観測すると，その様子は図 3-13 のようになる．

に一定のごく小さな有効場(磁性体では磁場) H_{eff} をかける．この有限系は温度 T の熱平衡状態にあるとする．この系の対称性を破る有効場が境界の粒子にかけられているため，内側の粒子の秩序パラメータ(磁性体では磁化の強さ) m_j も一般に0でない有限の値をもつ．わかりやすくするため，2次元正方格子 **Ising** 模型で，計算機を用いて数値的に正確に求めた熱平均値 $m_j=\langle S_j\rangle$ を示すと図3-13のようになる．図3-12の正方格子の1辺の長さ(サイズ) L を $L=5$ から $L=15$ まで大きくしていくとき，クラスターの各点の秩序パラメータがどのように変化するかがよくわかる．正方格子 **Ising** 模型の正しい相転移点 T_c^* は，その相互作用の強さを J とすると，$k_B T_c^*/J=2.269\cdots$ で与えられる．相転移点 T_c^* よりわずかに高い温度($k_B T/J=3.0$)における様子が図3-13(a)に示されている．中心に近い秩序パラメータほどその値が小さく，クラスターのサイズ L を大きくするほど，その傾向が顕著に見られる．特に，クラスターの中心の秩序パラメータ m_0 はサイズ L とともに0に近づくことがわかる．これは，境界に与えた秩序を誘起する有効場の効果が，相互作用の効果

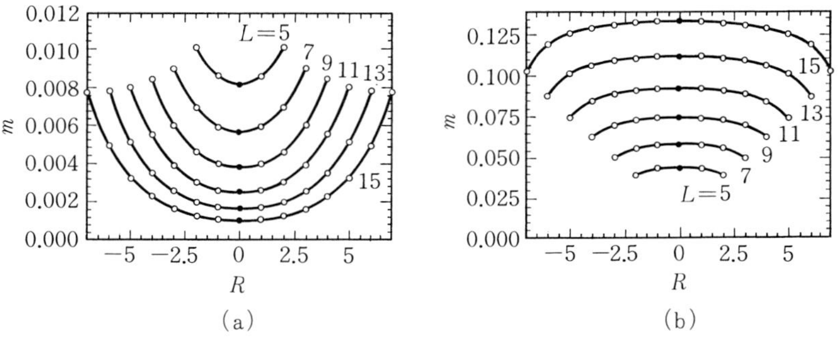

図 3-13 図3-12に示すクラスターの中心から距離 R にある点の秩序パラメータ m の振舞い．(**a**) 相転移点より高い温度 $k_B T/J=3.0$ および有効場 $\mu_B H_{\mathrm{eff}}/k_B T=0.01$ に対する秩序パラメータ m の変化を示す．サイズ L を大きくするとともに中心の秩序パラメータが0に近づく様子がわかる．(**b**) 同じく相転移点より低い温度 $k_B T/J=2.0$ および $\mu_B H_{\mathrm{eff}}/k_B T=0.01$ に対する m の変化を示す．サイズ L を大きくするとともに中心の秩序パラメータが成長し自発磁化に近づく様子がわかる．

で内側の粒子に少しは伝えられるが，途中の熱的な攪乱(エントロピー効果)により弱められ，$T>T_c$ では，全体として後者の効果の方が勝ってサイズとともに秩序パラメータは小さくなることを示している．こうして，$T>T_c^*$ では，この系は無秩序状態にあることがわかる．逆に，$T<T_c^*$ では，図 3-13(b)のように，相互作用の効果が熱的な攪乱に打ち勝って，境界にかけた有効場の効果が強められるため，内側の粒子の秩序パラメータほどその値が大きく，サイズ L を大きくするほど，その傾向が顕著になる．特に，中心の秩序パラメータ m_0 はサイズ L を大きくするにつれてやがて自発的な秩序パラメータ(すなわち自発磁化 $m_s=M_s/V=M_s/L^d$)に近づく．

上の考察から，逆に正しい相転移点 T_c^* がわかっていないときに，それを数値的に求めることができる．すなわち，サイズ L を大きくしていくとき，中心の秩序パラメータ m_0 が増大するか減少するか，その境目の温度として T_c^* を決定する．あるいは，図 3-13 の(a)と(b)の振舞いからわかるように，中心の値 m_0 と境界の値 m_b が等しくなる温度として近似的に T_c を求め，サイズ L を逐次大きくしていき，T_c^* を推定する．このことから，平均場近似を一般の**クラスター平均場近似**に拡張し，そのクラスターのサイズを大きくすることによって，相転移点 T_c^* を原理的にはいくらでも精度よく評価できることがわかる．この近似法は，境界にかける平均場あるいは有効場が小さいほど精度がよくなる．そこで，実際にこの拡張された平均場近似を構成するときには，有限の外場を境界に与えて状態和や秩序パラメータを求めるのではなく，その外場の 1 次までの線形応答だけを計算すれば，次項以降で説明するように，相転移点や応答関数 $\chi_0(T)$ が求められる．

b) Weiss 型のクラスター平均場近似

図 3-12 の境界に，そこでの秩序パラメータ m_b に比例した平均場 $H_{mf}=k_{mf}m_b$ をかける*．平均場係数 k_{mf} は相互作用の強さ J とクラスターの境界で外側の格子点との接続数(平均的なボンドの数) $\bar{z}$ との積として与えられる．すなわち，

---

* Weiss 近似のもっとも簡単な例が 3-8 節の図 3-15 に説明されている．

$k_{\rm mf}=\bar{z}J$ である．このときには，$H_{\rm mf}$ の1次とクラスター全体にかけた外場の1次までの展開では，中心の秩序パラメータ m_0 は，第1章の応答理論の式(1.101)を用いて

$$m_0=\chi_L(T)H+\mathscr{F}_L(T)m_{\rm b} \tag{3.71}$$

と書ける．ここで，$\chi_L(T)$ は，中心の秩序パラメータ S_0 とクラスター全体の秩序パラメータ $S_\Omega=\sum_{j\in\Omega}S_j$ との相関関数を表わす．すなわち，

$$\chi_L(T)=\beta\mu_{\rm B}{}^2\langle S_0\,;S_\Omega\rangle \tag{3.72}$$

である．ただし，量子系では，$\langle A\,;B\rangle$ は次のように定義された**カノニカル相関**を表わす：

$$\langle A\,;B\rangle=\frac{1}{\beta}\int_0^\beta\langle AB(i\hbar\lambda)\rangle_\Omega d\lambda \tag{3.73}$$

ここで，$B(z)$ は，クラスターハミルトニアン $\mathscr{H}_\Omega$ を用いて定義された相互作用表示

$$B(z)=e^{iz\mathscr{H}_\Omega/\hbar}Be^{-iz\mathscr{H}_\Omega/\hbar} \tag{3.74}$$

を表わし，平均 $\langle\cdots\rangle_\Omega$ はクラスターハミルトニアン $\mathscr{H}_\Omega$ に関するカノニカル平均

$$\langle Q\rangle_\Omega={\rm Tr}\,Qe^{-\beta\mathscr{H}_\Omega}/{\rm Tr}\,e^{-\beta\mathscr{H}_\Omega} \tag{3.75}$$

を表わすものとする．同様にして，(3.71)の $\mathscr{F}_L(T)$ は，境界に与えた平均場が中心に与える**フィードバック効果**を表わす関数であり

$$\mathscr{F}_L(T)=\bar{z}\beta J\langle S_0\,;S_{\partial\Omega}\rangle\,;\qquad S_{\partial\Omega}=\sum_{j\in\partial\Omega}S_j \tag{3.76}$$

で与えられる．ただし，$\partial\Omega$ はクラスター Ω の境界の格子点を表わす．

さて，体系全体の一様性から，**セルフコンシステンシー条件**として $m_0=m_{\rm b}=m$ を課すことができる．すなわち，(3.71)より，秩序パラメータは外場 H の1次までの範囲で

$$m=\frac{\chi_L(T)}{1-\mathscr{F}_L(T)}H=\chi_0(T)H \tag{3.77}$$

のように求まる．このクラスター平均場近似の相転移点 $T_{\rm c}$ は

$$1-\mathscr{F}_L(T_c)=0 \tag{3.78}$$

の根として求められる．さらに，この相転移点の近傍では**応答関数** $\chi_0(T)$ は

$$\chi_0(T)\simeq\frac{\bar{\chi}(T_c)}{\varepsilon}; \qquad \varepsilon=\frac{T-T_c}{T_c} \tag{3.79}$$

のような古典的な異常性(**Curie-Weiss 則**)を示す．ただし，**平均場臨界係数** $\bar{\chi}(T_c)$ は

$$\bar{\chi}(T_c)=\chi_L(T_c)/[-T_c\mathscr{F}_L{}'(T_c)] \tag{3.80}$$

で与えられる．この表式は次節で非常に重要な役割を果たす．

この **Weiss 型のクラスター平均場近似**で，クラスターのサイズを大きくしていくと，近似的な相転移点 T_c は限りなく正しい相転移点 $T_c{}^*$ に近づいていくことが次のようにしてわかる．一般に，平均場近似で求める近似的な相転移点 T_c は真の値 $T_c{}^*$ より高い(すなわち $T_c>T_c{}^*$ である)から，$T>T_c{}^*$ の領域での $\mathscr{F}_L(T)$ の振舞いを調べればよい．この領域では，$\mathscr{F}_L(T)$ は Fisher の相関関数(3.48)を用いて

$$\mathscr{F}_L(T)=\bar{z}\beta J\Gamma_d C(L)L^{d-1}; \qquad C(L)\sim\frac{1}{L^{d-2+\eta}}e^{-\kappa L} \tag{3.81}$$

と表わせる．ただし，簡単のために，クラスターの形は円，または d 次元超球面とし，その半径を L とし，その面積素片を $\Gamma_d L^{d-1}$ とした．(3.78)を用いると，T_c は

$$(T_c-T_c{}^*)^\nu\sim\frac{1}{L}\log L \quad \text{すなわち} \quad T_c-T_c{}^*\sim L^{-1/\nu}(\log L)^{1/\nu} \tag{3.82}$$

のように L とともに $T_c{}^*$ に近づくことがわかる．この事実も次節で有効に使われる．

c) Bethe 型のクラスター平均場近似

1935 年に Bethe によって小さなクラスターで導入された**有効場理論***は，任意のクラスターに拡張できる．再び円形または球形のクラスターを考え，有効場

* Ising 模型に対する Bethe 近似が 3-8 節の図 3-16 に説明されている．

としては，同じ値の有効場 H_{eff} を境界の粒子にかけることにする．前と同様に，外場 H と有効場 H_{eff} の1次までの近似で，$m_0=\mu_{\mathrm{B}}\langle S_0\rangle$，$m_{\mathrm{b}}=\mu_{\mathrm{B}}\langle S_{\mathrm{b}}\rangle$ は

$$\begin{cases} m_0 = \langle S_0\,;\,S_\Omega\rangle\beta\mu_{\mathrm{B}}{}^2H+\langle S_0\,;\,S_{\partial\Omega}\rangle\beta\mu_{\mathrm{B}}{}^2H_{\mathrm{eff}} \\ m_{\mathrm{b}} = \langle S_{\mathrm{b}}\,;\,S_\Omega\rangle\beta\mu_{\mathrm{B}}{}^2H+\langle S_{\mathrm{b}}\,;\,S_{\partial\Omega}\rangle\beta\mu_{\mathrm{B}}{}^2H_{\mathrm{eff}} \end{cases} \tag{3.83}$$

となり，セルフコンシステンシー条件 $m_0=m_{\mathrm{b}}=m$ より，有効場は

$$H_{\mathrm{eff}} = \frac{\langle S_0\,;\,S_\Omega\rangle-\langle S_{\mathrm{b}}\,;\,S_\Omega\rangle}{\langle S_{\mathrm{b}}\,;\,S_{\partial\Omega}\rangle-\langle S_0\,;\,S_{\partial\Omega}\rangle}H \tag{3.84}$$

と与えられる．したがって，秩序パラメータ m は

$$m = \chi_0(T)H \tag{3.85a}$$

および

$$\chi_0(T) = \beta\mu_{\mathrm{B}}{}^2\frac{\langle S_0\,;\,S_{\partial\Omega}\rangle\langle S_{\mathrm{b}}\,;\,S_\Omega\rangle-\langle S_{\mathrm{b}}\,;\,S_{\partial\Omega}\rangle\langle S_0\,;\,S_\Omega\rangle}{\langle S_0\,;\,S_{\partial\Omega}\rangle-\langle S_{\mathrm{b}}\,;\,S_{\partial\Omega}\rangle} \tag{3.85b}$$

と表わされる．したがって，この近似における相転移点 T_{c} は(3.85b)の分母を0とおいた式の根として与えられる．再び Fisher の相関関数 $C(R)$ を用いると，クラスターの半径 L が十分大きいとき，

$$T_{\mathrm{c}}-T_{\mathrm{c}}{}^* \sim L^{-1/\nu} \tag{3.86}$$

となって，**Bethe 型のクラスター平均場近似**で求めた T_{c} には，$\log L$ の補正はつかない．したがって，この近似法は，Weiss 型の平均場近似よりも近似の精度がよく，セルフコンシステンシーの程度も高いことがわかる．これは，Weiss 型の平均場近似では，平均場 H_{mf} を相互作用の強さ J と接続数 $\bar{z}$ とを用いて直接表わすが，Bethe 型のクラスター平均場近似では，有効場 H_{eff} はパラメータとして間接的に決めるからである．

このBethe 型の平均場近似でも(3.85b)からわかるように，応答関数は(3.79)のタイプの古典的な異常性を示す．

d）　多重有効場近似

同じ大きさのクラスターでより近似の精度をあげるには，有効場の種類を増やす必要がある．クラスター Ω の外側の無限の自由度を消去して境界 $\partial\Omega$ に働く有効場 $\mathscr{H}_{\partial\Omega}$ を次式で定義する：

$$e^{-\beta(\mathcal{H}_\Omega+\mathcal{H}_{\partial\Omega})} = \mathrm{Tr}' e^{-\beta\mathcal{H}} \tag{3.87}$$

古典系では，有効ハミルトニアン $\mathcal{H}_{\partial\Omega}$ は，境界の変数だけを用いて

$$-\beta\mathcal{H}_{\partial\Omega} = \sum_{j\in\partial\Omega} K_j S_j + \sum_{i,j\in\partial\Omega} K_{ij} S_i S_j + \cdots + \sum_{j_1\cdots j_n\in\partial\Omega} K_{j_1 j_2\cdots j_n} S_{j_1} S_{j_2} \cdots S_{j_n} + \cdots \tag{3.88}$$

のように表わされる．ここで，$\boldsymbol{n}$ **体有効場** $K_{j_1 j_2\cdots j_n}$ は，セルフコンシステンシー条件

$$\langle S_{i_1} S_{i_2} \cdots S_{i_n} \rangle = \langle S_{j_1} S_{j_2} \cdots S_{j_n} \rangle \tag{3.89}$$

によって決めることにする．ただし，格子点 $(i_1, i_2, \cdots, i_n)$ は格子点 $(j_1, j_2, \cdots, j_n)$ と幾何学的に合同なものとする．この応用については次節で述べる．量子系の場合には，$\mathcal{H}_{\partial\Omega}$ は境界 $\partial\Omega$ の変数だけでなくクラスター Ω 全体の変数を含んだ複雑なものとなる．

3-8 コヒーレント異常法とその応用

a) コヒーレント異常法の基本的なスキーム

前節で述べたクラスター平均場近似を用いると，そのクラスターのサイズを大きくしさえすれば，近似的な相転移点 T_c はいくらでも正しい相転移点 T_c^* に近づくので，極めて精度のよい T_c^* の評価が可能となる．ところが，応答関数の臨界指数は，どんなにクラスターのサイズを大きくしても，(3.79)のように古典的な振舞いしか示さない．クラスターのサイズを大きくしても，クラスターによってとり込んだ自由度は有限であり，それによって考慮されるゆらぎの効果も，クラスター外の残りの無限の自由度のゆらぎの効果に比べれば無きに等しい．このクラスター平均場近似では，平均場によって**フィードバック効果**として無限自由度の効果もある程度とり込まれているが，本質的には Weiss 型の平均場近似と同じであり，いつも古典的な臨界現象しか得られず，真の臨界現象を究明するには，平均場近似およびその拡張されたクラスター平均場近似はまったく役に立たないものと長い間思われていた．しかし，本当にそうで

あろうか．実は，クラスター平均場近似も系統的に近似の度合を高めていけば，相転移点だけでなく，真の臨界的振舞い，すなわち臨界指数に関する情報まで，その近似列の中に秘められていたのである．今まで見ようとしなかったために，その本質が見えなかっただけである．

それでは，どこにどのようにそのような重要な情報が隠されていたのだろうか．簡単のために，磁化率のような応答関数を例にとって説明しよう．(3.79)で示したように，一般のクラスター平均場近似で求めた応答関数 $\chi_0(T)$ は近似的な相転移点 T_c の近傍でいつも次のような古典的な振舞いを示す：

$$\chi_0(T) \simeq \frac{\bar{\chi}(T_c)}{\varepsilon}; \qquad \varepsilon = \frac{T-T_c}{T_c} \tag{3.90}$$

ここで，**平均場臨界係数** $\bar{\chi}(T_c)$ に着目し，近似の度合を上げていくとき，それが近似的に求めた T_c の値とともにどのように変化するかを調べることがキーポイントである．ここで次のような思考実験をしてみよう．いま仮に，どのように大きなクラスターに対しても平均場臨界係数 $\bar{\chi}(T_c)$ が厳密に求まったとする．近似の度合を無限に高めて T_c が正しい相転移点 T_c^* に限りなく近づいたとする($T_c \to T_c^*$)．このとき，$\bar{\chi}(T_c)$ はどうなるだろうか．もし，有限の値のままに留まり，一定の値に近づいたとすると，その体系の真の臨界現象は古典的なものでなければならない．この議論(推論)の対偶をとって，この系の臨界的な振舞いが非古典的なものであるならば，平均場臨界係数 $\bar{\chi}(T_c)$ は T_c が T_c^* に近づくとき発散などの異常性(anomaly)を示さなければならない．これを**コヒーレント異常**(coherent anomaly)と呼ぶ．磁化率などの真の応答関数 $\chi_0^*(T)$ は一般に古典的な発散(3.90)よりも強い発散を示すので，

$$\chi_0^*(T) \sim \frac{1}{(T-T_c^*)^{\gamma}} \tag{3.91}$$

とおくと，$\gamma>1$ である．これに対応して，$\bar{\chi}(T_c)$ は $T_c \to T_c^*$ の極限で

$$\lim_{T_c \to T_c^*} \bar{\chi}(T_c) = \infty \tag{3.92}$$

のように発散する．通常，(3.91)のベキ乗則に対応して

$$\bar{\chi}(T_c) \sim \frac{1}{(T_c - T_c{}^*)^{\phi}} \tag{3.93}$$

の形を仮定して**コヒーレント異常指数** ϕ を評価する．しかし，この仮定はテクニカルなことであって，この方法の本質的なことではない．実際，後で議論するように **Kosterlitz-Thouless 転移**などの場合には，もっと強い指数関数的な($T_c{}^*$ が真性特異点となるような)異常性を $\bar{\chi}(T_c)$ に対して仮定しなければならない．

それでは，いくつかの系統的なクラスター平均場近似を作り，コヒーレント異常指数 ϕ が近似的に評価できたとして，真の臨界指数 γ は，この ϕ を用いてどのように表わされるのであろうか．この関係式を直観的に導くには，**包絡線の理論**を用いるとわかりやすい．すなわち，図 3-14 の(b)に示すように，系統的なクラスター平均場近似で求めた(スケルトナイズされた)応答関数の各々に共通に接する包絡線は，

$$\chi_0(T, T_c) = \frac{f}{(T_c - T_c{}^*)^{\phi}} \cdot \frac{1}{T - T_c} \tag{3.94}$$

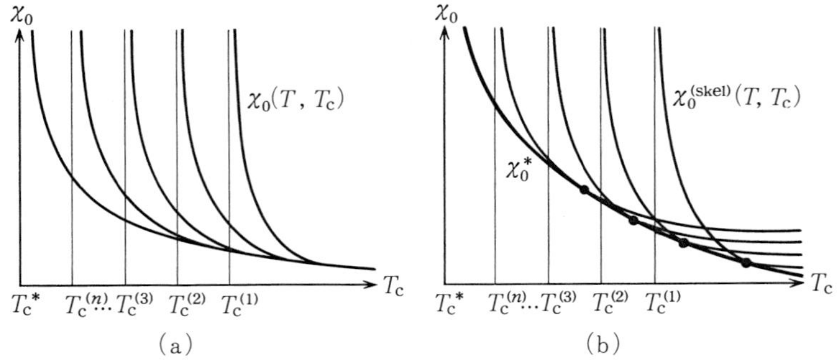

図 3-14 (a) 系統的なクラスター平均場近似で求めた応答関数 $\chi_0(T, T_c)$ の温度変化と近似の度合をあげていくときのその変化の様子．(b) 図(a)で求めた $\chi_0(T, T_c)$ を T_c 近傍で Curie-Weiss 則が顕わに見えるようにスケルトナイズ(skeletonize)した応答関数 $\chi_0{}^{(\mathrm{skel})}(T, T_c)$ とそれらに共通に接する包絡線 $\chi_0{}^*$ の様子．(M. Suzuki: J. Phys. Soc. Jpn. 55 (1986) 4205 より)

を T_c で微分して 0 とおいた式 $\partial\chi_0(T, T_c)/\partial T_c=0$ と(3.94)そのものとの 2 式から T_c を消去して*

$$\chi_0{}^*(T) = f\cdot\frac{(\phi+1)^{\phi+1}}{\phi^\phi}\cdot\frac{1}{(T-T_c{}^*)^{\phi+1}} \tag{3.95}$$

と導かれる．この包絡線はもとの各々の平均場近似の古典的な異常性(3.90)とは異なるフラクショナル(半端な)臨界指数をもった異常性を示す．しかも，(3.95)からわかるように，これは，平均場近似の臨界的振舞いと平均場臨界係数の異常性とをちょうどかけ合わせた異常性になっている．そこで，これを真の応答関数の異常性とみなし，(3.95)を(3.91)と本質的に(係数は別にして)同じものとみなすことによって

$$\gamma = 1+\phi$$

という**コヒーレント異常関係式**が導かれる．この関係式は，クラスター平均場近似のミクロな表式(3.77)や(3.85)に Fisher の相関関数の漸近形(3.48)を適用して導くこともできる．すなわち，例えば，(3.80)の場合には，サイズを L とすると，分子は T_c で $L^{2-\eta}$ に比例し，分母は T_c で $L^{1/\nu}$ に比例することが(3.48)を用いて示されるから，結局，

$$\bar{\chi}(T_c) \sim L^{2-\eta-1/\nu} \sim (T_c-T_c{}^*)^{-\nu(2-\eta)+1} \sim (T_c-T_c{}^*)^{-\gamma+1}$$

となる．

この方法は，応答関数の極 T_c と留数 $\bar{\chi}$ との連動した系統的な(コヒーレントな)変化，すなわち，コヒーレント異常から，真の相転移点と臨界指数を評価する方法であって，**コヒーレント異常法**(coherent-anomaly method，略して **CAM**)と呼ばれる．この **CAM 理論**は，いわば，近似の度合に関する解析接続を行なっていることに当たる．クラスターのサイズ L は離散的であり，しかも，L が小さいときには不定性があり定義しにくいが，近似的な T_c は何桁でも精度よく $\bar{\chi}(T_c)$ とともに決めることができる．このように，CAM 理論

---

* (3.94)の係数 f には T_c が含まれるが，T_c に関して $T_c{}^*$ の近傍で異常性を示さないので初めから $T_c=T_c{}^*$ とおいて定数とみなしても以下の議論に影響がない．また，$\partial\chi_0/\partial T_c=0$ から得られる $T=T_c{}^*+(T_c-T_c{}^*)(\phi+1)/\phi$ は各応答関数 $\chi_0(T, T_c)$ と包絡線との接点を与える．これら接点の集合が包絡線 $\chi_0{}^*(T)$ である．

では，**コヒーレント異常データ**(CAM データとも略すことがある)，すなわち，$(T_c, \bar{\chi})$ の数値的データが極めて精度よく求められるという利点がある．次に示すように，小さなクラスターを用いても，かなりよい精度で，相転移点と臨界指数が評価できる．

b) Weiss 近似，Bethe 近似とコヒーレント異常

3-5 節で導入した Ising 模型は，Heisenberg 模型の対角成分として定義された．ここでは単に，協力現象，特に相転移現象を記述するもっとも簡単な模型として，2 つの状態 $\sigma_j = \pm 1$ のみをとる変数 $\{\sigma_j\}$ の間に

$$\mathcal{H} = -J \sum_{\langle ij \rangle} \sigma_i \sigma_j \tag{3.96}$$

という相互作用をもつ模型を導入し，これを **Ising 模型**と呼ぶことにする．

まず，Ising 模型における Weiss の平均場近似を議論する．3-7 節の一般論で説明した通り，図 3-15 のように，無限個のスピンの効果を平均場 $H_{\rm mf} = zJ\langle \sigma_j \rangle$ で置きかえ，1 個の Ising スピン σ_0 の問題に帰着させる．この系の平均場ハミルトニアンは $\mathcal{H}_{\rm mf} = \sigma_0 H_{\rm mf}$ となる．ところで，スピン σ_0 の熱平均 $\langle \sigma_0 \rangle$ は

$$\langle \sigma_0 \rangle = \sum_{\sigma_0 = \pm 1} \sigma_0 e^{-\beta \mathcal{H}_{\rm mf}} \Big/ \sum_{\sigma_0 = \pm 1} e^{-\beta \mathcal{H}_{\rm mf}} = \tanh(\beta H_{\rm mf}) \tag{3.97}$$

と与えられる．磁場 H がある場合には，$H_{\rm mf} = zJ\langle \sigma_j \rangle + \mu_B H$ となり，セルフコンシステントな磁化 $\mu_B \langle \sigma_0 \rangle = \mu_B \langle \sigma_j \rangle = m$ は

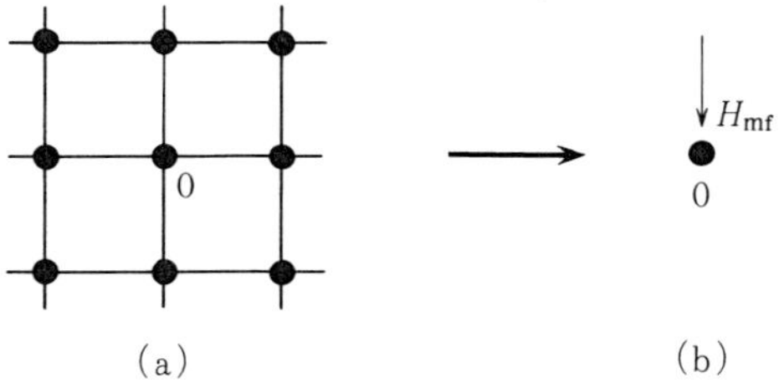

図 3-15 Weiss の平均場近似．(a) 無限自由度をもつ 2 次元 Ising 模型．(b) 平均場 $H_{\rm mf} = zJ\langle \sigma \rangle$ のかかった 1 個の Ising スピン系．ただし，z は最近接格子点の数を表わし，正方格子 Ising 模型では $z = 4$ である．

$$m = \mu_B \tanh(z\beta Jm/\mu_B + \beta\mu_B H) \tag{3.98}$$

と与えられる．磁場 H の1次までの範囲で(3.98)を解くと，

$$m = \chi_0(T)H\,;\quad \chi_0^{(\mathrm{mf})}(T) = \frac{\mu_B^2}{J}\cdot\frac{1}{z}\cdot\frac{T_c^{(\mathrm{mf})}}{T-T_c^{(\mathrm{mf})}} \quad \text{および} \quad T_c^{(\mathrm{mf})} = \frac{zJ}{k_B} \tag{3.99}$$

のようになる．

さらに，ゆらぎを少しとり入れるために，図3-16のようなBethe近似を行なう．3-7節の一般論の通り，境界の z 個のスピン $\sigma_1, \sigma_2, \cdots, \sigma_z$ に有効場 H_{eff} をかけ，磁場 H と有効場 H_{eff} の1次までの近似で，秩序パラメータを計算し，磁化率 $\chi_0(T)$ を求めると(3.85b)で与えられる．図3-16のクラスターの場合，$S_0=\sigma_0$，$S_{\partial\Omega}=\sigma_1+\sigma_2+\cdots+\sigma_z$ および $S_\Omega=S_0+S_{\partial\Omega}$ であり，(3.85b)のカノニカル相関は，Ising模型では対角成分のみであるから，単なる相関になり，

$$\begin{aligned}
\langle S_0\,;S_{\partial\Omega}\rangle &= \langle S_0 S_{\partial\Omega}\rangle = z\langle\sigma_0\sigma_1\rangle = z\tanh(\beta J)\\
\langle S_0\,;S_\Omega\rangle &= 1+z\tanh(\beta J)\\
\langle S_b\,;S_{\partial\Omega}\rangle &= \langle\sigma_1^2\rangle+(z-1)\langle\sigma_1\sigma_0\rangle\langle\sigma_0\sigma_2\rangle\\
&= 1+(z-1)\tanh^2(\beta J)\\
\langle S_b\,;S_\Omega\rangle &= \langle\sigma_0\sigma_1\rangle+\langle S_b S_{\partial\Omega}\rangle\\
&= \tanh(\beta J)+1+(z-1)\tanh^2(\beta J)
\end{aligned} \tag{3.100}$$

のように容易に求まる．したがって，磁化率 $\chi_0(T)$ は，(3.85b)より，

$$\chi_0(T) = \frac{\mu_B^2}{k_B T}\frac{1+\tanh(J/k_B T)}{1-(z-1)\tanh(J/k_B T)} \tag{3.101}$$

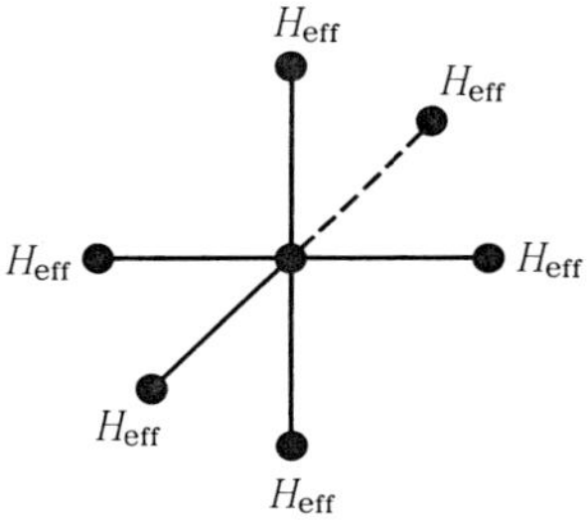

図3-16　Bethe近似と有効場 H_{eff}．

と与えられる．相転移点 $T_c{}^{(B)}$ は

$$k_B T_c{}^{(B)} = 2J \Big/ \log\left(\frac{z}{z-2}\right) \tag{3.102}$$

となり，磁化率 $\chi_0{}^{(B)}(T)$ は，$T_c{}^{(B)}$ の近傍で

$$\chi_0{}^{(B)}(T) \simeq \frac{\mu_B{}^2}{J}\cdot\frac{1}{z-2}\cdot\frac{T_c{}^{(B)}}{T-T_c{}^{(B)}} \tag{3.103}$$

と与えられる．

以上に求めた Weiss 近似と Bethe 近似の結果を比較すると，$T_c{}^{(B)} < T_c{}^{(mf)}$ であり，$\bar{\chi}^{(mf)} : \bar{\chi}^{(B)} = (z-2) : z$ となり，前節で一般的に議論したコヒーレント異常の特徴が，小さなクラスター近似でも見られることがわかる．たとえば，正方格子 Ising 模型では，$z=4$ であって，$T_c{}^{(mf)} = 4J/k_B$，$T_c{}^{(B)} = 2.885J/k_B$，$\bar{\chi}^{(mf)} : \bar{\chi}^{(B)} = 1:2$ となるから，$T_c{}^* = 2.269J/k_B$ を用いて，(3.93)のコヒーレント異常指数 ψ を大雑把に見積ると

$$\psi = \log\left(\frac{\bar{\chi}^{(mf)}}{\bar{\chi}^{(B)}}\right) \Big/ \log\left(\frac{T_c{}^{(B)} - T_c{}^*}{T_c{}^{(mf)} - T_c{}^*}\right) = 0.67 \simeq 0.7 \tag{3.104}$$

となり，$\gamma \simeq 1.7$ が得られる．これは厳密な値 $\gamma = 7/4 = 1.75$ に近く，小さなクラスター近似の割にはよい値である．3次元 Ising 模型では，$T_c{}^*$ の厳密な値は求まっていないが，数値的にかなり精度の高い値として，$T_c{}^* = 4.5115J/k_B$ が知られている．これを用いて，Weiss 近似と Bethe 近似のコヒーレント異常を CAM フィットすると $\gamma \simeq 1.3$ と求まり，他の方法による計算値 $\gamma \simeq 1.24$ に近い．さらに，小口近似，菊池近似，守田近似などを用いると，より精度の高い評価が得られる．

c） いろいろな物理量のコヒーレント異常

前項まででは，応答関数 $\chi_0(T)$ についてコヒーレント異常の現われ方を議論してきたが，他の物理量についても同様にコヒーレント異常の表式を現象論的に導くことができる．臨界指数 $\alpha, \beta, \gamma, \delta$ などは，比熱 C_v，自発磁化 m_s，磁化率 χ_0，$T_c{}^*$ における磁化 $m_c(H)$（ただし H は外部磁場）の $T_c{}^*$ 近傍における次のような異常性から定義される：

$$C_v \sim (T-T_c^*)^{-\alpha}, \qquad m_s \sim (T_c^*-T)^{\beta}$$

$$\chi_0 \sim (T-T_c^*)^{-\gamma}, \qquad m_c(H) \sim H^{1/\delta} \tag{3.105}$$

一般に，拡張された平均場近似でこれらの物理量を求めると，近似的な相転移点 T_c の近傍で

$$C_v \simeq \text{有限の跳び}, \qquad m_s \simeq \overline{m}_s(T_c)(T_c-T)^{1/2}$$

$$\chi_0 \simeq \bar{\chi}(T_c)(T-T_c)^{-1}, \qquad m_c(H) \simeq \overline{m}_c(T_c)H^{1/3} \tag{3.106}$$

となる．前の議論と同様にして，平均場臨界係数 $\bar{C}_v(T_c) \equiv C_v(T_c)$，$\overline{m}_s(T_c)$，$\bar{\chi}(T_c)$ および $\overline{m}_c(T_c)$ などは，次のようなコヒーレント異常を示す：

$$\bar{C}_v(T_c) \sim (T_c-T_c^*)^{-\alpha}, \qquad \overline{m}_s(T_c) \sim (T_c-T_c^*)^{-(1/2-\beta)}$$

$$\bar{\chi}(T_c) \sim (T_c-T_c^*)^{-(\gamma-1)}, \qquad \overline{m}_c(T_c) \sim (T_c-T_c^*)^{-\gamma(\delta-3)/[3(\delta-1)]} \tag{3.107}$$

したがって，系統的なクラスター平均場近似を作って平均場臨界係数の近似度(すなわち $T_c-T_c^*$)依存性を調べれば，非古典的な臨界指数が評価できる．

d) Ising 模型のクラスター平均場近似とコヒーレント異常

CAM 理論の最初の応用例が，2 次元および 3 次元 Ising 模型に対して，香取らによって与えられた．図 3-17 に示した系統的な列の各クラスターの境界に Weiss 型の平均場を加えて，磁化 m と磁化率 χ_0 を求める．実際の計算は，b)項で説明した通り，平均場も外場もないクラスターで相関関数 $\langle S_0 S_\Omega \rangle$ と $\langle S_0 S_{\partial\Omega} \rangle$ を求めればよい．これらの関数を用いて，近似的な相転移点 T_c とそこでの平均場臨界係数 $\bar{\chi}(T_c)$ がそれぞれ(3.78)と(3.80)から求められる．こ

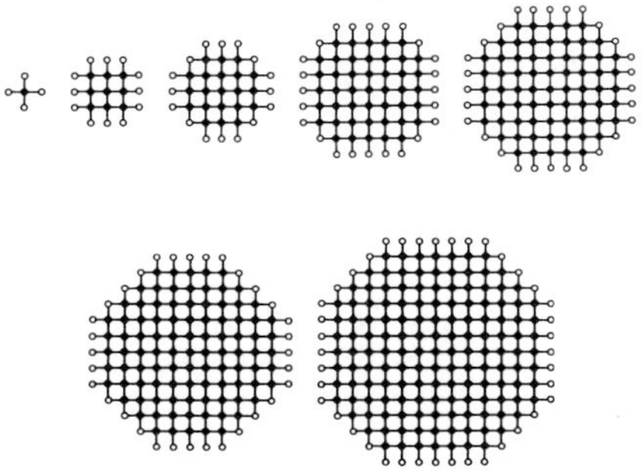

図 3-17 正方格子 Ising 模型に対する系統的なクラスターとその平均場近似．境界の白丸の格子点上のスピンに平均場 $H_{mf}=\bar{z}Jm$ をかける．(M. Katori and M. Suzuki: J. Phys. Soc. Jpn. 56 (1987) 3113 より)

うして，特に3次元 Ising 模型に対しては，$\gamma \simeq 1.258 \pm 0.068$ という結果が得られた．

2次元 Ising 模型に対しては，図3-18のように，横方向には周期的境界条件をもつ無限に長いストリップ(幅を $(2n+1)$ とする)を考え，ストリップの両側に平均場をかける．このクラスター平均場近似では，少なくとも横方向に関しては無限に大きなゆらぎがとり込めることになり，精度のよい系統的な近似列が作れる．この系は，横方向への転送行列を導入することによって解くことができる．こうして胡らは，幅3列，5列，および7列のストリップに対して Bethe 型の有効場近似を適用し，次のような CAM データを求めた：

$$k_{\mathrm{B}} T_{\mathrm{c}}/J = 2.57192,\ 2.48516,\ 2.43959 \qquad (3.108)$$

および

$$\bar{\chi}(T_{\mathrm{c}}) = 0.819539,\ 1.05736,\ 1.26543 \qquad (3.109)$$

これより，T_{c}^* と γ の値が評価できる．同様に，他の物理量に対する CAM データも求めることができ，結局，次のような結果が得られた．

$$k_{\mathrm{B}} T_{\mathrm{c}}^*/J \simeq 2.271, \quad \gamma \simeq 1.749, \quad \nu \simeq 0.97, \quad \eta \simeq 0.21$$
$$\alpha \simeq 0\ (\text{対数}), \quad \beta \simeq 0.131, \quad \delta \simeq 15.1 \qquad (3.110)$$

これらの値は，次の厳密な値(または，それからスケーリング則によって得られる値)

$$k_{\mathrm{B}} T_{\mathrm{c}}^*/J = 2.269, \quad \gamma = 7/4 = 1.75, \quad \nu = 1, \quad \eta = 1/4 = 0.25$$

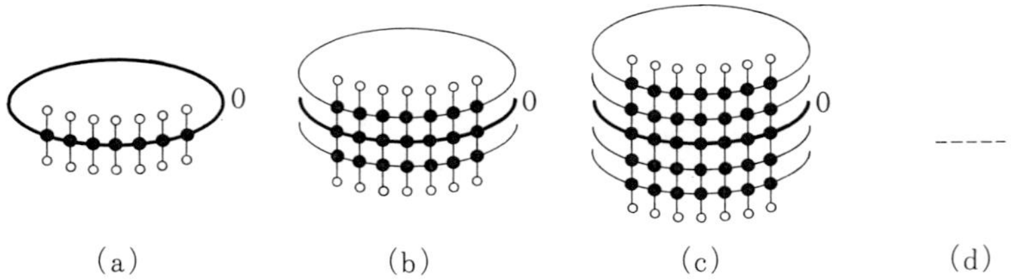

図3-18 $(2n+1) \times \infty$ のストリップの列($n=1, 2, 3, \cdots$)．上下には有効場をかける．端の列の磁化 m_{b} と中心の列の磁化 m_0 を等しくおくことによって Bethe 型の有効場を決める．(M. Suzuki, M. Katori and X. Hu: J. Phys. Soc. Jpn. **56** (1987) 3092 より)

$$\alpha = 0\,(\text{対数}), \quad \beta = 1/8 = 0.125, \quad \delta = 15 \tag{3.111}$$

にかなり近い．

さらに，クラスターの大きさを，たとえば図3-19のように，3×3に固定し，有効場を(3.88)のように，2体，4体と増やして系統的な近似列をつくる．偶数スピンの有効場は相転移点 T_c でも0にならないので，そこで支配的なものから(具体的には値の大きい順に)有効場をかけていくことにする．このようにして，南らは，図3-20のCAMプロットを行ない，$\gamma=1.7498$ という，厳密な値 $\gamma=7/4$ に極めて近い評価を得た．この方法では，クラスターのサイズは変えずに，近似の度合のみをあげていくことによってコヒーレント異常が現われており，有限サイズスケーリングから予想される領域よりも広い範囲でこの異常性は成立している．もちろん，小さなクラスターでは，あげられる近似の度合には限界がある．この多重有効場CAM理論を，次近接相互作用 $(J'<0)$ のある2次元正方格子Ising模型に適用すると次のような興味深い結果が得られる．すなわち，臨界指数 γ が図3-21のように，相互作用の強さと共に連続的に変化し，**臨界指数の普遍性**が破れていることがわかる．

e) 絶対零度における相転移のCAM理論

量子的なゆらぎによって起こる絶対零度での相転移にもCAM理論を応用することができる．秩序パラメータ Q に共役な有効場 Λ を導入して有効ハミルトニアン $\mathcal{H}_{\text{eff}}$ として

$$\mathcal{H}_{\text{eff}} = \mathcal{H}_{\Omega} - \Lambda Q \tag{3.112}$$

を考え，固有値問題 $\mathcal{H}_{\text{eff}}\psi_{\text{g}} = E_{\text{g}}\psi_{\text{g}}$ を解く．実際には，カノニカル相関(3.73)を有限の β に対して求め $\beta\to\infty$ の極限をとることに相当する計算を行ない，外場と有効場に関する摂動展開として $\beta\to\infty$ に対するカノニカル相関を求めることができる．こうして相転移点と応答関数を求める．

たとえば，**1次元XZ模型**

$$\mathcal{H} = -\sum_{j=1}^{N}(\lambda\sigma_j{}^x\sigma_{j+1}{}^x + \sigma_j{}^z\sigma_{j+1}{}^z) - H\sum_{j=1}^{N}\sigma_j{}^z \tag{3.113}$$

を考える．この系は，絶対零度 $T=0$ では $\lambda=\lambda_c{}^*=1$ で相転移を起こす．$\lambda>\lambda_c{}^*$

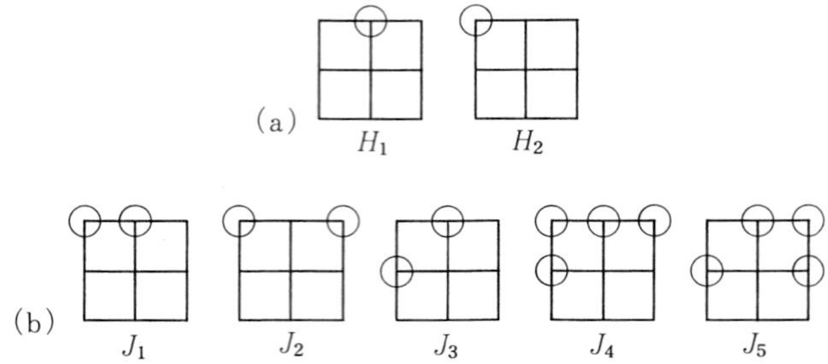

図 3-19 (a) 奇数個のスピンの有効場. (b) 偶数個のスピンの有効場.

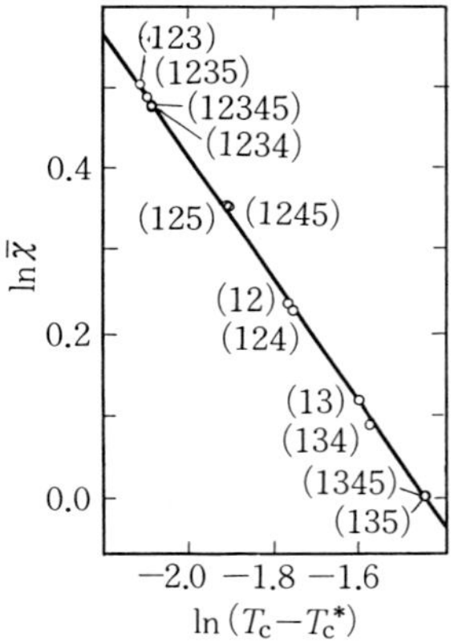

図 3-20 3×3 クラスターに対する CAM プロット. 記号 (123) は, 図 3-19 で, 奇数個のスピンの有効場 H_1, H_2 の他に偶数個のスピンの有効場 J_1, J_2, J_3 を掛けた近似を表わす. 他の記号も同様. (K. Minami *et al.*: Physica **A174** (1991) 479 より)

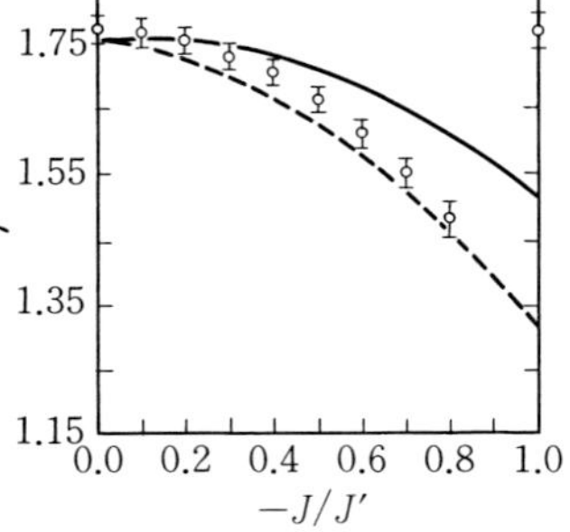

図 3-21 次近接相互作用 ($J'<0$) のある系の磁化率の臨界指数 γ の変化. 実線はモンテカルロくり込み群の結果を表わし, 破線は高温展開により求めた結果を表わす. (K. Minami and M. Suzuki: Physica **A192** (1993) 152 より)

では，z 方向には無秩序状態(しかし x 方向に秩序が現われた状態)であり，$\lambda<\lambda_c{}^*$ では z 方向に秩序が現われる．外場 H に関する応答関数 $\chi_0(\lambda)$ をクラスター有効場近似で求めると，近似的な相転移点 λ_c の近傍で

$$\chi_0(\lambda) \simeq \bar{\chi}(\lambda_c)\cdot\frac{\lambda_c}{\lambda-\lambda_c} \tag{3.114}$$

となる．小口・北谷および Lipowski らによって開発された**双クラスター近似**，すなわち，L サイトのクラスターと $L+2$ サイトのクラスターに同じ有効場をかけて秩序パラメータの値を等置するというコンシステンシー条件を課して，野々村らは，転移点 λ_c と平均場臨界係数 $\bar{\chi}(\lambda_c)$ を求めた．その結果を CAM プロットすると，図 3-22 のようになり，見事なコヒーレント異常が現われている．これより，$\gamma=1.4996$ が得られる．これは，厳密解 $\gamma=3/2$ と極めてよく一致している．

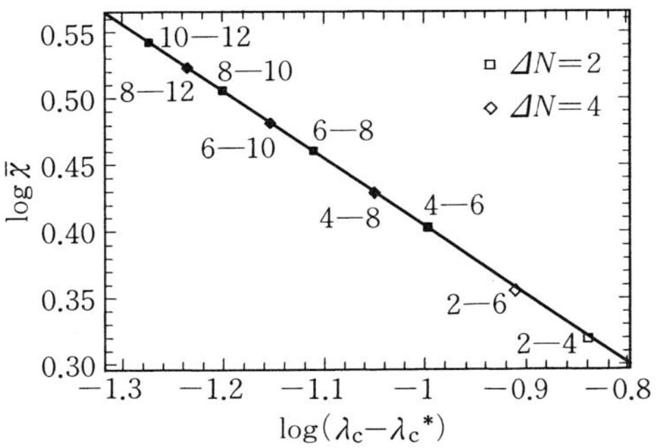

図 3-22 1次元 XZ 模型に対する CAM プロット．数字の対は $2n-2(n+1)$ 双クラスター近似を表わす．4～10 のデータをフィットさせると $\gamma\simeq1.51$ となり，8－10 と 10－12 の 2 点のデータを用いると $\gamma=1.4996$ となる．(Y. Nonomura and M. Suzuki: J. Phys. A: Math. Gen. **25** (1992) 85 より)

f) その他の系へのコヒーレント異常法の応用

以上のように，CAM 理論は，平均場近似が系統的に作れさえすれば，どのような相転移にも応用することができる．すでに，パーコレーション，高安らにより一般化された DLA(diffusion-limited aggregation)模型(すなわちラプラシアン フラクタル)の臨界現象，動的臨界現象，カオスの臨界現象，輸送係数の臨界的振舞いなどの研究に，コヒーレント異常法が使われつつある．スピングラスやカイラルオーダーなどのエキゾティックな相転移への応用に関しては，

有効場近似の一般化である，いわゆる「超有効場理論」の説明の後でふれることにする．

g）コヒーレント異常法の拡張とその特徴

上に述べたCAM理論は，より一般の近似的取扱いに拡張することができる．たとえば，高温展開の結果をうまくまとめ直すことによって平均場近似とみなすことができ，CAM理論を応用することが可能となる．実際，Weissの平均場近似で求めたIsing模型の磁化率(3.99)は

$$\chi_0(T) = \frac{\mu_B{}^2}{k_B T}(1+zK+z^2K^2+\cdots+z^nK^n+\cdots)$$

となり，高温展開($K \equiv J/k_B T$ に関する展開)の中で，最隣接格子点の数 z に関して $z\to\infty$ でいちばん大きく寄与する項のみを無限次まで集めたものになっている．

一般に，物理量 $Q(x)$ が K などのパラメータ x の n 次までの級数展開として次のように与えられているとする：

$$Q(x) = a_0+a_1x+a_2x^2+\cdots+a_nx^n \tag{3.115}$$

いま，この逆数 $F_n(x)=1/Q_n(x)$ を考える．これを再び x で級数展開したとすると

$$F_n(x) = b_0+b_1x+b_2x^2+\cdots+b_nx^n+\cdots \tag{3.116}$$

となるが，この展開係数 $b_0, b_1, b_2, \cdots, b_n$ は条件 $F_n(x)Q_n(x)=1$ より決定される．すなわち，

$$b_0 = 1/a_0, \quad a_1b_0+a_0b_1 = 0, \quad \cdots, \quad a_nb_0+a_{n-1}b_1+\cdots+a_0b_n = 0 \tag{3.117}$$

となる．これらの方程式を逐次解けば，$\{b_j\}_{j=1,2,\cdots,n}$ は $\{a_j\}_{j=1,2,\cdots,n}$ で表わされる．$F_n(x)=0$ の零点 x_n を求め，そこでの $F_n(x)$ の微係数 $F_n{}'(x_n)$ を計算すると，もとの物理量 $Q_n(x)$ の x_n 近傍での振舞いは，一般に，次のような古典的(Curie-Weiss的)な異常性によって表わされることがわかる：

$$Q_n(x) = \frac{1}{F_n(x)} \simeq \frac{1}{F_n{}'(x_n)}\frac{1}{x-x_n} = \frac{\bar{Q}(x_n)}{\varepsilon}; \qquad \varepsilon = \frac{x-x_n}{x_n} \tag{3.118}$$

ただし，$\bar{Q}(x_n)=\{x_nF_n'(x_n)\}^{-1}$ である．このように，高温展開のような摂動展開も，上のようにまとめ直すと一種の平均場近似とみなすことができる．物理的には，$K=J/k_{\mathrm{B}}T$ の n 次までの高温展開の情報は，大雑把に言えば，サイズが n のクラスターの平均場近似に対応している．

例として，再び，正方格子 Ising 模型の磁化率を議論する．その高温展開は，$\chi_0(T)\equiv(\mu_{\mathrm{B}}{}^2/k_{\mathrm{B}}T)\chi(T)$ として

$$\begin{aligned}\chi(T) = {} & 1+4x+12x^2+36x^3+100x^4+276x^5+740x^6+1972x^7+5172x^8\\ & +13492x^9+34876x^{10}+89764x^{11}+229628x^{12}+585508x^{13}\\ & +1486308x^{14}+3763460x^{15}+9497380x^{16}+23918708x^{17}\\ & +60080156x^{18}+150660388x^{19}+377009300x^{20}+942105604x^{21}+\cdots\end{aligned} \tag{3.119}$$

と求まっている*(ただし，$x\equiv\tanh(J/k_{\mathrm{B}}T)$ である)．これより，$\chi(T)$ の逆数関数 $F_n(x)$ の係数 $\{b_j\}$ を求めると，

$$\begin{aligned}(b_1,b_2,\cdots,b_{21},\cdots) = {} & (-4,4,-4,12,-20,44,-84,188,-372,788,-1604,\\ & 3444,-7204,15660,-33316,72908,-156596,344500,\\ & -746308,1651868,-3607236,\cdots)\end{aligned} \tag{3.120}$$

となる．ここで，係数を具体的に詳しく書いたのは，2つの理由による．1つは，逆数展開の係数 $\{b_j\}$ の方が少ない桁数で同じ情報をもっていることを示すためである．2つ目の理由は，具体的に CAM の計算を行なってみるのに格好の例を提供しているからである．その際，変数のとり方($\chi(T)$ でなく $\chi_0(T)$ から $\bar{\chi}(T_c)$ を求めるなど)によって CAM プロットの直線性がよくなることに注意されたい．n が偶数の場合は $F_n(x)=0$ の実数解が存在しないことがある(たとえば $n=2$ の場合)ので，系統的な近似列として，n が奇数($n=5,7,\cdots,$ 21 まで)の場合の $F_n(x)$ を x の関数として示すと，図 3-23 のようになる．n が大きくなるとともに，極めて系統的に(コヒーレントに) $F_n(x)$ が変化することがわかる．特に，$F_n(x)$ の零点 x_n とそこでの微係数 $F_n'(x_n)$ を計算して

* 現在のところ，G. Nickel によって x の 54 次まで計算されている(S. Gartenhaus and W. S. McCullough: Phys. Rev. **B38** (1988) 11688 参照)．

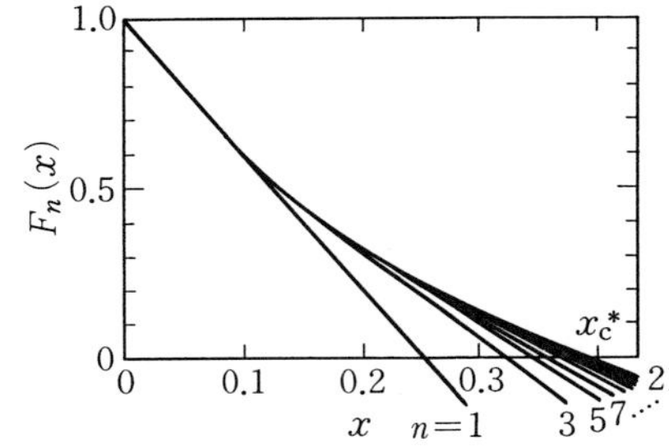

図 3-23　2次元正方格子 Ising 模型の磁化率 $\chi(T)$ の逆数関数 $F_n(x)$ のコヒーレントな変化.

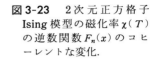

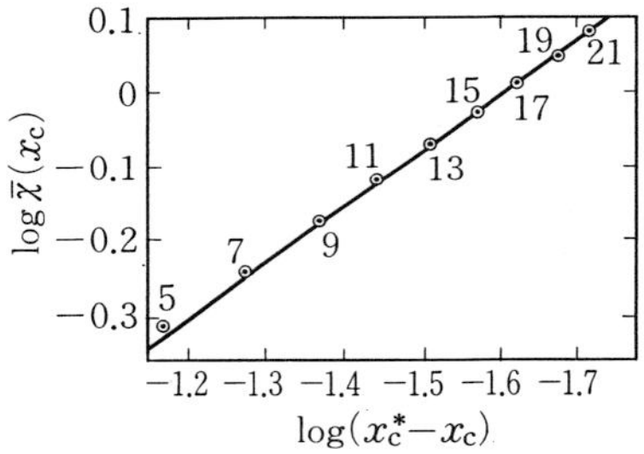

図 3-24　2次元正方格子 Ising 模型の磁化率の級数展開に CAM を応用したときの CAM プロット. $x=\tanh(J/k_BT)$ および $x_c^*=\sqrt{2}-1$. 実線は $\psi=0.75$ $(\gamma=1.75)$ に対応する. (M. Suzuki: J. Phys. Soc. Jpn. **56** (1987) 4221 より)

CAM プロットすると, 図 3-24 のようになり, コヒーレント異常が見事に現われている. これより, $1.748<\gamma<1.753$ と評価できる. $n=53$ まで用いると $\gamma\simeq1.750$ となる. この方法を**級数 CAM 理論**と呼ぶ.

逆数関数をつくる代りに, 連分数展開や Padé 近似を行なってそれに CAM を適用すると, 低い次数でも精度のよい評価が得られる. 対数 Padé 近似を直接用いる方法では, どのような (m,n) Padé を採用するかという任意性があるが, Padé CAM 理論では, 近似の度合 $(x_c^*-x_c)$ というパラメータで CAM プロットするため, いろいろな Padé 近似も自動的にコヒーレント異常を示すようになるという利点がある.

また, 本当に解きたい系の真の臨界現象とは異なる模型の厳密解を系統的に求め, それに CAM 理論を適用することもできる. たとえば, 一般化されたカクタス樹の Ising 模型の解を, それに対応する規則格子の Ising 模型の系統的な近似解とみることもできる.

クラスターのサイズを $10^2\sim10^3$ のように大きくすると, (3.60)などの表式

を直接サイズ L でスケールして臨界指数を求める Fisher の有限サイズスケーリングによる解析と数値的には近くなる．CAM 理論のよさは，比較的小さなクラスターでも定性的によい結果が得られることである．さらに，CAM では，簡単に手で計算できる程度の平均場近似から始めて，やがて，膨大な数値計算を必要とするような大きなクラスター平均場近似を行なうことになる．これは，いわば理論から数値実験への解析接続である．

相転移の特徴は対称性の自発的破れにあり，CAM 理論では平均場近似を用いているので初めから自発的対称性の破れを行なっているという利点がある．このように，CAM 理論では，有効的な長距離相互作用の効果を平均場によって先にとり込んでおき，後から徐々に短距離のゆらぎの効果を系統的にとり入れるところが，次節で述べるくり込み理論とは対照的である．臨界指数に関しては，精度のよい計算に越したことはないが，普遍性などの物理的な議論に必要な程度に求められる理論であれば十分である．こういう立場に立てば，比較的小さなクラスター平均場近似に基づく CAM 理論は，相転移のメカニズムの理解にも非常に役に立つ．

要するに，CAM 理論は，平均場近似という最も簡単な相転移の取扱い方を駆使して，非古典的な臨界指数まで精度よく計算できるほどにゆらぎをとり込むことのできる相転移・臨界現象の一般論である．すなわち，ゆらぎに関する久保の線形応答理論と相転移に関する Fisher の有限サイズスケーリング理論との組合せによって，CAM 解析が有効に実行される．

3-9 臨界現象のくり込み理論

a) くり込み理論の基本的なスキーム

3-6 節で説明したスケーリング則という額縁にミクロな中味を与えるのが**くり込み理論**である．実際，図 3-11 のようにセルに分割し，セルの温度差 $\tilde{t}$ やセルの磁場 $\tilde{h}$ を t や h の線形関数としてミクロに求め，その係数のスケール変換性(3.63)より，指標 x と y を評価するのが，くり込み理論の基本的なスキームである．詳しい説明は他書に譲って，ここでは，くり込み理論の考え方を解説することにする．

さて，図 3-11 のように，セルの大きさがもとの格子間隔の b 倍になったとき，セルスピン(それぞれのセルの秩序状態を代表的に表わすスピン)で表わされる有効ハミルトニアンを $\mathcal{H}_1=\boldsymbol{R}_b\mathcal{H}_0$ と書くことにする．$\mathcal{H}_0$ はもとの系のハミルトニアンを表わす．ここで，$\boldsymbol{R}_b$ はスケール b で**くり込む操作**を表わす．(具体的なくり込み操作 $\boldsymbol{R}_b$ の作り方は c)項で述べる.) n 回くり込んで作られる有効ハミルトニアンを $\mathcal{H}_n$ とおくと，それは

$$\mathcal{H}_n = \boldsymbol{R}_b\mathcal{H}_{n-1} = \boldsymbol{R}_b{}^2\mathcal{H}_{n-2} = \cdots = \boldsymbol{R}_b{}^n\mathcal{H}_0 \tag{3.121}$$

と表わされる．無限回くり込んで得られる極限のハミルトニアンを $\mathcal{H}^*$ とおくと，それは,

$$\mathcal{H}^* = \lim_{n\to\infty}\boldsymbol{R}_b{}^n\mathcal{H}_0 = \boldsymbol{R}_b\lim_{n\to\infty}\boldsymbol{R}_b{}^{n-1}\mathcal{H}_0 = \boldsymbol{R}_b\mathcal{H}^* \tag{3.122}$$

となり，$\mathcal{H}^*=\boldsymbol{R}_b\mathcal{H}^*$ は，くり込み変換 $\boldsymbol{R}_b$ の固定点ハミルトニアンであることがわかる．スケール b より小さい波長のゆらぎをとり込み(消去して)，それより長波長成分をもつ変数で表わすのがくり込み操作 $\boldsymbol{R}_b$ であり，しかも臨界現象は，長波長の極限のゆらぎで特徴づけられるから，(3.122)の**固定点ハミルトニアン** $\mathcal{H}^*$ が臨界点に対応していることが予想される．そこで，臨界指数は $\mathcal{H}^*$ 近傍の有効ハミルトニアン $\mathcal{H}$ の変化の仕方によって表わされると期待される．

まず，**くり込み変換群** $\boldsymbol{R}_b$ の数学的構造から調べてみよう*．スケールを b だけ変えてくり込み，その後でスケールを a だけ変えてくり込みを行なうことは，一度にスケールを ab 変えるくり込み変換に対応するから,

$$\boldsymbol{R}_a\boldsymbol{R}_b = \boldsymbol{R}_{ab} \tag{3.123}$$

が成立する．この式で，たとえば $a=1$ とおくと，$\boldsymbol{R}_1=1$ が得られる．これは,何もくり込まない操作に対応しているから，物理的にも明らかである．また,

* $\boldsymbol{R}_b$ は，逆元は存在しないので，(パラメータ)**半群**である．

a や b を連続変数とみなすと，(3.123)より

$$\frac{d}{db}\boldsymbol{R}_b = \lim_{a\to 1+}\frac{\boldsymbol{R}_{ab}-\boldsymbol{R}_b}{ab-b} = \left(\lim_{a\to 1+}\frac{\boldsymbol{R}_a-\mathbf{1}}{a-1}\right)\frac{\boldsymbol{R}_b}{b} \tag{3.124}$$

となる．さらに，いわゆる**母関数演算子** $\boldsymbol{G}$ を

$$\boldsymbol{G} \equiv \lim_{a\to 1+}\frac{\boldsymbol{R}_a-\mathbf{1}}{a-1} \tag{3.125}$$

によって定義すると，(3.124)は

$$b\frac{d}{db}\boldsymbol{R}_b = \boldsymbol{G}\boldsymbol{R}_b \tag{3.126}$$

と表わされる．この方程式の解は，$\boldsymbol{R}_1=\mathbf{1}$ を用いて，

$$\boldsymbol{R}_b = e^{l\boldsymbol{G}}\ ; \qquad b = e^l \quad \text{または} \quad l = \log b \tag{3.127}$$

となる．ここで，l はスケール変換の度合を表わすパラメータであり，上の議論でもわかる通り，ここでは l を連続変数とみなしている．この演算子 $\boldsymbol{G}$ とパラメータ l を用いると，ハミルトニアン $\mathcal{H}$ のくり込みは，$\mathcal{H}=\boldsymbol{R}_b\mathcal{H}_0$ より

$$\frac{d}{dl}\mathcal{H} = \left(\frac{d}{dl}\boldsymbol{R}_b\right)\mathcal{H}_0 = \boldsymbol{G}e^{l\boldsymbol{G}}\mathcal{H}_0 = \boldsymbol{G}\boldsymbol{R}_b\mathcal{H}_0 = \boldsymbol{G}\mathcal{H} \tag{3.128}$$

と表わされる．したがって，くり込み変換の固定点 $\mathcal{H}^*$ は

$$\boldsymbol{G}\mathcal{H}^* = 0 \tag{3.129}$$

の解である．

さて，$\mathcal{H}^*$ 近傍での**有効ハミルトニアン** $\mathcal{H}$ のくり込み操作 $\boldsymbol{R}_b$ による変化を調べてみよう．適当な演算子(たとえば秩序パラメータ) Q を用いて表わされる $\mathcal{H}=\mathcal{H}^*+wQ$ を考え，その $\boldsymbol{R}_b$ による変化を w の1次までの範囲で調べる．(3.128)より

$$\frac{d}{dl}(\mathcal{H}^*+wQ) = \boldsymbol{G}(\mathcal{H}^*+wQ) \tag{3.130}$$

すなわち，

$$\frac{d}{dl}Q = \frac{1}{w}\{\boldsymbol{G}(\mathcal{H}^*+wQ)-\boldsymbol{G}(\mathcal{H}^*)\} \tag{3.131}$$

が得られる．ただし，(3.129)を用いた．こうして，Q の変化を調べるには，$\boldsymbol{G}$ を w に関して線形化して

$$\boldsymbol{G}(\mathcal{H}^*+wQ)-\boldsymbol{G}(\mathcal{H}^*) = w\boldsymbol{K}Q \tag{3.132}$$

によって線形演算子 $\boldsymbol{K}$ を導入し，その固有値 λ_j と固有演算子 $Q_j^{(0)}$ を求めればよい：

$$\boldsymbol{K}Q_j^{(0)} = \lambda_j Q_j^{(0)} \tag{3.133}$$

すると，(3.131)，すなわち，

$$\frac{d}{dl}Q = \boldsymbol{K}Q \tag{3.134}$$

の解空間は，

$$Q_j = \boldsymbol{R}_b Q_j^{(0)}\ ; \qquad j = 1, 2, \cdots \tag{3.135}$$

によって張られることが，次のようにしてわかる．$\boldsymbol{G}$ や $\boldsymbol{K}$ の定義からわかるように，$\boldsymbol{G}\boldsymbol{R}_b=\boldsymbol{R}_b\boldsymbol{G}$ および $\boldsymbol{R}_b\boldsymbol{K}=\boldsymbol{K}\boldsymbol{R}_b$ であるから，

$$\boldsymbol{K}Q_j = \boldsymbol{K}\boldsymbol{R}_b Q_j^{(0)} = \boldsymbol{R}_b\boldsymbol{K}Q_j^{(0)} = \lambda_j \boldsymbol{R}_b Q_j^{(0)} = \lambda_j Q_j \tag{3.136}$$

となる．すなわち，$\{Q_j\}$ は，(3.134)より

$$\frac{d}{dl}Q_j = \lambda_j Q_j \longrightarrow Q_j = e^{\lambda_j l} Q_j^{(0)} \tag{3.137}$$

と与えられる．したがって，$\lambda_j>0$ に対応する演算子 Q_j は，くり込み操作によってますます大きくなり，重要になってくる．このような Q_j は「**有効な**(relevant)**演算子**」と呼ばれ，臨界現象の普遍性の分類に役立つ．逆に，$\lambda_j<0$ に対応する演算子 Q_j は，くり込みによって，ますます小さくなり，臨界現象に効かなくなるので「**有効でない**(irrelevant)**演算子**」と呼ばれる．

そこで，「有効な」演算子 $\{Q_j\}$ のみを用いて，有効ハミルトニアンを

$$\mathcal{H} = \mathcal{H}^* + \sum_j h_j Q_j \tag{3.138}$$

と書くと，これに対応する単位体積当りの自由エネルギー $\hat{F}[\mathcal{H}]$ は，固定点 $\mathcal{H}^*$ の近傍では次のように書ける：

$$\hat{F}[\mathcal{H}_0] \equiv f(h_1, h_2, \cdots) = b^{-d}\hat{F}[\boldsymbol{R}_b\mathcal{H}_0]$$

$$= b^{-d} f(b^{\lambda_1} h_1, b^{\lambda_2} h_2, \cdots) \tag{3.139}$$

Q_1をエネルギー，Q_2を秩序パラメータとおけば，(3.139)は，まさしく(3.64)のスケーリング則に他ならない．したがって，(3.133)を具体的に解いて，いわば，無限小くり込み変換の固有値 $\{\lambda_j\}$ を求めれば，(3.63)の x と y は，$h_1=t$, $h_2=h$ より

$$x = \lambda_2, \qquad y = \lambda_1 \tag{3.140}$$

と与えられることになる*.

このように，くり込み群の理論では，スケーリング則をミクロに表現することができ，無限小くり込み操作 $\boldsymbol{K}$ の固有値 $\{\lambda_j\}$ を求めることによって，それぞれの系にとって何が有効な演算子かを判定でき，普遍性が容易に導けるという大きな特徴がある．この意味で，Wilson のくり込み理論は，臨界現象のメカニズムを理解する上で概念的にも基本的な役割を果たしている．

b) 相関関数の臨界指数と Wilson の公式

a)項で解説した一般論は，有効な演算子がただ1つの場合には特に簡単になる**．いま，外場 $h=0$ として，温度変数 t のみのくり込み変換を調べてみよう．この場合には，**無限小くり込み操作 $\boldsymbol{K}$** の代りに直接くり込み変換 $\boldsymbol{R}_b$ を調べてもよい．エネルギーの変化 Q_1 に対して，$\mathcal{H}=\mathcal{H}^*+tQ_1$ を考えると，(3.135)に対応して $Q_1=\boldsymbol{R}_b Q_1^{(0)}$ となり，$Q_1=b^{\lambda_1}Q_1^{(0)}$ より，

$$\boldsymbol{R}_b Q_1^{(0)} = b^{\lambda_1} Q_1^{(0)} = \Lambda Q_1^{(0)} \tag{3.141}$$

を解けば，**相関関数**の臨界指数 ν が，(3.63)と(3.68)より

$$\nu = \frac{1}{y} = \frac{1}{\lambda_1} = \frac{\log b}{\log \Lambda} \tag{3.142}$$

と与えられることになる．これを **Wilson の公式**という．

この公式は，もっと直接的に次のようにして求めることもできる．まず，相関関数 ξ は臨界点 $T_c{}^*$ の近傍では

---

* くり込み群の理論について，詳しくは本講座13『くりこみ群の方法』参照.

** 「有効な演算子」が2個以上ある場合には，直接 $\boldsymbol{R}_b$ の固有演算子を求めるのは，$\boldsymbol{R}_b$ が非線形演算子であるため，困難なことが多い．

$$\xi \sim (T-T_c^*)^{-\nu} \sim t^{-\nu} \tag{3.143}$$

とおける．一方，温度 T またはその逆数 $K=J/k_BT$（ただし J は系の相互作用の強さ）に関するくり込み変換が

$$K' = f_b(K) \tag{3.144}$$

の形に与えられたとすると，固定点(すなわち，臨界点) K^* は $K^*=f_b(K^*)$ の解となる．さらに，固定点近傍でのくり込み変換 $\boldsymbol{R}_b$ は，線形近似では，

$$K'-K^* = \Lambda(K-K^*)\ ; \qquad \Lambda = \left(\frac{d}{dK}f_b(K)\right)_{K=K^*} \tag{3.145}$$

のように表わされる．一方，スケール b で粗視化した(くり込んだ)系の相関関数 ξ' はもとの系の相関関数の $1/b$ 倍となる．この関係式 $\xi'=\xi/b$ に(3.143)を代入すると，

$$\frac{1}{(K'-K^*)^{\nu}} = \frac{1}{b}\frac{1}{(K-K^*)^{\nu}} \tag{3.146}$$

となり，さらに(3.145)を用いると，$\Lambda^{\nu}=b$ が得られる．これから，再び，Wilson の公式(3.142)が導かれる．

c) Ising 模型と Heisenberg 模型における実空間くり込み理論

くり込み理論は非常に多くの系に応用され，大きな成果が得られているが，ここでは，最もわかりやすい実空間くり込み理論の，Ising 模型と Heisenberg 模型への簡単な応用例を述べるにとどめる．

まず，1 次元 Ising 模型

$$\mathcal{H} = -J\sum_{j=1}^{N}\sigma_j\sigma_{j+1}\ ; \qquad \sigma_j = \pm 1 \tag{3.147}$$

について考える．この系の状態和や相関関数は容易に求められるが，くり込み理論の説明のため，あえて，この簡単な系のくり込み変換をつくってみる．**部分的な Boltzmann 因子** $\exp[K(\sigma_{j-1}\sigma_j+\sigma_j\sigma_{j+1})]$ に対して，Ising スピン変数 σ_j に関する和(トレース)をとると

$$\sum_{\sigma_j=\pm 1} e^{K\sigma_j(\sigma_{j-1}+\sigma_{j+1})} = A_{\mathrm{I}}e^{K'\sigma_{j-1}\sigma_{j+1}} \tag{3.148}$$

の形となる．ただし，A_{I}は適当な定数である．また，相関関数$\langle\sigma_{j-1}\sigma_{j+1}\rangle$を(3.148)の両辺の重みをそれぞれ用いて計算し*，等置すると，K'は

$$\tanh K' = \tanh^2 K \quad \text{すなわち} \quad K' = \frac{1}{2}\log\cosh 2K \quad (3.149)$$

で与えられることが容易にわかる．このくり込み変換の固定点K^*は，$\tan K^* = \tanh^2 K^*$より，$K^*=0$または$K^*=\infty$と与えられる．前者は$T=\infty$に，後者は$T_{\mathrm{c}}=0$に対応し，厳密に計算した結果と一致している．こうして，1次元Ising模型の臨界現象に関する正しい情報が実空間くり込み理論によっても得られる．

次に，正方格子Ising模型について考える．この系に対しては，厳密な実空間くり込み理論を作るのは困難なので，次のような極めて簡単な実空間くり込み操作(Migdal-Kadanoff近似)を行なってみる．図3-25のように，セルの大きさを$b=3$として，セル内の縦方向のボンドを横方向に移動させ，セルのボンドの強さを3倍にし，次に横方向のボンドを部分的にトレースをとり，その後にそれぞれの有効相互作用をセルのボンドに移動する．こうして，横方向の有効相互作用K'は

$$K' = 3\tilde{K} = 3\tanh^{-1}(\tanh^3 K) \quad (3.150)$$

となる．ついでに，縦方向の相互作用は$K''=\tanh^{-1}(\tanh^3 3K)$となる．このMigdal-Kadanoff近似では等方性が破れるという欠点があるが，スケール因子bを$b\to 1+$の極限にとると等方性が回復し，それに対応する固定点は，双

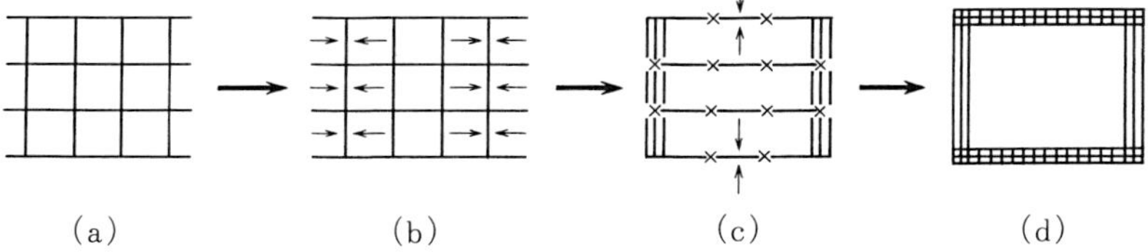

図3-25 Migdal-Kadanoff近似．

* 相関関数$\langle\sigma_{j-1}\sigma_{j+1}\rangle=\tanh^2 K$の導出には(3.178)を参照．

対変換で与えられる厳密解 $\tanh K_c^* = \sqrt{2}-1$ と一致する*.

さて,(3.150)のくり込み変換は図 3-26 のようになる.その固定点 K^* は $K^*=0.7218$ となり,それに対する(3.145)の Λ の値は $\Lambda=2.25$ となる.したがって,Wilson の公式より,相関関数の臨界指数 ν は $\nu=\log 3/\log \Lambda=1.35$ と求まる.Onsager の厳密解 $\nu=1$ と比較すると,それほどよい値とは言えないが,この求め方は,くり込み理論としては直観的でわかりやすい.

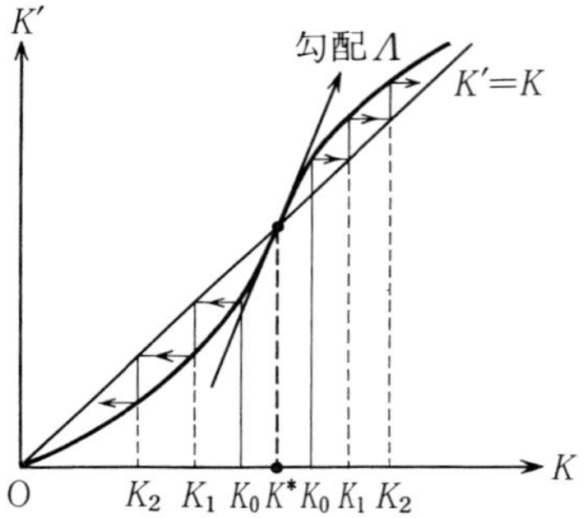

図 3-26 くり込み変換 $K'=f_b(K)$ の模式図. $K^*=f_b(K^*)$ は固定点.

次に,量子 **Heisenberg 模型**の実空間くり込み理論を説明する.量子系では部分ハミルトニアンが互いに非可換なため,1次元 Heisenberg 模型でさえも厳密に実空間くり込みを行なうことはできない.そこで,全体の Boltzmann 因子 $\exp(-\beta\mathcal{H})$ から,非可換性を無視し,**部分 Boltzmann 因子** $\exp[K\boldsymbol{\sigma}_j\cdot(\boldsymbol{\sigma}_{j-1}+\boldsymbol{\sigma}_{j+1})]$ をとり出して中央の Pauli スピン $\boldsymbol{\sigma}_j$ に関してトレースをとるという近似を行なうと,

$$\mathrm{Tr}_{\boldsymbol{\sigma}_j}\, e^{K\boldsymbol{\sigma}_j\cdot(\boldsymbol{\sigma}_{j-1}+\boldsymbol{\sigma}_{j+1})} = A_{\mathrm{H}} e^{K'\boldsymbol{\sigma}_{j-1}\cdot\boldsymbol{\sigma}_{j+1}} \qquad (3.151)$$

の形となる.ただし,有効相互作用 K' は,$\langle\boldsymbol{\sigma}_{j-1}\cdot\boldsymbol{\sigma}_{j+1}\rangle$ を(3.151)の両方の重みで別々に計算し,等置して

$$K' = \frac{1}{4}\log\left(\frac{2e^{2K}+e^{-4K}}{3}\right) \qquad (3.152)$$

* 一般の b に対しては,$K'=b\tanh^{-1}(\tanh^b K)$ となる.これを $\varepsilon\equiv b-1$ に関して展開し,$K'=K=K^*$ を ε の1次の係数から求めると,$\tanh K^*=\exp(-2K^*/\sinh 2K^*)$ となり,この解は $\tanh K^*=\sqrt{2}-1$ を与える.

と与えられる．したがって，1次元量子 Heisenberg 模型($J>0$，強磁性)の固定点 K^* は，この近似では $K^*=0$ だけとなる．

これを Migdal-Kadanoff 近似で d 次元系に拡張すると，

$$K' = 2^{d-1}\times\frac{1}{4}\log\left(\frac{2e^{2K}+e^{-4K}}{3}\right) \tag{3.153}$$

となる．2次元では，固定点 K^* は $K^*=0$ のみとなり，有限温度では相転移は起こらない．これは物理的に正しい結果である．3次元系では，$K^*=0$ および $2e^{6K^*}-3e^{5K^*}+1=0$ の解として与えられる．これに対応する固定点 K^* は，$K^*=0.34$ と与えられる．こうして，3次元強磁性 Heisenberg 模型の相転移点の存在が定性的に理解できる．もっと一般に，異方的 Heisenberg 模型

$$\mathcal{H} = K_{xy}\sum(\sigma_i{}^x\sigma_j{}^x+\sigma_i{}^y\sigma_j{}^y)+K_z\sum\sigma_i{}^z\sigma_j{}^z \tag{3.154}$$

を考えても同様にくり込むことができて，(3.154)と同形の有効ハミルトニアンが得られ，臨界線は図3-27のようになる．これによって，2次元および3次元強磁性(異方的) Heisenberg 模型の相転移が定性的に理解できる．

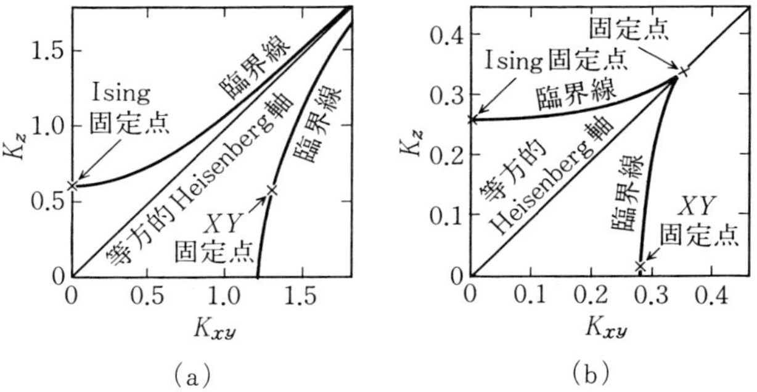

図3-27　量子 Heisenberg 模型の実空間くり込み群による臨界線．(a) 2次元．(b) 3次元．(H. Takano and M. Suzuki: J. Stat. Phys. **26** (1981) 635 より)

d) ε 展開

連続変数 $\varphi(x)$ の φ^4 模型

$$\mathcal{H} = \int[(\nabla\varphi)^2+t\varphi^2(x)+u\varphi^4(x)]d^dx \tag{3.155}$$

でくり込みを行なうと，$d>4$ では $u^*=0$ となることが次元解析から容易にわかる．すなわち，$\mathcal{H}=$不変より φ の次元(スケール b の依存性)$[\varphi]$ は $[\varphi]=b^{(2-d)/2}$ となり，u の項の次元は b^{4-d} となる．逆に，$d<4$ では，固定点相互作用 u^* は $u^*\neq 0$ となる．そこで，u^* を $\varepsilon=4-d$ に関して

$$u^* = u_1\varepsilon + u_2\varepsilon^2 + \cdots \tag{3.156}$$

と展開し，これに対応して，臨界指数 $\alpha, \beta, \gamma, \nu, \cdots$ も $\varepsilon=4-d$ に関して次のように展開することができる：

$$\begin{aligned} &\alpha = \alpha_1\varepsilon + \alpha_2\varepsilon^2 + \cdots, \qquad \beta = \frac{1}{2} + \beta_1\varepsilon + \beta_2\varepsilon^2 + \cdots \\ &\gamma = 1 + \gamma_1\varepsilon + \gamma_2\varepsilon^2 + \cdots, \qquad \nu = \frac{1}{2} + \nu_1\varepsilon + \nu_2\varepsilon^2 + \cdots \end{aligned} \tag{3.157}$$

臨界指数の展開係数を具体的に求めるには，まず Feynman ダイヤグラムを用いて，磁化率 χ などの物理量を相互作用の強さ u に関して摂動展開し，そこに現われる対数発散の項を臨界指数の展開と見直してマッチングさせればよい．たとえば，(3.48)における Fisher の臨界指数 η は，臨界点での磁化率の波数 q 依存性

$$\chi(q) \simeq \frac{C}{q^{2-\eta}} \tag{3.158}$$

によって定義される．$d>4$ では，$\eta=0$ であるから，η は ε またはそれ以上の高次の量となり，

$$\chi(q) \simeq \frac{C}{q^2} + \frac{C}{q^2}\cdot\eta\log q + \cdots \tag{3.159}$$

と展開できる．したがって，$\chi(q)$ の摂動計算の中で $q^{-2}\log q$ の発散の係数まで正しく求めれば，(3.159)と比較して η の値が評価できることになる．実際，$\chi(q)$ には u^2 の項から対数発散が現われ，**n 成分 $\boldsymbol{\varphi}^4$ 模型**(すなわち，$(\varphi_1{}^2+\varphi_2{}^2+\cdots+\varphi_n{}^2)^2$ 模型)に対して

$$\eta = \frac{n+2}{2(n+8)^2}\varepsilon^2 + \cdots \tag{3.160}$$

となる*．他の臨界指数は，ε の1次の項から始まり，同様に，

$$\alpha = \frac{4-n}{2(n+8)}\varepsilon+\cdots, \qquad \beta = \frac{1}{2}-\frac{3}{2(n+8)}\varepsilon+\cdots, \qquad \gamma = 1+\frac{n+2}{2(n+8)}\varepsilon+\cdots$$
$$\delta = 3+\varepsilon+\cdots, \qquad \nu = \frac{1}{2}+\frac{n+2}{4(n+8)}\varepsilon+\cdots \tag{3.161}$$

と与えられる．

3-10 相関等式とその応用

今までの議論からわかるように，統計力学においては相関関数は極めて重要な役割を果たしている．ところで，1つの系に限って考えても無数に多くの相関関数が存在するが，それは互いに独立であろうか．特に，熱平衡状態における相関関数は，ハミルトニアン $\mathcal{H}$ に基づくカノニカル分布，すなわち密度行列 $\rho = e^{-\beta\mathcal{H}}/\mathrm{Tr}\, e^{-\beta\mathcal{H}}$ に関する平均として与えられるので，それらは互いに $\mathcal{H}$ を通して関連し合っており独立でなくなる．その間の関係は，一般の量子系では，第4章で述べるように，Green 関数のヒエラルキイ方程式として与えられる．ここでは，古典系の場合について議論することにしよう．この場合には，部分ハミルトニアンが互いに可換となるため，相関関数の等式を顕わに求めることができる．

一般に，2つの関数 f と g を考える．ただし，関数 f は，関数 g に含まれる変数(たとえば，ある局所領域上の Ising スピン変数 $\{S_j\}$)を含まないとする．このときハミルトニアン $\mathcal{H}$ を，g に含まれる変数(これを g 変数と呼ぶことにする)を含む部分ハミルトニアン $\mathcal{H}_g$ と，それを含まない残りの部分ハミルトニアン $\mathcal{H}'$ とに分け，

$$\mathcal{H} = \mathcal{H}_g+\mathcal{H}' \tag{3.162}$$

---

* Feynman ダイヤグラム  と  を用いて少し面倒な計算をすると，$\eta=(n+2)u^2/(8\pi^4)+\cdots$，および，$u^*=2\pi^2\varepsilon/(n+8)+\cdots$ と求まる．詳しくは，本講座13『くりこみ群の方法』参照．

とおく．ここで，$\mathcal{H}_g$ には，$\mathcal{H}'$ に含まれる変数も含まれていることを注意しておく．さて，相関関数 $\langle fg \rangle$ を考え，g 変数について自由度の部分消去を行なう．すなわち，

$$\langle g \rangle_{\mathcal{H}_g} \equiv \mathrm{Tr}_g\, g e^{-\beta\mathcal{H}_g} / \mathrm{Tr}_g\, e^{-\beta\mathcal{H}_g} \tag{3.163}$$

によって $\langle g \rangle_{\mathcal{H}_g}$ を定義する．これは，まだ，g 変数以外の変数を含んでいるので，新たな相関関数 $\langle f \langle g \rangle_{\mathcal{H}_g} \rangle$ を導入することができる．このとき，次の等式が成立する：

$$\langle fg \rangle = \langle f \langle g \rangle_{\mathcal{H}_g} \rangle \tag{3.164}$$

これを**相関等式**という*．この等式は次のようにして容易に導ける．すなわち，$\mathcal{H} = \mathcal{H}_g + \mathcal{H}'$ と分離し，g 変数以外の変数に関するトレースを Tr' と書くと，

$$\begin{aligned} \mathrm{Tr}\, fg e^{-\beta\mathcal{H}} &= \mathrm{Tr}\, f e^{-\beta\mathcal{H}'} g e^{-\beta\mathcal{H}_g} = \mathrm{Tr}'(f e^{-\beta\mathcal{H}'}\, \mathrm{Tr}_g\, g e^{-\beta\mathcal{H}_g}) \\ &= \mathrm{Tr}'(f e^{-\beta\mathcal{H}'} (\mathrm{Tr}_g\, e^{-\beta\mathcal{H}_g})\, \mathrm{Tr}_g\, g e^{-\beta\mathcal{H}_g} / (\mathrm{Tr}_g\, e^{-\beta\mathcal{H}_g})) \\ &= \mathrm{Tr}'\, \mathrm{Tr}_g (f \langle g \rangle_{\mathcal{H}_g} e^{-\beta(\mathcal{H}_g + \mathcal{H}')}) \\ &= \mathrm{Tr}\, f \langle g \rangle_{\mathcal{H}_g} e^{-\beta\mathcal{H}} = \langle f \langle g \rangle_{\mathcal{H}_g} \rangle\, \mathrm{Tr}\, e^{-\beta\mathcal{H}} \end{aligned} \tag{3.165}$$

となり，(3.164)の相関等式が証明される．

次に，この相関等式の応用について説明する．Ising 模型

$$\mathcal{H} = -\sum_{\langle ij \rangle} J_{ij} S_i S_j - \mu_B H \sum_{j=1}^{N} S_j; \qquad S_j = \pm 1 \tag{3.166}$$

においてスピン相関 $\langle S_f S_g \rangle$ を考える．ただし，f は g と異なる任意の格子点を表わすものとする．一般的な等式(3.164)より

$$\langle S_f S_g \rangle = \langle S_f \langle S_g \rangle_{\mathcal{H}_g} \rangle \tag{3.167}$$

となる．ここで

$$\mathcal{H}_g = -E_g S_g \quad \text{および} \quad E_g = \sum_i J_{ig} S_i + \mu_B H \tag{3.168}$$

とおくと，

---

* この相関等式は1965年に一般的に定式化されて(M. Suzuki: Phys. Lett. **19** (1965) 267)からも，本質的に等価な等式またはその特別な場合が多くの人によってくり返し再発見されている．また，記号 g は，g 変数を定義するためにのみ用いることにして，(3.165)の第1行目の式で $g=1$ とおくと，$e^{-\beta\mathcal{H}'}\, \mathrm{Tr}_g\, e^{-\beta\mathcal{H}_g} = \exp(-\tilde{\mathcal{H}})$ の形が得られる．このようにして，g 変数の消去によってくり込まれたハミルトニアン $\tilde{\mathcal{H}}$ が得られることを注意するのは興味深いことである．

$$\langle S_g \rangle_{\mathcal{H}_g} = \sum_{S_g=\pm1} S_g e^{-\beta\mathcal{H}_g} \Big/ \sum_{S_g=\pm1} e^{-\beta\mathcal{H}_g} = \tanh(\beta E_g) \tag{3.169}$$

である．こうして，Ising 模型におけるよく知られた相関等式

$$\langle S_f S_g \rangle = \langle S_f \tanh(\beta E_g) \rangle \tag{3.170}$$

が導かれる．S_f の代りに単位変数 1 を用いると，上と同様にして等式

$$\langle S_g \rangle = \langle \tanh(\beta E_g) \rangle \tag{3.171}$$

が得られる．

等式(3.171)の相転移への簡単な応用例について述べよう．右辺のカノニカル平均を tanh の中に入れるという近似 $\langle \tanh(\beta E_g) \rangle \simeq \tanh(\beta \langle E_g \rangle)$ を行なうことにする．この近似は，ゆらぎを無視する切断近似，すなわち，一種の平均場近似である．実際ここの近似では，磁化 $m=\mu_B \langle S_g \rangle$ は，空間の等方性を用いて，

$$m = \mu_B \tanh\Big(\beta \sum_i J_{ig} m/\mu_B + \beta\mu_B H\Big) \tag{3.172}$$

となる．さらに，H と m が小さいとして，(3.172)を線形化すると

$$m = m\beta z J + \beta\mu_B{}^2 H \tag{3.173}$$

となる．ただし，最近接格子点の数を z とした．こうして，

$$m = \frac{\beta\mu_B{}^2}{1-\beta z J} H = \frac{\mu_B{}^2}{J} \frac{T_c{}^{(mf)}}{T-T_c{}^{(mf)}} H \tag{3.174}$$

というよく知られた Weiss の平均場近似の結果(3.99)が得られる．

次に 1 次元 Ising 模型への応用例について説明する．磁場のないハミルトニアン

$$\mathcal{H} = -J \sum S_i S_{i+1}\,; \qquad S_i = \pm 1 \tag{3.175}$$

に対しては，$E_g = J(S_{g-1}+S_{g+1})$ とおいて，相関等式

$$\langle S_f S_g \rangle = \langle S_f \tanh(\beta E_g) \rangle = \frac{b}{2}(\langle S_f S_{g-1} \rangle + \langle S_f S_{g+1} \rangle) \tag{3.176}$$

が得られる．ただし，$f \neq g$ とし，また $b=\tanh(2J/k_B T)$ として Ising 変数の等式 $\tanh(\beta E_g) = bE_g/2$ を用いた．特に，$f=g-1$ とおくと，

$$\langle S_{g-1}S_g\rangle = \frac{b}{2}(1+\langle S_{g-1}S_{g+1}\rangle) \tag{3.177}$$

となる．$\langle S_{g-1}S_g\rangle=\tanh K$（ただし，$K\equiv J/k_{\mathrm{B}}T$）を用いると，

$$\langle S_{g-1}S_{g+1}\rangle = \tanh^2 K \tag{3.178}$$

が得られる．この表式は，実空間くり込み理論の計算(3.149)で使われた．この模型では一般に，相関関数 $C_n\equiv\langle S_gS_{g+n}\rangle$ に対して，(3.176)より

$$C_n-aC_{n-1} = \frac{1}{a}(C_{n-1}-aC_{n-2}) = \cdots = \frac{1}{a^{n-2}}(C_2-aC_1) = 0 \tag{3.179}$$

という漸化式が導かれる．ただし，$a\equiv\tanh K=C_1$ および $C_2=a^2$ である．これより，

$$C_n = a^n = \tanh^n K \tag{3.180}$$

となる．もちろん，これらの結果は，相関関数の定義から直接導くことも容易である．

この他にも，相関等式(3.164)にはいろいろな使い道がある．応答関数を厳密に計算する場合には多数の相関関数が必要になる．上で導出した相関等式を用いると，計算すべき相関関数の数を減らすこともできるし，1つ余分に相関関数を計算して検算に使うこともできる．また，モンテカルロシミュレーションなどの数値計算の精度を確かめるにも上の相関等式は役立つ．さらに，この相関等式は，5-3節の(5.97)式のように非等方的な場合にも応用できる．

3-11 ビリアル展開の一般論と相転移への応用

a) 一般論

気相-液相転移を議論するには，3-3節で説明した van der Waals 状態方程式のように，分子間の引力や斥力の効果をとり入れた状態方程式を導く必要がある．ここでは，古典統計力学の範囲でこの問題を扱うことにする．

ハミルトニアン $\mathcal{H}$ は，運動エネルギー K とポテンシャルエネルギー U の和として $\mathcal{H}=K+U$ と書ける．ここで，

$$K=\frac{1}{2m}\sum_{j=1}^{N}\boldsymbol{p}_j{}^2 \quad \text{および} \quad U=\sum_{i<j}U(|\boldsymbol{r}_i-\boldsymbol{r}_j|) \tag{3.181}$$

である．この系の状態和 $Z(T,V,N)$ は，運動量 $\boldsymbol{p}_j$ 部分の積分がすぐ実行でき

$$Z_N=Z(T,V,N)=\left[\frac{(2\pi mk_{\mathrm{B}}T)^{3/2}}{h^3}\right]^N\frac{1}{N!}Q_N \tag{3.182}$$

と書ける．ただし，Q_N はポテンシャル U に関する積分を表わし，**配置状態和**と呼ばれる．すなわち，

$$Q_N=Q(T,V,N)=\int\exp\left(-\beta\sum_{i<j}U_{ij}\right)d\boldsymbol{r}_1d\boldsymbol{r}_2\cdots d\boldsymbol{r}_N \tag{3.183}$$

である．ここで，U_{ij} は $U(|\boldsymbol{r}_i-\boldsymbol{r}_j|)$ の略である．なお，分子の内部自由度(回転，振動など)の効果は無視することにする．図 3-28(a)のような典型的なポテンシャル $U(r)$ に対して，**Mayer 関数** $f(r)=e^{-\beta U(r)}-1$ を導入する．これは図 3-28(b)のような形をとり，$r\to\infty$ で 0 になり，斥力や引力が存在する領域でのみ 0 でない値をもつので摂動展開するのに便利である．すなわち，$f_{ij}=f(r_{ij})=\exp(-\beta U_{ij})-1$ として，(3.183)の指数関数の部分を次のように f_{ij} で展開する：

$$\exp\left(-\beta\sum_{i<j}U_{ij}\right)=\prod_{i<j}(1+f_{ij})=1+\sum_{i<j}f_{ij}+\sum_{\substack{i<j\\k<l}}f_{ij}f_{kl}+\cdots \tag{3.184}$$

さて，大状態和 $\Xi(T,V,\zeta)$ を考えると，(1.120)より

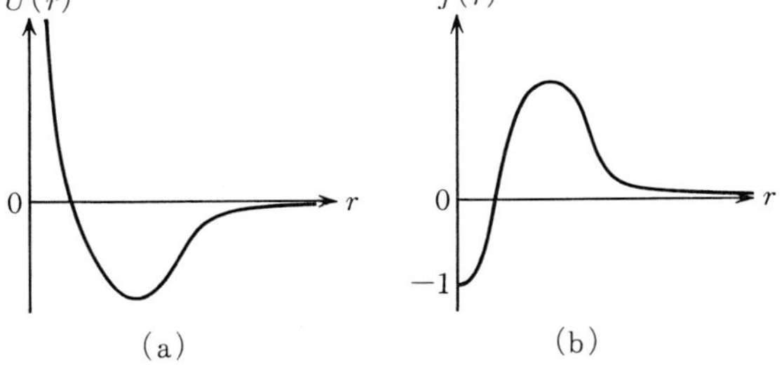

図 3-28 (a) ポテンシャルは斥力と引力の部分からなる．(b) $f(r)=e^{-\beta U(r)}-1$ の形．

$$\Xi(T, V, \zeta) = \sum_{N=0}^{\infty} \lambda^N Z_N = \sum_{N=0}^{\infty} \frac{\zeta^N}{N!} Q_N \tag{3.185}$$

となる．ただし，$\lambda = e^{\beta\mu}$（μ は化学ポテンシャル），および

$$\zeta = \lambda \left(\frac{2\pi m k_{\mathrm{B}} T}{h^2}\right)^{3/2} \tag{3.186}$$

である．λ は逃散能またはフーガシティと呼ばれるパラメータである．この系の状態方程式，すなわち，圧力 p は，(1.129)より

$$pV = k_{\mathrm{B}} T \log \Xi = k_{\mathrm{B}} T \log\left(\sum_{N=0}^{\infty} \frac{\zeta^N}{N!} Q_N\right) \tag{3.187}$$

で与えられる．これを ζ で展開すると，それは(2.162)で導入したキュムラントで表わされる．l 次のキュムラントを Vb_l と書くことにすると，

$$p = k_{\mathrm{B}} T \sum_{l=1}^{\infty} b_l \zeta^l \tag{3.188}$$

となる．ここで，b_l は l 次の**クラスター積分**と呼ばれ，2-12 節のキュムラントの一般論からわかるように，(3.187)と(3.188)を等置して得られる式

$$\log\left(\sum_{N=0}^{\infty} \frac{\zeta^N}{N!} Q_N\right) = \sum_{l=1}^{\infty} (Vb_l) \zeta^l$$

を Vb_l について逐次解いて求められる．具体的には，

$$\begin{aligned}
b_1 &= \frac{1}{V} Q_1 = \frac{1}{V} \int d\boldsymbol{r} = 1 \\
b_2 &= \frac{1}{2V}(Q_2 - Q_1^2) = \frac{1}{2V} \int f(r_{ij}) d\boldsymbol{r}_1 d\boldsymbol{r}_2 = \frac{1}{2} \int f(r) d\boldsymbol{r} \\
b_3 &= \frac{1}{3!} \frac{1}{V} (Q_3 - 3Q_2 Q_1 + 2Q_1^3) \\
&= \frac{1}{3!} \frac{1}{V} \int (f_{12} f_{23} f_{31} + f_{12} f_{23} + f_{23} f_{31} + f_{21} f_{13}) d\boldsymbol{r}_1 d\boldsymbol{r}_2 d\boldsymbol{r}_3 \\
&\cdots\cdots\cdots\cdots\cdots\cdots
\end{aligned} \tag{3.189}$$

のように，$\{b_l\}$ は Mayer 関数 f_{ij} を用いてつながれたグラフ(connected graph)で表わされる．こうして，$\{b_l\}$ はすべて 1 のオーダーの量となる．こ

れはキュムラントの一般的な性質として導かれる．逆に，キュムラントで書けるということから，$\{b_l\}$ はつながれたグラフのみで表わされるのである．

次に，粒子数 N（の平均値）は，(1.133)より

$$N = \lambda \frac{\partial}{\partial \lambda} \log \Xi = \zeta \frac{\partial}{\partial \zeta} \log \Xi = V \sum_{l=1}^{\infty} l b_l \zeta^l \tag{3.190}$$

と表わされる．したがって，この系の**比体積** $v = V/N$ は

$$\frac{1}{v} = \sum_{l=1}^{\infty} l b_l \zeta^l \tag{3.191}$$

によって，ζ の関数（級数展開）として与えられ，(3.188)と(3.191)より ζ を消去すると，圧力 p が比体積 v の関数として与えられることになる．すなわち，$b_1 = 1$ より

$$\zeta = \frac{1}{v} - 2b_2 \frac{1}{v^2} - \cdots$$

となり，これを(3.188)に代入すると，p は $1/v$ の級数として，

$$p = \frac{k_B T}{v}\left(1 - \sum_{k=1}^{\infty} \frac{k}{k+1} \beta_k \frac{1}{v^k}\right) \tag{3.192}$$

の形に展開される．ここで，$\{\beta_k\}$ は**既約クラスター積分**と呼ばれる量で，

$$\beta_1 = 2b_2 = \int f(r) d\boldsymbol{r}$$

$$\beta_2 = 3(b_3)_{(\text{既約})} = \frac{1}{2!} \frac{1}{V} \int f_{12} f_{23} f_{31} d\boldsymbol{r}_1 d\boldsymbol{r}_2 d\boldsymbol{r}_3$$

$$\cdots\cdots\cdots\cdots\cdots\cdots$$

$$\beta_k = (k+1)(b_{k+1})_{(\text{既約})} = \frac{1}{k!} \frac{1}{V} \int \sum^{(\text{既約})} \prod_{1 \leqq i < j \leqq k+1} f_{ij} \tag{3.193}$$

で与えられる*．ただし，記号“既約”は1つの点を切り取っても2つのグラフに分かれないグラフのことを表わす（図3-29の(a)）．(3.192)を **Mayer-Mayer 展開**または**ビリアル展開**という．通常，**ビリアル係数** $B, C, D, \cdots$ は

* 低次の β_k の表式を確かめるのは容易である．

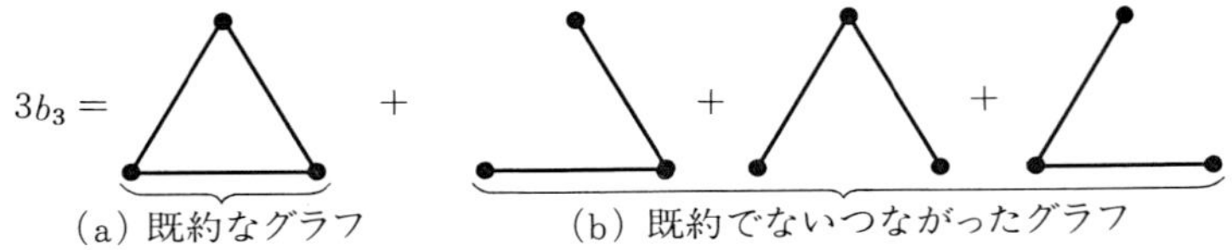

図 3-29 既約なグラフと既約でないグラフの例.

$$\frac{pv}{k_{\mathrm{B}}T} = 1 + B\cdot\frac{1}{v} + C\cdot\frac{1}{v^2} + D\cdot\frac{1}{v^3} + \cdots \tag{3.194}$$

によって定義される．したがって，これらは，**既約クラスター積分** $\{\beta_k\}$ を用いて，$B=-\frac{1}{2}\beta_1$，$C=-\frac{2}{3}\beta_2$，$D=-\frac{3}{4}\beta_3$，… と与えられる．

b) van der Waals の状態方程式への応用

さて，このようにして，既約なクラスター積分を計算することにより，ビリアル係数が求まり，圧力 p が比体積 v の逆数を用いて高次まで展開される．しかし，実際に，ポテンシャル $U(\boldsymbol{r})$ を与えて高次のビリアル係数を求めるのは容易ではない．そこで，低次のビリアル係数から高次を外挿して，相転移を示す状態方程式を求めることにしよう．いちばん簡単な方法は，2 次のビリアル係数 B の表式

$$B = -\frac{1}{2}\beta_1 = -\frac{1}{2}\int(e^{-\beta U(\boldsymbol{r})}-1)d\boldsymbol{r} = 2\pi\int_0^{\infty}(1-e^{-\beta U(r)})r^2dr \tag{3.195}$$

を利用することである．特に，$U(r)$ として，$0 \leqq r \leqq r_0$ までがハードコアの斥力($U(r)=\infty$)，および $r_0<r$ では引力となる形を仮定し，$\beta U(r) \ll 1$ とすると，2 次のビリアル係数 B は

$$\begin{aligned} B &= 2\pi\int_0^{2r_0} r^2dr + 2\pi\int_{2r_0}^{\infty}(1-e^{-\beta U(r)})r^2dr \\ &\simeq \frac{16\pi}{3}r_0{}^3 - \frac{2\pi}{k_{\mathrm{B}}T}\int_{2r_0}^{\infty}U(r)r^2dr \\ &\equiv b - \frac{a}{k_{\mathrm{B}}T} \end{aligned} \tag{3.196}$$

とおける(ただし，a, b は物質定数)．したがって，(3.194)は，次のように変形できる：

$$\left(p+\frac{a}{v^2}\right)v = k_{\mathrm{B}}T\left(1+\frac{b}{v}+\frac{C}{v^2}+\frac{D}{v^3}+\cdots\right) \tag{3.197}$$

ここで単に高次のビリアル係数 $C, D, \cdots$ を無視したのでは，相転移を示すような状態方程式にならない．そこで，3-8 節 g)項で説明した級数 CAM 理論のように，(3.197)の右辺の $1+b/v$ を逆数展開して 1 次までマッチングさせた分数関数 $(1-b/v)^{-1}$ で高次の効果を代用させることにする．これは，C, D，… の中で斥力の効果を表わす部分として $C_{\mathrm{h.c.}} \simeq b^2$，$D_{\mathrm{h.c.}} \simeq b^3$，… と近似するのと同等である(h.c. は hard core の部分を意味する)．(実際 **1 次元のハードコア系**では上の近似により厳密解が得られ，$pv = k_{\mathrm{B}}T(1-b/v)^{-1}$ となる．これは **Tonks の状態方程式**と呼ばれる.) このように，部分的に無限次まで和をとった状態方程式は平均場近似に対応しており，こうして求めた状態方程式

$$\left(p+\frac{a}{v^2}\right)v = \frac{k_{\mathrm{B}}T}{1-(b/v)}$$

は，van der Waals の状態方程式(3.12)に他ならない．

c) 気相-液相転移の CAM 理論

van der Waals の状態方程式を拡張して，系統的な平均場近似の列をつくり，それにコヒーレント異常法を適用して，気相-液相転移の臨界現象を議論することもできる．(3.197)において，高次ビリアル係数 $C, D, \cdots$ の中で引力の効果の部分を n 次まで(3.197)の左辺にとり入れて，

$$\left(p+\frac{a}{v^2}+\frac{a_3}{v^3}+\cdots+\frac{a_n}{v^n}\right)(v-b) = k_{\mathrm{B}}T \tag{3.198}$$

とまとめ直すことにする．ここで，$a_3, \cdots, a_n$ は n 次までのビリアル係数の引力の部分と温度 T の関数として表わされる．この状態方程式の変曲点から臨界点 T_{c} を求め，臨界点近傍で**圧縮率** $\chi_T(T)$ を

$$\chi_T(T) = -\frac{1}{V}\left(\frac{\partial V}{\partial p}\right)_T \simeq \frac{T_{\mathrm{c}}}{T-T_{\mathrm{c}}}\bar{\chi}(T_{\mathrm{c}}) \tag{3.199}$$

のような形に求める．ビリアル展開の次数 n と共に T_{c} と $\bar{\chi}(T_{\mathrm{c}})$ がどのように変化し，コヒーレント異常を示すかを調べれば，$\chi_T \sim (T-T_{\mathrm{c}}^*)^{-\gamma}$ で定義され

る圧縮率の臨界指数γが求められる．井戸型ポテンシャルの引力とハードコアの斥力のある2次元および3次元系における低次のビリアル係数を用いた藤堂ら(1994年)のCAM解析によると，この気相-液相転移を示す系もIsing模型と同じ普遍性をもつ系であることがわかる．このことは，気相-液相転移に対するLee-Yangの格子ガス模型がIsing模型に等価であることからも容易に理解される．

d) ハードコア系(剛体球の系)の相転移

ハードコアポテンシャルという斥力だけの系で相転移が起こるかどうかは大変興味深い．1962年にAlderとWainwrightは，分子動力学法による計算機シミュレーションで斥力だけでも相転移が起こる可能性があることを指摘した．非常に密度が大きくなると粒子は動きにくくなり，図3-30のように1次相転移を起こして格子をつくる可能性がある．これは，境界の効果のために圧力が有効的に引力として働くためと考えられる．しかし，これが有限系の効果であって無限系では相転移は起こらないという可能性も否定できない．このような相転移が起こるかどうかをビリアル展開の収束性から議論することも試みられ

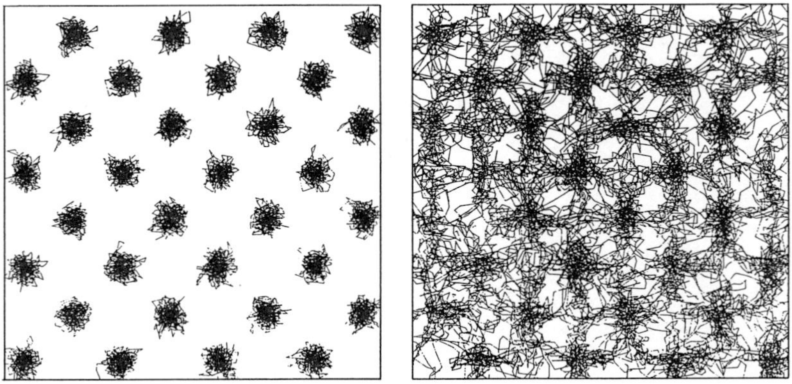

(a)　　(b)

図3-30 分子動力学法によって得られたI^-の軌跡(a)とAg^+の軌跡(b)．$k_BT=500$ K，モンテカルロステップ1000～5000回．(A. Fukumoto, A. Ueda and Y. Hiwatari: J. Phys. Soc. Jpn. **51** (1982) 3966)

ているが，まだはっきりした結論は得られていない．高次のビリアル係数には負になるものが現われて p-v 曲線の単調性が破れることも期待される．

3-12 臨界緩和現象

ここまではすべて平衡系の問題を扱ってきたが，この節では，平衡系への緩和の問題を議論しよう．この話題は第 4 章の導入の役割も果たしている．

a) van Hove 理論

もっとも簡単な非平衡系の問題として，系の秩序パラメータ M の緩和を現象論的に扱うことにする．**van Hove の現象論**では，秩序パラメータ $M(t)$ の時間変化は，図 3-31 のように，Landau の自由エネルギー $f(M)$ の勾配に比例した復元力に支配されると考える．すなわち，b を正の比例定数として

$$\frac{d}{dt}M(t) = -b\frac{df(M)}{dM} \tag{3.200}$$

とする．Landau の自由エネルギー $f(M)$ を M に関して展開して M^2 の項までとり，$f(M)=f_0+A(T)M^2+\cdots$ とおくと，(3.200)は

$$\frac{dM(t)}{dt} = -2bA(T)M(T) \tag{3.201}$$

となり，この解として次のような**指数関数的緩和**が導かれる：

$$M(t) = M(0)\exp\left(-\frac{t}{\tau(T)}\right); \qquad \tau(T) = \frac{1}{2bA(T)} \tag{3.202}$$

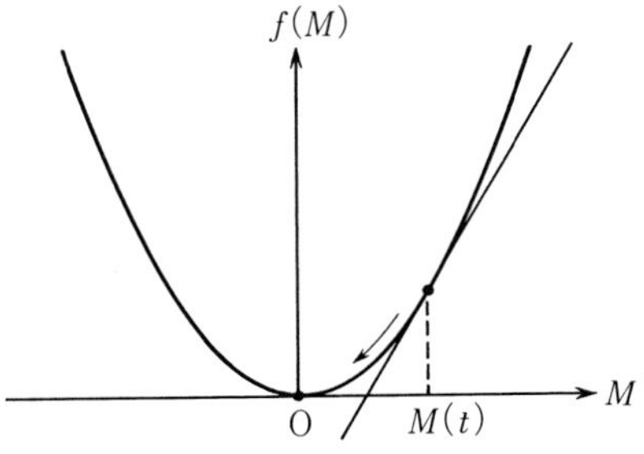

図 3-31 van Hove の緩和の理論．ここで $f(M)$ は Landau の自由エネルギー．

3-5 節の Landau 理論では，(3.201)の係数 $A(T)$ として，相転移点 T_c の近傍で $A(T)=a(T-T_c)$（ただし $a>0$）と仮定した．この仮定にしたがえば，**緩和時間** $\tau(T)$ は，相転移点 T_c の近傍で

$$\tau(T)=\frac{1}{2ab(T-T_c)}\propto\frac{1}{T-T_c} \tag{3.203}$$

となり，相転移点で緩和時間が発散する．これを**臨界緩和現象**という．無秩序状態の対称性が破れて秩序状態に入る境目では，緩和を支配する復元力が消えてしまい，緩和が無限にゆっくりとなる．

さて，実際の臨界現象では，Landau の仮定は拡張されて，(3.46)，(3.49) および(3.50)より，$A(T)$ は

$$A(T)=\frac{1}{2\chi_0(T)}\sim(T-T_c)^{\gamma} \tag{3.204}$$

のように振る舞う．これを(3.202)に代入すると，緩和時間 $\tau(T)$ は

$$\tau(T)\propto\frac{1}{(T-T_c)^{\gamma}} \tag{3.205}$$

という異常性を示すことが現象論的に導かれる．これを **van Hove の臨界緩和理論**という．非平衡現象の臨界指数が平衡系の臨界指数 γ で表わされているのが **van Hove 理論**の大きな特徴である．

波数 q に依存した秩序パラメータ M_q の場合には，Landau の自由エネルギーとして

$$\begin{aligned} f(\{M_q\}) &= f_0+\int(A|M(\boldsymbol{r})|^2+b|\nabla M(\boldsymbol{r})|^2)d\boldsymbol{r} \\ &= f_0+\int(A+cq^2)|M_q|^2 d\boldsymbol{q} \end{aligned} \tag{3.206}$$

を用いれば，$M_q(t)$ に対する緩和時間 $\tau_q(T)$ は，前と同様にして

$$\tau_q(T)=\frac{1}{2b(A(T)+cq^2)} \tag{3.207}$$

の形で与えられることになる．

このvan Hove理論は臨界緩和現象の本質を理解するのに大変役に立つ．しかし，次項で説明するように，van Hove理論の臨界緩和指数は一般に正しくない．

b) キネティックIsing模型の定式化と揺動散逸定理

ゆらぎを正しくとり入れて臨界緩和現象を研究するために，ミクロな模型を考察することにしよう．平衡系の臨界現象の研究がもっとも進んでいるIsing模型にダイナミクスを導入すると便利である．格子点$(1, 2, \cdots, N)$上のIsingスピン変数$(S_1, S_2, \cdots, S_N)$の時刻tにおける確率分布を$P(S_1, S_2, \cdots, S_N; t)$とする．この時間変化は，次の**マスター方程式**にしたがうものとする：

$$\frac{d}{dt}P(S_1, \cdots, S_N; t) = -\sum_j W_j(S_j)P(S_1, \cdots, S_N; t) + \sum_j W_j(-S_j)P(S_1, \cdots, -S_j, \cdots, S_N; t) \quad (3.208)$$

ただし，$W_j(S_j)$は，スピンS_jが$-S_j$に遷移する確率を表わし，S_j以外のスピン変数も含む．これは，(3.208)の定常解が平衡系のIsing模型のカノニカル分布

$$P_{\text{eq}}(\{S_j\}) = e^{-\beta\mathcal{H}} \Big/ \sum_{S_j=\pm1} e^{-\beta\mathcal{H}} \quad (3.209)$$

となるように決める．ここで，$\mathcal{H}$は，次のIsingハミルトニアンである：

$$\mathcal{H} = -\sum_{j>k} J_{jk}S_jS_k - \mu_B H \sum_j S_j \quad (3.210)$$

実際は，$W_j(S_j)$を決めるには，(3.209)のP_{eq}が(3.208)の定常解になる必要条件ではなく，次の十分条件，すなわち**詳細つり合いの条件**

$$\frac{W_j(S_j)}{W_j(-S_j)} = \frac{\exp(-\beta E_j S_j)}{\exp(\beta E_j S_j)}; \qquad E_j = \sum_k J_{jk}S_k + \mu_B H \quad (3.211)$$

を用いることにする．Ising模型では，(3.211)は

$$\frac{W_j(S_j)}{W_j(-S_j)} = \frac{1 - S_j \tanh(\beta E_j)}{1 + S_j \tanh(\beta E_j)} \quad (3.212)$$

となり，これを満たすもっとも簡単な**遷移確率**$W_j(S_j)$は，

$$W_j(S_j) = \frac{1}{2\tau}(1-S_j \tanh \beta E_j) \tag{3.213}$$

で与えられる．ただし，τ は，相互作用 J_{ij} も外部磁場 H も存在しないときのたった1個の自由スピンの緩和時間を表わす．これで**キネティック Ising 模型**の定式化ができた．

さて次に，スピンの期待値に関する時間発展方程式を導くことにしよう．まず，スピン S_j の期待値 $\langle S_j \rangle_t$ は

$$\langle S_j \rangle_t = \sum_{\{S_j = \pm 1\}} S_j P(S_1, \cdots, S_N\,;\,t) \tag{3.214}$$

で定義されるので，マスター方程式(3.208)と遷移確率(3.213)の表式より，

$$\tau \frac{d}{dt}\langle S_j \rangle_t = -(\langle S_j \rangle_t - \langle \tanh \beta E_j \rangle_t) \tag{3.215}$$

にしたがってスピンの期待値は時間変化することがわかる．同様に，スピン相関関数 $\langle S_j S_k \rangle_t$ は次式を満たす：

$$\tau \frac{d}{dt}\langle S_j S_k \rangle_t = -2\langle S_j S_k \rangle_t + \langle S_j \tanh \beta E_k \rangle_t + \langle S_k \tanh \beta E_j \rangle_t \tag{3.216}$$

$t \to \infty$ の平衡系では，(3.215)と(3.216)の左辺は0とおけるから，3-10節で求めた相関等式(3.170)と(3.171)が再び導かれる．これは当然のことではあるが，非平衡系の問題の定常極限として平衡系の相関関数を求めることは1つの興味深い方法である．

ここで，確率過程，特にマスター方程式(3.208)で記述される系での**揺動散逸定理**を説明しておこう．これは，第4章で詳しく述べる久保の線形応答理論の一例である．すなわち，波数 q と周波数 ω に依存した磁化率 $\chi(q,\omega)$ は，平衡系の磁化の $\langle M_{-q}(0)M_q(t)\rangle_{\mathrm{eq}}$ を用いて

$$\chi(q,\omega) = \chi(q,0) - \frac{i\omega}{k_{\mathrm{B}}T}\int_0^\infty \langle M_{-q}(0)M_q(t)\rangle_{\mathrm{eq}} e^{-i\omega t} dt \tag{3.217}$$

と表わされる．この関係式は，次のようにして導かれる．まず，マスター方程式(3.208)を外場 $H_j(t) = H_j e^{i\omega t} = He^{i\omega t - iqj}$ に依存しない部分 Γ_0 と依存する部

分 Γ_1 とに分ける：

$$\frac{d}{dt}P(\{S_j\};t) = \Gamma_0 P + \Gamma_1 P \tag{3.218}$$

ただし，Γ_0 と Γ_1 は演算子で，Γ_0 は $\Gamma_0 = \sum_j \Gamma_j{}^0$ および

$$\Gamma_j{}^0 P = -W_j(S_j)P(\{S_j\};t) + W_j(-S_j)P(S_1,\cdots,-S_j,\cdots;t) \tag{3.219}$$

と表わされる．これを用いて，Γ_1 は外場の 1 次までで

$$\Gamma_1 P = -\beta\mu_B \sum_j H_j(t)\Gamma_j{}^0(S_j P(\{S_j\};t)) \tag{3.220}$$

と書ける．ここで，遷移確率の磁場依存性は，(3.213)で H に関して展開すると複雑になるので，(3.211)に戻って

$$\begin{aligned}\frac{\exp(-\beta E_j S_j)}{\exp(\beta E_j S_j)} &= \frac{W_j(S_j)\exp(-\beta\mu_B H_j(t)S_j)}{W_j(-S_j)\exp(\beta\mu_B H_j(t)S_j)} \\ &= \frac{W_j(S_j)(1-\beta\mu_B H_j(t)S_j)}{W_j(-S_j)(1+\beta\mu_B H_j(t)S_j)}\end{aligned} \tag{3.221}$$

と $H_j(t)$ の 1 次まで展開した．さて，分布関数 P も，$P = P_{eq} + \Delta P$ と分ける．ただし，$\Gamma_0 P_{eq} = 0$ である．ΔP は

$$\frac{d}{dt}\Delta P = \Gamma_0 \Delta P + \Gamma_1 P_{eq} = \Gamma_0 \Delta P - \beta\mu_B \sum_j \Gamma_j{}^0(S_j P_{eq})H_j(t) \tag{3.222}$$

という線形方程式で与えられる．これを解いて，ΔP は

$$\Delta P = -\beta\mu_B \int_{-\infty}^{t} e^{\Gamma_0(t-t')} \sum_j \Gamma_j{}^0(S_j P_{eq})H_j(t')dt' \tag{3.223}$$

の形に与えられる．よって，格子点 k の磁化 $M_k = \mu_B S_k$ の期待値 $\langle \Delta M_k(t)\rangle = \langle M_k(t)\rangle = \sum_k M_k \Delta P$ は

$$\begin{aligned}\langle \Delta M_k(t)\rangle &= -\beta\mu_B \int_{-\infty}^{t} \sum_j \sum_{\{S_j=\pm1\}} (M_k e^{\Gamma_0(t-t')}\Gamma_j{}^0(S_j P_{eq}))H_j(t')dt' \\ &= -\beta \int_{-\infty}^{t} \sum_j \sum_{\{S_j=\pm1\}} \frac{d}{dt}\{(M_k e^{\Gamma_0(t-t')}M_j)P_{eq}\}H_j(t')dt'\end{aligned} \tag{3.224}$$

となる．ただし，$\Gamma_0 P_{\rm eq}=0$ を用いて $P_{\rm eq}$ を $\exp[\Gamma_0(t-t')]$ の外側に移した*．こうして，

$$\langle \Delta M_k(t)\rangle = -\frac{1}{k_{\rm B}T}\int_{-\infty}^{t}\sum_j\left\{\frac{d}{dt}\langle M_k M_j(t-t')\rangle_{\rm eq}\right\}H_j(t')dt' \quad (3.225)$$

が得られる．さらにここで，$H_j(t)=He^{i\omega t-iqj}$ とおいて Fourier 変換すると，

$$\langle \Delta M_q(t)\rangle = {\rm Re}\,\chi(q,\omega)He^{i\omega t} \quad (3.226)$$

によって定義される磁化率 $\chi(q,\omega)$ は，

$$\chi(q,\omega) = -\frac{1}{k_{\rm B}T}\int_{-\infty}^{t}\left\{\frac{d}{dt}\langle M_{-q}M_q(t-t')\rangle_{\rm eq}\right\}e^{-i\omega(t-t')}dt' \quad (3.227)$$

と与えられる．これを部分積分すると(3.217)となる．

このようにして，散逸を表わす $\chi(q,\omega)$ が平衡系の揺動で表わされる．これを**揺動散逸定理**という．

c) 平均場近似による臨界緩和現象の取扱い

方程式(3.215)で，$\langle S_j\rangle_t$ を解こうとすると右辺には高次のスピンのモーメントが現われ，閉じた方程式にならない．そこで，平衡系で行なった平均場近似をここでも適用し，$\langle \tanh \beta E_j\rangle_t \simeq \tanh(\beta\langle E_j\rangle_t)$ と近似する．さらに，系の一様性を仮定して $\mu_{\rm B}\langle S_j\rangle_t=m(t)$ とおくと，

$$\tau\frac{d}{dt}m(t) = -m(t)+\mu_{\rm B}\tanh(\beta zJm(t)/\mu_{\rm B}+\beta\mu_{\rm B}H) \quad (3.228)$$

となる．ただし，z は最隣接格子点の数である．$T>T_{\rm c}{}^{(\rm mf)}=zJ/k_{\rm B}$ でこれを線形化すると，

$$\tau\frac{d}{dt}m(t) = -(1-\beta zJ)m(t)+\beta\mu_{\rm B}{}^2H \quad (3.229)$$

が得られる．この解は，

$$m(t) = (m(0)-m(\infty))e^{-t/\tau(T)}+m(\infty)\,; \qquad \tau(T) = \frac{\tau T}{T-T_{\rm c}} \quad (3.230)$$

---

* 厳密には，d)項において導入するスピンの時間発展演算子 $\mathcal{L}$ を用いて，$e^{\Gamma_0(t-t')}(M_jP_{\rm eq})=(e^{-\mathcal{L}(t-t')}M_j)P_{\rm eq}=M_j(t-t')P_{\rm eq}$ となる．

と与えられ，再び，van Hove 理論(の $\gamma=1$ の場合)(3.203)が導かれる．

低温側($T<T_c$)での緩和を考察するために，$H=0$ とし，自発磁化の存在を考慮して，(3.229)の $m(t)$ の3次まで展開すると，

$$\tau\frac{d}{dt}m(t) = -\kappa m(t)-\eta m^3(t)\ ;\qquad \eta=\frac{1}{3}\frac{(\beta J)^3}{\mu_B{}^2} \tag{3.231}$$

となる．ただし，$\kappa=1-\beta Jz$ である．この解は，

$$m(t) = m(0)\{e^{2t/\tau(T)}+m^2(0)(\eta/\kappa)(e^{2t/\tau(T)}-1)\}^{-1/2} \tag{3.232}$$

と与えられる．特に，臨界点 T_c では

$$m(t) = \left(\frac{1}{m^2(0)}+\frac{2\eta}{\tau}t\right)^{-1/2} \sim t^{-1/2} \tag{3.233}$$

と**ベキ乗的**に減衰する．

d) 臨界緩和指数の評価

臨界緩和現象を特徴づける**緩和時間** $\tau(T)$ の臨界指数 $\varDelta$ を

$$\tau(T) \sim \frac{1}{(T-T_c)^{\varDelta}} \tag{3.234}$$

によって定義する．ここでは，van Hove の理論 $\varDelta=\gamma$ とは異なる，非平衡系固有の臨界指数が現われることを説明する．すなわち，$\varDelta>\gamma$ であり，この差($\varDelta-\gamma$)が動的臨界現象固有のゆらぎを表わす指標となる．これは非平衡系の臨界現象の中でもっとも基本的な問題であるが，現在のところ，まだ完全に解決されたとは言えず，多くの研究者が挑戦し続けている問題の1つである．

この問題は，最初に動的摂動展開法，すなわち動的高温展開法によって研究され，それまでの理論をくつがえす新しい結果 $\varDelta>\gamma$ が得られた．まず，動的摂動展開に便利な**スピンの時間発展演算子** $\mathscr{L}$ を導入する．すなわち，任意のスピン関数 $f(\{S_j\})$ に対して

$$\mathscr{L}f(\{S_j\}) = -P_{eq}{}^{-1}\Gamma(f(\{S_j\})P_{eq}) \tag{3.235}$$

によって $\mathscr{L}$ を定義する．この演算子 $\mathscr{L}$ は，平衡分布 P_{eq} を分離し，問題とするスピン関数の時間発展を表わす．これは，次式

$$P_kf(S_1,\cdots,S_j,\cdots,S_N) = f(S_1,\cdots,-S_j,\cdots,S_N) \tag{3.236}$$

で定義され，スピン S_k を $-S_k$ にフリップさせる演算子 P_k を用いて，

$$\mathcal{L} = \sum_k W_k(S_k)(1-P_k) \tag{3.237}$$

と表わされることが容易にわかる．

さて，磁化 M の緩和時間 $\tau(T)$ は次式で定義することもできる：

$$\tau(T) = \int_0^\infty \frac{\langle MM(t)\rangle_{\mathrm{eq}}}{\langle M^2\rangle_{\mathrm{eq}}} dt \tag{3.238}$$

(3.235)で導入した演算子 $\mathcal{L}$ を用いると，

$$\langle MM(t)\rangle_{\mathrm{eq}} = \langle Me^{-\mathcal{L}t}M\rangle_{\mathrm{eq}} \tag{3.239}$$

と表わせるから，(3.238)は

$$\tau(T) = \left\langle M\frac{1}{\mathcal{L}}M\right\rangle_{\mathrm{eq}} \Big/ \langle M^2\rangle_{\mathrm{eq}} \tag{3.240}$$

と書ける．(3.237)からわかるように，$\mathcal{L}$ は**半正定値**の演算子であるから，

$$\left\langle M\frac{1}{\mathcal{L}}M\right\rangle_{\mathrm{eq}} \langle M\mathcal{L}M\rangle_{\mathrm{eq}} \geqq {\langle M^2\rangle_{\mathrm{eq}}}^2 \tag{3.241}$$

が成り立つ*．1次のモーメント $\langle M\mathcal{L}M\rangle_{\mathrm{eq}}$ は T_{c} でも有限であるから，$\tau(T)$ は磁化率 $\langle M^2\rangle_{\mathrm{eq}} \sim (T-T_{\mathrm{c}})^{-\gamma}$ の発散より弱くないことがわかる．したがって，

$$\Delta \geqq \gamma \tag{3.242}$$

の不等式が成立する．

次に，動的摂動展開法の要点を説明する．まず，(3.213)の表式を使って $\mathcal{L}$ を次のような2つの部分に分ける：

$$\mathcal{L} = \mathcal{L}_0 - \mathcal{L}'; \qquad \mathcal{L}_0 = \frac{1}{2\tau}\sum_k (1-P_k)$$

$$\mathcal{L}' = \frac{1}{2\tau}\sum_k S_k \tanh\left(\beta\sum_j J_{kj}S_j\right)(1-P_k) \tag{3.243}$$

明らかに，$\mathcal{L}_0$ は βJ の零次の項であり，$\mathcal{L}'$ は βJ の1次以上の項を表わしてい

---

*　任意の実数 λ に対して $\langle M(\lambda\mathcal{L}^{1/2}+\mathcal{L}^{-1/2})^2 M\rangle \geqq 0$ が成立する．左辺の判別式をとればよい．

る．そこで，緩和時間 $\tau(T)$ を βJ で展開するため，$1/\mathcal{L}$ を次のように**レゾルベント展開**する：

$$\frac{1}{\mathcal{L}}=\frac{1}{\mathcal{L}_0-\mathcal{L}'}=\frac{1}{\mathcal{L}_0}+\frac{1}{\mathcal{L}_0}\mathcal{L}'\frac{1}{\mathcal{L}_0}+\cdots+\frac{1}{\mathcal{L}_0}\left(\mathcal{L}'\frac{1}{\mathcal{L}_0}\right)^n+\cdots \qquad (3.244)$$

ここで，$\mathcal{L}_0 S_k=\dfrac{1}{\tau}S_k$ などの性質を用いれば，$\left\langle M\dfrac{1}{\mathcal{L}}M\right\rangle_{\mathrm{eq}}$ が原理的に高温展開できることがわかる．実際には，$\left(M\dfrac{1}{\mathcal{L}}M\right)$ をスピン変数の積で高温展開し，3-10 節の相関等式を用いて，そこに現われるスピン相関関数の数を減らし，その後で各スピン相関関数を高温展開する．

上のようにして八幡-鈴木により，1969 年に初めて 2 次元正方格子に対して

$$\begin{aligned}a_1(T)&\equiv\frac{1}{N}\left\langle M\frac{1}{\mathcal{L}}M\right\rangle\\&=1+8x+44x^2+200x^3+804x^4+2{,}984x^5+\frac{31{,}372}{3}x^6\\&\quad+\frac{105{,}272}{3}x^7+\frac{3{,}069{,}692}{27}x^8+\frac{9{,}674{,}456}{27}x^9+\cdots\end{aligned} \qquad (3.245)$$

と求められた．ただし，$x=\tanh(J/k_{\mathrm{B}}T)$ である．この高温展開の結果に「比の方法」(ratio method)を適用すると，$a_1(T)$ の臨界指数が 3.75±0.05 と求まり，(3.234)の Δ に対しては

$$\Delta\simeq 2.00\pm0.05 \qquad (3.246\mathrm{a})$$

という結果が得られた．これは，2 次元 Ising 模型の磁化率の臨界指数 $\gamma=7/4=1.75$ より，明らかに大きい値である．当時は，van Hove 理論が固く信じられており，また，(3.242)の不等式の等号成立という信念とも相まって，上の $\Delta>\gamma$ という結果，すなわち，非平衡臨界現象では，平衡系の臨界指数とは独立に新たな固有の臨界指数が現われるという主張はなかなか受け入れられなかった．その後，多くの人がより高次まで高温展開を行なったり，直接モンテカルロシミュレーションを行なって，$\Delta\simeq2.125$ という値が長い間確からしいと信じられていた．1990 年代に入って，より詳しいシミュレーションができるようになり，Δ の評価値は 2.125 よりはもう少し大きくなりつつある．その間，1972 年には，Halperin, Hohenberg, Ma らの**動的くり込み群**の計算により，

$$z = \frac{\Delta}{\nu} = 2 + c\eta + O(\varepsilon^3); \qquad c = 6\log\frac{4}{3} - 1 \tag{3.246b}$$

が得られ，$\Delta > \gamma$ という関係は確定的なものとなった．さらに，この Δ（または z）の値を，スピンクラスターのダイナミクスから現象論的にまたは解析的に導出しようとする試みもあるが，まだ確定的なものではない．

e）輸送係数の臨界的振舞い

上に説明した模型（Glauber ダイナミクスと呼ばれることもある）では全スピンの和が保存されていないが，$S_j S_k = -1$ の条件を満たす 2 つのスピン S_j と S_k を同時にフリップさせて，スピンを保存するダイナミクス（これを川崎ダイナミクスという）を考えると，スピンの拡散の問題が扱える．もっと，一般の輸送係数に対しても，第 4 章で述べる久保公式を用いて，臨界点近傍での振舞いを議論することができる．その際，長波長のモード間の結合をうまくとり入れると，輸送係数の臨界点近傍での異常性が，平衡系の相関関数のゆらぎと緩和時間の異常性を用いて説明される．これが Fixman によって提唱され，川崎によって開発されて，大きく発展した**モード-モード結合理論**である．後に，この理論は，くり込み群の理論によっても基礎づけが行なわれた．

3-13 エキゾティックな相転移への有効場理論の拡張

通常の相転移の問題では，秩序パラメータが空間座標 $\boldsymbol{r}$ の関数として，たとえば $M(\boldsymbol{r})$ のように容易に与えられるが，カイラルオーダーやスピングラスなどのエキゾティックな相転移では，秩序パラメータの定義には工夫が必要であり，それに対応して，有効場理論も拡張しなければならない．ここでは，ハミルトニアンの切断などにはよらない一般的な有効場理論を説明する．

a）超有効場理論

一般に，任意のオーダーパラメータ Q に対して，図 3-32 のようなそれぞれのセル上で定義されたオーダーパラメータ Q_j を考える．z 個のセルで囲まれたクラスター全体の有効場ハミルトニアンとして

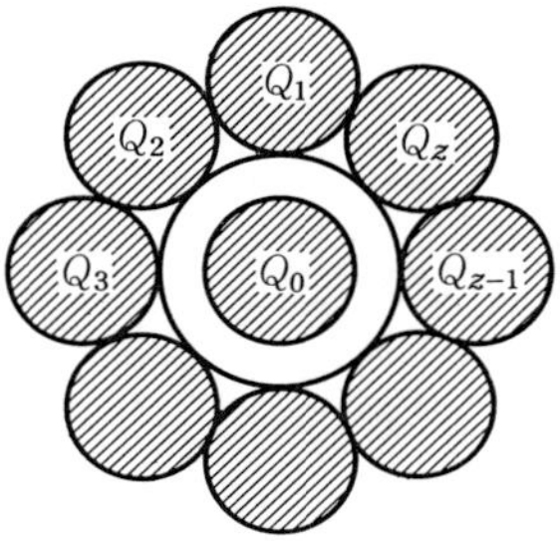

図 3-32 超有効場理論の概念図.（M. Suzuki: J. Phys. Soc. Jpn. **57** (1988) 2310 より）

$$\tilde{\mathscr{H}} = \mathscr{H}_{\Omega} - \sum_j \Lambda_j Q_j \qquad (3.247)$$

を導入する．$\mathscr{H}_{\Omega}$ はクラスターのハミルトニアンである．図 3-32 の中心のセルのオーダーパラメータ Q_0 の期待値 $\langle Q_0 \rangle$ と，まわりのセル上の Q_j の期待値 $\langle Q_j \rangle$ が符号(ε_j)も考慮した上で等しいという条件 $\varepsilon_j \langle Q_j \rangle = \langle Q_0 \rangle$ を課して，有効場 Λ_j を決める．このような考え方は，極めて一般的に相転移の問題に適用できるので，**超有効場理論**ということもある．これはいわば，有効場の考え方を，3-8 節 d)項の多重有効場も含めて，一般的に拡張した概念である．

b) カイラルオーダーの超有効場理論

2 次元反強磁性 XY 模型では，通常の強磁性相や反強磁性相は現われず，図 3-33 に示すような，カイラルオーダーが現われる．古典的描像でみれば，反強磁性相互作用のために，各スピンは互いに 120° 方向に向かう．このときに，Villain によって導入された**カイラリティ**が ＋（図 3-33 の(a)と(b))のセルと －（図 3-33 の(c)と(d))のセルが現われることが，宮下と斯波により古典平面回転子模型においてモンテカルロシミュレーションを用いて示された．

そこでここでは，**量子 XY 模型**

$$\mathscr{H} = J \sum_{\langle ij \rangle} (\boldsymbol{\sigma}_i{}^x \cdot \boldsymbol{\sigma}_j{}^x + \boldsymbol{\sigma}_i{}^y \cdot \boldsymbol{\sigma}_j{}^y) \qquad (3.248)$$

について，3 角セル (ijk) 上のカイラルオーダーパラメータ

$$Q_{ijk} = \frac{1}{2\sqrt{3}} (\boldsymbol{\sigma}_i \times \boldsymbol{\sigma}_j + \boldsymbol{\sigma}_j \times \boldsymbol{\sigma}_k + \boldsymbol{\sigma}_k \times \boldsymbol{\sigma}_i)^z \qquad (3.249)$$

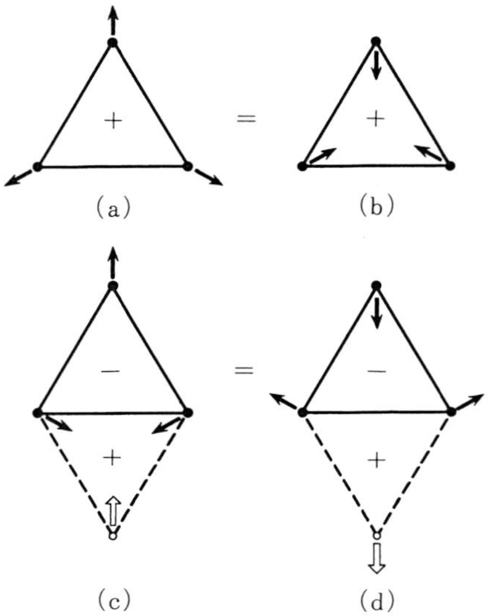

図 3-33 カイラルオーダーの説明図. “+”は右まわりのカイラルオーダー, “−”は左まわりのカイラルオーダーを表わす. (b)と(d)は, (a)と(c)をそれぞれ 120° 回転したもので互いに等価である. (図 3-32 と同じ文献による)

に関する超有効場近似の作り方を説明しよう. 図 3-34 のように, クラスターの境界にある 3 角セルに Q_1, Q_2, Q_3 のオーダーが現われると仮定して, それに共役な有効場 Λ をかける. $\langle Q_0\rangle = -\langle Q_1\rangle$ の条件(図 3-33 からわかるように, 隣り合うセルのカイラリティは互いに反対向きである)より有効場 Λ を決め, 同時に, 相転移温度 T_c を求めることができる. 図 3-34 のクラスター近似で

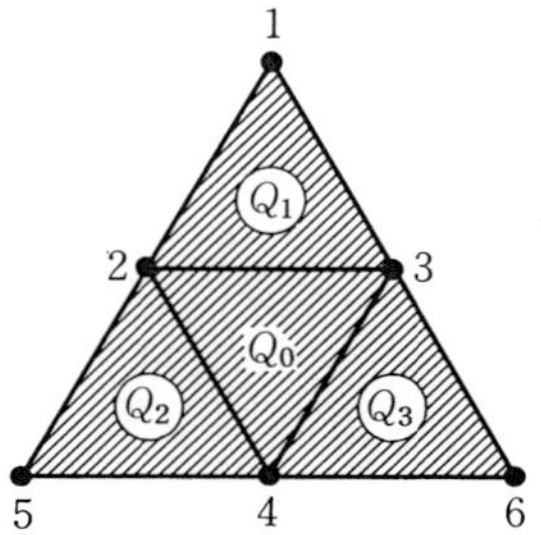

図 3-34 カイラルオーダーに対する超有効場近似のつくり方. (図 3-32 と同じ文献による)

は $T_c \simeq 4J/k_B$ となり高すぎるが，桃井ら(1992年)のもっと大きなクラスター近似によると $T_c \simeq 0.7J/k_B$ となる．この値は，松原-猪苗代(1988年)の量子モンテカルロ法による計算結果とほぼ一致する．

系統的なクラスター近似をつくり，コヒーレント異常法を適用すれば，カイラルオーダーに対する応答関数 $\chi_Q(T)$ の臨界指数を評価することができる．量子スピン系では，あまり大きなクラスター近似は困難であるが，古典スピン系では，サイト数が数百まで計算可能であり，川島ら(1989年)によると，$T_c^* = 0.50956(45)J/k_B$，$\gamma \simeq 1.7(2)$ となり，宮下-斯波(1984年)のモンテカルロシミュレーションの結果とほぼ一致する結果が得られている．

超有効場理論のスピングラスなどへの応用例は第5章で述べる．

3-14 量子相転移と量子クロスオーバー効果

a) 量子相転移と平均場近似

量子効果によって初めて起こる相転移を**量子相転移**と呼ぶことにする．広い意味では量子系の相転移を量子相転移という．狭い意味での量子相転移の典型的な例は，超流動と超伝導である．前者は，第2章で述べたBose-Einstein凝縮が基本になっている．超伝導は，Fermi粒子(電子)のCooper対がBose-Einstein凝縮を起こし，マクロにコヒーレンスが現われた状態である．これは，粒子数を保存しない，ゲージ対称性の破れた有効相互作用

$$\mathcal{H}_{\rm int}^{\rm BCS} = \sum_k (h_k a_{k\uparrow}{}^\dagger a_{-k\downarrow}{}^\dagger + {\rm h.c.}) \qquad (3.250)$$

によって記述される．統計力学的立場でみると，この有効ハミルトニアンは，次の電子格子相互作用

$$\mathcal{H}_{\rm int} = -V \sum_{k,k',q} \sum_\sigma a_{k'+q,\sigma}{}^\dagger a_{k-q,-\sigma}{}^\dagger a_{k,-\sigma} a_{k',\sigma} \qquad (3.251)$$

の切断近似から得られる．ただし，σ はスピン変数(↑，↓)を表わす．このように，超伝導の本質も平均場近似(BCS理論)で理解される．

最近の高温超伝導のメカニズムに関してもいろいろな理論が提案されているが，取扱い方は平均場近似で十分であり，問題は，どのような相互作用が本質的かを見いだすことである．そのさい，2次元ではゆらぎが重要であるから，ゆらぎをとり入れた平均場近似，すなわち，前節の超有効場近似のような拡張された平均場を用いることが肝要である．

b）　気相-液相転移における量子クロスオーバー効果

気相-液相転移は3-3節で議論したように古典系でも起こる相転移であるから，相転移点が有限温度である限り相転移点のごく近傍では量子効果は効かない．しかし，十分温度が下がってくると臨界領域の外側で量子効果が効くようになり，絶対零度では古典領域が消えて有限温度とは違った臨界指数が現われる．相転移点が低くなるにつれて，図3-35のように，量子効果の現われる領域が広くなる．すなわち，相関距離 $\xi=\xi_0\varepsilon^{-\nu}$（ただし，$\varepsilon\equiv|T-T_c{}^*|/T_c{}^*$）が，**熱的 de Broglie 波長** $\lambda_T=h(2mk_BT_c{}^*)^{-1/2}$ よりも長い領域 $\xi\gg\lambda_T$ では量子効果は無視できる．逆に，$\xi\lesssim\lambda_T$ の領域では量子効果が効くことになる．その境目の温度差 $\varepsilon^\times$ は $\xi\simeq\lambda_T$，すなわち $\varepsilon^\times\simeq(\lambda^*)^{-1/\nu}$ で与えられる．ただし，λ^* は本質的には **de Boer のパラメータ**で，Planck 定数 h と Boltzmann 定数 k_B を用いて $\lambda^*=(2mk_BT_c{}^*)^{-1/2}h/\xi_0$ と与えられる．粒子の質量 m が大きいほど，相転移点 $T_c{}^*$ が高いほど，この λ^* は小さくなり，量子性が弱くなり，量子効果の現われる領域が狭くなる．これを**量子クロスオーバー効果**という．絶対零度では，相互作用の強さに関する相転移が現われる．これは典型的な量子相転移である（3-6節e）項参照）．このような絶対零度の相転移は，次元数が1つ

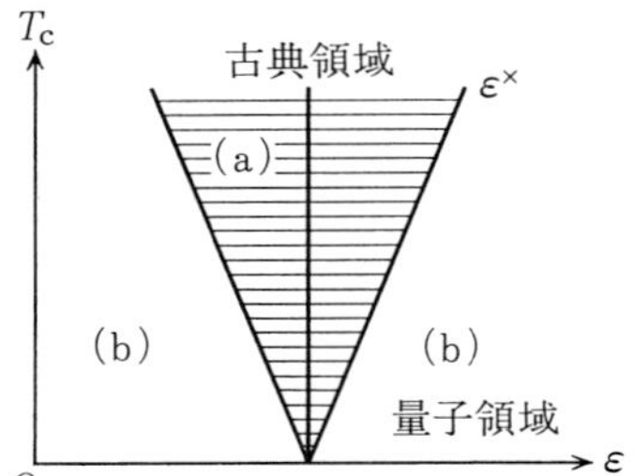

図3-35　量子クロスオーバー効果の概念図．(a) 古典領域，(b) 量子領域．

大きい(すなわち $d+1$ 次元の)系の有限温度の臨界現象を示すことが一般に導かれている．これは，d 次元量子系と $(d+1)$次元古典系との**等価定理**と呼ばれている．余分の 1 次元は量子効果を表わす，いわば量子次元である．この定理は Trotter 公式を用いて導かれるので，この余分の次元は **Trotter 次元**とも呼ばれる*.

3-15　厳密解，共形場理論および量子群

a)　厳密解

統計力学における厳密解とは，状態和 Z が粒子数や格子点の数 N を含まない関数で表現されたものを指す．したがって，厳密解は必ずしも初等関数などのような簡単な関数で表わされるとは限らず，級数や無限乗積で表現されることもある．1 次元 Heisenberg 模型の場合のように，Bethe 仮説を用いて無限個の連立積分方程式の解として表わされることもある．一般に，無限個の和を積に変換する公式が見つかれば，それに対応して厳密解が求まることになる．なぜなら，状態和

$$Z = \mathrm{Tr}\, e^{-\beta\mathcal{H}} = \sum_j e^{-\beta E_j} \tag{3.252}$$

の対数 $\log Z$ が求めたい自由エネルギー(の $-\beta$ 倍)であり，和を積に変換する公式により積の対数は和に変換され，状態和の対数が $N\to\infty$ の極限で積分形に変換しやすくなり，N を消去できるからである．

その第一歩が転送行列を導入することである．適当に**転送行列** V を導入すると，古典系の状態和 Z は，

$$Z = \mathrm{Tr}\, e^{-\beta\mathcal{H}} = \mathrm{Tr}\, V^N \tag{3.253}$$

と書ける.（具体的な V の作り方に関しては，(3.255)式以下を参照.）ただし，N は，転送行列を演算していく方向の格子のサイズを表わす．転送行列が何

* より詳しくは，本叢書『経路積分の方法』第 5 章参照.

らかの方法で対角化できて，その固有値が $\{\lambda_j\}$ と求まれば，最大固有値を λ_1 として，$N\to\infty$ の極限では，

$$Z = \sum_j \lambda_j{}^N = \lambda_1{}^N\left(1+\left(\frac{\lambda_2}{\lambda_1}\right)^N+\cdots\right) \simeq \lambda_1{}^N \tag{3.254}$$

となる．望み通りに，Z は λ_1 の（N 乗）積で表わされて，その対数は $\log Z = N\log\lambda_1$ と与えられ，自由エネルギーの厳密解が求まることになる．

例として，まず 1 次元 Ising 模型

$$\mathcal{H} = -J\sum_{j=1}^{N} S_jS_{j+1}-\mu_{\mathrm{B}}H\sum_{j=1}^{N} S_j \qquad (S_{N+1}\equiv S_1) \tag{3.255}$$

を考えてみる．簡単のために周期境界条件（$S_{N+1}\equiv S_1$）を課すことにする．この系の状態和は，$K=J/k_{\mathrm{B}}T$, $h=\mu_{\mathrm{B}}H/k_{\mathrm{B}}T$ とおくと，

$$\begin{aligned} Z &= \sum_{\{S_j=\pm1\}}\prod_{j=1}^{N}\exp\left(KS_jS_{j+1}+\frac{h}{2}(S_j+S_{j+1})\right) \\ &= \sum_{\{S_j=\pm1\}} V(S_1,S_2)V(S_2,S_3)\cdots V(S_j,S_{j+1})\cdots V(S_N,S_1) \\ &= \mathrm{Tr}\ V^N \end{aligned} \tag{3.256}$$

と書ける．ただし，V は，

$$V = \left(\exp\left(KS_jS_{j+1}+\frac{h}{2}(S_j+S_{j+1})\right)\right) = \begin{pmatrix} e^{K+h} & e^{-K} \\ e^{-K} & e^{K-h} \end{pmatrix} \tag{3.257}$$

という行列要素をもつ転送行列である．この行列を対角化すると，固有値 λ_1 と λ_2 は

$$\lambda_{1,2} = e^K(\cosh h \pm(\sinh^2 h+e^{-4K})^{1/2}) \tag{3.258}$$

と求まる．こうして，$N\to\infty$ の極限では，この系の自由エネルギー F は

$$F = -Nk_{\mathrm{B}}T\log[e^K(\cosh h+(\sinh^2 h+e^{-4K})^{1/2})] \tag{3.259}$$

と与えられる．これより，磁化 m は，$h\to 0$, $T\to 0$ の近傍で

$$m = \frac{\sinh h}{(\sinh^2 h+\kappa^2)^{1/2}} \simeq \frac{h}{(h^2+\kappa^2)^{1/2}} = f_{\mathrm{sc}}\left(\frac{h}{\kappa}\right) \tag{3.260}$$

というスケーリング形で表わされる．ただし，$\kappa=e^{-2K}$, $f_{\mathrm{sc}}(x)=x(1+x^2)^{-1/2}$ である．1 次元 Ising 模型の相関関数 $C_n\equiv\langle S_jS_{j+n}\rangle$ は，(3.180) より

$$C_n = \tanh^n K = \exp(n \log \tanh K)$$
$$= e^{-n/\xi}; \qquad \xi = -(\log \tanh K)^{-1} \simeq \frac{1}{2}e^{2K} \sim \frac{1}{\kappa} \quad (3.261)$$

という漸近形で表わされ，相関距離 ξ が求まる．κ は相転移点 $T=T_c=0$ の近傍で $\kappa \sim \xi^{-1}$ となる．(3.260) と 3-5 節の一般論の表式 (3.42) とを比較することによって，この系のすべてのキュムラント $\{\langle S^{2n}\rangle_c\}$ が $T=T_c=0$ の近傍で顕わに求められる．すなわち，

$$\langle S^{2n}\rangle_c \sim \kappa^{-(2n-1)} \sim \xi^{(2n-1)} \sim e^{2(2n-1)K} \quad (3.262)$$

となり，3-5 節の一般的な関係式 (3.54) などをこの具体例では容易に確かめることができる．

同様に，2 次元正方格子上の Ising 模型は，磁場 $H=0$ の場合について，1944 年 Onsager によって初めて厳密に解かれた．まず，磁場 $H=0$ の場合の 1 次元転送行列を Pauli 演算子 σ^x を用いて表わしておこう．(3.257) の V は

$$V_{H=0} = \begin{pmatrix} e^K & e^{-K} \\ e^{-K} & e^K \end{pmatrix} = e^K + e^{-K}\sigma^x = (2\sinh 2K)^{1/2} e^{K^*\sigma^x} \quad (3.263)$$

と書き直せる．ただし，K^* は $\tanh K^* = e^{-2K}$ で定義される．これを踏まえて，2 次元の場合は，図 3-36 に対応する転送行列 V は $V=V_1V_2$ と積で表わされることがわかる．ただし，V_1 と V_2 は，

$$V_1 = (2\sinh 2K_1)^{M/2} \exp\left(K_1^* \sum_{j=1}^{M} \sigma_j{}^x\right), \qquad V_2 = \exp\left(K_2 \sum_{j=1}^{M} \sigma_j{}^z \sigma_{j+1}{}^z\right)$$
$$(3.264)$$

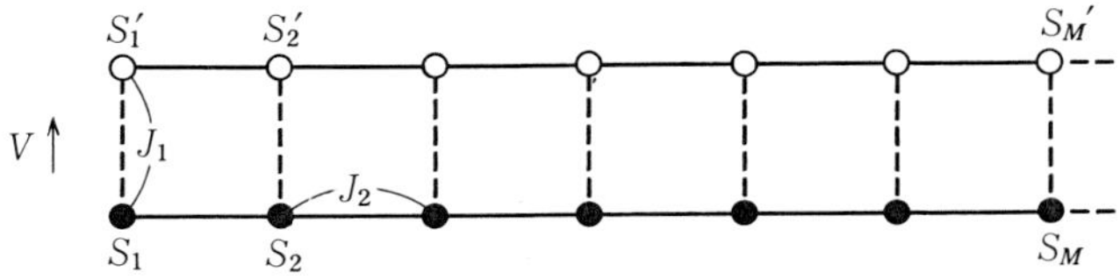

図 3-36 状態 $(S_1, S_2, \cdots, S_M)$ から状態 $(S_1{}', S_2{}', \cdots, S_M{}')$ への転送行列 $V(S_1, \cdots, S_M; S_1{}', \cdots, S_M{}')$．転送行列方向の列の数を N とする．

と定義される．ここで，$K_j=J_j/k_BT$ および $\tanh K_1^*=e^{-2K_1}$ である．したがって，この2次元Ising模型の状態和 Z は

$$Z = \mathrm{Tr}(V_1 V_2)^N = \mathrm{Tr}(V_1^{1/2} V_2 V_1^{1/2})^N \simeq \lambda_{\max}{}^N \tag{3.265}$$

によって求められる．ただし，$\lambda_{\max}$ は対称化(Hermite化)された転送行列 $\tilde{V}\equiv V_1^{1/2}V_2V_1^{1/2}$ の最大固有値である．この行列は，(3.264)の表示からわかるように，本質的に1次元量子スピン系の問題と等価である．実際，**1次元XY模型**

$$\mathcal{H}^{\mathrm{XY}} = -\sum_{j=1}^{M}(J_x\sigma_j{}^x\sigma_{j+1}{}^x+J_y\sigma_j{}^y\sigma_{j+1}{}^y-\mu_B H\sigma_j{}^z) \tag{3.266}$$

を考えて，相互作用 J_x, J_y および磁場 H を，2次元Ising模型の相互作用 J_1 および J_2 と次のように関係づけることができる：

$$\frac{J_y}{J_x}=\tanh^2 K_1^* \quad \text{および} \quad \frac{\mu_B H}{J_x}=2\tanh K_1^* \coth 2K_2 \tag{3.267}$$

この条件の下で，$\mathcal{H}^{\mathrm{XY}}$ と $\tilde{V}$ は可換になる*．すなわち，

$$[\mathcal{H}^{\mathrm{XY}}, \tilde{V}] = \mathcal{H}^{\mathrm{XY}}\tilde{V}-\tilde{V}\mathcal{H}^{\mathrm{XY}} = 0$$

である．こうして，1次元XY模型を対角化するのと全く同じ方法で $\tilde{V}$ は対角化される．Onsagerの論文では4元数を用いて $\tilde{V}$ を巧妙に対角化しているが，後に，NambuやLieb, Schultz, Mattisらは，Jordan-Wigner変換

$$\sigma_n{}^\dagger = \exp\left(i\pi\sum_{j=1}^{n-1}a_j{}^\dagger a_j\right)\cdot a_n{}^\dagger, \qquad \sigma_n{}^- = \exp\left(i\pi\sum_{j=1}^{n-1}a_j{}^\dagger a_j\right)\cdot a_n$$

$$\sigma_n{}^z = 2a_n{}^\dagger a_n-1 \qquad \text{および} \qquad \sigma_n{}^\pm = \frac{1}{2}(\sigma_n{}^x\pm i\sigma_n{}^y) \tag{3.268}$$

を用いて，$\tilde{V}$ をFermi粒子系(その**Fermi生成・消滅演算子**を $a^\dagger, a$ とする)に変換し，さらにそれをFourier変換した後，次のように対角化した．すなわち，適当なユニタリ変換 U により，$\tilde{V}$ は

* このように，2次元Ising模型は，1次元XY模型(の基底状態)と等価になる．詳しくは，M. Suzuki: Prog. Theor. Phys. **46** (1971) 1337 参照．

$$U\tilde{V}U^\dagger = (2\sinh 2K_1)^{M/2}\exp\left[-\sum \varepsilon_q\left(\xi_q{}^\dagger\xi_q-\frac{1}{2}\right)\right] \qquad (3.269)$$

となる．ここで，$\xi_q{}^\dagger, \xi_q$ は，$a_j{}^\dagger, a_j$ を Fourier 変換した演算子 $a_q{}^\dagger, a_q$ を U でユニタリ変換した Fermi 演算子であり，

$$\xi_q{}^\dagger\xi_q+\xi_q\xi_q{}^\dagger = 1 \qquad (3.270)$$

を満たす．また，エネルギースペクトル ε_q は，

$$\cosh\varepsilon_q = \cosh 2K_1{}^*\cosh 2K_2-\sinh 2K_1{}^*\sinh 2K_2\cos q \qquad (3.271)$$

と求められる．ここで波数 q は，$q=\pm\frac{\pi}{M}k$; $k=0, 2, \cdots, M$ という値をとる(ただし，M は偶数と仮定した)．この最大固有値を用いて，2 次元 Ising 模型の自由エネルギー F は

$$\begin{aligned} F &= -NMk_{\mathrm{B}}T\left[\frac{1}{2}\log(2\sinh 2K_1)+\frac{1}{4\pi}\int_{-\pi}^{\pi}\varepsilon_q dq\right] \\ &= -NMk_{\mathrm{B}}T\cdot\frac{1}{2\pi^2}\int_0^\pi d\theta\int_0^\pi d\varphi\log(c_1c_2-s_1\cos\theta-s_2\cos\varphi) \end{aligned} \qquad (3.272)$$

と与えられる．ただし，$c_j\equiv\cosh 2K_j$, $s_j\equiv\sinh 2K_j$ である．この系の臨界点は，(3.272)の特異点として，すなわち，$\theta=0$, $\varphi=0$ のとき log の中が 0 になる条件より，

$$\sinh 2K_1\sinh 2K_2 = 1 \qquad (3.273)$$

と求められる．これは，**Kramers-Wannier の双対変換***から求めた式と一致する．

この厳密解から得られた大きな成果の 1 つは，この系の比熱 C が臨界点で対数的に発散するという発見である．すなわち，転移点 T_{c} の近傍で，比熱は

$$C \sim -\log|T-T_{\mathrm{c}}| \qquad (3.274)$$

という異常性を示す．1952 年に，C. N. Yang は自発磁化の表式

* 幾何学的対称性から，高温側の状態和を低温側の状態和に温度を適当に変換して書き直すこと，またその逆を双対変換という．たとえば，正方格子 Ising 模型の状態和 $Z(K)$ (ただし $K=J/k_{\mathrm{B}}T$) は，$\tanh K=\exp(-2K^*)$ の変数変換によって，$Z(K)/(\sinh 2K)^{N/2}=Z(K^*)/(\sinh 2K^*)^{N/2}$ が導かれる．相転移点が 1 つであると仮定すれば，それは，$K_{\mathrm{c}}^*=K_{\mathrm{c}}$ によって与えられ，$K_1=K_2$ のときの(3.273)の解となる．実は，$K_1\neq K_2$ のときも同様な双対変換が容易に求まり，(3.273)が導かれる．

$$M_s = \left(1 - \frac{1}{\sinh^2 2K_1 \sinh^2 2K_2}\right)^{1/8} \tag{3.275}$$

を導いた.(この表式自体はすでにOnsagerにより発見されていた.) また,相関距離ξは

$$\xi \sim \frac{1}{T - T_c} \tag{3.276}$$

となることも示されている.こうして,2次元Ising模型の臨界指数は

$$\alpha = 0\,(\text{対数}), \quad \beta = \frac{1}{8}, \quad \gamma = \frac{7}{4}, \quad \nu = 1, \quad \eta = \frac{1}{4} \tag{3.277}$$

で与えられることがわかる.

その他の格子上のIsing模型も,交叉するボンドがなければFermi演算子を用いて同様に解くことができる.より一般の2次元古典系(8ヴァーテックス模型など)は,**Bethe仮説**(スピン関数の平面波展開)や**Yang-Baxter方程式**(YB方程式)を用いて解くことができる.ここでは詳しく述べることはできないが,要するに,YB方程式とは,部分的な転送行列$\{R(x)\}$の間の一種の可換性を表わすものであり,

$$R(x)R(xy)R(y) = R(y)R(xy)R(x) \tag{3.278}$$

の形に表わされる.系のいくつかの相互作用をうまくパラメータ表示して,部分転送行列Rを1つのパラメータxで表わせるようにすることが可解性の最初の条件である.次に基本的な条件は,Rが(3.278)のYang-Baxter方程式を満たすことである.この条件が満たされると,状態和のパラメータxに関する反転公式*が成り立ち,回転対称性や解関数の解析性とを組み合わせて厳密解を求めることができる.この分野は,数学的には,**量子群**という新しい**Hopf代数**として大きく発展しつつある.量子群については以下のc)項で述べる.

* YB方程式や反転公式に関する詳しい説明には,R. J. Baxter: in *Fundamental Problems in Statistical Physics V*(E. G. D Cohen, editor, 1980, North-Holland)を参照.

b） 共形場理論の臨界現象への応用について

2次元系では，2つの実変数の空間座標 x, y をまとめて，複素数 $z=x+iy$ で表わすと便利なことが多い．いま，変換(写像)

$$z \mapsto w = f(z) \tag{3.279}$$

を考える．もし，この変換関数が正則であれば，この変換は**共形変換**(すなわち**等角写像**)となる．無限小共形変換は全体として **Lie 代数**をなしており，その生成子を $\{L_n\}$ とすると，その間には，

$$[L_n, L_m] = (n-m)L_{m+n} \tag{3.280}$$

の関係がある．多体の相関関数の臨界指数などを総合的に把え，臨界指数の値も限定し分類するためには，(3.280)の Lie 代数を量子化して，異常項も考慮した次の交換関係で定義される **Virasoro 代数**が適していることを，1984年に Belavin-Zamolodochikov-Polyakov が発見した：

$$[L_n, L_m] = (n-m)L_{m+n} + \frac{c}{12}(n^3-n)\delta_{n+m,0} \tag{3.281}$$

ただし，c は正の実数であり，Virasoro のセントラルチャージと呼ばれる．臨界現象を特徴づける相関関数が共形変換に対して臨界点では不変であると仮定すると，臨界指数のとり得る値が大きく制限されることが示されている．すなわち，Virasoro 代数のユニタリ表現の研究から，$c<1$ の範囲では，

$$c = 1 - \frac{6}{m(m+1)}; \qquad m = 3, 4, 5, \cdots \tag{3.282}$$

の離散的な値をとるときのみ，ユニタリ表現が存在することがわかっている．臨界指数は，この c の値で次のように分類される*．2次元における秩序パラメータやエネルギーの場を空間座標 z の関数として $\phi(z)$ と書くことにする．このとき，臨界点での相関関数 $\langle\phi(z_1)\phi(z_2)\rangle_c$ は

$$\langle\phi(z_1)\phi(z_2)\rangle_c \sim \frac{1}{|z_1-z_2|^{\psi}} \tag{3.283}$$

* P. Christe and M. Henkel: *Introduction to Conformal Invariance and Its Applications to Critical Phenomena* (Lecture Notes in Physics, m16, Springer-Verlag, 1993).

のようなベキ乗的振舞いをする．この臨界的振舞いを特徴づける指数は，場の量 $\phi(z)$ に依存するが，系が共形不変性をもっていて無限小変換の生成子が Virasoro 代数の変換関係(3.281)を満たしているときには，そのセントラルチャージ c を用いて，すなわち，(3.282)の m を用いて

$$\psi=\frac{((m+1)r-ms)^2-1}{m(m+1)}; \qquad 1\leqq s\leqq r\leqq m-1 \tag{3.284}$$

の値に限定されることが導かれている．これは，**Kac 公式**と呼ばれる．例えば，$m=3$ では，$c=\frac{1}{2}$，$\psi=0,\frac{1}{4},2$ となるが，これは，2 次元 Ising 模型の臨界的振舞い

$$\langle S_0S_R\rangle_{\rm c}\sim\frac{1}{R^{1/4}} \quad および \quad \langle(\delta E)_0(\delta E)_R\rangle_{\rm c}\sim\frac{1}{R^2} \tag{3.285}$$

に対応している．ただし，$(\delta E)_R$ は R におけるエネルギーのゆらぎ，すなわち，$(\delta E)_R=E_R-\langle E_R\rangle_{\rm c}$ を表わす．$m=4$ の場合には，$c=\frac{7}{10}$，$\psi=0,\frac{7}{4},6$，および $\psi=\frac{3}{20},\frac{2}{5},\frac{12}{5}$ となる．これは，3 重臨界点近傍の臨界指数に対応していると考えられる．実際，2 次元混晶 Ising 模型では

$$\langle S_0S_R\rangle_{\rm c}\sim\frac{1}{R^{3/20}}, \quad \langle(\delta E)_0(\delta E)_R\rangle_{\rm c}\sim\frac{1}{R^{2/5}} \tag{3.286}$$

などが知られており，これらの結果が見事に説明される．

このように，2 次元系における共形不変性という一般的要請から，とり得る臨界指数の値の組が定まることは臨界現象の研究にとっては極めて好都合なことである．しかし，系のハミルトニアンが与えられたときには，その系の臨界指数が対称性などの議論のみで直ちに求まるわけではないことを注意しておきたい．

c) 量子群

量子群とは言っても，実際は群ではなく，余積(co-product)で構成される Hopf 代数である．**量子群**の概念は，2 つの異なる分野で独立に発見された．1 つは，Yang-Baxter 方程式を一般的に解く方法として，もう 1 つは，非可換微分幾何の分野の新しい方法として提唱された．その特徴を一口に述べると，スピン

演算子などの Lie 群はその相互の関係が交換関係を通して固定されているのに対して，量子群の演算子の交換関係には任意パラメータ q が入っており，相互の関係が q の変化によって変形されていく．しかも，$q \to 1$ の極限では通常の **Lie 群**に帰着する仕組みになっている．したがって，通常の Lie 群をなす演算子で表わされる量子系を研究する場合でも，量子群に拡張して，対応する系を調べておくと見通しがよい場合がある．

一般に，Lie 群が与えられたとき，その対角化された演算子(角運動量の J^z や量子系の数演算子 $\mathcal{N}$ など)が交換子で表わされているとき，それを

$$2J^z \longrightarrow [2J^z] \equiv \frac{q^{2J^z}-q^{-2J^z}}{q-q^{-1}} \tag{3.287}$$

のように，パラメータ q を含む関係に拡張すると量子群になる．**角運動量の量子群**は次の交換関係を満たす：

$$[J^z, J^{\pm}] = \pm J^{\pm} \qquad \text{および} \qquad [J^+, J^-] = [2J^z] \tag{3.288}$$

また，Bose 粒子の**生成・消滅演算子** $a^\dagger, a$ および**粒子数演算子** $\mathcal{N}$ を量子群に拡張すると

$$[\mathcal{N}, a^\dagger] = a^\dagger, \quad [\mathcal{N}, a] = -a, \quad a^\dagger a = [\mathcal{N}], \quad aa^\dagger = [\mathcal{N}+1] \tag{3.289}$$

となる．これはまた，

$$[\mathcal{N}, a^\dagger] = a^\dagger, \quad [\mathcal{N}, a] = -a, \quad aa^\dagger - q^{\pm 1}a^\dagger a = q^{\mp\mathcal{N}} \tag{3.290}$$

と等価である．

さて，このように拡張された交換関係を満たす量子群を具体的に構成するには，Hopf 代数の言葉で言えば，次の**余積**を利用すればよい．簡単のために，スピン $S=\dfrac{1}{2}$ の 2 個のスピン系 $\{\boldsymbol{S}_1, \boldsymbol{S}_2\}$ から，スピン角運動量 $S=1$ の量子群を次のようにして作る：

$$J^{\pm} = S^{\pm} \otimes q^{-S^z} + q^{S^z} \otimes S^{\pm} = S_1{}^{\pm} q^{-S_2{}^z} + q^{S_1{}^z} S_2{}^{\pm} \tag{3.291a}$$

および

$$J^z = S^z \otimes 1 + 1 \otimes S^z = S_1{}^z + S_2{}^z \tag{3.291b}$$

記号 ⊗ は積空間を表わす．統計力学では上の第 2 式のように，演算子に添字

をつけて⊗の記号は省略する．n 個のスピン系の量子群を作るには，$(n-1)$ 個の量子群と1個のスピン系の余積を上と同様に作り，これを漸化式として利用すればよい．この量子群を $U_q sl(2)$ と書く．この**既約表現**は，基底を通常のスピン系と同じく $\{|jm\rangle\}$ という記号で表わすと，

$$
\begin{aligned}
J^{\pm}|j,m\rangle &= \sqrt{[j\mp m]_q[j\pm m+1]_q}\;|j,m\pm 1\rangle \\
J^{z}|j,m\rangle &= m|j,m\rangle
\end{aligned}
\tag{3.292}
$$

となる．ただし，記号 $[x]_q$ は

$$
[x]_q = (q^x - q^{-x})/(q-q^{-1}) = \sinh(x\log q)/\sinh(\log q) \tag{3.293}
$$

を表わす．基底 $|j,m\rangle$ も通常の場合と同様に直積で表わされるが，重みにパラメータ q が入ってくる．例えば，スピン2個の量子群の場合には

$$
\begin{cases}
|1,1\rangle = \left|\dfrac{1}{2},\dfrac{1}{2}\right\rangle \otimes \left|\dfrac{1}{2},\dfrac{1}{2}\right\rangle \\
|1,0\rangle = \left(q^{1/2}\left|\dfrac{1}{2},\dfrac{1}{2}\right\rangle \otimes \left|\dfrac{1}{2},-\dfrac{1}{2}\right\rangle + q^{-1/2}\left|\dfrac{1}{2},-\dfrac{1}{2}\right\rangle \otimes \left|\dfrac{1}{2},\dfrac{1}{2}\right\rangle\right)\Big/(q+q^{-1}) \\
|1,-1\rangle = \left|\dfrac{1}{2},-\dfrac{1}{2}\right\rangle \otimes \left|\dfrac{1}{2},-\dfrac{1}{2}\right\rangle
\end{cases}
\tag{3.294a}
$$

および

$$
|0,0\rangle = \left(q^{-1/2}\left|\dfrac{1}{2},\dfrac{1}{2}\right\rangle \otimes \left|\dfrac{1}{2},-\dfrac{1}{2}\right\rangle - q^{1/2}\left|\dfrac{1}{2},-\dfrac{1}{2}\right\rangle \otimes \left|\dfrac{1}{2},\dfrac{1}{2}\right\rangle\right)\Big/(q+q^{-1}) \tag{3.294b}
$$

となる．要するに，重みがパラメータ q によって変化し，変形された状態になっている．

Bose 系(3.290)に対しても同様に Fock 空間での既約表現を求めることができる：

$$
a|0\rangle = 0, \qquad |n\rangle = \frac{1}{\sqrt{[n]}}(a^{\dagger})^n|0\rangle, \qquad \mathcal{N}|n\rangle = n|n\rangle \tag{3.295}
$$

ただし，$[n]=(q^n-q^{-n})/(q-q^{-1})$ である．

量子群の応用はいろいろあるが，ここでは，簡単な例を2,3あげるだけにする．次の1次元スピン系

$$\mathcal{H} = -J\sum_{j=1}^{N-1}\left(S_j{}^x S_{j+1}{}^x + S_j{}^y S_{j+1}{}^y + \frac{q+q^{-1}}{2}S_j{}^z S_{j+1}{}^z + \frac{q-q^{-1}}{2}(S_j{}^z - S_{j+1}{}^z)\right) \tag{3.296}$$

を考える．(3.288)を満たす量子群$J^{\pm}$, J^zは，(3.296)のハミルトニアンと可換である．したがって，$q \neq 1$では，スピン密度に勾配を与える力が働いている((3.296)の第4項)ことになり，量子群J^zの固有状態はそういう非一様な状態を表わしていることがわかる．

また，量子群$J^{\pm}$, J^zは1次元反強磁性における**Haldane 問題**にも応用されつつある．Haldane によると，1次元反強磁性 Heisenberg 模型においては，スピンが半整数$\left(S=\frac{1}{2}, \frac{3}{2}, \cdots\right)$のときには，スピン波の励起スペクトルはギャップレスであるが，スピンが整数($S=1, 2, \cdots$)のときには，スピン波のスペクトルに有限のエネルギーギャップが現われ，基底状態のスピン相関関数は指数関数的に減衰する．この問題を量子群に拡張した空間で調べると見通しがよくなる．

次に，量子群に拡張された(すなわち，**q 変形された**)理想 Bose ガスを考えてみる．交換関係は，各波数kに対して(3.289)で与えられる．詳しい計算によると，$q \neq 1$の場合には，2次元でも有限温度で Bose-Einstein 凝縮が起こることになる．これは，q変形によって相互作用の対称性が変わるためと考えられる．

その他，量子光学，特に，スクウィーズド状態への応用などが考えられる．

d) 8 ヴァーテックス模型と弱い普遍性

Baxter によって解かれた 8 ヴァーテックスの臨界指数$\nu, \gamma, \beta, \alpha$等は相互作用の強さと共に連続的に変化する．臨界指数は系の次元対称性にのみ依存すると主張する通常の普遍性は，この模型では破れている．ところで，臨界現象で本質的な役割を果たす相関関数$\xi \propto (T-T_{\mathrm{c}})^{-\nu}$を用いて定義される臨界指数$\hat{\gamma}=\gamma/\nu$, $\hat{\beta}=\beta/\nu$などは，相互作用に依らず普遍的であると主張するのが著者の**弱い普遍性**であり，上記の模型などでも成り立っている．

4 非平衡系の統計力学

この章では，非平衡統計力学の入門的な解説をする．まず，平衡系の近傍での輸送係数に関する線形応答理論と揺動散逸定理を説明する．その現象論的説明として Brown 運動，Langevin 方程式および Fokker-Planck 方程式にふれる．これらの微視的な導出法として，射影演算子による情報の縮約と粗視化を議論する．次に，平衡から遠く離れた系の取扱い方の一般論の 1 つである Ω 展開を説明する．また，これと相補的な，不安定系のスケーリング理論を解説し，秩序生成のメカニズムを述べる．さらに，Zubarev の統計演算子の方法を説明し，その一般化についても簡単にふれる．最後に，Boltzmann の H 定理および非平衡系の熱力学を簡単に説明する．

4-1 揺動散逸定理

a) 拡散現象における Einstein の関係

非平衡系の中でも特に平衡に近い系では，外場に対する線形近似を用いて輸送現象などを一般的に議論することができる．これらは熱の発生を伴うので一般に不可逆過程であるが，その特徴であるエネルギーの散逸は平衡系のゆらぎと関係していることが1905年Einsteinによって指摘された．これが揺動散逸定理の最初の導出であり，非平衡統計力学の草分けとなった．

いま，質量 m の粒子に x 方向に力 $\eta(t)$ が働き，その方向の速度 $v(t)$ が次のような微分方程式にしたがって変化すると考える：

$$m\frac{dv(t)}{dt} = -\zeta v(t)+\eta(t) \tag{4.1}$$

この方程式をどう解釈するかが問題である．単に数学的な微分方程式と考えれば，パラメータ ζ と力 $\eta(t)$ とは全く独立とみなすことができる．しかし，コロイド粒子などの微粒子が温度 T の流体中を乱雑に動き回っている状況を記述する方程式とみると，ζ と $\eta(t)$ との間には一定の関係が物理的に要請される．これがEinsteinの **Brown 運動**の理論のキーポイントである．$\eta(t)$ は流体中の分子が微粒子に衝突して働く力であり，**ランダムな力**つまり**揺動力**と考えられる．それは，平均が0で，Gauss的で白色のランダムな力であるとみなすことにする．すなわち，

$$\langle\eta(t)\rangle = 0 \qquad \text{および} \qquad \langle\eta(t)\eta(t')\rangle = 2\varepsilon\delta(t-t') \tag{4.2}$$

と仮定する．ただし，ε はランダムな力の強さを表わす．一方，(4.1)の右辺の第1項は摩擦の効果を表わしており，ζ は**摩擦係数**である．(4.1)の解は，

$$v(t) = e^{-\gamma t}\left(\int_0^t e^{\gamma s}\left(\frac{\eta(s)}{m}\right)ds+v(0)\right) \tag{4.3}$$

と表わされる．ただし，$\zeta=m\gamma$ とおいた．

ゆらぎ $\langle v^2(t)\rangle$ は，

$$\begin{aligned}\langle v^2(t)\rangle &= e^{-2\gamma t}\frac{1}{m^2}\int_0^t ds\int_0^t ds' e^{\gamma(s+s')}\langle\eta(s)\eta(s')\rangle+e^{-2\gamma t}\langle v^2(0)\rangle \\ &= \frac{\varepsilon}{m^2\gamma}(1-e^{-2\gamma t})+\langle v^2(0)\rangle e^{-2\gamma t} \end{aligned} \tag{4.4}$$

のように求まる．$t\to\infty$ の極限では $\langle v^2(t)\rangle\to\varepsilon/m^2\gamma$ となり，古典近似の等分配則 $\frac{1}{2}m\langle v^2(t)\rangle=\frac{1}{2}k_BT$ を適用すると，

$$\varepsilon = k_BTm\gamma = k_BT\zeta \tag{4.5}$$

という関係式が得られる．左辺の ε は揺動力の強さを表わし，右辺の ζ は摩擦係数を表わしている．つまり，揺動と散逸とが互いに密接な関係(比例関係)にあることがわかる．これを**揺動散逸定理**という．(4.5)は Einstein によって 1905 年に初めて導かれた関係式である．

さらに，速度の**時間相関** $\langle v(t)v(t')\rangle$ を求めると，(4.3)より，$\gamma t \gg 1$，$\gamma t' \gg 1$ として

$$\langle v(t)v(t')\rangle = \frac{\varepsilon}{m^2\gamma}e^{-\gamma|t-t'|} \tag{4.6}$$

となる．これを用いて**拡散係数** D を計算してみる．これは

$$D = \lim_{t\to\infty}\frac{\langle\{x(t)-x(0)\}^2\rangle}{2t}; \qquad x(t) = x(0)+\int_0^t v(s)ds \tag{4.7}$$

によって定義される．そこで，(4.6)を用いると，

$$\begin{aligned}\langle\{x(t)-x(0)\}^2\rangle &= \int_0^t ds\int_0^t ds'\langle v(s)v(s')\rangle = \frac{\varepsilon}{m^2\gamma}\int_0^t ds\int_0^t ds' e^{-\gamma|s-s'|}\\ &= \frac{2\varepsilon}{m^2\gamma}\int_0^t (t-t')e^{-\gamma t'}dt' = \frac{2\varepsilon}{m^2\gamma}\left\{\frac{t}{\gamma}-\frac{1}{\gamma^2}(1-e^{-\gamma t})\right\}\end{aligned} \tag{4.8}$$

となる．よって，拡散係数 D は，(4.5)を用いて次の式によって与えられる．

$$D = \frac{\varepsilon}{(m\gamma)^2} = \frac{k_{\mathrm{B}}T}{\zeta} \tag{4.9}$$

次に，(4.1)でさらに一定の力 F が加わった場合を考えてみる．揺動力の入った確率的な微分方程式を一般に **Langevin 方程式**という．力 F の入った Langevin 方程式は

$$m\frac{dv(t)}{dt} = -\zeta v(t)+\eta(t)+F \tag{4.10}$$

と書ける．この平均をとると，$\langle\eta(t)\rangle=0$ を用いて，

$$m\frac{d}{dt}\langle v(t)\rangle = -\zeta\langle v(t)\rangle+F \tag{4.11}$$

となるから，速度の平均 $\langle v(t)\rangle$ は，$\zeta=m\gamma$ より，

$$\langle v(t)\rangle = \frac{F}{\zeta}(1-e^{-\gamma t})+\langle v(0)\rangle e^{-\gamma t} \tag{4.12}$$

と求まる．$t\to\infty$ では，定常状態になり，その定常速度 v は

$$v = \mu F\,; \qquad \mu = \frac{1}{\zeta} \tag{4.13}$$

と与えられる．この μ は**移動度**(mobility)と呼ばれる．これを(4.9)に使うと，

$$D = \mu k_{\mathrm{B}} T \tag{4.14}$$

が得られる．これは，**Einstein の関係**と呼ばれる．

以上の議論を，時間相関の積分を用いてまとめ直してみよう．(4.6)を積分し，(4.5)と(4.13)を用いると，移動度 μ は，

$$\mu = \frac{1}{k_{\mathrm{B}}T}\int_0^\infty \langle v(t)v(0)\rangle dt \tag{4.15}$$

と表わされる．また，(4.2)の第2式を積分し，(4.5)を用いると，

$$\zeta = \frac{1}{k_{\mathrm{B}}T}\int_0^\infty \langle \eta(t)\eta(0)\rangle dt \tag{4.16}$$

が得られる．後で述べる久保の線形応答理論によると，一般に，(4.15)のように，速度や流れ(電流，…)の時間相関によって，移動度や電気伝導度などの輸送係数が表わされることを**第1種の揺動散逸定理**という．また，(4.16)のように，揺動力の時間相関によって，摩擦係数や電気抵抗などのインピーダンスが表わされることを**第2種の揺動散逸定理**という．

b) 電気伝導と揺動散逸定理

前項では，粒子の拡散現象を例にとって揺動散逸定理を説明したが，この定理は非平衡統計力学においてもっとも重要なものの1つであるから，電気伝導についてもう一度詳しく議論しよう．

電荷 e を持った粒子が電場 E の中におかれると，力 $F=eE$ を受けて加速される．しかし，物質中では，他の電荷を持った粒子(イオンなど)との相互作用によって抵抗 R が生じる．この結果，熱が発生する．すなわち，電場のエネルギーは，物質中に熱となって散逸する．その大きさ W は電流を I とすれば，

Joule 熱,

$$W = I^2 R \tag{4.17}$$

で与えられる．ところで，この抵抗 R は，この物質中に自然に発生する電圧 $V(t)$ のゆらぎと関係している．この関係をできるかぎり直観的に，厳密さを犠牲にして導くことにしよう．こうすることによってその物理的意味が理解しやすくなる．

まず最初に前項の結果を用いて**電気伝導度** σ を表わそう．荷電粒子の移動により電流が流れるから，電気伝導度 σ は，移動度 μ，粒子数密度 n および電荷 e を用いて

$$\sigma = \frac{(\text{電流密度})}{(\text{電場})} = \frac{nev}{E} = \frac{ne^2 v}{eE} = ne^2 \frac{v}{F} = ne^2 \mu \tag{4.18}$$

と表わされる．

次に，これを電流の時間相関によって表わそう．いま，粒子の質量を m，k 番目の粒子の速度を $v_k(t)$ とし，その荷電粒子に働く**揺動電場**を $\mathcal{E}_k(t)$ とすると，この粒子の運動を記述する Langevin 方程式は

$$m\frac{d}{dt}v_k(t) = -m\gamma v_k(t) + e\mathcal{E}_k(t) + eE \tag{4.19}$$

となる．したがって電流密度 $j(t)$ の Langevin 方程式は

$$m\frac{d}{dt}j(t) = -m\gamma j(t) + ne^2\mathcal{E}(t) + ne^2 E \tag{4.20}$$

と表わされる．ただし，

$$j(t) = \sum_{k=1}^{n} ev_k(t) \qquad \text{および} \qquad \mathcal{E}(t) = \frac{1}{n}\sum_{k=1}^{n} \mathcal{E}_k(t) \tag{4.21}$$

である．すなわち，揺動電場 $\mathcal{E}(t)$ は n 個の荷電粒子に働く**平均揺動電場**を表わす．電場 E の方向の導体の長さを L とすると，導体全体に現われる揺動電位 $V(t)$ は，$V(t)=L\mathcal{E}(t)$ と表わされる．

前と同様に，(4.19)および(4.20)を電場 E の中で定常的に運動する粒子の振舞いを記述する物理的なモデルであると考えると，これら 2 つのパラメータ

γ と $\mathcal{E}_k(t)$ は独立でなくなる．

まず，電場から受けとる粒子のエネルギーは，減衰項 $-m\gamma j(t)$ を通して媒質中に散逸される．最終的にちょうどバランスして電流密度 $j(t)$ は平均として一定となり，

$$\langle j(t)\rangle = \frac{ne^2}{m\gamma}E = \sigma E\ ;\qquad \sigma = \frac{ne^2}{m\gamma} \tag{4.22}$$

と書き表わされる．電流密度 $j(t)$ の緩和時間 τ は(4.20)より $\tau=1/\gamma$ となるから，電気伝導度 σ は，

$$\sigma = \frac{ne^2}{m\gamma} = \frac{ne^2}{m}\tau \tag{4.23}$$

とも表わせる*．導体の断面積を S とすれば，この導体の抵抗 R は，電気伝導度 σ を用いて

$$R = \frac{L}{\sigma S} = \frac{m\gamma L}{ne^2 S} \tag{4.24}$$

と書ける．

次に，前項の議論をくり返すことによって，すなわち，$E=0$ での1粒子の平均運動エネルギー $\dfrac{1}{2}m\langle v_k{}^2(t)\rangle$ が熱エネルギー $\dfrac{1}{2}k_{\rm B}T$ に等しいという等分配則を適用して

$$e^2\langle \mathcal{E}_k(t)\mathcal{E}_k(t')\rangle = 2k_{\rm B}Tm\gamma\delta(t-t') \tag{4.25}$$

という関係が導かれる．したがって，揺動電場 $\mathcal{E}(t)$ のゆらぎは，$\{\mathcal{E}_k(t)\}$ の k に関する独立性，すなわち $\langle\mathcal{E}_j(t)\mathcal{E}_k(t')\rangle=\delta_{jk}\langle\mathcal{E}_k(t)\mathcal{E}_k(t')\rangle$ を用いて

$$\begin{aligned}\langle \mathcal{E}(t)\mathcal{E}(t')\rangle &= \frac{1}{n^2}\sum_k \langle\mathcal{E}_k(t)\mathcal{E}_k(t')\rangle \\ &= \frac{2k_{\rm B}Tm\gamma}{ne^2}\delta(t-t') = 2k_{\rm B}T\frac{RS}{L}\delta(t-t')\end{aligned} \tag{4.26}$$

と表わされる．途中(4.24)を用いた．以上から，抵抗 R は，$V(t)=L\mathcal{E}(t)$ を

* この表式は Boltzmann 方程式の衝突項を緩和時間近似しても求められる(4-8 節参照)．

用いて

$$R = \frac{1}{LS}\frac{1}{k_{\mathrm{B}}T}\int_0^\infty \langle V(t)V(0)\rangle dt \tag{4.27}$$

と表わされる．

また，$E=0$ に対する方程式(4.20)において，定常状態ではその左辺は 0 とおけるから，電流密度 $j(t)$ は，

$$j(t) = \frac{ne^2}{m\gamma}\mathcal{E}(t) = \sigma\mathcal{E}(t) \tag{4.28}$$

となる．すなわち，外から加えた一定の電場 E に対する平均電流密度の表式(4.22)と同形の関係が揺動電流に対しても成立する．こうして，$j(t)$ のゆらぎは

$$\langle j(t)j(t')\rangle = \sigma^2\langle\mathcal{E}(t)\mathcal{E}(t')\rangle = 2k_{\mathrm{B}}T\sigma\delta(t-t') \tag{4.29}$$

と表わされる．これを時間に関して積分して，電気伝導度 σ は

$$\sigma = \frac{1}{k_{\mathrm{B}}T}\int_0^\infty \langle j(t)j(0)\rangle dt \tag{4.30}$$

と表わされる．(4.30)の関係は，$E=0$ に対する方程式(4.20)の解

$$j(t) = e^{-\gamma t}\left(\frac{ne^2}{m}\int_0^t e^{\gamma s}\mathcal{E}(s)ds + j(0)\right) \tag{4.31}$$

を用いて直接導くこともできる．すなわち，

$$\langle j(t)j(0)\rangle = e^{-\gamma t}\langle j^2(0)\rangle = k_{\mathrm{B}}T\sigma\gamma e^{-\gamma t} \tag{4.32}$$

となり，これを t で積分して(4.30)が再び導かれる．こうして，輸送係数は平衡系の時間相関関数で表わされる．

次節では，一般的な揺動散逸定理を導出する．

4-2 線形応答理論

a) 線形応答と久保公式

前節では，輸送係数を現象論的に導き，その物理的意味を説明したが，ここで

は，久保*にしたがって統計力学的に厳密に一般の輸送係数を導くことにする．

まず，(1.86)の von Neumann 方程式，すなわち，

$$i\hbar\frac{\partial}{\partial t}\rho(t) = [\mathcal{H}(t), \rho(t)] \tag{4.33}$$

から出発する．ただし，$\mathcal{H}(t)$ は，時間に依存した系のハミルトニアンで，系に働く力 $F(t)$ とそれに共役な物理量(の演算子) A を用いて

$$\mathcal{H}(t) = \mathcal{H} - AF(t) \tag{4.34}$$

と表わせるとする．ここで，$\mathcal{H}$ は力 $F(t)$ が存在しないときの系のハミルトニアンである．

任意の物理量(の演算子) B の時刻 t における期待値 $\langle B\rangle_t$ は，密度行列 $\rho(t)$ を用いて

$$\langle B\rangle_t = \mathrm{Tr}\, B\rho(t) \tag{4.35}$$

によって求められる．そこで，$\rho(t)$ を外場 $F(t)$ に関する摂動展開によって計算する方法を一般的に議論する．

そのために，ユニタリ演算子 $U(t, t_0)$ を用いて

$$\rho(t) = U(t, t_0)\rho(t_0)U^\dagger(t, t_0) \tag{4.36}$$

と表わす**．ただし，$U(t, t_0)$ は，$U(t_0, t_0)=\mathbf{1}$ の初期条件の下での，方程式

$$i\hbar\frac{\partial}{\partial t}U(t, t_0) = \mathcal{H}(t)U(t, t_0) \tag{4.37}$$

の解である．$U^\dagger(t, t_0)=U^{-1}(t, t_0)$ は

$$-i\hbar\frac{\partial}{\partial t}U^\dagger(t, t_0) = U^\dagger(t, t_0)\mathcal{H}(t) \tag{4.38}$$

の解である．実際に，(4.37)および(4.38)を用いると，(4.36)の $\rho(t)$ が von Neumann 方程式(4.33)を満たすことは容易に確かめられる．

(4.37)の形式解は，Dyson の時間順序演算子 P を用いて

* R. Kubo: J. Phys. Soc. Jpn. **12** (1957) 570.

** $A^\dagger$ は A の Hermite 共役な演算子を表わす．すなわち，$A^\dagger = {}^t(A^*)$．

$$U(t,t_0) = \mathrm{P}\left(\exp\left[\frac{1}{i\hbar}\int_{t_0}^{t}\mathcal{H}(s)ds\right]\right)$$
$$= 1+\frac{1}{i\hbar}\int_{t_0}^{t}\mathcal{H}(t_1)dt_1+\left(\frac{1}{i\hbar}\right)^2\int_{t_0}^{t}dt_1\int_{t_0}^{t_1}dt_2\mathcal{H}(t_1)\mathcal{H}(t_2)+\cdots$$
$$+\left(\frac{1}{i\hbar}\right)^n\int_{t_0}^{t}dt_1\int_{t_0}^{t_1}dt_2\cdots\int_{t_0}^{t_{n-1}}dt_n\mathcal{H}(t_1)\mathcal{H}(t_2)\cdots\mathcal{H}(t_n)+\cdots \quad (4.39)$$

と表わされる．ここで，P は

$$\mathrm{P}(\mathcal{H}(t_1)\mathcal{H}(t_2)) = \begin{cases}\mathcal{H}(t_1)\mathcal{H}(t_2) & (t_1 \geqq t_2)\\ \mathcal{H}(t_2)\mathcal{H}(t_1) & (t_2 > t_1)\end{cases} \quad (4.40)$$

によって定義される．

さて次に，$\mathcal{H}(t)=\mathcal{H}-AF(t)$ と表わされるとき，$F(t)$ に関する摂動展開をしよう．そのために，

$$U_0(t,t_0) = \exp\left(\frac{1}{i\hbar}(t-t_0)\mathcal{H}\right) \quad (4.41)$$

を用いて

$$U(t,t_0) = U_0(t,t_0)U_1(t) \quad (4.42)$$

とおくと，$U_1(t)$ は，

$$i\hbar\frac{d}{dt}U_1(t) = \mathcal{H}'(t)U_1(t) \quad (4.43)$$

と書ける．ただし，$\mathcal{H}'(t)$ は $-AF(t)$ の相互作用表示を表わす：

$$\mathcal{H}'(t) = U_0^{\dagger}(t,t_0)(-AF(t))U_0(t,t_0) \quad (4.44)$$

こうして，(4.43)の解 $U_1(t)$ は，時間順序演算子 P を用いて

$$U_1(t) = \mathrm{P}\left(\exp\left[\frac{1}{i\hbar}\int_{t_0}^{t}\mathcal{H}'(s)ds\right]\right) \quad (4.45)$$

と表わせる．よって，時間発展演算子 $U(t,t_0)$ は，(4.42)より

$$U(t,t_0) = U_0(t,t_0)\mathrm{P}\left(\exp\left[\frac{1}{i\hbar}\int_{t_0}^{t}\mathcal{H}'(s)ds\right]\right)$$
$$= U_0(t,t_0)\left[1+\frac{1}{i\hbar}\int_{t_0}^{t}\mathcal{H}'(t_1)dt_1+\cdots\right] \quad (4.46)$$

と展開できる．したがって，任意の物理量 B の，時刻 t における期待値 $\langle B\rangle_t$ は，(4.36)と(4.46)より，

$$\begin{aligned}\langle B\rangle_t &= \mathrm{Tr}\,\rho(t)B = \mathrm{Tr}\,U(t,t_0)\rho(t_0)U^\dagger(t,t_0)B \\ &= \mathrm{Tr}\,\rho(t_0)U^\dagger(t,t_0)BU(t,t_0) \\ &= \mathrm{Tr}\,\rho(t_0)\left(1-\frac{1}{i\hbar}\int_{t_0}^{t}\mathcal{H}'(s)ds+\cdots\right)B(t,t_0)\left(1+\frac{1}{i\hbar}\int_{t_0}^{t}\mathcal{H}'(s)ds+\cdots\right) \\ &= \mathrm{Tr}\,\rho(t_0)B-\frac{i}{\hbar}\int_{t_0}^{t}\mathrm{Tr}\,\rho(t_0)[A(s,t_0),B(t,t_0)]F(s)ds+\cdots\end{aligned} \tag{4.47}$$

と書ける．ただし，

$$B(t,t_0) = U_0{}^\dagger(t,t_0)BU_0(t,t_0) \tag{4.48}$$

である．(4.48)と $[\rho(t_0),U_0(t,t_0)]=0$ の条件を用いると，(4.47)の積分の中はさらに簡単になって，

$$\langle B\rangle_t = \mathrm{Tr}\,\rho(t_0)B-\frac{i}{\hbar}\int_{t_0}^{t}\mathrm{Tr}\,\rho(t_0)[A,B(t,s)]F(s)ds+\cdots \tag{4.49}$$

となる．初期時刻 $t_0=-\infty$ で熱平衡状態にあったとすると，

$$\rho(t_0) = \rho(-\infty) = \frac{e^{-\beta\mathcal{H}}}{\mathrm{Tr}\,e^{-\beta\mathcal{H}}} \equiv \rho_{\mathrm{eq}} \tag{4.50}$$

とおける．明らかに，この $\rho(t_0)=\rho_{\mathrm{eq}}$ は $[\rho(t_0),U_0(t,t_0)]=0$ の条件を満たしている．密度行列 $\rho(t)$ は $\mathrm{Tr}\,\rho(t_0)=1$ と初期に規格化しておけば，$F(t)$ の1次までの近似でも，$\mathrm{Tr}\,\rho(t)=1$ と規格化されていることが(4.46)を用いて容易に確かめられる．(4.49)で $t_0=-\infty$ とし，(4.50)を用いると，期待値 $\langle B\rangle_t$ の平衡値 $\langle B\rangle_{\mathrm{eq}}$ からのずれ $\Delta\langle B\rangle_t$ は，

$$\Delta\langle B\rangle_t \equiv \langle B\rangle_t-\langle B\rangle_{\mathrm{eq}} = -\frac{i}{\hbar}\int_{-\infty}^{t}\langle[A,B(t,s)]\rangle_{\mathrm{eq}}F(s)ds \tag{4.51}$$

と表わされる．ただし，$\langle Q\rangle_{\mathrm{eq}}=\mathrm{Tr}\,Qe^{-\beta\mathcal{H}}/\mathrm{Tr}\,e^{-\beta\mathcal{H}}$ である．

外力として $F(t)=F\cos\omega t$ を与えると，**線形応答** $\Delta\langle B\rangle_t$ は，

$$\Delta\langle B\rangle_t = \mathrm{Re}(\chi_{BA}(\omega)Fe^{i\omega t}) \tag{4.52}$$

と書ける．ここで，Re は実数部分をとることを表わす．また，**複素アドミッタンス** $\chi_{BA}(\omega)$ は，$B(t)=e^{it\mathcal{H}/\hbar}Be^{-it\mathcal{H}/\hbar}$ を用いて

$$\chi_{BA}(\omega) = -\frac{i}{\hbar}\int_{-\infty}^{t}\langle[A,B(t-s)]\rangle_{\mathrm{eq}}e^{i\omega(s-t)}ds \qquad (4.53)$$

と書き表わされる．(4.53)が収束しないときは，断熱因子 $e^{\varepsilon t}$ をつけ加える．こうして，

$$\chi_{BA}(\omega) = -\lim_{\varepsilon\to+0}\frac{i}{\hbar}\int_{0}^{\infty}\langle[A,B(t)]\rangle_{\mathrm{eq}}e^{-i\omega t-\varepsilon t}dt \qquad (4.54)$$

が得られる．ここで，次の**応答関数** $\phi_{BA}(t)$ を導入する：

$$\phi_{BA}(t) = -\frac{i}{\hbar}\langle[A,B(t)]\rangle_{\mathrm{eq}} \qquad (4.55)$$

この応答関数 $\phi_{BA}(t)$ は，$t=0$ で A に働いたパルス力に対する，時刻 t での B の応答を表わす．これを用いると，$\chi_{BA}(\omega)$ は，

$$\chi_{BA}(\omega) = \lim_{\varepsilon\to+0}\int_{0}^{\infty}\phi_{BA}(t)e^{-i\omega t-\varepsilon t}dt \qquad (4.56)$$

となる．ここで久保の恒等式

$$\begin{aligned}[A,e^{-\beta\mathcal{H}}] &= e^{-\beta\mathcal{H}}\int_{0}^{\beta}e^{\lambda\mathcal{H}}[\mathcal{H},A]e^{-\lambda\mathcal{H}}d\lambda \\ &= \frac{\hbar}{i}e^{-\beta\mathcal{H}}\int_{0}^{\beta}e^{\lambda\mathcal{H}}\dot{A}e^{-\lambda\mathcal{H}}d\lambda = \frac{\hbar}{i}e^{-\beta\mathcal{H}}\int_{0}^{\beta}\dot{A}(-i\hbar\lambda)d\lambda \end{aligned} \qquad (4.57)$$

を用いると，応答関数 $\phi_{BA}(t)$ はもっと便利な次の形に変形できる：

$$\begin{aligned}\phi_{BA}(t) &= \frac{-i}{\hbar}\mathrm{Tr}\,\rho_{\mathrm{eq}}[A,B(t)] = \frac{i}{\hbar}\mathrm{Tr}[A,\rho_{\mathrm{eq}}]B(t) \\ &= \int_{0}^{\beta}\mathrm{Tr}\,\rho_{\mathrm{eq}}\dot{A}(-i\hbar\lambda)B(t)d\lambda = -\int_{0}^{\beta}\mathrm{Tr}\,\rho_{\mathrm{eq}}A(-i\hbar\lambda)\dot{B}(t)d\lambda \\ &= \int_{0}^{\beta}\langle\dot{A}(-i\hbar\lambda)B(t)\rangle_{\mathrm{eq}}d\lambda = -\int_{0}^{\beta}\langle A(-i\hbar\lambda)\dot{B}(t)\rangle_{\mathrm{eq}}d\lambda \end{aligned} \qquad (4.58)$$

ここで，$[\rho_{\mathrm{eq}},\mathcal{H}]=0$ と $\dot{A}=\frac{i}{\hbar}[\mathcal{H},A]$ などを用いて導かれる公式

$$\mathrm{Tr}\,\rho_{\mathrm{eq}}\dot{A}B = \frac{i}{\hbar}\mathrm{Tr}\,\rho_{\mathrm{eq}}(\mathcal{H}A - A\mathcal{H})B$$

$$= \frac{i}{\hbar}\mathrm{Tr}\,\rho_{\mathrm{eq}}A(B\mathcal{H} - \mathcal{H}B) = -\mathrm{Tr}\,\rho_{\mathrm{eq}}A\dot{B} \qquad (4.59)$$

を利用した．また，(4.57)の第1等号，すなわち，久保の恒等式は，

$$\frac{d}{d\beta}\left\{e^{\beta\mathcal{H}}[A, e^{-\beta\mathcal{H}}] - \int_0^\beta e^{\lambda\mathcal{H}}[\mathcal{H}, A]e^{-\lambda\mathcal{H}}d\lambda\right\} = 0 \qquad (4.60)$$

より容易に導かれる．(4.60)の $\{\cdots\}$ の中は $\beta=0$ で0になるから，それは恒等的に0に等しくなり，(4.57)が得られる．

さて，緩和関数 $\boldsymbol{\Phi}_{BA}(t)$ を，次式で定義する：

$$\boldsymbol{\Phi}_{BA}(t) = \lim_{\varepsilon\to+0}\int_t^\infty \phi_{BA}(s)e^{-\varepsilon s}ds \qquad (4.61)$$

この緩和関数 $\boldsymbol{\Phi}_{BA}(t)$ は，$t=-\infty$ から $t=0$ まで A に一定の力が働いたときの，時刻 t における B の応答，すなわち緩和を表わす．この緩和関数を用いると，$\chi_{BA}(\omega)$ は次のように表わせる：

$$\chi_{BA}(\omega) = -\lim_{\varepsilon\to+0}\int_0^\infty \dot{\boldsymbol{\Phi}}_{BA}(t)e^{-i\omega t-\varepsilon t}dt$$

$$= \boldsymbol{\Phi}_{BA}(0) - i\omega\lim_{\varepsilon\to+0}\int_0^\infty \boldsymbol{\Phi}_{BA}(t)e^{-i\omega t-\varepsilon t}dt \qquad (4.62)$$

また，(4.56)と(4.58)より

$$\chi_{BA}(\omega) = \lim_{\varepsilon\to+0}\int_0^\infty dt\,e^{-i\omega t-\varepsilon t}\int_0^\beta d\lambda\langle\dot{A}(-i\hbar\lambda)B(t)\rangle_{\mathrm{eq}} \qquad (4.63)$$

とも書ける．いま，$J=\dot{A}$ によって流れ J を定義し，観測量 B も J にとると，$\mathrm{Tr}\,\rho_{\mathrm{eq}}B = \mathrm{Tr}\,\rho_{\mathrm{eq}}J = 0$ とおけるから，

$$\langle J\rangle_t = \sigma(\omega)Fe^{i\omega t} \qquad (4.64)$$

によって定義される輸送係数 $\sigma(\omega)$ は，

$$\sigma(\omega) = \int_0^\infty dt\,e^{-i\omega t}\int_0^\beta d\lambda\langle J(-i\hbar\lambda)J(t)\rangle_{\mathrm{eq}} \qquad (4.65)$$

と表わされる．ここでは，簡単のために因子 $e^{-\varepsilon t}$ は省略した．必要に応じて挿入するものとする．**カノニカル相関**

$$\langle J\,;J(t)\rangle = \frac{1}{\beta}\int_0^\beta \langle J(-i\hbar\lambda)J(t)\rangle_{\mathrm{eq}}d\lambda \tag{4.66}$$

を導入すると，$\sigma(\omega)$ は

$$\sigma(\omega) = \frac{1}{k_{\mathrm{B}}T}\int_0^\infty \langle J\,;J(t)\rangle e^{-i\omega t}dt \tag{4.67}$$

となる．特に，静的輸送係数 $\sigma(0)$ は

$$\sigma(0) = \frac{1}{k_{\mathrm{B}}T}\int_0^\infty \langle J\,;J(t)\rangle dt \tag{4.68}$$

と表わされる．これは，前節の(4.30)に対応している．実際，古典近似，すなわち，$\beta\to 0$ では，(4.65)の λ 積分は不要となる．したがって，$\langle J\,;J(t)\rangle\to\langle JJ(t)\rangle_{\mathrm{eq}}$ となり，カノニカル相関は通常の時間相関で表わされ，(4.30)に帰着する．

一般に，線形応答を平衡系の時間相関で表わす(4.65)の形の公式を総称して**久保公式**と呼ぶ*.

個々の粒子の運動に関しては，特に軌道不安定な系では，線形近似は成り立たないから線形応答理論には問題点があるという反論が van Kampen(1971)によって出されたが，軌道不安定性があれば混合的((4.71)の 2 行下を参照)になりエルゴード性が成り立ち，かえって，分布関数(量子系では密度行列)の線形近似の妥当性が保証されることになる．最近，カオスの研究が発展して，この方面の研究も進んでいる．

b) 揺動散逸定理の統計力学的導出と Kubo-Martin-Schwinger 条件

ここでは，緩和関数 $\boldsymbol{\Phi}_{BA}(t)$ のスペクトル強度 $f_{BA}(\omega)$ と時間相関 $\boldsymbol{\Psi}_{BA}(t)$ のス

---

* 輸送係数を時間相関で表わす研究としては，H. Nyquist(1928)，L. Onsager(1931)，J. Kirkwood(1946)，H. B. Callen-T. A. Welton(1951)，H. Takahasi(1952)，M. S. Green(1952)，R. Kubo-K. Tomita(1954)，H. Nakano(1956)らの仕事があるが，中でも Kubo-Tomita は磁気共鳴吸収の統計力学的理論を発表し，非平衡統計力学への道を拓き，1957 年に Kubo は，これらの結果が一般的に成り立つことを見抜き，線形応答理論として体系化し，非平衡統計力学の基礎を確立した．

ペクトル強度 $g_{BA}(\omega)$ との関係を議論する．それぞれ，次のように定義される：

$$\Phi_{BA}(t) = \frac{1}{2\pi}\int_{-\infty}^{\infty} f_{BA}(\omega)e^{i\omega t}d\omega \tag{4.69}$$

および

$$\Psi_{BA}(t) = \frac{1}{2\pi}\int_{-\infty}^{\infty} g_{BA}(\omega)e^{i\omega t}d\omega \tag{4.70}$$

ただし，時間相関 $\Psi_{BA}(t)$ は，$\Delta A(t) = A(t) - \langle A\rangle_{\text{eq}}$ などを用いて

$$\Psi_{BA}(t-t') = \frac{1}{2}\langle(\Delta A(t)\Delta B(t') + \Delta B(t')\Delta A(t))\rangle_{\text{eq}} \tag{4.71}$$

と定義される．このとき，次の 2 つの(久保の)仮定

(i)　$\lim_{t\to\pm\infty}\langle\Delta A(t)\Delta B\rangle_{\text{eq}} = 0$　(混合的またはエルゴード的)

(ii)　$\langle\Delta A(t)\Delta B\rangle$ は $0 \leqq \text{Im}\, t \leqq \hbar\beta$ の複素領域で t に関して解析的であること

を用いると，

$$g_{BA}(\omega) = E_\beta(\omega)f_{BA}(\omega) \tag{4.72}$$

が導かれる．ただし，$E_\beta(\omega)$ は温度 T で平衡にある調和振動子のエネルギーを表わす：

$$E_\beta(\omega) = \frac{\hbar\omega}{2}\coth\left(\frac{1}{2}\beta\hbar\omega\right) \tag{4.73}$$

この(4.72)を証明するためには，まず，(i)のエルゴード性の条件，すなわち，$\lim_{t\to\infty}\langle A(t)B\rangle = \langle A\rangle\langle B\rangle$ を用いて，緩和関数 $\Phi_{BA}(t)$ を次のように変形する*：

$$\begin{aligned}\Phi_{BA}(t) &= -\int_t^{\infty} ds\int_0^{\beta}\langle A(-i\hbar\lambda)\dot{B}(s)\rangle_{\text{eq}}d\lambda \\ &= \int_0^{\beta}\{\langle A(-i\hbar\lambda)B(t)\rangle_{\text{eq}} - \langle A(-i\hbar\lambda)B(\infty)\rangle_{\text{eq}}\}d\lambda \\ &= \int_0^{\beta}\langle\Delta A(-i\hbar\lambda)\Delta B(t)\rangle_{\text{eq}}d\lambda = \int_0^{\beta}\langle\Delta A\Delta B(t+i\hbar\lambda)\rangle_{\text{eq}}d\lambda\end{aligned} \tag{4.74}$$

---

*　$\dot{A}(t) = e^{it\mathcal{H}/\hbar}\dot{A}e^{-it\mathcal{H}/\hbar} = \frac{i}{\hbar}e^{it\mathcal{H}/\hbar}[\mathcal{H}, A]e^{-it\mathcal{H}/\hbar} = \frac{d}{dt}e^{it\mathcal{H}/\hbar}Ae^{-it\mathcal{H}/\hbar} = \frac{d}{dt}A(t)$

次に，これを用いて，緩和関数のスペクトル強度 $f_{BA}(\omega)$ を次のように変形する．(4.69)の逆 Fourier 変換により，

$$f_{BA}(\omega) = \int_{-\infty}^{\infty} e^{-i\omega t} d\lambda \int_0^{\beta} \langle \Delta A \Delta B(t+i\hbar\lambda) \rangle_{\mathrm{eq}} dt$$
$$= \int_0^{\beta} e^{-\hbar\omega\lambda} d\lambda \int_{-\infty}^{\infty} \langle \Delta A \Delta B(t') \rangle_{\mathrm{eq}} e^{-i\omega t'} dt'$$
$$= \frac{1-e^{-\beta\hbar\omega}}{\hbar\omega} \int_{-\infty}^{\infty} \langle \Delta A \Delta B(t) \rangle_{\mathrm{eq}} e^{-i\omega t} dt \qquad (4.75)$$

となる．ここで，条件(i)と(ii)を用いて，図 4-1 のような複素 t 平面上での閉じた経路について積分を行なった．

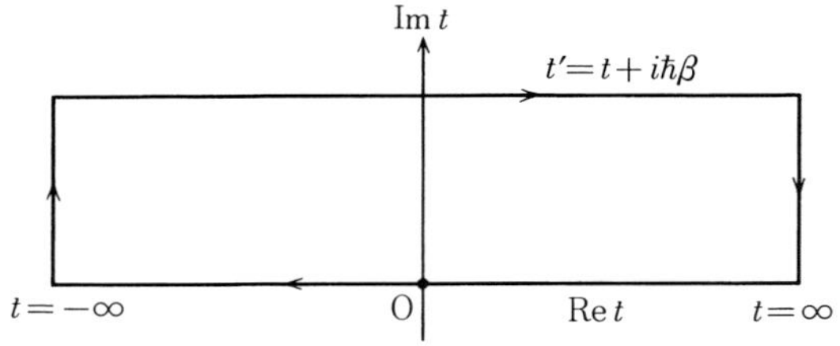

図 4-1 複素 t 平面での積分．$t=\pm\infty$ での垂直方向の積分は 0 になる．

同様にして，

$$\mathrm{Tr}\, e^{-\beta\mathcal{H}} \Delta B(t) \Delta A = \mathrm{Tr}\, e^{-\beta\mathcal{H}} \Delta A \Delta B(t+i\hbar\beta) \qquad (4.76)$$

に注意すると，次の **Kubo-Martin-Schwinger(KMS)条件**

$$\int_{-\infty}^{\infty} \langle \Delta B(t) \Delta A \rangle_{\mathrm{eq}} e^{-i\omega t} dt = \int_{-\infty}^{\infty} \langle \Delta A \Delta B(t+i\hbar\beta) \rangle_{\mathrm{eq}} e^{-i\omega t} dt$$
$$= e^{-\beta\hbar\omega} \int_{-\infty}^{\infty} \langle \Delta A \Delta B(t) \rangle_{\mathrm{eq}} e^{-i\omega t} dt \qquad (4.77)$$

すなわち，Fourier 変換 $\langle \Delta A \Delta B(t) \rangle_{\omega}$ に対して，

$$\langle \Delta A \Delta B(t) \rangle_{\omega} = e^{\beta\hbar\omega} \langle \Delta B(t) \Delta A \rangle_{\omega} \qquad (4.78)$$

となることが導かれる．

これらの関係式より，2 つのスペクトル強度 $f_{BA}(\omega)$ と $g_{BA}(\omega)$ との間には，

$$g_{BA}(\omega) = \frac{1+e^{-\beta\hbar\omega}}{2}\int_{-\infty}^{\infty}\langle\Delta A\Delta B(t)\rangle_{\mathrm{eq}}e^{-i\omega t}dt$$
$$= \frac{1+e^{-\beta\hbar\omega}}{2}\cdot\frac{\hbar\omega}{1-e^{-\beta\hbar\omega}}f_{BA}(\omega) = E_\beta(\omega)f_{BA}(\omega) \qquad (4.79)$$

が成立する．こうして，揺動散逸定理が統計力学的に導かれる．$\beta\to 0$ の古典極限では，$g_{BA}(\omega)=k_{\mathrm{B}}Tf_{BA}(\omega)$ となる．

上に導いたKMS条件は，量子系を初めから自由度無限大にして扱う C^* 代数の理論において出発点になる重要な関係式である．熱平衡状態を記述する密度行列 $\rho_{\mathrm{eq}}=e^{-\beta\mathcal{H}}/\mathrm{Tr}\,e^{-\beta\mathcal{H}}$ は無限系では存在しない(ハミルトニアン $\mathcal{H}$ のほとんどの固有値は $\pm\infty$ である)ので，KMS条件を満足する状態として熱平衡状態を定義するのである．

ついでにここで，確率変数 $x(t)$ の強度スペクトル $I(\omega)$ と時間相関関数 $\phi(t)=\langle x(t_0)x(t_0+t)\rangle$ との関係について簡単にふれておく．容易に，

$$I(\omega) = \int_{-\infty}^{\infty}\phi(t)e^{-i\omega t}dt \qquad \text{逆に} \qquad \phi(t) = \frac{1}{2\pi}\int_{-\infty}^{\infty}I(\omega)e^{i\omega t}d\omega \qquad (4.80)$$

の関係が導かれる．これを，**Wiener-Khinchin の定理**という．

c) 線形応答理論とエルゴード性

(4.74)より，緩和関数 $\Phi_{BA}(t)$ は，

$$\Phi_{BA}(t) = \int_0^\beta d\lambda\langle A(-i\hbar\lambda)B(t)\rangle_{\mathrm{eq}} - \beta\lim_{t\to\infty}\langle AB(t)\rangle_{\mathrm{eq}} \qquad (4.81)$$

と表わせる．したがって，**静的孤立感受率** $\chi_{BA}(0)$ は，(4.62)より，

$$\chi_{BA}(0) = \Phi_{BA}(0) = \int_0^\beta d\lambda\langle A(-i\hbar\lambda)B\rangle_{\mathrm{eq}} - \beta\lim_{t\to\infty}\langle AB(t)\rangle_{\mathrm{eq}} \qquad (4.82)$$

で与えられる．

一方，**等温感受率** $\chi_{BA}{}^T$ は

$$\chi_{BA}{}^T = \lim_{H\to 0}\frac{\langle B\rangle_H}{H} = \lim_{H\to 0}\frac{\partial}{\partial H}\left(\frac{\mathrm{Tr\,B}\exp[-\beta(\mathcal{H}-AH)]}{\mathrm{Tr}\exp[-\beta(\mathcal{H}-AH)]}\right)$$

$$= \int_0^\beta d\lambda \langle A(-i\hbar\lambda)B\rangle_{\text{eq}} - \beta\langle A\rangle_{\text{eq}}\langle B\rangle_{\text{eq}} \tag{4.83}$$

と表わされる．したがって，これらの 2 つの感受率は一般に異なる．その差は，

$$\begin{aligned}\chi_{BA}{}^T - \chi_{BA}(0) &= \beta \lim_{t\to\infty}\langle AB(t)\rangle_{\text{eq}} - \beta\langle A\rangle_{\text{eq}}\langle B\rangle_{\text{eq}} \\ &= \beta \lim_{T\to\infty}\frac{1}{T}\int_0^T \langle \Delta A \Delta B(t)\rangle_{\text{eq}}\, dt \end{aligned}\tag{4.84}$$

となる．こうして，2 つの感受率が一致する条件は，A と B の混合性(混合的であること)の条件と同じである．この**エルゴード性**は，系に運動の定数が存在するかどうかと関係している．しかも，それらが A や B と直交しているかどうかが問題である．

いま，$\{H_j\}$ を系のすべての**運動の定数**の集合とする．すなわち，$[H_j, \mathcal{H}]=0$ とする．このとき，

$$\lim_{T\to\infty}\frac{1}{T}\int_0^T \langle AB(t)\rangle_{\text{eq}}\, dt = \sum_j^{\text{all}} \frac{\langle AH_j\rangle_{\text{eq}}\langle BH_j\rangle_{\text{eq}}}{\langle H_j{}^2\rangle_{\text{eq}}} \tag{4.85}$$

という定理が成立する*．ただし，$\{H_j\}$ はすべて Hermite 演算子であり，直交化されているとする．すなわち，$\langle H_iH_j\rangle_{\text{eq}} = \langle H_j{}^2\rangle_{\text{eq}}\delta_{ij}$ とする．(4.85)を証明するには，その左辺がエネルギー表示で A と B の対角成分の積を表わしていることに注意して，A と B を $\{H_j\}$ を用いて，対角成分と非対角成分 A' と B' にそれぞれ展開してやればよい．すなわち，

$$A = \sum_j^{\text{all}} \frac{\langle AH_j\rangle_{\text{eq}}}{\langle H_j{}^2\rangle_{\text{eq}}} H_j + A' \qquad \text{および} \qquad B = \sum_j^{\text{all}} \frac{\langle BH_j\rangle_{\text{eq}}}{\langle H_j{}^2\rangle_{\text{eq}}} H_j + B' \tag{4.86}$$

となり，これより直ちに定理(4.85)が導かれる．この定理の系として，次の不等式が導かれる．いま，$\{H_j\}_{j=1}^m$ を運動の定数の適当な部分集合とすると，

$$\lim_{T\to\infty}\frac{1}{T}\int_0^T \langle A^\dagger A(t)\rangle_{\text{eq}}\, dt \geqq \sum_{j=1}^{m} \frac{|\langle AH_j\rangle_{\text{eq}}|^2}{\langle H_j{}^2\rangle_{\text{eq}}} \tag{4.87}$$

---

* 詳しくは，M. Suzuki: Physica **51** (1971) 277 参照．

が成立する．したがって，$\chi_A(0) \equiv \chi_{A^\dagger A}(0)$ の上限が次のように与えられる：

$$\chi_A(0) \leqq \chi_A{}^T - \beta \sum_{j=1}^{m} \frac{|\langle(\Delta A)H_j\rangle_{\mathrm{eq}}|^2}{\langle H_j{}^2\rangle_{\mathrm{eq}}} \tag{4.88}$$

さらに，**断熱感受率** $\chi_A{}^S$ に対するよく知られた公式*

$$\chi_A{}^S = \chi_A{}^T - \frac{\beta|\langle \Delta A \mathcal{H}\rangle_{\mathrm{eq}}|^2}{\langle(\Delta\mathcal{H})^2\rangle_{\mathrm{eq}}} \tag{4.89}$$

を用いると，次の不等式が導かれる：

$$\chi_A{}^T \geqq \chi_A{}^S \geqq \chi_A(0) \tag{4.90}$$

上の議論からわかるように，線形応答理論のスキームにおいて物理量 A がエルゴード的であるとは，

$$\lim_{T\to\infty} \frac{1}{T}\int_0^T \langle AA(t)\rangle_{\mathrm{eq}} dt = \langle A\rangle_{\mathrm{eq}}{}^2$$

すなわち

$$\lim_{T\to\infty} \frac{1}{T}\int_0^T \langle \Delta A \Delta A(t)\rangle_{\mathrm{eq}} = 0 \tag{4.91}$$

となることである．上に証明した定理(4.85)を用いて，言いかえれば，A が(4.91)の意味でエルゴード的であるとは，$\Delta A = A - \langle A\rangle_{\mathrm{eq}}$ がすべての運動の定数 $\{H_j\}$ と直交すること，すなわち，すべての j に対して $\langle(\Delta A)H_j\rangle_{\mathrm{eq}}=0$ となることである．

ここで，物理量 A が線形応答理論のスキームでエルゴード的でない具体的な例をあげておく．

例えば，Ising 模型

$$\mathcal{H} = -J \sum_{\langle ij\rangle} \sigma_i{}^z \sigma_j{}^z \tag{4.92}$$

を考える．ただし，$\langle ij\rangle$ は最近接格子点の対についての和を表わす．この系に

---

* より一般に，

$$\chi_{BA}{}^S = \left(\frac{\partial\langle B\rangle_H}{\partial H}\right)_{\langle\mathcal{H}\rangle_H=\text{一定}} = \chi_{BA}{}^T - \left(\frac{d\beta(H)}{dH}\right)_{H=0} \langle(\Delta B)\mathcal{H}\rangle_{\mathrm{eq}}$$

である．一方，断熱過程の条件 $\partial\langle\mathcal{H}\rangle_H/\partial H=0$ より，$(d\beta(H)/dH)_{H=0}=\beta\langle(\Delta A)\mathcal{H}\rangle_{\mathrm{eq}}/\langle(\Delta\mathcal{H})^2\rangle_{\mathrm{eq}}$ が得られる．これより，$\chi_{BA}{}^S=\chi_{BA}{}^T-\beta\langle(\Delta A)\mathcal{H}\rangle_{\mathrm{eq}}\langle(\Delta B)\mathcal{H}\rangle_{\mathrm{eq}}/\langle(\Delta\mathcal{H})^2\rangle_{\mathrm{eq}}$ となる．

横方向(x 方向)に垂直磁場 H をかけて垂直等温磁化率 $\chi_\perp{}^T$ と垂直孤立磁化率 $\chi_\perp(0)$ を考えると，これら2つは互いに異なる．すなわち，$\chi_\perp{}^T > \chi_\perp(0)$ である．この系では，x 方向の磁化 $M^x = \mu_B \sum_j \sigma_j{}^x$ は，ある種の運動の定数を含んでおり，非エルゴード的である．具体的にこれを示すために，M^x を

$$M^x = \mu_B \sum_j \sigma_j{}^x \delta\Bigl(\sum_{k\in n(j)} \sigma_k{}^z\Bigr) + \mu_B \sum_j \sigma_j{}^x \Bigl[1-\delta\Bigl(\sum_{k\in n(j)} \sigma_k{}^z\Bigr)\Bigr] \qquad (4.93)$$

と分けてみると，(4.93)の右辺の第1項は運動の定数になっていることが容易にわかる．ここで，$n(j)$ は格子点 j の最近接格子点の集合全体を表わし，k はその1つの格子点をとる．また，$\delta(x)$ は Kronecker のデルタ関数を表わす．Pauli 演算子 $\sigma_j{}^x$, $\sigma_j{}^y$ および $\sigma_j{}^z$ は行列で表わすと

$$\sigma_j{}^x = \begin{pmatrix} 0 & 1 \\ 1 & 0 \end{pmatrix}_j, \quad \sigma_j{}^y = \begin{pmatrix} 0 & -i \\ i & 0 \end{pmatrix}_j, \quad \sigma_j{}^z = \begin{pmatrix} 1 & 0 \\ 0 & -1 \end{pmatrix} \qquad (4.94)$$

となるから，$\sigma_j{}^x$ は，格子点 j のスピン状態 $\sigma_j{}^z = \pm 1$ の間をフリップさせる効果を表わす．したがって，(4.93)の右辺の第1項がハミルトニアン(4.92)と可換になることは明らかである．この系では，$\langle M^x \Delta\mathcal{H}\rangle_{\mathrm{eq}} = 0$ であるから，$\chi_\perp{}^T = \chi_\perp{}^S$ である．

厳密に解ける1次元量子系などでは，流れの演算子が系の運動の定数と直交しないことが多い．このような場合には，非エルゴード性のため物理的でない妙な結果が得られることがあるので注意が必要である．

d) 緩和関数の対称性と Onsager の相反定理

いくつかの力 $F_\nu(t)$ ($\nu = 1, 2, \cdots, n$)がある場合にも，a)項における結果は，そのまま拡張できる．ハミルトニアンを $\mathcal{H}(t) = \mathcal{H} - \sum_\nu A_\nu F_\nu(t)$ とすると，外力 $F_\nu(t)$ に対する A_μ の応答を表わす緩和関数 $\boldsymbol{\Phi}_{\mu\nu}(t)$ は，カノニカル相関(4.66)を用いて，

$$\boldsymbol{\Phi}_{\mu\nu}(t) = \beta\langle \Delta A_\nu\,;\, \Delta A_\mu(t)\rangle \qquad (4.95)$$

と表わされる．$\{A_\mu\}$ は Hermite 演算子であるから，$\boldsymbol{\Phi}_{\mu\nu}(t)$ は実数であることが容易に示せる．

次に，

$$\begin{aligned}\Phi_{\nu\mu}(t) &= \beta\langle\Delta A_\mu ; \Delta A_\nu(t)\rangle = \int_0^\beta \langle\Delta A_\mu(-i\hbar\lambda)\Delta A_\nu(t)\rangle_{\mathrm{eq}} d\lambda \\ &= \int_0^\beta \langle\Delta A_\mu(-t)\Delta A_\nu(i\hbar\lambda)\rangle_{\mathrm{eq}} d\lambda = \int_0^\beta \langle\Delta A_\nu(-i\hbar\lambda)\Delta A_\mu(-t)\rangle_{\mathrm{eq}}{}^* d\lambda \\ &= \Phi_{\mu\nu}{}^*(-t) = \Phi_{\mu\nu}(-t) \end{aligned} \tag{4.96}$$

が得られる．系が時間反転に関して対称，すなわち，$\Phi_{\mu\nu}(-t)=\Phi_{\mu\nu}(t)$ であれば，**Onsager の相反定理**

$$\Phi_{\nu\mu}(t) = \Phi_{\mu\nu}(t) \qquad \text{すなわち} \qquad \chi_{\nu\mu}(\omega) = \chi_{\mu\nu}(\omega) \tag{4.97}$$

が導かれる．

4-3 射影演算子による情報の縮約(粗視化)

a) 射影演算子と粗視化

適当に演算子 B と Q の内積 (B,Q) を定義し，“Q 軸”への B の射影(projection) P を次のように定義する*：

$$PB = \frac{(B, Q^\dagger)}{(Q, Q^\dagger)} Q \tag{4.98}$$

明らかに，$P^2=P$ および $P(1-P)=0$ となる．これは，物理量 B の中で，着目するモード Q の成分だけとり出し，他の成分を捨て去ることであり，いわば粗視化していることにあたる．統計力学の近似計算は，この意味では，射影を行なって粗視化することに他ならない．例えば，第3章で説明した Weiss の平均場近似は，秩序パラメータに射影して，他のゆらぎを粗視化することにあたる．また，クラスター平均場近似は，その射影空間を秩序パラメータの他に短距離の部分まで少し広げて粗視化していることになる．くり込み群の方法は，短距離の部分を少しずつ粗視化していく方法である．

---

* 射影演算子の統計力学への応用は，R. Kubo: Presented at Annual Conf. of the Phys. Soc. of Japan, Nov. 1954, S. Nakajima: Prog. Theor. Phys. **20** (1958) 948, R. Zwanzig: J. Chem. Phys. **33** (1960) 1338, H. Mori: Prog. Theor. Phys. **33** (1965) 423 等によって行なわれた．

b) 射影演算子による運動方程式の変形

まず，初めに，任意の演算子 $A(t)$ の運動方程式

$$\frac{d}{dt}A(t) = i\mathscr{L}A(t) \tag{4.99}$$

の変形を行なう．$A(0)=A$ として，(4.98)の射影演算子 P を用いると，

$$\frac{d}{dt}A(t) = i\mathscr{L}A(t) = i\mathscr{L}PA(t)+i\mathscr{L}(1-P)A(t) \tag{4.100}$$

と書ける．そこで，(4.100)の右辺の第2項の中の $g(t)\equiv(1-P)A(t)$ の運動方程式を作る．P と d/dt とは可換であるから，(4.100)を用いて，次の $g(t)$ に関する方程式が導かれる：

$$\frac{d}{dt}g(t) = (1-P)i\mathscr{L}PA(t)+(1-P)i\mathscr{L}g(t) \tag{4.101}$$

これを $g(0)=(1-P)A$ を用いて解くと，

$$g(t) = \int_0^t e^{(t-s)(1-P)i\mathscr{L}}(1-P)i\mathscr{L}PA(s)ds+e^{t(1-P)i\mathscr{L}}(1-P)A \tag{4.102}$$

となる．これを $A(t)=PA(t)+(1-P)A(t)$ に代入すると

$$A(t) = PA(t)+\int_0^t e^{(t-s)(1-P)i\mathscr{L}}(1-P)i\mathscr{L}PA(s)ds+e^{(1-P)i\mathscr{L}t}(1-P)A \tag{4.103}$$

が得られる．次に，これを用いて，$A(t)$ の運動方程式(4.99)を変形すると，

$$\frac{d}{dt}A(t) = i\mathscr{L}PA(t)+i\mathscr{L}\int_0^t e^{(t-s)(1-P)i\mathscr{L}}(1-P)i\mathscr{L}PA(s)ds + i\mathscr{L}e^{(1-P)i\mathscr{L}t}(1-P)A \tag{4.104}$$

となる．さらに P で射影すると(P を(4.104)に左からかけて $PA(t)$ の運動方程式の形にすると)，久保の Langevin 方程式となる．この形式は量子力学の**減衰理論**(damping theory)の一種である．特に，射影演算子 P として A への射影を考えると，$(1-P)A=0$ となり，(4.104)の右辺の第3項は0となる．さらに，古典的な分布関数の場合には，$P(i\mathscr{L}PA(t))\propto(\dot{A},A^{\dagger})=0$ となり，

$$\frac{d}{dt}PA(t) = Pi\mathcal{L}\int_0^t e^{(t-s)(1-P)i\mathcal{L}}(1-P)i\mathcal{L}PA(s)ds \qquad (4.105)$$

という減衰理論の形式となる．すなわち，(4.105)で $i\mathcal{L}PA(s)$ は $\dot{A}$ に比例するから，$\dot{A}=i\mathcal{L}A$ の A に垂直な成分 $(1-P)\dot{A}$ が A に垂直な空間での変形された発展演算子 $(1-P)i\mathcal{L}$ によって変化し，それによって $PA(t)$ が減衰していく．

次に，上の議論から，“ランダムな力” $f(t)$ を次のように定義する．適当に指定した演算子を Q とし，それへの射影 P を用いて一般に，

$$f(t) = e^{(1-P)i\mathcal{L}t}(1-P)\dot{A} \qquad (4.106)$$

と定義する．この“ランダムな力” $f(t)$ を“全体の力”から分離して，残りの系統的な力を形式的に求めてみよう．(4.99)より，

$$\frac{d}{dt}A(t) = \dot{A}(t) = e^{i\mathcal{L}t}(P\dot{A}+(1-P)\dot{A}) \equiv e^{i\mathcal{L}t}P\dot{A}+K(t) \qquad (4.107)$$

とおくと，“力” $K(t)$ は，

$$K(t) = e^{i\mathcal{L}t}e^{-(1-P)i\mathcal{L}t}f(t) \equiv S(t)+f(t) \qquad (4.108)$$

と書ける．ここで，“系統的な力” $S(t)$ は，$f=(1-P)\dot{A}$ を用いて

$$S(t) = (e^{i\mathcal{L}t}-e^{(1-P)i\mathcal{L}t})f \qquad (4.109)$$

と表わされる．こうして，$A(t)$ の運動方程式は形式的に，

$$\frac{d}{dt}A(t) = (P\dot{A})(t)+S(t)+f(t) \qquad (4.110)$$

と書ける．第1項 $(P\dot{A})(t)\equiv(\exp(i\mathcal{L}t))P\dot{A}$ は，$Q(t)$ に比例する演算子であり，特に，$Q=A$ のときは，$A(t)$ の位相の変化を表わしている．また，第2項 $S(t)$ は，射影によって現われた項であり，情報の縮約の効果を表わしている．4-1節の揺動散逸定理と対比してみれば，この項は，散逸の効果を表わしているものと期待される．

c）時間相関関数と射影演算子の方法

4-1節で述べた現象論的な揺動散逸定理の議論では，着目している粒子の Brown 運動の時間微分を，抵抗を示す運動へ射影し，残りをランダムな力と

して扱っている．したがって，具体的にその射影の仕方を与えれば，輸送係数が計算できることになる．

前節では，輸送係数が時間相関関数を用いて表わされることを示したが，ここでは，その時間相関関数を射影演算子を用いて計算する森の方法を説明する．

そのために，A と B の内積としては，次のカノニカル相関を用いる：

$$(A, B) = \frac{1}{\beta}\int_0^\beta \langle A(-i\hbar\lambda)B\rangle_{\mathrm{eq}} d\lambda \equiv \langle A\,;B\rangle \qquad (4.111)$$

ここで，(4.96)から，$(B, A)=(A, B)$ であることを注意したい．また，$\langle A\rangle=\langle B\rangle=0$ となる A, B のみを今後考えるので，$(A, B)=\langle \Delta A\,;\Delta B\rangle$ である．

さて，線形応答理論では，カノニカル相関 $\langle A(t)\,;A\rangle$ や $\langle A(t)\,;\dot{A}\rangle$ が重要である．そこで，まず，少なくとも A に射影した時間相関関数は正しく与えるような方程式(拡張された Brown 運動の形式)を求めよう．一般的な表式(4.110)，すなわち，

$$\frac{d}{dt}A(t) = (P\dot{A})(t)+S(t)+f(t) \qquad (4.112)$$

において，演算子 P は，特に A への射影を表わすものとする．この射影演算子 P を用いると，$\dot{A}=i\mathcal{L}A$ は

$$\dot{A} = P\dot{A}+(1-P)\dot{A} = i\omega A+f$$

となる．ただし，$f=(1-P)\dot{A}$ は A に直交した $\dot{A}$ の成分を表わし，また，

$$i\omega = (\dot{A}, A^\dagger)(A, A^\dagger)^{-1} \qquad (4.113)$$

である．したがって，(4.112)の右辺の第1項は，$(P\dot{A})(t)=i\omega A(t)$ となる．すなわち，(4.112)の運動方程式は，

$$\frac{d}{dt}A(t) = i\omega A(t)+S(t)+f(t) \qquad (4.114)$$

と表わされる．

前述のように，(4.114)の右辺の第1項は，$A(t)$ の位相の変化を表わし，第3項の $f(t)$ は(4.106)で与えられる“ランダムな力”を表わしている．第2項の $S(t)$ は系統的な力を含んでいるので A に射影してみる．(4.108)より，

$S(t)=K(t)-f(t)$ であり，$(f(t), A^{\dagger})=0$ であるから，まず，$(K(t), A^{\dagger})=(f, A^{\dagger}(-t))$ を計算する．そのために，$A(t)$ を次のように2つに分ける：

$$A(t) = PA(t)+(1-P)A(t) \equiv \Xi(t)A+g(t) \tag{4.115}$$

ただし，$g(t)=(1-P)A(t)$ および

$$\Xi(t) = (A(t), A^{\dagger})(A, A^{\dagger})^{-1} \tag{4.116}$$

である．まず，(4.102)の表式より，$PA=A$ と $(1-P)A=0$ に注意して，(4.115)と $f=(1-P)\dot{A}=(1-P)i\mathcal{L}A$ を用いると，$g(t)$ は，

$$g(t) = \int_0^t \Xi(s)e^{(t-s)(1-P)i\mathcal{L}}fds = \int_0^t \Xi(s)f(t-s)ds \tag{4.117}$$

となる．したがって，(4.115)と(4.117)より，

$$\begin{aligned}(S(t), A^{\dagger}) &= (K(t), A^{\dagger}) = (f, A^{\dagger}(-t)) = (f, g^{\dagger}(-t)) \\ &= \int_0^{-t}(f, f^{\dagger}(-t-s))\Xi^*(s)ds = \int_t^0 \Xi^*(s'-t)(f, f^{\dagger}(-s'))ds' \\ &= -\int_0^t \Xi(t-s)\varphi(s)ds\cdot(A, A^{\dagger}) \end{aligned} \tag{4.118}$$

が得られる．ただし，$\Xi^*(-t)=\Xi(t)$ および

$$\varphi(t) = (f, f^{\dagger}(-t))\cdot(A, A^{\dagger})^{-1} = (f(t), f^{\dagger})\cdot(A, A^{\dagger})^{-1} \tag{4.119}$$

を用いた．すなわち，$S(t)$ の A への射影は

$$PS(t) = PK(t) = -\int_0^t \varphi(t-s)\Xi(s)dsA \tag{4.120}$$

となる．これは，さらに，(4.115)を用いると，

$$PS(t) = -\int_0^t \varphi(t-s)A(s)ds+\int_0^t \varphi(t-s)g(s)ds \tag{4.121}$$

と書き直せる．(4.121)の右辺の第2項は，A と直交している．

そこで，(4.114)の $S(t)$ を(4.121)の右辺の第1項で置き替えると，次の森の Langevin 方程式が得られる：

$$\frac{d}{dt}A(t) = i\omega A(t)-\int_0^t \varphi(t-s)A(s)ds+f(t) \tag{4.122}$$

ここで，記憶関数 $\varphi(t)$ は“ランダムな力” $f(t)$ の時間相関関数(4.119)で表わされるという意味で，それは線形応答理論の揺動散逸定理を形式的には満たしている．しかし，$f(t)$ は，(4.106)からわかる通り，A のとり方に依存して決まるかなり変形された力を表わしており，通常の意味でのランダム過程を表わすものではない．

以上の議論からわかる通り，(4.122)の解 $A_{\mathrm{M}}(t)$ と元の方程式(4.114)の正しい解 $A(t)$ とは異なる．その差 $A(t)-A_{\mathrm{M}}(t)$ は A と直交している．よって，

$$(A_{\mathrm{M}}(t), A^{\dagger}) = (A(t), A^{\dagger}) \tag{4.123}$$

となり，A への射影は正しい結果を与える．すなわち，A に射影した空間でのスカラーの方程式は，次の規格化されたカノニカル相関関数 $\Xi(t)$ に関する方程式となる：

$$\frac{d}{dt}\Xi(t) = i\omega\Xi(t) - \int_0^t \varphi(t-s)\Xi(s)ds \tag{4.124}$$

この方法は，カノニカル相関で表わされる輸送係数を近似的に求めるのに有効に使われている．

他の物理量(例えば，$\dot{A}, B, \dot{B}, \cdots$)とのカノニカル相関関数も必要になるときは，これら必要な物理量をすべて1組にしたベクトル $\boldsymbol{X}=(A, \dot{A}, B, \dot{B}, \cdots)^{\dagger}$ を変数にして，上と同様の議論を行なうことになる．これに応じて，“ランダムな力”もベクトルとなり，記憶関数 $\varphi(t)$ は行列となる．

(4.124)に対して Laplace 変換

$$\Xi(z) = \int_0^{\infty} \Xi(t)e^{-zt}dt \tag{4.125}$$

を行なうと，解は

$$\Xi(z) = \frac{1}{z-i\omega+\varphi(z)} \tag{4.126}$$

となる．ただし，$\varphi(z)$ は $\varphi(t)$ の Laplace 変換を表わす．

同様にして，$\varphi(z)$ の減衰理論の表式を求めると，それは(4.126)と同形となり，森の連分数公式が得られる．

d) マスター方程式における緩和時間と射影演算子の方法

第3章で説明したマスター方程式(3.208)における秩序パラメータ M(例えば磁化)の緩和時間 τ は，系の時間発展演算子((3.235)で定義される半正定値の演算子) $\mathcal{L}$ を用いて，(3.240)すなわち，

$$\tau = \left\langle M\frac{1}{\mathcal{L}}M\right\rangle_{\rm eq} \Big/ \langle M^2\rangle_{\rm eq} \tag{4.127}$$

で表わされる．この緩和時間 τ，およびその一般化された表式

$$\left\langle\!\!\left\langle\frac{1}{z+\mathcal{L}}\right\rangle\!\!\right\rangle \equiv \left\langle M\frac{1}{z+\mathcal{L}}M\right\rangle_{\rm eq} \Big/ \langle M^2\rangle_{\rm eq} \tag{4.128}$$

の減衰理論形式の表示を求めることにしよう．ここでは，射影演算子 P を

$$PQ = \frac{\langle QM\rangle_{\rm eq}}{\langle M^2\rangle_{\rm eq}}M \tag{4.129}$$

で定義する．$\mathcal{L}_1=(1-P)\mathcal{L}$ とおくと，次の等式

$$\frac{z}{z+\mathcal{L}}M = M-\frac{\langle\!\langle\mathcal{L}\rangle\!\rangle}{z+\mathcal{L}}M-\frac{1}{z+\mathcal{L}_1}\mathcal{L}_1M+\frac{1}{z+\mathcal{L}}P\mathcal{L}\frac{1}{z+\mathcal{L}_1}\mathcal{L}_1M \tag{4.130}$$

が成立する．これに左から M をかけて熱平均 $\langle\cdots\rangle_{\rm eq}$ をとり，$z\neq 0$ に対して $\langle\!\langle(z+\mathcal{L}_1)^{-1}\mathcal{L}_1\rangle\!\rangle=0$ となることを用いると，

$$\left\langle\!\!\left\langle\frac{1}{z+\mathcal{L}}\right\rangle\!\!\right\rangle = \frac{1}{z+\langle\!\langle\mathcal{L}\rangle\!\rangle-\varphi_1(z)} \tag{4.131}$$

が容易に導かれる．ただし，

$$\varphi_1(z) = \left\langle\!\!\left\langle\mathcal{L}\frac{1}{z+\mathcal{L}_1}\mathcal{L}_1\right\rangle\!\!\right\rangle \tag{4.132}$$

である．もしここで“ランダムな力”の寄与 $\varphi_1(z)$ を無視する近似を行なうと

$$\left\langle\!\!\left\langle\frac{1}{z+\mathcal{L}}\right\rangle\!\!\right\rangle \simeq \frac{1}{z+\langle\!\langle\mathcal{L}\rangle\!\rangle} \tag{4.133}$$

となる．さらに，$z\to 0$ の極限をとると*，

* ちょうど $z=0$ では，$\varphi_1(0)=\langle\!\langle\mathcal{L}\rangle\!\rangle$ となり，(4.131)は使えない．すなわち，この式は $z=0$ で不連続である．また，(4.134)の $\langle M\mathcal{L}M\rangle$ は相転移点でも正の有限の値をとる．

$$\tau = \left\langle\!\!\left\langle \frac{1}{\mathcal{L}} \right\rangle\!\!\right\rangle \simeq \frac{1}{\langle\!\langle \mathcal{L} \rangle\!\rangle} = \frac{\langle M^2 \rangle}{\langle M\mathcal{L}M \rangle} \sim \langle M^2 \rangle \sim \frac{1}{(T-T_\mathrm{c})^\gamma} \qquad (4.134)$$

という van Hove の臨界緩和($\varDelta=\gamma$)が得られる．第3章3-12節の詳しい計算によると，実際には$\varDelta>\gamma$である．このことは，上の理論形式においては，$\varphi_1(z)$ の寄与が相転移点近傍では本質的に重要であることを示している．

4-4 Green 関数の方法

a) 2時間 Green 関数

線形応答理論における応答関数(4.55)，すなわち，

$$\phi_{BA}(t) = -\frac{i}{\hbar}\langle[A, B(t)]\rangle_\mathrm{eq} \qquad (t>0) \qquad (4.135)$$

は，以下に定義される Green 関数に他ならない．**Green 関数**とは，もともと数学の分野，特に微分方程式の分野で導入されたものである．非斉次(湧き出し項 $f(x)$ のある)線形微分方程式の解 $u(x)$ は，湧き出し項が $\delta(x-y)$ のときの解 $G(x, y)$ を用いて，考えている領域 D で

$$u(x) = \int_D G(x, y) f(y) dy \qquad (4.136)$$

と与えられる．このとき，$G(x, y)$ をこの系の Green 関数という．外力は湧き出し項の働きをするから，外力に対する応答関数 $\phi_{BA}(t)$ が Green 関数になっているのは当然のことである．

さて，系のハミルトニアンを $\mathcal{H}$ とするとき，演算子 A の Heisenberg 表示

$$A(t) = \exp\left(\frac{i}{\hbar}\mathcal{H}t\right) A \exp\left(-\frac{i}{\hbar}\mathcal{H}t\right) \qquad (4.137)$$

を用いて，**遅延**(retarded) **Green 関数** $G_{AB}{}^\mathrm{r}(t-t')$ および**先進**(advanced) **Green 関数** $G_{AB}{}^\mathrm{a}(t-t')$ を，それぞれ，次のように定義する：

$$\begin{aligned} G_{AB}{}^\mathrm{r}(t-t') &= -i\theta(t-t')\langle[A(t), B(t')]_\mp\rangle \\ G_{AB}{}^\mathrm{a}(t-t') &= i\theta(t'-t)\langle[A(t), B(t')]_\mp\rangle \end{aligned} \qquad (4.138)$$

ただし，$[A,B]_{\mp}=AB\mp BA$ とし，$\theta(t-t')$ は

$$\theta(t-t')=\begin{cases}1 & (t>t')\\ 0 & (t<t')\end{cases} \tag{4.139}$$

で定義される**階段関数**を表わす．また，$\langle Q\rangle$ は，適当な平均(カノニカルまたはグランドカノニカル平均)を表わすものとする．交換関係の複号 $\mp$ は，都合のよい方を利用する．例えば，線形応答理論では $-$ 符号が用いられる．また，通常，Fermi 粒子系では $+$ 符号，Bose 粒子系では $-$ 符号を用いる．(4.138)のように定義された Green 関数は $t-t'$ の差のみの関数である．これはトレースの中の演算子の積を循環させることによって容易に示される．ただし，そのさい，トレースの収束性は保証されているものとする．

(4.138)を時間 t で微分すれば，$d\theta(t)/dt=\delta(t)$ に注意して，次のような Green 関数の運動方程式が得られる：

$$i\frac{d}{dt}G_{AB}{}^{\mathrm{r}}(t-t')=\delta(t-t')\langle[A(t),B(t')]_{\mp}\rangle+G_{CB}{}^{\mathrm{r}}(t-t') \tag{4.140}$$

ただし，$C=\dfrac{1}{\hbar}[A,\mathcal{H}]$ である．このように，より複雑な Green 関数が現われるため，特別な場合を除いて，一般には閉じた方程式にならない．このような高次の Green 関数を適当に低次の Green 関数の積によって近似すれば(すなわち，**切断近似**すれば)閉じた方程式になる．この切断近似法は，第3章で述べた平均場近似に相当する．一般には，高次で切断するほど，ゆらぎや相関がより良くとり込まれて近似はよくなるが，計算がそれだけ面倒になる．

次に，Green 関数の Fourier 変換

$$G_{AB}{}^{\mathrm{r,a}}(t-t')=\int_{-\infty}^{\infty}G_{AB}{}^{\mathrm{r,a}}(\omega)e^{-i\omega(t-t')}d\omega \tag{4.141}$$

と時間相関関数 $F_{BA}(t'-t)=\langle B(t')A(t)\rangle$ の Fourier 変換

$$F_{BA}(t-t')=\int_{-\infty}^{\infty}I(\omega)e^{-i\omega(t-t')}d\omega \tag{4.142}$$

の関係を議論する．ここで，KMS 条件(4.78)を導くときに使われた関係式(4.76)，すなわち，

$$\langle B(t')A(t)\rangle = \langle A(t)B(t'+i\hbar\beta)\rangle \tag{4.143}$$

を用いると，x を実数として容易に，

$$G_{AB}{}^{\mathrm{r}}(x) = \frac{1}{2\pi}\int_{-\infty}^{\infty}\frac{(e^{\beta\hbar\omega}\mp 1)I(\omega)}{x-\omega+i\varepsilon}d\omega$$

および

$$G_{AB}{}^{\mathrm{a}}(x) = \frac{1}{2\pi}\int_{-\infty}^{\infty}\frac{(e^{\beta\hbar\omega}\mp 1)I(\omega)}{x-\omega-i\varepsilon}d\omega \tag{4.144}$$

が導かれる．ただし，$\varepsilon=+0$ である．符号 $\mp$ は(4.138)の $\mp$ に対応する．

そこで，x を複素数 z に拡張して，次の解析関数

$$G_{AB}(z) = \frac{1}{2\pi}\int_{-\infty}^{\infty}\frac{(e^{\beta\hbar\omega}\mp 1)I(\omega)}{z-\omega}d\omega \tag{4.145}$$

を考えると，z の虚数部分 $\mathrm{Im}\,z$ が正のときは，それは $G_{AB}{}^{\mathrm{r}}(x)$ を上半平面に解析接続したものとみなすことができる．同様に，$\mathrm{Im}\,z<0$ のときは，それは $G_{AB}{}^{\mathrm{a}}(x)$ を下半平面に解析接続したものとみることができる．したがって，$G_{AB}(z)$ は，$z=x$(実数)では不連続であり，その差は，

$$\begin{aligned} G_{AB}(x+i\varepsilon)-G_{AB}(x-i\varepsilon) &= G_{AB}{}^{\mathrm{r}}(x)-G_{AB}{}^{\mathrm{a}}(x) \\ &= \frac{1}{2\pi}\int_{-\infty}^{\infty}(e^{\beta\hbar\omega}\mp 1)I(\omega)\left(\frac{1}{x-\omega+i\varepsilon}-\frac{1}{x-\omega-i\varepsilon}\right)d\omega \\ &= \frac{1}{2\pi}\int_{-\infty}^{\infty}(e^{\beta\hbar\omega}\mp 1)I(\omega)(-2\pi i\delta(x-\omega))d\omega \\ &= -i(e^{\beta\hbar x}\mp 1)I(x) \end{aligned} \tag{4.146}$$

となる．これは，Green 関数と時間相関関数のスペクトル強度を関係づける重要な式であり，**スペクトル定理**と呼ばれる．

b）温度 Green 関数（松原 Green 関数）

第1章1-7節で密度行列 $\hat{\rho}=e^{-\beta\mathcal{H}}$ を導入した際に，Bloch 方程式(1.81)と Schrödinger 方程式(1.82)の類似性から，時間 t と温度 β とが $t\leftrightarrow -i\hbar\beta$ の対応関係にあることにふれた．この対応関係に注意すれば，前項 a)における 2 時間 Green 関数と同様にして，2 温度 Green 関数が定義できることになる．

こうして松原*は，次のような温度 Green 関数を導入した：

$$\mathcal{G}_{AB}(\tau-\tau') = -\langle \mathrm{T}_\tau\{A(\tau)B(\tau')\}\rangle \tag{4.147}$$

ただし，

$$A(\tau) = e^{\tau(\mathcal{H}-\mu\mathcal{N})}Ae^{-\tau(\mathcal{H}-\mu\mathcal{N})} \tag{4.148}$$

とし，また T_τ は，時間順序にしたがって演算子を並べ替える Wick の演算を表わす．すなわち，

$$\mathrm{T}_\tau\{A(\tau)B(\tau')\} = \begin{cases} A(\tau)B(\tau') & (\tau>\tau') \\ \mp B(\tau')A(\tau) & (\tau<\tau') \end{cases} \tag{4.149}$$

である．ここで，複号 ∓ は，A, B が Fermi 粒子の生成・消滅演算子のときは − 符号，Bose 粒子のときは + 符号をとるとする．また，平均 $\langle Q\rangle$ は密度行列 $\rho=\exp[-\beta(\mathcal{H}-\mu\mathcal{N})]/Z(\beta)$ についてとるものとする．ただし，$Z(\beta)=\mathrm{Tr}\exp[-\beta(\mathcal{H}-\mu\mathcal{N})]$ である．明らかに，(4.147) は $\tau-\tau'$ の関数である．

さて，$\beta>\tau-\tau'>0$ のときは，(4.147) より

$$\mathcal{G}_{AB}(\tau-\tau') = -\mathrm{Tr}\, e^{(\tau-\tau'-\beta)(\mathcal{H}-\mu\mathcal{N})}Ae^{-(\tau-\tau')(\mathcal{H}-\mu\mathcal{N})}B/Z(\beta) \tag{4.150}$$

となる．$\mathcal{H}-\mu\mathcal{N}$ の固有値は下に有界であるから，$\beta>\tau-\tau'>0$ では，$\mathcal{G}_{AB}(\tau-\tau')$ は収束する．また，$0>\tau-\tau'>-\beta$ では，

$$\mathcal{G}_{AB}(\tau-\tau') = \pm\mathrm{Tr}\, e^{(\tau-\tau')(\mathcal{H}-\mu\mathcal{N})}Ae^{-(\tau-\tau'+\beta)(\mathcal{H}-\mu\mathcal{N})}B/Z(\beta) \tag{4.151}$$

と表わされ，これも収束する．したがって，トレースの中の演算子の積を循環させることが許される．以上から，$\beta>\tau-\tau'>-\beta$ で温度 Green 関数が定義され，しかも，(4.150) と (4.151) とを比較してわかる通り，次のような**周期性**がある**：

$$\mathcal{G}_{AB}(\tau) = \mp\mathcal{G}_{AB}(\tau+\beta) \qquad (0>\tau>-\beta) \tag{4.152}$$

---

* T. Matsubara: Prog. Theor. Phys. **14** (1955) 351 参照.

** 温度 Green 関数の周期性は，中間子の多重散乱への応用 ($\mu=0$) に際して，H. Ezawa, Y. Tomozawa and H. Umezawa: Nuovo Cimento **5** (1957) 810 で初めて指摘され，それを用いて Fourier 級数展開が行なわれた．この意味では，ξ_n は江沢-友沢-梅沢振動数，または少なくとも，松原-江沢-友沢-梅沢 (METU) 振動数とでも呼ぶべきかもしれない．

この周期性を利用すると，次のように，$\mathcal{G}_{AB}(\tau)$ を **Fourier 級数**に展開できる：

$$\mathcal{G}_{AB}(\tau) = k_{\mathrm{B}}T \sum_{n=-\infty}^{\infty} \mathcal{F}_{AB}(i\xi_n)e^{-i\xi_n\tau} \tag{4.153}$$

ここで，**Fourier 成分** $\mathcal{F}_{AB}(i\xi_n)$ とその変数 ξ_n は，周期性(4.152)から決まる．すなわち，ξ_n は，

$$e^{-i\xi_n\beta} = \mp 1 \tag{4.154}$$

を満たさなければならない．したがって，$n=0, \pm 1, \pm 2, \cdots$ として，

$$\xi_n = \begin{cases} (2n+1)\pi k_{\mathrm{B}}T & (- \text{ の符号のとき}) \\ 2n\pi k_{\mathrm{B}}T & (+ \text{ の符号のとき}) \end{cases} \tag{4.155}$$

となる．これは**松原振動数**と呼ばれている．次に，Fourier 成分 $\mathcal{F}_{AB}(i\xi_n)$ は，(4.153)に $e^{i\xi_n\tau}$ をかけて，τ で積分し，(4.154)を用いると，

$$\begin{aligned} \mathcal{F}_{AB}(i\xi_n) &= \frac{1}{2\beta k_{\mathrm{B}}T}\int_{-\beta}^{\beta} \mathcal{G}_{AB}(\tau)e^{i\xi_n\tau}d\tau \\ &= \int_0^{\beta} \mathcal{G}_{AB}(\tau)e^{i\xi_n\tau}d\tau \end{aligned} \tag{4.156}$$

と書ける．このように，温度 Green 関数を Fourier 級数に展開することによって，その摂動展開に Feynman ダイヤグラムの方法が非常に便利に使えるようになった．その具体的な応用の仕方や，2 時間 Green 関数への解析接続の方法などについては他書に譲り，ここでは省略する．

最後に，温度 Green 関数の周期性(4.152)の由来についてふれたい．第 1 章 1-5 節の脚注で注意したように，密度行列を $\hat{\rho}=\exp(-\beta\mathcal{H}+\alpha\mathcal{N})$ として，独立変数を α と β にとり，時間発展も $\hat{A}(t)=e^{it\mathcal{H}/\hbar}Ae^{-it\mathcal{H}/\hbar}$ と書くと，$\beta>\tau>0$ のとき

$$\begin{aligned} \hat{\mathcal{G}}_{AB}(\tau) &= -\langle \mathrm{T}_\tau(\hat{A}(\tau)B)\rangle \\ &= -\mathrm{Tr}\, e^{(\tau-\beta)\mathcal{H}}e^{\alpha\mathcal{N}}Ae^{-\tau\mathcal{H}}B/Z(\beta) \end{aligned} \tag{4.157}$$

および，$0>\tau>-\beta$ のとき，

$$\hat{\mathcal{G}}_{AB}(\tau) = \pm\mathrm{Tr}\, e^{\tau\mathcal{H}}Ae^{-(\tau+\beta)\mathcal{H}}e^{\alpha\mathcal{N}}B/Z(\beta) \tag{4.158}$$

となる．ここで，たとえば，A を生成演算子，B を消滅演算子とすると，(4.157)の $e^{\alpha\mathcal{N}}$ と(4.158)の $e^{\alpha\mathcal{N}}$ とは，e^{α} だけ互いに異なる働きをするから，$\alpha=0$（すなわち $\mu=0$）以外は，温度 Green 関数 $\hat{\mathcal{G}}_{AB}(\tau)$ は周期性を示さないことになる．そこで，Abrikosov, Gor'kov および Dzyaloshinskii は，密度行列を $\hat{\rho}=\exp(-\beta(\mathcal{H}-\mu\mathcal{N}))$ と書き直して，独立変数を β と μ にとり，A の時間発展も $\mathcal{H}$ ではなく，(4.148)のように $(\mathcal{H}-\mu\mathcal{N})$ を用いることで問題を解決した．

温度 Green 関数 $\mathcal{G}_{AB}(\tau)$ の Fourier 変換 $\mathcal{F}_{AB}(i\xi_n)$ は(無次元)点列 $z=i\xi_n/\hbar$ 上でのみ与えられているが，$\mathcal{F}_{AB}(\hbar z)$ は z の実数軸上を除いて解析的であり，複素平面 z 上で $n\to\infty$ に集積点を持つから，たとえば，上半複素平面上に解析接続できる．こうして，2時間遅延 Green 関数が求められることになり，応答関数が計算できる．また，当然のことながら，平衡系の物理量，たとえば，熱力学的関数を温度 Green 関数を用いて摂動展開することもできる．

温度 Green 関数は Abrikosov らによって，超伝導の理論的な研究に応用され，特に第2種超伝導体の磁束構造，いわゆる Abrikosov 構造の研究に役に立った．

4-5 非平衡統計演算子の方法

a) Zubarev の非平衡統計演算子

4-2 節の線形応答理論においては，外部摂動がハミルトニアンの形で書ける場合を扱ってきたが，**熱伝導**などでは，そのような形式で問題を議論することが困難である*．そこで，温度が場所 $\boldsymbol{x}$ の関数として変化している，局所的に平衡にある分布(これを**局所平衡分布**という) ρ_l を利用してこの問題を解決しよう．局所的なハミルトニアン $\mathcal{H}(\boldsymbol{x})$ に共役な β を $\beta(\boldsymbol{x})$ と表わすと，この問題の局所平衡分布は

* J. M. Luttinger (Phys. Rev. A135 (1964) 1505)は，温度差の効果を一般相対性理論における重力場の作用の結果と解釈して，熱伝導の表式を導いた．また，R. Kubo, M. Yokota and S. Nakajima, J. Phys. Soc. Jpn. 12 (1957) 1203 を参照．

$$\rho_l = \exp\left(-\boldsymbol{\Phi} - \int \beta(\boldsymbol{x})\mathcal{H}(\boldsymbol{x})d\boldsymbol{x}\right) \tag{4.159}$$

と表わされる．ただし，$\boldsymbol{\Phi}$ は，規格化条件 $\mathrm{Tr}\,\rho_l=1$ から決まる熱力学的関数である．すなわち，

$$\boldsymbol{\Phi} = \log \mathrm{Tr} \exp\left(-\int \beta(\boldsymbol{x})\mathcal{H}(\boldsymbol{x})d\boldsymbol{x}\right) \tag{4.160}$$

である．この系全体のハミルトニアン $\mathcal{H}=\int\mathcal{H}(\boldsymbol{x})d\boldsymbol{x}$ と ρ_l は一般に非可換であるから，その時間変化を

$$\rho_l(t) = \exp\left(\frac{t}{i\hbar}\mathcal{H}\right)\rho_l \exp\left(-\frac{t}{i\hbar}\mathcal{H}\right) \tag{4.161}$$

によって表わし，これによって定義される"エントロピー"

$$S_l(t) = -k_{\mathrm{B}}\,\mathrm{Tr}\,\rho_l(t)\log\rho_l(t) \tag{4.162}$$

を考えてみよう．容易にわかるように，これは時間 t によらない．すなわち，$S_l(t)=S_l(0)$．したがって，局所平衡分布では散逸過程は表わされない．なぜなら，局所平衡分布は，非一様な系の平均 $\langle\mathcal{H}(\boldsymbol{x})\rangle$ が強制的に与えられた平衡状態を表わし，可逆的であるからである．

それでは，どのようにしたら，この非一様性を記述する局所平衡分布の利点を生かしながら，散逸の効果をとり込んだ密度行列が作れるであろうか．後でわかる通り，何らかの粗視化を行なわなければ，散逸効果，すなわち，不可逆性を示す理論形式は作れない．そこで，非常に速く変化している部分は捨てて，ゆっくり変化している部分をとり出す射影演算子 P を適当に導入し，

$$\log\rho(t) = P\log\rho_l(t) \tag{4.163}$$

によって**非平衡統計演算子** $\rho(t)$ をここでは定義する．

次に，射影演算子 P をどのようにとるかが大きな問題である．ゆっくり変化している部分を抜き出すという物理的要請から，まず考えられるのは，エントロピー演算子 $\log\rho_l(t)$ の長時間平均をとることである．しかし，$\log\rho_l$ が運動の定数，すなわち保存量で表わされている場合以外は長時間平均は一意的に決めにくいことが多い．そこで，Zubarev は，線形応答理論でも用いられ

た((4.54)式参照)初期時刻 t_0 からの**断熱因子** $e^{-\varepsilon(t-t_0)}$ を用いることにし，断熱因子がかかり始める時刻 t_0 は一様分布であるとした．t_0 での初期分布 ρ_l がハミルトニアン $\mathscr{H}$ で t まで時間発展すると考えて，射影演算子を次のように定義した：

$$\log \rho(t) = P \log \rho_l(t) = \varepsilon \int_{-\infty}^{t} e^{-\varepsilon(t-t_0)} \log\left(e^{\frac{(t-t_0)}{i\hbar}\mathscr{H}} \rho_l(t_0) e^{-\frac{(t-t_0)}{i\hbar}\mathscr{H}}\right) dt_0 \tag{4.164}$$

これは，$\eta(t)=\log \rho(t)$ とおくと，次式の解になっている：

$$\frac{\partial}{\partial t}\eta(t) - \frac{1}{i\hbar}[\mathscr{H}, \eta(t)] = -\varepsilon(\eta(t) - \eta_l(t)) \tag{4.165}$$

すなわち，

$$\frac{\partial}{\partial t}\rho(t) - \frac{1}{i\hbar}[\mathscr{H}, \rho(t)] = -\varepsilon(\rho(t) - \rho_l(t)) \tag{4.166}$$

(4.164)の局所分布 $\rho_l(t)$ が

$$\rho_l(t) = \exp\left[-\Phi(t) - \sum_m \int F_m(\boldsymbol{x}, t) P_m(\boldsymbol{x}) d\boldsymbol{x}\right] \tag{4.167}$$

と与えられるとする．ただし，$P_0(\boldsymbol{x}) = \mathscr{H}(\boldsymbol{x})$，$F_0(\boldsymbol{x}, t) = \beta(\boldsymbol{x}, t)$ とし，$m = 1, 2, \cdots, n-1$ に対する $\{P_m(\boldsymbol{x})\}$ と $\{F_m(\boldsymbol{x}, t)\}$ は，それぞれ運動量密度や局所的化学ポテンシャルなどの，ゆっくり変化する物理量すなわち**準保存量**(または**準運動定数**)と，それらに共役な変数を表わす．$\Phi(t)$ は，$\mathrm{Tr}\, \rho_l(t) = 1$ で決まる規格化定数に対応した熱力学的関数である．

ここで，Heisenberg 表示の演算子

$$P_m(\boldsymbol{x}, t) = e^{\frac{it}{\hbar}\mathscr{H}} P_m(\boldsymbol{x}) e^{-\frac{it}{\hbar}\mathscr{H}} \tag{4.168}$$

を用いると*，非平衡統計演算子 $\rho(t)$ は，(4.164)より，

* 密度行列の時間依存性の公式(4.161)とは，i の入り方が異なることに注意されたい．

$$\rho(t) = \exp\left[-\boldsymbol{\Phi}(t) - \sum_m \varepsilon \int_{-\infty}^0 ds \int d\boldsymbol{x}\, e^{\varepsilon s} F_m(\boldsymbol{x}, t+s) P_m(\boldsymbol{x}, s)\right] \quad (4.169)$$

と表わされる．時間 s に関して部分積分を行なうと，

$$\rho(t) = \exp\Biggl(-\boldsymbol{\Phi}(t) - \sum_m \int d\boldsymbol{x} \Bigl[F_m(\boldsymbol{x}, t) P_m(\boldsymbol{x}) - \int_{-\infty}^0 e^{\varepsilon s}\Bigl\{F_m(\boldsymbol{x}, t+s)\dot{P}_m(\boldsymbol{x}, s) + \Bigl(\frac{\partial}{\partial s}F_m(\boldsymbol{x}, t+s)\Bigr)P_m(\boldsymbol{x}, s)\Bigr\}ds\Bigr]\Biggr) \quad (4.170)$$

となる．これを(4.167)と比べると，非平衡統計演算子 $\rho(t)$ は，局所平衡分布 $\rho_l(t)$ に時間積分の付加項がついた形になっていることがわかる．それは準保存量の長時間平均をとり出したことに対応しており，$\rho_l(t)$ の**不変部分**と呼ばれる．

また(4.167)と(4.169)の表式の規格化条件 $\mathrm{Tr}\,\rho_l(t) = \mathrm{Tr}\,\rho(t) = 1$ に対して，F_m の変分 δF_m をとって，それぞれ

$$\delta\boldsymbol{\Phi}(t) = -\int d\boldsymbol{x} \langle P_m(\boldsymbol{x})\rangle_l^t \delta F_m(\boldsymbol{x}, t) = -\varepsilon \int_{-\infty}^0 ds \int d\boldsymbol{x}\, e^{\varepsilon s} \langle P_m(\boldsymbol{x})\rangle_l^{t+s} \delta F_m(\boldsymbol{x}, t+s) \quad (4.171\mathrm{a})$$

および

$$\delta\boldsymbol{\Phi}(t) = -\varepsilon \int_{-\infty}^0 ds \int d\boldsymbol{x}\, e^{\varepsilon s} \langle P_m(\boldsymbol{x}, t+s)\rangle^t \delta F_m(\boldsymbol{x}, t+s) \quad (4.171\mathrm{b})$$

が得られる．ただし，$\langle Q\rangle_l^t$ と $\langle Q\rangle^t$ は，それぞれ，$\rho_l(t)$ と $\rho(t)$ に関する Q の平均を表わす．こうして，

$$\langle P_m(\boldsymbol{x}, s)\rangle^t = \langle P_m(\boldsymbol{x})\rangle_l^{t+s} \quad (4.172)$$

という条件が導かれる．この条件は，局所分布 $\rho_l(t)$ に対する条件，すなわち，$F_m(\boldsymbol{x}, t)$ に関する条件とみなすこともできる．

さて，$P_m(\boldsymbol{x})$ は準保存量であるから，$P_m(\boldsymbol{x}, t)$ に対応する**流れ** $j_m(\boldsymbol{x}, t)$ の演算子が存在するものとする．すなわち，

$$\frac{\partial}{\partial t}P_m(\boldsymbol{x}, t) + \nabla\cdot j_m(\boldsymbol{x}, t) = 0 \quad (4.173)$$

とする．この流れの演算子 $j_m(\boldsymbol{x},t)$ を用いて，(4.170)を部分積分し，表面積分を無視すると，

$$\rho(t) = \exp\Bigl(-\Phi(t)-\sum_m\int d\boldsymbol{x}\Bigl[F_m(\boldsymbol{x},t)P_m(\boldsymbol{x}) \\ -\int_{-\infty}^0 e^{\varepsilon s}\Bigl\{\nabla F_m(\boldsymbol{x},t+s)\cdot j_m(\boldsymbol{x},s)+\frac{\partial F_m(\boldsymbol{x},t+s)}{\partial s}P_m(\boldsymbol{x},s)\Bigr\}ds\Bigr]\Bigr) \tag{4.174}$$

が得られる．これは，Zubarev の方法における基本的な公式である．

特に，定常的な場合には，$F_m(\boldsymbol{x},t)$ は t 依存性がなくなり，$F_m(\boldsymbol{x})$ と書けるから，(4.174)は，もっと見やすい次の形となる：

$$\rho = \exp\Bigl(-\Phi-\sum_m\int d\boldsymbol{x}\Bigl[F_m(\boldsymbol{x})P_m(\boldsymbol{x})-\int_{-\infty}^0 e^{\varepsilon s}\nabla F_m(\boldsymbol{x})\cdot j_m(\boldsymbol{x},s)ds\Bigr]\Bigr) \tag{4.175}$$

このように，非平衡統計演算子 ρ には，流れの演算子 $j_m(\boldsymbol{x},t)$ が含まれており，それによって**非平衡定常状態**が記述できることになる．実際，流れ $j_m(\boldsymbol{x})$ の期待値は

$$\langle j_m(\boldsymbol{x})\rangle = \mathrm{Tr}\,\rho j_m(\boldsymbol{x}) \tag{4.176}$$

から計算できる．これは，(4.175)の中に $\nabla F_m(\boldsymbol{x})$ が存在するため，0 でない値をとり得る．

b) 線形応答理論との関係

ここで，久保の線形応答理論との関係を議論しよう．4-2 節 a)項の議論(例えば，(4.47)式参照)からわかるように，ハミルトニアン $\mathcal{H}(t)$ が $\mathcal{H}(t)=\mathcal{H}-AF(t)$ の形に表わされるときには，密度行列 $\rho(t)$ は，線形近似の範囲で

$$\rho(t) = \Bigl(1+\frac{1}{i\hbar}\int_{-\infty}^t e^{\varepsilon(s-t)}\mathcal{H}'(s)ds\Bigr)\rho_{\mathrm{eq}}\Bigl(1-\frac{1}{i\hbar}\int_{-\infty}^t e^{\varepsilon(s-t)}\mathcal{H}'(s)ds\Bigr) \tag{4.177}$$

と書ける．ただし，$\mathcal{H}'(s)$ は，$s=t$ で $\mathcal{H}'(t)=-F(t)A$ という条件を課して，

$$\mathcal{H}'(s) = -F(s)e^{\frac{i}{\hbar}(s-t)\mathcal{H}}Ae^{-\frac{i}{\hbar}(s-t)\mathcal{H}} = -F(s)A(s-t) \tag{4.178}$$

で与えられる．ここで，$\rho_{\mathrm{eq}}=e^{-\beta\mathcal{H}-\Phi}$ と，$\dot{A}=\frac{i}{\hbar}[\mathcal{H},A]$ および久保の恒等式

(4.57)を用いると,

$$\begin{aligned}\rho(t) &= \left(1-\int_{-\infty}^{t} ds\, e^{\varepsilon(s-t)} \int_0^\beta d\lambda\, \dot{\mathcal{H}}'(s+i\hbar\lambda)\right)\rho_{\rm eq} \\ &= \left(1+\int_{-\infty}^{0} ds\, e^{\varepsilon s} F(t+s)\int_0^\beta \dot{A}(s+i\hbar\lambda)d\lambda\right)\rho_{\rm eq} \\ &\simeq \exp\left(-\Phi(t)-\beta\mathcal{H}+\beta\int_{-\infty}^{0} e^{\varepsilon s}F(t+s)\dot{A}(s)ds\right) \qquad (4.179)\end{aligned}$$

と書ける．F の線形項を指数の肩に乗せるときに，(1.92)から得られる1次の展開公式，すなわち，

$$e^{-\beta(\mathcal{H}-\mathcal{H}')} = e^{-\beta\mathcal{H}} + \int_0^\beta e^{-\lambda\mathcal{H}}\mathcal{H}' e^{\lambda\mathcal{H}} d\lambda\, e^{-\beta\mathcal{H}} + \cdots \qquad (4.180)$$

を用いた．

(4.175),(4.179)を比べるとわかるように，$\dot{A}(t)$ を流れ $j_m(\boldsymbol{x},t)$ に，$\beta F(t)$ を $\nabla F_m(\boldsymbol{x},t)$ に対応させれば，非平衡統計演算子 $\rho(t)$ は，線形応答理論の現象論的拡張になっている．しかも，その拡張は，局所平衡分布に基づいているので，熱伝導のようなハミルトニアンで表現できない摂動にも使える．しかし，非線形領域での近似の妥当性はここまでの議論では明確ではない．

c）密度行列の対数の線形近似理論

上の問題を，別の視点，すなわち，密度行列 $\rho(t)$ の対数 $\eta(t)\equiv\log\rho(t)$ に関する線形理論という立場から，もう一度議論してみよう．

ハミルトニアンが一般に $\mathcal{H}(t)$ と時間に依存する場合でも，von Neumann 方程式

$$i\hbar\frac{\partial}{\partial t}\rho(t) = [\mathcal{H}(t),\rho(t)] \qquad (4.181)$$

は，**エントロピー演算子** $\eta(t)\equiv\log\rho(t)$ に関する次の同形の方程式に変換される*：

$$i\hbar\frac{\partial}{\partial t}\eta(t) = [\mathcal{H}(t),\eta(t)] \qquad (4.182)$$

* 任意の正の整数 n に対して $i\hbar d\rho^n(t)/dt=[\mathcal{H}(t),\rho^n(t)]$ が示され，これから(4.182)が導かれる．また，補章で述べる量子解析を用いると，容易に同じ結果が得られる．

そこで，$\mathcal{H}(t)=\mathcal{H}-AF(t)$ に対して，$\eta(t)$ を $\eta(t)=-\boldsymbol{\Phi}-\beta\mathcal{H}+\Delta\eta(t)$ とおき，$F(t)$ および $\Delta\eta(t)$ の1次までの近似を行なうと，(4.182)より，

$$i\hbar\frac{\partial}{\partial t}\Delta\eta(t) = [\mathcal{H}, \Delta\eta(t)]+\beta F(t)[A, \mathcal{H}] \tag{4.183}$$

が導かれる．$\dot{A}=[A, \mathcal{H}]/i\hbar$ を用いて(4.183)を解くと，$\Delta\eta(-\infty)=0$ として

$$\Delta\eta(t) = \beta\int_{-\infty}^{t} F(s)e^{\frac{(t-s)}{i\hbar}\mathcal{H}^{\times}}\dot{A}ds = \beta\int_{-\infty}^{0} e^{\varepsilon s}F(t+s)\dot{A}(s)ds \tag{4.184}$$

となる．(4.184)の第2式では断熱因子 $e^{\varepsilon s}$ $(\varepsilon>0)$ を導入した．また，$\mathcal{H}^{\times}$ は久保の記号 $\mathcal{H}^{\times}A=[\mathcal{H}, \boldsymbol{A}]=\mathcal{H}A-A\mathcal{H}$ を表わし，等式

$$e^{\frac{it}{\hbar}\mathcal{H}^{\times}}Q = e^{\frac{it}{\hbar}\mathcal{H}}Qe^{-\frac{it}{\hbar}\mathcal{H}} = Q(t) \tag{4.185}$$

が成り立つことを用いた．

こうして，$\eta(t)$ は $F(t)$ の1次までの近似で

$$\eta(t) = -\boldsymbol{\Phi}-\beta\mathcal{H}+\beta\int_{-\infty}^{0} e^{\varepsilon s}F(t+s)\dot{A}(s)ds \tag{4.186}$$

となり，直接的に，(4.179)が導かれる．すなわち，非平衡統計演算子の方法は，密度行列の対数(すなわち，エントロピー演算子)の線形近似理論とみることもできる．

d) エントロピー演算子の一般展開理論

演算子 $\eta(t)\equiv\log\rho(t)$ の von Neumann 方程式(4.182)を摂動 $F(t)$ に関して無限次まで形式的に解いてみる．$\mathcal{H}(t)=\mathcal{H}-AF(t)$ を用いて(4.182)を変形すると，$\eta(t)=-\boldsymbol{\Phi}-\beta\mathcal{H}+\Delta\eta(t)$ によって定義された $\Delta\eta(t)$ の運動方程式

$$\frac{\partial}{\partial t}\Delta\eta(t) = \frac{1}{i\hbar}(\mathcal{H}^{\times}-F(t)A^{\times})\Delta\eta(t)+\beta F(t)\dot{A} \tag{4.187}$$

が導かれる．初期条件は，$\Delta\eta(-\infty)=0$ である．ここで，

$$\Delta\eta(t) = e^{\frac{t}{i\hbar}\mathcal{H}}f(t)e^{-\frac{t}{i\hbar}\mathcal{H}} \tag{4.188}$$

とおくと，$f(t)$ は，

$$\frac{\partial f(t)}{\partial t} = -\frac{1}{i\hbar}F(t)A^{\times}(t)f(t)+\beta F(t)\dot{A}(t) \tag{4.189}$$

を満足する．初期条件 $f(-\infty)=0$ の下で(4.189)を解くと，

$$f(t) = \beta\int_{-\infty}^{t} U_A(t,s)F(s)\dot{A}(s)ds \tag{4.190}$$

となる．ただし，

$$U_A(t,s) = \mathrm{P}\left[\exp\left(-\frac{1}{i\hbar}\int_s^t F(u)A^{\times}(u)du\right)\right] \tag{4.191}$$

である．P は時間順序演算を表わす．したがって，エントロピー演算子 $\eta(t)$ は

$$\begin{aligned}\eta(t) &= -\Phi-\beta\mathcal{H}+\beta\int_{-\infty}^{t} F(s)\left(e^{\frac{t}{i\hbar}\mathcal{H}}U_A(t,s)e^{-\frac{t}{i\hbar}\mathcal{H}}\right)\dot{A}(s-t)ds \\ &= -\Phi-\beta\mathcal{H}+\beta\int_{-\infty}^{0} F(t+s)\mathrm{P}\left(\exp\frac{1}{i\hbar}\int_0^s F(t+u)A^{\times}(u)du\right)\dot{A}(s)ds \\ &= -\Phi-\beta\mathcal{H}+\sum_{n=1}^{\infty}\Delta\eta_n(t) \end{aligned}\tag{4.192}$$

と展開できる．ここで，$\Delta\eta_n(t)$ は次のように与えられる：

$$\Delta\eta_1(t) = \beta\int_{-\infty}^{0} F(t+s)\dot{A}(s)ds \tag{4.193}$$

$$\Delta\eta_2(t) = \frac{\beta}{i\hbar}\int_{-\infty}^{0} dsF(t+s)\int_0^s F(t+s')[A(s'),\dot{A}(s)]ds'$$

……………

$$\begin{aligned}\Delta\eta_n(t) = \frac{\beta}{(i\hbar)^{n-1}}\int_{-\infty}^{0} dsF(t+s)\int_0^s dt_1\int_0^{t_1} dt_2\cdots\int_0^{t_{n-2}} dt_{n-1}F(t+t_1)F(t+t_2)\cdots \\ \times F(t+t_{n-1})[A(t_1),[A(t_2),\cdots[A(t_{n-1}),\dot{A}(s)]\cdots] \end{aligned}\tag{4.194}$$

ハミルトニアンが $\mathcal{H}(t)=\mathcal{H}-AF(t)$ の形で表わされるときには，Zubarev の統計演算子は，1 次近似 $\rho(t)=\exp(-\Phi-\beta\mathcal{H}+\Delta\eta_1(t))$ に相当している．この近似が正当化されるためには，少なくとも，$\Delta\eta_2(t)$ の効果が，$\Delta\eta_1(t)$ に比べてはるかに小さいことが必要である．これによって，Zubarev の統計演算子の妥当性の条件が与えられる．

e）熱伝導現象への応用

a)項で例としてあげた“逆温度” $\beta(\boldsymbol{x})$ が一様でない系に，Zubarev の方法を応用してみる．熱流 $j_{\mathrm{H}}(\boldsymbol{x},t)$ の期待値は，(4.176)より，$\nabla\beta(\boldsymbol{x})$ の 1 次の近似では，

$$\langle J_{\mathrm{H}}\rangle=\int\langle j_{\mathrm{H}}(\boldsymbol{x})\rangle d\boldsymbol{x}=\int_{-\infty}^{0}ds\,e^{\varepsilon s}\int d\boldsymbol{x}\int d\boldsymbol{x}'\,\nabla\beta(\boldsymbol{x}')\times\langle j_{\mathrm{H}}(\boldsymbol{x})(j_{\mathrm{H}}(\boldsymbol{x}',s)-\langle j_{\mathrm{H}}(\boldsymbol{x}',s)\rangle)\rangle \tag{4.195}$$

で与えられる．

また，“逆温度” β_1 と β_2 でそれぞれ平衡状態にある 2 つの系 $\mathcal{H}_1$ と $\mathcal{H}_2$ が相互作用 $\mathcal{H}_{12}$ で接触しているときに流れる熱流 J_{H} は，非平衡統計演算子

$$\rho=\exp\left[-\Phi-\beta_1\mathcal{H}_1-\beta_2\mathcal{H}_2+\int_{-\infty}^{0}e^{\varepsilon t}(\beta_1-\beta_2)\dot{\mathcal{H}}_{12}(t)dt\right] \tag{4.196}$$

を用いて，

$$J_{\mathrm{H}}\equiv(\beta_1-\beta_2)\int_{-\infty}^{0}dt\,e^{\varepsilon t}\int_0^1\langle\dot{\mathcal{H}}_{12}e^{-\tau(\beta_1\mathcal{H}_1+\beta_2\mathcal{H}_2)}\dot{\mathcal{H}}_{12}(t)e^{\tau(\beta_1\mathcal{H}_1+\beta_2\mathcal{H}_2)}\rangle d\tau \tag{4.197}$$

と表わされる．平均 $\langle\cdots\rangle$ は分布 $\exp(-\beta_1\mathcal{H}_1-\beta_2\mathcal{H}_2)$ について行なう．こうして，β_1 と β_2 に関する非線形の熱流の効果が調べられる．

f）相対論的な系への拡張およびその他の応用

速度やエネルギーの大きい相対論的な系では，**Lorentz 変換**に対して不変な統計演算子を組み立てなければならない．それは，**エネルギー-運動量テンソル**を用いて実行できる．こうして作られた相対論的な非平衡統計演算子を用いて，ずれ粘性，体積粘性，熱伝導率などに対する相対論的な表式が得られている．

非平衡統計演算子の方法は，拡散現象，輸送過程，緩和現象，多成分流体の流体力学などに応用されている．また，この方法は，Onsager の相反定理，非平衡過程のエントロピー生成および化学反応速度の議論などにも有効に使われている．

4-6 熱場ダイナミクス

平衡系の密度行列 $\rho_{\mathrm{eq}}=e^{-\beta\mathcal{H}}/Z(\beta)$ や非平衡統計演算子 $\rho(t)$ を用いると，A の期待値は，

$$\langle A\rangle_{\mathrm{eq}} = \mathrm{Tr}\, A\rho_{\mathrm{eq}}, \qquad \langle A\rangle_t = \mathrm{Tr}\, A\rho(t) \tag{4.198}$$

のように表わされる．一方，量子力学や場の理論では，波動関数 $|\psi\rangle$ や真空状態ベクトル $|0\rangle$ を用いて，A の期待値は，

$$\langle A\rangle = \langle\psi|A|\psi\rangle, \qquad \langle A\rangle = \langle 0|A|0\rangle \tag{4.199}$$

と与えられる．(4.198)ではトレースをとらなければならないが，(4.199)では状態ベクトルで A を両側から狭むだけですむ．そこで，統計力学的平均も，なんらかの状態ベクトルを用いて表わすことができれば，便利であろうと期待される．いままでの Hilbert 空間の範囲では，これは不可能である．これは，Hilbert 空間を 2 重に拡張することによって可能となる*.

a) 2 重 Hilbert 空間

Hilbert 空間の 1 つの完全正規直交系を $\{|\alpha\rangle\}$ とする．この Hilbert 空間と完全に同形の空間をもう 1 つ導入し，それを**チルダ空間**(tilde space)と呼ぶ．もとの空間の完全正規直交系 $\{|\alpha\rangle\}$ に対応する，このチルダ空間の完全正規直交系を $\{|\tilde{\alpha}\rangle\}$ と書くことにする．さらに，もとの空間での状態 $|m\rangle$ と $|n\rangle$ の線形結合 $u|m\rangle+v|n\rangle$ に対応するチルダ空間の状態を $(u|m\rangle+v|n\rangle)^{\sim}$ と書く．これは $|\tilde{m}\rangle$ と $|\tilde{n}\rangle$ によって，次のように表わされるものと仮定する：

$$(u|m\rangle+v|n\rangle)^{\sim} = u^*|\tilde{m}\rangle+v^*|\tilde{n}\rangle \tag{4.200}$$

ただし，u^* は u の複素共役を表わす．すなわち，$|m\rangle$ と $|\tilde{m}\rangle$ とは量子力学におけるブラとケットの関係にある．演算子 A, B についても，チルダ空間の演算子 $\tilde{A}, \tilde{B}$ の積や和に対して，次の対応関係を要請する：

---

* U. Fano: Rev. Mod. Phys. **29** (1957) 74, J. A. Crawford: Nuovo Cimento **10** (1958) 698, I. Prigogine, C. George, F. Henin and L. Rosenfeld: Chemica Scripta **4** (1973) 5, L. Leplae, F. Mancini and H. Umezawa: Phys. Rep. **10C** (1974) 151, Y. Takahashi and H. Umezawa: Collect. Phenom. **2** (1975) 55.

$$(AB)^{\sim} = \tilde{A}\tilde{B}, \qquad (c_1A+c_2B)^{\sim} = c_1{}^*\tilde{A}+c_2{}^*\tilde{B} \tag{4.201}$$

さて，2 重空間の中で次の状態 $|I\rangle$ を定義する：

$$|I\rangle = \sum_n |n\rangle|\tilde{n}\rangle \equiv \sum_n |n, \tilde{n}\rangle \tag{4.202}$$

一般に，$|m\rangle|\tilde{n}\rangle$ を $|m, \tilde{n}\rangle$ と略して書くことにする．通常，熱場ダイナミクス(thermo field dynamics，TFD)では，$|n\rangle$ として系のハミルトニアン $\mathcal{H}$ の固有状態が用いられている．すなわち，固有値を E_n として

$$\mathcal{H}|n\rangle = E_n|n\rangle \tag{4.203}$$

である．しかし，条件(4.200)を用いると，(4.202)で定義される 2 重空間の状態 $|I\rangle$ は，完全正規直交系のとり方によらないことが容易に示される*．つまり，$\{|\alpha\rangle\}$ を任意の完全正規直交系として，状態 $|n\rangle$ を

$$|n\rangle = \sum_\alpha U_{n\alpha}|\alpha\rangle \tag{4.204}$$

と表わすことにする．ここで，条件より，$U=(U_{n\alpha})$ は，ユニタリ行列である．すなわち，$U^\dagger=U^{-1}$ である．したがって，(4.200)を用いると，

$$\begin{aligned} |I\rangle &= \sum_n |n, \tilde{n}\rangle = \sum_n |n\rangle|\tilde{n}\rangle = \sum_n\sum_\alpha\sum_\gamma U_{n\alpha}U_{n\gamma}{}^*|\alpha, \tilde{\gamma}\rangle \\ &= \sum_\alpha\sum_\gamma\left(\sum_n U_{n\alpha}U_{n\gamma}{}^*\right)|\alpha, \tilde{\gamma}\rangle = \sum_\alpha\sum_\gamma \delta_{\alpha\gamma}|\alpha, \tilde{\gamma}\rangle = \sum_\alpha |\alpha, \tilde{\alpha}\rangle \end{aligned} \tag{4.205}$$

が導かれる．こうして，2 重空間の状態 $|I\rangle$ は，完全正規直交系のとり方にはよらないことがわかる．すなわち，$|I\rangle$ は表示によらず，不変である．

上に示した状態 $|I\rangle$ を用いると，もとの Hilbert 空間の任意の演算子 A のトレースは

$$\mathrm{Tr}\, A = \langle I|A|I\rangle \tag{4.206}$$

と書ける．なぜなら，

$$\begin{aligned} \langle I|A|I\rangle &= \sum_{\alpha,\gamma}\langle\tilde{\gamma}, \gamma|A|\alpha, \tilde{\alpha}\rangle = \sum_{\alpha,\gamma}\langle\gamma|A|\alpha\rangle\langle\tilde{\gamma}|\tilde{\alpha}\rangle \\ &= \sum_{\alpha,\gamma}\delta_{\alpha\gamma}\langle\gamma|A|\alpha\rangle = \sum_\alpha\langle\alpha|A|\alpha\rangle = \mathrm{Tr}\, A \end{aligned} \tag{4.207}$$

---

* M. Suzuki: J. Phys. Soc. Jpn. **54** (1985) 4483 参照．

となるからである．こうして，トレースを状態 $|I\rangle$ に関する平均で表わすことができる．しかも，$|I\rangle$ の表示によらない不変性が，この定式化の妥当性を保証している．次項でこの応用を述べる．

b) 統計演算子と 2 重 Hilbert 空間における統計的状態

さて，統計力学的平均(4.198)を状態の期待値で表わすには，以下のようにする．統計演算子 ρ（すなわち，平衡状態の密度行列 ρ_{eq} や非平衡系の密度行列 $\rho(t)$）に対して，その正値性を利用して，$\rho^{1/2}$ を定義する．これは，$(\rho^{1/2})^2=\rho$ となるように定義される．具体的には，適当に，正値性を使って $\rho=e^{\eta}$ と書き，$\rho^{1/2}=\exp\left(\frac{1}{2}\eta\right)$ によって定義する．これを用いて，2 重 Hilbert 空間における統計的状態(statistical state) $|\Psi\rangle$ を次のように導入する：

$$|\Psi\rangle = \rho^{1/2}|I\rangle \tag{4.208}$$

この状態 $|\Psi\rangle$ を用いると，(4.206)の性質を利用して，

$$\langle A\rangle = \mathrm{Tr}\, A\rho = \langle\Psi|A|\Psi\rangle \tag{4.209}$$

と表わされる．統計演算子が時間による場合には，

$$|\Psi(t)\rangle = \rho^{1/2}(t)|I\rangle \tag{4.210}$$

を用いて，時刻 t における A の平均 $\langle A\rangle_t$ は，

$$\langle A\rangle_t = \langle\Psi(t)|A|\Psi(t)\rangle \tag{4.211}$$

と表わされることになる．

(4.210)を用いると，Liouville 方程式

$$i\hbar\frac{\partial}{\partial t}\rho(t) = [\mathcal{H}(t), \rho(t)] \tag{4.212}$$

は，

$$i\hbar\frac{\partial}{\partial t}|\Psi(t)\rangle = \hat{\mathcal{H}}(t)|\Psi(t)\rangle; \qquad \hat{\mathcal{H}}(t) = \mathcal{H}(t)-\tilde{\mathcal{H}}(t) \tag{4.213}$$

と書き直せる．ただし，$[\mathcal{H}(t), \tilde{\mathcal{H}}(t)]=0$ と仮定した．方程式*

$$i\hbar\frac{\partial}{\partial t}\rho^{1/2}(t) = [\mathcal{H}(t), \rho^{1/2}(t)] \tag{4.214}$$

---

* $U^{\dagger}(t,t_0)=\mathrm{P}\left(\exp\left(\frac{1}{i\hbar}\int_{t_0}^{t}\mathcal{H}(s)ds\right)\right)$ を用いて，$\rho^{1/2}(t)$ が $\rho^{1/2}(t)=U^{\dagger}(t,t_0)\rho^{1/2}(t_0)U(t,t_0)$ と書けることから，(4.214)は導かれる．

を用いることによって，(4.213)は次のように容易に導かれる．すなわち，

$$i\hbar\frac{\partial}{\partial t}|\Psi(t)\rangle = [\mathcal{H}(t), \rho^{1/2}(t)]|I\rangle = \mathcal{H}(t)\rho^{1/2}(t)|I\rangle - \rho^{1/2}(t)\mathcal{H}(t)|I\rangle$$
$$= \mathcal{H}(t)|\Psi(t)\rangle - \rho^{1/2}(t)\tilde{\mathcal{H}}(t)|I\rangle = \mathcal{H}(t)|\Psi(t)\rangle - \tilde{\mathcal{H}}(t)\rho^{1/2}(t)|I\rangle$$
$$= (\mathcal{H}(t) - \tilde{\mathcal{H}}(t))|\Psi(t)\rangle = \hat{\mathcal{H}}(t)|\Psi(t)\rangle \tag{4.215}$$

となる．このようにして，非平衡系の時間変化は，2重 Hilbert 空間における状態 $|\Psi(t)\rangle$ に対する Schrödinger 的な方程式(4.213)によって記述されることになり，便利である．

c) 熱平衡状態と熱場ダイナミクス(TFD)

熱平衡状態は，(4.208)で統計演算子 ρ を平衡分布 ρ_{eq} とした熱場 $|\mathrm{O}(\beta)\rangle = {\rho_{\mathrm{eq}}}^{1/2}|I\rangle$ によって表わされる．すなわち，

$$\langle A\rangle_{\mathrm{eq}} = \langle \mathrm{O}(\beta)|A|\mathrm{O}(\beta)\rangle \tag{4.216}$$

となる．$|\mathrm{O}(\beta)\rangle$ の β は，$\beta=1/k_{\mathrm{B}}T$ を表わす．

このような定式化は，量子モンテカルロ法に応用することができる．すなわち，まったくランダムな高温の極限 $\beta=0$ の状態 $|\mathrm{O}(0)\rangle=|I\rangle$ から出発して，$\exp\left(-\frac{1}{2}\beta\mathcal{H}\right)$ の効果を次のようにして徐々に入れていくことができる：

$$|\mathrm{O}(\beta)\rangle = e^{-\frac{1}{2}\beta\mathcal{H}}|I\rangle = e^{-\frac{1}{2}\beta\mathcal{H}}|\mathrm{O}(0)\rangle$$
$$= e^{-\frac{1}{2}(\beta-\beta_n)\mathcal{H}}e^{-\frac{1}{2}(\beta_n-\beta_{n-1})\mathcal{H}}\cdots e^{-\frac{1}{2}(\beta_2-\beta_1)\mathcal{H}}e^{-\frac{1}{2}\beta_1\mathcal{H}}|\mathrm{O}(0)\rangle \tag{4.217}$$

ただし，$\beta_j-\beta_{j-1}\ll\beta$ とする．つまり，$\Delta\beta_j\equiv\frac{1}{2}(\beta_j-\beta_{j-1})\ll\beta$ であれば，ハミルトニアン $\mathcal{H}$ を，次のように，それぞれ容易に対角化できる成分

$$\mathcal{H} = \mathcal{H}_1+\mathcal{H}_2+\cdots+\mathcal{H}_q \tag{4.218}$$

に分割し，

$$e^{-\Delta\beta_j\mathcal{H}} \simeq e^{-\Delta\beta_j\mathcal{H}_1}e^{-\Delta\beta_j\mathcal{H}_2}\cdots e^{-\Delta\beta_j\mathcal{H}_q} \tag{4.219}$$

と近似することによって，$|\mathrm{O}(\beta)\rangle$ が具体的に数値的に計算できる*．これは，Trotter 分解(2.180)の，非一様な分解への拡張になっている．これを量子ス

* 本叢書『経路積分の方法』第5章参照.

ピン系などに応用してみるとわかるように，最初 $|n, \tilde{n}\rangle$ から出発しても，やがて $|m, \tilde{n}\rangle$ という様々な状態が現われてきて，大きな記憶容量のコンピューターが必要となるという難点がこの方法にはある．しかし，物理的状態の時間変化を見るのには便利である．

d） 散逸系への応用

可逆な Liouville 方程式に散逸項の加わった次の方程式を考えてみよう：

$$\frac{\partial}{\partial t}\rho(t) = \frac{1}{i\hbar}[\mathcal{H}(t), \rho(t)] + \Lambda(t)\rho(t) + \rho(t)\Lambda(t) \qquad (4.220)$$

右辺の第2項と第3項が散逸項を表わす．ここでは，それらの具体的な表式には立ち入らず，(4.220)の一般的な解の求め方を2重 Hilbert 空間の方法で説明する．(4.220)の $\rho(t)$ に関する任意の物理量 Q の時刻 t における期待値 $\langle Q\rangle_t = \mathrm{Tr}\, Q\rho(t)$ は，$\langle Q\rangle_t = {}_\Lambda\langle\Psi(t)|Q|\Psi(t)\rangle_\Lambda$ と書ける．ただし，$|\Psi(t)\rangle_\Lambda$ は初期条件 $|\Psi(t_0)\rangle_\Lambda = \rho(t_0)^{1/2}|I\rangle$ を持つ次の方程式

$$\frac{\partial}{\partial t}|\Psi(t)\rangle_\Lambda = \left(\frac{1}{i\hbar}\mathcal{H}(t) + \Lambda(t)\right)|\Psi(t)\rangle_\Lambda \qquad (4.221)$$

の解である．すなわち

$$|\Psi(t)\rangle_\Lambda = \mathrm{P}\left(\exp\int_{t_0}^{t}\left(\frac{1}{i\hbar}\mathcal{H}(s) + \Lambda(s)\right)ds\right)|\Psi(t_0)\rangle_\Lambda \qquad (4.222)$$

と表わされる．ただし，$\Lambda(t)$ は Hermite 演算子とする．このように，2重 Hilbert 空間で扱うと見通しがよいことがある．もちろん，普通の方法でも同じ結果に到達できる．ただ，近似的に議論する場合には，その近似の物理的よさは表示法や定式化の仕方に依存することが多いので，問題に応じて都合のよい定式化を利用することが肝要である．

4-7 確率過程と秩序生成の理論

4-1 節や 4-3 節で議論したように，自然現象，特に，巨視的な系の時間変化を調べる際には，着目する巨視的変数以外の自由度については，問題とする巨視

的変数に比べて速く変動するのでランダムな力とみなし，Langevin 方程式の形に問題を定式化すると便利なことが多い．これは数学的には，確率微分方程式を扱うことになる．

a） 確率積分と確率微分方程式

一般の確率過程を議論するために，まず，Wiener 過程 $W(t)$ を次のように定義する．ここでは拡散係数 D を ε と書くことにすると，$W(t)$ は

$$\langle W(t)\rangle = 0, \quad \langle W(t_1)W(t_2)\rangle = 2\varepsilon \min(t_1, t_2) \tag{4.223}$$

を満たし，しかも Gauss 過程になっている，すなわち，

$$\langle W_1 W_2 \cdots W_{2n}\rangle = \sum_{\text{対の積の和}} \prod \langle W_{j_1} W_{j_2}\rangle \tag{4.224}$$

を満たしている．例えば，$n=2$ の場合は，

$$\langle W_1 W_2 W_3 W_4\rangle = \langle W_1 W_2\rangle\langle W_3 W_4\rangle + \langle W_1 W_3\rangle\langle W_2 W_4\rangle + \langle W_1 W_4\rangle\langle W_2 W_3\rangle \tag{4.225}$$

となる．奇数個の積の平均はいつも 0 である．物理では，$W(t)$ の代りに，その微分 $\eta(t)=dW(t)/dt$ を用いることが多い．これはランダムな力を表わす．その相関関数は(4.223)の第 2 式より，

$$\langle \eta(t)\eta(t')\rangle = 2\varepsilon\delta(t-t') \tag{4.226}$$

となる．もちろん，$\langle\eta(t)\rangle=0$ である．逆に，このランダムな力 $\eta(t)$ を用いると，Wiener 過程 $W(t)$ は次のように表わされる：

$$W(t) = \int_0^t \eta(s)ds \tag{4.227}$$

一般の確率過程 $x(t)$ がこの Wiener 過程 $W(t)$ または $\eta(t)$ の汎関数として，適当な境界条件の下に $x(t)=F(\{\eta(t)\})$ のように与えられれば，$x(t)$ の任意のモーメントまたは任意の関数の期待値は，$\eta(t)$ に関する平均をとることによって原理的に求められる．しかし，多くの場合，それは，$x(t)$ に関する適当な微分方程式や積分方程式の形で与えられる．例えば，

$$\frac{d}{dt}x(t) = f(x) + g(x)\eta(t) \tag{4.228}$$

の微分方程式を考えてみる．これを積分すると，

$$x(t) = \int_0^t f(x(s))ds + \int_0^t g(x(s))dW(s) \tag{4.229}$$

となる．ここで，$W(s)$ は，いたるところ微分不可能な(2 乗平均連続)関数であるため，(4.229)の右辺の第 2 項の積分には，通常の Riemann 積分などとは違った特徴が現われる．

さて，任意の時間分割 $a \equiv t_0, t_1, t_2, \cdots, t_n \equiv b$ に対して，$W_k \equiv W(t_k)$，$\Delta_n \equiv \max\{|t_{k+1}-t_k|\}$ として，次のような積分の定義を考える：

$$(\mathrm{I})\int_a^b f(W(t))dW(t) = \lim_{\substack{n\to\infty \\ \Delta_n\to 0}} \sum_{k=0}^{n-1} f(W_k)(W_{k+1}-W_k) \tag{4.230}$$

これが有名な**伊藤(Itô)の確率積分**の定義である．この伊藤の積分の大きな特徴の 1 つは，区間の左端の点での関数値 $f(W_k)$ を用いる点である．このため，$f(W_k)$ と $(W_{k+1}-W_k)$ とは互いに独立で，$\langle f(W_k)(W_{k+1}-W_k)\rangle=0$ となる．これに対応して，ノイズ $\eta(t)$ との積の平均 $\langle g(x)\eta(t)\rangle$ は，この伊藤の定義では，$\langle g(x)\eta(t)\rangle(\mathrm{I})=0$ となる．したがって，この伊藤の積分の定義を用いると，(4.228)の平均に関する方程式は $d\langle x(t)\rangle/dt=\langle f(x)\rangle$ となる．

これに対して，区間の中点での関数値 $f\left(\frac{W_k+W_{k+1}}{2}\right)$ を用いて定義する次の **Stratonovich の積分**がある：

$$(\mathrm{S})\int_a^b f(W(t))dW(t) = \lim_{\substack{n\to\infty \\ \Delta_n\to 0}} \sum_{k=0}^{n-1} f\left(\frac{W_k+W_{k+1}}{2}\right)(W_{k+1}-W_k) \tag{4.231}$$

この定義によれば，明らかに，$\langle g(x)\eta(t)\rangle(\mathrm{S}) \neq 0$ となり，伊藤の定義とは異なる結果を与えることになる．数学的には，伊藤の定義の方が便利であるが，物理現象を記述する方程式としては，Stratonovich の定義による方が自然である．何故なら，自然現象は，(4.226)のようなデルタ関数的なノイズではなく，一般に滑らかなノイズであり，その相関は，例えば，

$$\langle \eta(t)\eta(t')\rangle = \frac{\varepsilon}{\tau}\exp\left[-\frac{|t-t'|}{\tau}\right] \tag{4.232}$$

のような形になるのがより自然である．(4.232)で $\tau\to 0$ の極限をとると，(4.

226)となる．滑らかなノイズの場合には，通常の積分で知られているように，区間のどの点の関数を用いても同じ結果になるはずで，$\tau \to 0$ の極限で得られるのは，Stratonovich の積分の方である．

この事情をもっとよく理解するには，Stratonovich の定義を一般化して，次のように任意に**対称化された**(symmetrized，略して SM 型の)**確率積分**を導入すると便利である*：

$$(\mathrm{SM})\int_a^b f(W(t))dW(t) = \lim_{\substack{n\to\infty \\ \Delta_n\to 0}} \sum_{k=0}^{n-1} f_{\mathrm{sym}}(W_k, W_{k+1})(W_{k+1}-W_k) \quad (4.233)$$

ただし，$f_{\mathrm{sym}}(x, y)$ は，$f(x)$ に対して条件 $f_{\mathrm{sym}}(y, x)=f_{\mathrm{sym}}(x, y)$ と $f_{\mathrm{sym}}(x, x)=f(x)$ を満たすように任意に対称化した関数である．例えば，

(i) $f_{\mathrm{sym}}(x, y) = f\left(\dfrac{x+y}{2}\right)$, (ii) $f_{\mathrm{sym}}(x, y) = \dfrac{1}{2}\{f(x)+f(y)\}$

(iii) $f_{\mathrm{sym}}(x, y) = \displaystyle\sum_{n=0}^{\infty} \frac{1}{n!} f^{(n)}(0)\{x, y\}_{\mathrm{sym}}^{(n)}$；

$$\{x, y\}_{\mathrm{sym}}^{(n)} = \frac{1}{n+1}(x^n + x^{n-1}y + \cdots + xy^{n-1} + y^n) \quad (4.234)$$

などは典型的な $f_{\mathrm{sym}}(x, y)$ の例である．(i)の場合が Stratonovich の定義にあたる．したがって，(4.233)は，(4.231)を特別の場合として含む一般化された定義になっている．この定義に対して，次の定理が証明できる：

定理：$f_{\mathrm{sym}}(x, y) \in C^1$(1階微分連続)ならば，(4.233)は確率収束し，極限値は f_{sym} の作り方によらず，一意的である．

この定理によって，どのようなタイプの相関のあるノイズの極限をとっても常に Stratonovich 型の確率積分となり，通常の微積分と同じになることが示せる．例えば，(4.234)の(iii)の定義の $f_{\mathrm{sym}}(x, y)$ を用いると，$f(x)$ の通常の不定積分を $F(x)=\int f(x)dx$ として，

$$(\mathrm{S})\int_a^b f(W(t))dW(t) = (\mathrm{SM})\int_a^b f(W(t))dW(t)$$

* 詳しくは，M. Suzuki: Prog. Theor. Phys. Supple. **69** (1980) 160 参照．

$$= \lim_{\substack{n\to\infty \\ \Delta_n\to 0}} \sum_{k=0}^{n-1} \sum_{m=0}^{\infty} \frac{1}{m!} f^{(m)}(0)\{W_k, W_{k+1}\}_{\text{sym}}^{(m)}(W_{k+1}-W_k)$$

$$= \lim_{\substack{n\to\infty \\ \Delta_n\to 0}} \sum_{k=0}^{n-1} \sum_{m=0}^{\infty} \frac{1}{(m+1)!} f^{(m)}(0)(W_{k+1}^{m+1}-W_k^{m+1})$$

$$= \lim_{\substack{n\to\infty \\ \Delta_n\to 0}} \sum_{k=0}^{n-1} \{F(W_{k+1})-F(W_k)\} = F(W(b))-F(W(a)) \qquad (4.235)$$

となる．こうして，対称化された確率積分(SM)の定義を用いれば，通常の微積分とまったく同様に演算をすればよいことになり便利である．そのかわり，(4.228)のような微分方程式の平均をとると，

$$(\mathrm{S})\frac{d}{dt}\langle x(t)\rangle = \langle f(x)\rangle + \langle g(x)\eta(t)\rangle \qquad (4.236)$$

となり，$\langle g(x)\eta(t)\rangle$ も 0 にならない．

そこで，伊藤タイプと Stratonovich タイプの積分との間の関係が必要になるが，それに対して次の公式が知られている：

$$(\mathrm{S})\int_a^b f(W(t))dW(t) = (\mathrm{I})\int_a^b f(W(t))dW(t) + \frac{1}{2}\int_a^b \frac{\partial f(W(t))}{\partial W(t)} b(W(t))dt \qquad (4.237)$$

ただし，

$$b(y) = \lim_{\Delta t\to +0} \langle\{W(t+\Delta t)-W(t)\}^2/\Delta t\rangle_{W(t)=y} = 2\varepsilon \qquad (4.238)$$

である．$W(t)$ が Wiener 過程のときは $b(y)$ は y によらなくなる．(4.237)を微分形で書くと，

$$(\mathrm{S})f(W)dW = (\mathrm{I})f(W)dW + \varepsilon\frac{\partial f}{\partial W}dt \qquad (4.239)$$

となる．これを用いると，伊藤流に与えられた**確率微分方程式**

$$(\mathrm{I})dx = f(x,t)dt + g(x,t)dW \qquad (4.240)$$

は，次の対称化された確率微分方程式に変換される：

$$(\mathrm{S})dx = \left(f - \varepsilon g\frac{\partial g}{\partial x}\right)dt + gdW \qquad (4.241)$$

ランダムな力 $\eta(t)$ を用いて，通常の物理で使われる Langevin 方程式の形で書くと

$$\frac{dx}{dt}=f-\varepsilon g\frac{\partial g}{\partial x}+g(x,t)\eta(t) \tag{4.242}$$

となる．これらの定式化は，次項以降において，秩序生成などの問題を議論するのに使われる．

b） 久保の確率的 Liouville 方程式

一般に，確率微分方程式，物理的な言葉では，**Langevin 方程式**が

$$\frac{dx}{dt}=F(x,\eta(t),t) \tag{4.243}$$

の形に与えられた物理的な問題を考える．この系のゆらぎと緩和を議論するのにはいろいろな方法がある．その1つとして，久保によって導入された*，次の**確率的 Liouville 方程式**

$$\frac{\partial}{\partial t}\rho(x,t) = -\frac{\partial}{\partial x}F(x,\eta(t),t)\rho(x,t) \tag{4.244}$$

の方法を説明する．ここで，$\rho(x,t)$ は，1つのサンプルパス $\{\eta(t)\}$ に対して，系が時刻 t に x という値をとる確率(分布)を表わす．これはいわば，中間的な分布関数で，ランダム変数 $\eta(t)$ の汎関数である．通常の確率分布関数 $P(x,t)$ は，この $\rho(x,t)$ を $\eta(t)$ に関して平均して次のように求められる：

$$P(x,t)=\langle\rho(x,t)\rangle \tag{4.245}$$

さて，(4.244)は確率の保存を表わす方程式であり，$\rho(x,t)$ に関して線形であるから，形式的に解くことができる．特に，$F(x,\eta(t),t)$ が $\eta(t)$ の線形汎関数で与えられ，(4.243)が，適当な関数 $\alpha(x,t)$ および $\beta(x,t)$ を用いて，

$$\frac{dx}{dt}=\alpha(x,t)+\beta(x,t)\eta(t) \tag{4.246}$$

と与えられている場合には，それに対応する(4.244)は，次の形となる：

---

* 詳しくは，R. Kubo: J. Phys. Soc. Jpn. 4 (1963) 174 参照．

$$\frac{\partial}{\partial t}\rho(x,t) = -\frac{\partial}{\partial x}\alpha(x,t)\rho - \eta(t)\frac{\partial}{\partial x}\beta(x,t)\rho$$
$$\equiv (\mathcal{L}_0(t)+\eta(t)\mathcal{L}_1(t))\rho(x,t) \qquad (4.247)$$

これを解くために，$\partial V_0(x,t)/\partial t=\mathcal{L}_0(t)V_0(x,t)$ の解 $V_0(x,t)$ を求めると

$$V_0(x,t) = \mathrm{P}\Big(\exp\int_0^t \mathcal{L}_0(s)ds\Big)V_0(x,0) \qquad (4.248)$$

となる．これを用いると，(4.247)の解は，

$$\rho(x,t) = V_0(x,t)\mathrm{P}\Big(\exp\int_0^t V_0{}^\dagger(s)\eta(s)\mathcal{L}_1(s)V_0(s)ds\Big)\cdot\rho(x,0) \qquad (4.249)$$

と形式的に与えられる．そこで，分布関数 $P(x,t)$ を求めるために，$\rho(x,t)$ を $\eta(t)$ に関して平均する．こうして，

$$P(x,t) = \langle\rho(x,t)\rangle$$
$$= V_0(x,t)\Big\langle \mathrm{P}\Big(\exp\int_0^t V_0{}^\dagger(s)\mathcal{L}_1(s)V_0(s)\cdot\eta(s)ds\Big)\Big\rangle P(x,0) \qquad (4.250)$$

が得られる．ここで，$Q(s)=V_0{}^\dagger(s)\mathcal{L}_1(s)V_0(s)$ とおくと，$\eta(s)$ が Gauss 的で白色であること，すなわち，(4.226)より，

$$\Big\langle \mathrm{P}\Big(\exp\int_0^t Q(s)\eta(s)ds\Big)\Big\rangle = \mathrm{P}\Big(\exp\int_0^t dt_1\int_0^{t_1} dt_2\langle\eta(t_1)\eta(t_2)\rangle Q(t_1)Q(t_2)\Big)$$
$$= \mathrm{P}\Big(\exp\varepsilon\int_0^t (Q(s))^2 ds\Big) \qquad (4.251)$$

が導かれる．これより，次の有名な一般化された **Fokker-Planck 方程式**

$$\frac{\partial}{\partial t}P(x,t) = -\frac{\partial}{\partial x}\alpha(x,t)P(x,t)+\varepsilon\frac{\partial}{\partial x}\beta(x,t)\frac{\partial}{\partial x}\beta(x,t)P(x,t) \qquad (4.252)$$

が求められる．これは，あとで秩序生成の問題を議論する際の基礎的な方程式である．特に，$\beta(x,t)=1$，$\alpha(x,t)=\alpha(x)$ の場合には，よく知られた次の Fokker-Planck 方程式となる：

$$\frac{\partial}{\partial t}P(x,t) = \Big(-\frac{\partial}{\partial x}\alpha(x)+\varepsilon\frac{\partial^2}{\partial x^2}\Big)P(x,t) \qquad (4.253)$$

さらに，$\alpha(x)\equiv 0$ とおくと，拡散方程式が得られる．ε は拡散係数を表わす．

c) 確率的な線形応答を利用する方法

上の結果(4.252)を導くもう1つの便利な方法を説明する．それは，$P(x,t)=\langle\delta(x(t)-x)\rangle$ を用いて，

$$\frac{\partial}{\partial t}P(x,t) = -\frac{\partial}{\partial x}\langle\dot{x}(t)\delta(x(t)-x)\rangle$$
$$= -\frac{\partial}{\partial x}\alpha(x,t)P(x,t)-\frac{\partial}{\partial x}\beta(x,t)\langle\eta(t)\delta(x(t)-x)\rangle \quad (4.254)$$

として，Novikov の定理(Gauss 過程 $\eta(t)$ に対して成立する定理)

$$\langle\eta(t)f(x(t))\rangle = \int_0^t ds\langle\eta(t)\eta(s)\rangle\left\langle\frac{\delta f(x(t))}{\delta\eta(s)}\right\rangle \quad (4.255)$$

を用いる方法である．(4.255)より

$$\langle\eta(t)\delta(x(t)-x)\rangle = -\frac{\partial}{\partial x}\int_0^t ds\langle\eta(t)\eta(s)\rangle\left\langle\frac{\delta x(t)}{\delta\eta(s)}\delta(x(t)-x)\right\rangle \quad (4.256)$$

が得られる．ランダムな力 $\eta(t)$ を $\eta(t)+\Delta\eta(t)$ と変化させたときの x の応答を $x(t)+\Delta x(t)$ として，線形応答の公式*

$$\frac{\delta x(t)}{\delta\eta(t')} = \frac{\partial\Delta x(t)}{\partial\Delta\eta(t')} = \theta(t-t')F_\eta(x(t'),\eta(t'),t')\exp\int_{t'}^t F_x(x(s),\eta(s),s)ds \quad (4.257)$$

を利用すると，再び Fokker-Planck 方程式(4.252)が導かれる．ただし，F_η は η に関する F の微分，F_x は x に関する微分を表わす．

d) 平衡から遠く離れた系の取扱い方——Ω 展開

ノイズの強さ ε は多くの場合，系のサイズ Ω に逆比例して小さくなることが

---

* (4.243)より，$\Delta x(t)$ と $\Delta\eta(t)$ の1次までの範囲で $\frac{d}{dt}\Delta x(t)=F_x(x(t),\eta(t),t)\Delta x(t)+F_\eta(x(t),\eta(t),t)\Delta\eta(t)$ が導かれ，これを $\Delta x(0)=0$ の初期条件の下で解くと，

$$\Delta x(t) = \int_0^t\left\{\exp\int_{t'}^t F_x(x(s),\eta(s),s)ds\right\}F_\eta(x(t'),\eta(t'),t')\Delta\eta(t')dt'$$

となる．これを $\Delta\eta(t')$ で**汎関数微分**すると，(4.257)が得られる．これを**確率的な線形応答**という．

多い．この場合には，Ω を大きくして漸近評価を行なうと便利である．いま，簡単のために，$\varepsilon=1/\Omega$ とする．巨視的な秩序変数 $X(t)$ を系のサイズ Ω で割って規格化した秩序変数を $x(t)$ とする．すなわち，$x(t)=X(t)/\Omega=\varepsilon X(t)$ とする．ここで，van Kampen にしたがって，秩序変数 $x(t)$ を系統的に変化する部分 $y(t)$ とゆらぎの部分 $\sqrt{\varepsilon}\,\xi(t)$ に分ける：

$$x(t) = y(t)+\sqrt{\varepsilon}\,\xi(t) \tag{4.258}$$

これを，(4.246)，すなわち，$dx/dt=\alpha(x,t)+\beta(x,t)\eta(t)$ に代入して，1 のオーダーと $\sqrt{\varepsilon}$ のオーダーに分離すると，

$$\frac{d}{dt}y(t) = \alpha(y(t),t) \tag{4.259}$$

および

$$\frac{d}{dt}\xi(t) = \alpha_x(y(t),t)\xi(t)+\beta(y(t),t)\eta(t) \tag{4.260}$$

が得られる．これを解いて，ゆらぎの分散 $\sigma(t)=\langle\xi^2(t)\rangle$ を求めると，

$$\sigma(t) = \exp\left\{2\int_0^t \alpha_x(y(s),s)ds\right\}\left[2\varepsilon\int_0^t \exp\left(-2\int_0^s \alpha_x(y(u),u)du\right)\right.$$
$$\left.\times\beta^2(y(s),s)ds+\langle\xi^2(0)\rangle\right] \tag{4.261}$$

となる．特に，$\alpha(x,t)$ および $\beta(x,t)$ が顕わに t によらないときは，本質的に

$$\sigma(t) \propto \exp\left\{2\int_0^t \alpha_x(y(s))ds\right\} = \exp\left(2\int_{y(0)}^{y(t)} \frac{d\alpha(y)}{\alpha(y)dy}dy\right)\left[\frac{\alpha(y(t))}{\alpha(y(0))}\right]^2 \tag{2.262}$$

である．もし，系に不安定点(それを $x=0$ とする)があれば，$\alpha(0)=0$，$\alpha'(0)\equiv\gamma>0$ とおける．例えば，$\alpha(x)=\gamma x-gx^3$ のような場合が典型的な例である．このとき，ゆらぎ $\sigma(t)$ は，(2.262)から

$$\sigma(t) \propto \frac{\alpha^2(y(t))}{\delta^2} \propto \frac{1}{\delta^2} \tag{4.263}$$

となる．ただし，δ は不安定点からの初期値のずれを表わす．要するに，初期

値が不安定点に近ければ近いほど，そのずれδの2乗に逆比例して，途中($t_1 \sim \log(1/\delta)$)でのゆらぎが図4-2のように異常に大きくなる．これを**異常揺動定理**(anomalous fluctuation theorem)と呼ぶ*．これは，不安定点近傍の緩和で一般的に起こる現象であり，レーザー，超放射現象，磁化過程(T_c以下に急冷した場合)，化学反応などで実際に観測される．社会現象でも，不安定状態に急に置かれたとき，安定な状態に落ちつくまでに途中で大きなゆらぎが現われるようである．これも異常揺動定理の1つの例とみることができる．

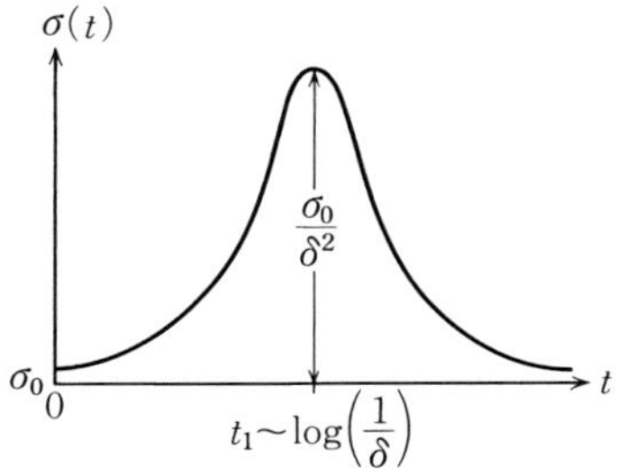

図4-2 異常揺動定理の模式図．

以上の取扱いは，自由度が多い場合にも同様に拡張できる．その場合には，$y(\boldsymbol{r}, t)$ ($\boldsymbol{r}$は場所を表わす)と残りのゆらぎの部分$\xi(\boldsymbol{r}, t)$のスケーリングの性質が異なるとして分析すると便利である．

e) 久保の示量性の仮説とLyapunov関数

非平衡系でも，系のサイズが十分大きい熱力学的極限では，熱平衡系の自由エネルギーに対応して，時刻tで巨視変数Xが現われる確率$P(X, t)$は，次のような示量性を示す：

$$P(X, t) = C \exp[\Omega \varphi(X/\Omega, t)] \tag{4.264}$$

この久保によって導入された**示量性の仮説**は，微視的な系で極めて一般的な条件の下に証明されている．

この示量性の仮説を利用して，$x = X/\Omega$に対する確率分布$P(x, t)$の漸近評価をしてみる．

* R. Kubo, K. Matsuo and K. Kitahara: J. Stat. Phys. **9** (1973) 51，および M. Suzuki: Prog. Theor. Phys. **53** (1975) 1657, *ibid*. **55** (1976) 383, 1064 参照．

まず，巨視的な変数 X に対するマスター方程式を説明する．いま，X の確率的な変動が **Markoff 過程**であるとする．すなわち，時刻 t の状態だけで $t+\Delta t$ の状態が決定されるものとする．このとき，系が時刻 t で X という値をとる確率を $P(X,t)$ とすると，次の **Chapman-Kolmogorov 方程式**が成立する：

$$\frac{\partial}{\partial t}P(X,t) = -\int_{-\infty}^{\infty} W(X\to X',t)P(X,t)dX' + \int_{-\infty}^{\infty} W(X'\to X,t)P(X',t)dX \tag{4.265}$$

ここで，$W(X\to X',t)$ は，時刻 t において，単位時間当り，X から X' へ遷移する確率を表わす．いま，系のサイズを Ω として，

$$W(X\to X+r,t) = \Omega w(x,r,t) \tag{4.266}$$

の形の**遷移確率**を仮定する．ただし，$x=X/\Omega$ である．

このとき，(4.265)のマスター方程式は，$P(x,t)=\Omega P(X,t)$ という**確率密度**に対して

$$\varepsilon\frac{\partial}{\partial t}P(x,t) = -\int_{-\infty}^{\infty} w(x,r,t)drP(x,t) + \int_{-\infty}^{\infty} w(x-\varepsilon r,r,t)drP(x-\varepsilon r,t) \tag{4.267}$$

となる．ただし，$\varepsilon=1/\Omega$ である．(4.267)は形式的に次のように変形される：

$$\varepsilon\frac{\partial}{\partial t}P(x,t) = -\int_{-\infty}^{\infty} dr\left[1-\exp\left(-\varepsilon r\frac{\partial}{\partial x}\right)\right]w(x,r,t)P(x,t) \tag{4.268}$$

さらに，これを ε に関して展開すると

$$\frac{\partial}{\partial t}P(x,t) = \sum_{n=1}^{\infty}\frac{(-1)^n}{n!}\varepsilon^{n-1}\left(\frac{\partial}{\partial x}\right)^n c_n(x,t)P(x,t) \tag{4.269}$$

となる．これは，有名な **Kramers-Moyal 展開**である．ただし，(4.269)の右辺の係数 $c_n(x,t)$ は

$$c_n(x,t) = \int_{-\infty}^{\infty} r^n w(x,r,t)dr \tag{4.270}$$

によって定義される**遷移確率の n 次モーメント**である．ここで，

$$\mathcal{H}(x,p,t) = \int_{-\infty}^{\infty} dr(1-e^{-rp})w(x,r,t) \tag{4.271}$$

というハミルトニアン $\mathcal{H}(x,p,t)$ を定義すると，次の **Kramers-Moyal 方程式**

$$\varepsilon\frac{\partial}{\partial t}P(x,t)+\mathcal{H}\left(x,\varepsilon\frac{\partial}{\partial x},t\right)P(x,t) = 0 \tag{4.272}$$

が導かれる．系のサイズ Ω が大きいとき，久保の示量性の仮説(4.264)が成立するとすれば，関数 $\varphi(x,t)$ は，次の久保の方程式を満たすことになる：

$$\frac{\partial}{\partial t}\varphi(x,t)+\mathcal{H}\left(x,\frac{\partial}{\partial x}\varphi(x,t)\right) = 0 \tag{4.273}$$

ただし，ここでは遷移確率 w が時間によらず，したがって，(4.271)で定義されるハミルトニアンも時間によらないと仮定した．

以下，この場合について，この系の **Lyapunov 関数**(すなわち，系の不可逆性を特徴づけるような，時間的に一方向に向かって変化する関数)を議論する．この系に対する Boltzmann の H 関数(4-8 節参照)を

$$H(t) = \frac{1}{\Omega}\int P(x,t)\log\left[\frac{P(x,t)}{P_{\mathrm{eq}}(x)}\right]dx \tag{4.274}$$

によって定義する．$P_{\mathrm{eq}}(x)$ は平衡分布関数を表わす．不等式 $\log x \geqq 1-(1/x)$ を用いると，$H(t) \geqq 0$ であることがわかる．さて，$P(x,t)$ が久保の示量性の仮定 $P(x) = C\exp[\Omega\varphi(x,t)]$ を満たすならば，$\Omega\to\infty$ の熱力学的極限では，

$$H(t) = \Phi(t) = \varphi(y(t),t)-\varphi_{\mathrm{eq}}(y(t)) \tag{4.275}$$

が容易に導かれる．ただし，$\varphi_{\mathrm{eq}}(x)$ は平衡分布 $P_{\mathrm{eq}}(x)$ に対応する．このとき，$\Phi(t)$ は，この系の Lyapunov 関数になっている．すなわち，

$$\frac{d}{dt}\Phi(t) \leqq 0 \tag{4.276}$$

が次のようにして証明できる．

まず，(4.258)で定義される，x の系統的に変化する部分 $y(t)$ を考えると，これは，(4.259)を満たす．すなわち，1 次のモーメント $c_1(x)$ を用いて

$$\frac{dy(t)}{dt} = c_1(y(t)) = \int_{-\infty}^{\infty} rw(y(t), r)dr \tag{4.277}$$

と書ける．また，$y(t)$ は，その物理的意味からもわかるように，$\varphi(x, t)$ の極値になっている．すなわち，

$$\frac{\partial}{\partial y(t)}\varphi(y(t), t) = 0 \tag{4.278}$$

である．また，(4.271)，(4.273)および(4.278)より，

$$\left(\frac{\partial}{\partial t}\varphi(x, t)\right)_{x=y(t)} = -\int_{-\infty}^{\infty}\left(1-\exp\left(-\frac{\partial\varphi(y(t), t)}{\partial y(t)}r\right)\right)w(x, r)dr = 0 \tag{4.279}$$

したがって，(4.278)と(4.279)より，$\varphi(y(t), t)=$定数 であることがわかる．そこで，$\boldsymbol{\Phi}(t)$ の時間微分は，

$$\begin{aligned}\frac{d}{dt}\boldsymbol{\Phi}(t) &= -\frac{d}{dt}\varphi_{\mathrm{eq}}(y(t)) \\ &= -\int_{-\infty}^{\infty}(1-rp_{\mathrm{e}}(t)-e^{-rp_{\mathrm{e}}(t)})w(y(t), r)dr \leqq 0 \end{aligned}\tag{4.280}$$

となる．ここで，$p_{\mathrm{e}}(t)=\partial\varphi_{\mathrm{eq}}(y(t))/\partial y(t)$，および $\mathcal{H}(x, \partial\varphi_{\mathrm{eq}}(x)/\partial x)=0$ より導かれる次の等式を用いた：

$$\int_{-\infty}^{\infty}(1-e^{-rp_{\mathrm{e}}(t)})w(y(t), r)dr = 0 \tag{4.281}$$

こうして，(4.276)式が導かれる．つまり，$\boldsymbol{\Phi}(t)=\varphi(y(t), t)-\varphi_{\mathrm{eq}}(y(t))$ は単調減少関数であり，$\boldsymbol{\Phi}(t)=-\varphi_{\mathrm{eq}}(y(t))+$(定数) であるから，$\varphi_{\mathrm{eq}}(y(t))-\varphi(y(t), t)$ が系の“非平衡エントロピー関数”の役割を果たしていることがわかる．

久保の方程式(4.273)は，Kramers-Moyal 方程式(4.272)と比較すると，x の1階微分しか含まず，解きやすく便利である．また，Boltzmann 方程式と H 関数，および一般の非平衡系の熱力学については次節で議論する．

f) 秩序生成のスケーリング理論

この項では，図 4-3 のような不安定点からの緩和と秩序生成の問題を議論する．図 4-3 のポテンシャル $V(x)$ は $V(x)=-\dfrac{1}{2}\gamma x^2+\dfrac{1}{4}gx^4$ に対応しているから，力 $\alpha(x)$ は，$\alpha(x)=-dV(x)/dx=\gamma x-gx^3$ で与えられることになる．こうして，この系の Langevin 方程式は

$$\frac{dx}{dt}=\gamma x-gx^3+\eta(t) \tag{4.282}$$

と書ける．図 4-3 の不安定性に対応して，$\gamma>0$, $g>0$ である．また，ランダムな力 $\eta(t)$ は Gauss 的で白色ノイズとする．$x=0$ が不安定点になっている．特に興味があるのは，初期時刻 $t=0$ に系がちょうど不安定点 $x=0$ にある場合である．d)項の(4.263)では，これは $\delta=0$ に対応している．したがって，Ω 展開の議論では，ゆらぎ $\sigma(t)$ は発散してしまう．一方，ランダムな力 $\eta(t)$ が存在しなければ，$x(t)\equiv 0$ となり，初期状態から全く変化しない．したがって，Ω 展開における系統的な部分 $y(t)$ は，$y(t)\equiv 0$ となり，この現象の理論的研究には，Ω 展開の方法は役に立たない．そこで，新しい方法が必要になる．ここでは，秩序生成のスケーリング理論*という 1 つの有効な方法を解説する．初期状態が不安定点にある場合には，上で強調したようにランダムな力 $\eta(t)$ が重要であるから，これを摂動展開によって高次まで，可能ならば無限次までとり込むことにしよう．すべての項を計算し，和をとることは，(4.282)の厳密解を求めることと同様に困難であるから，ここでは，秩序生成の時間領域で

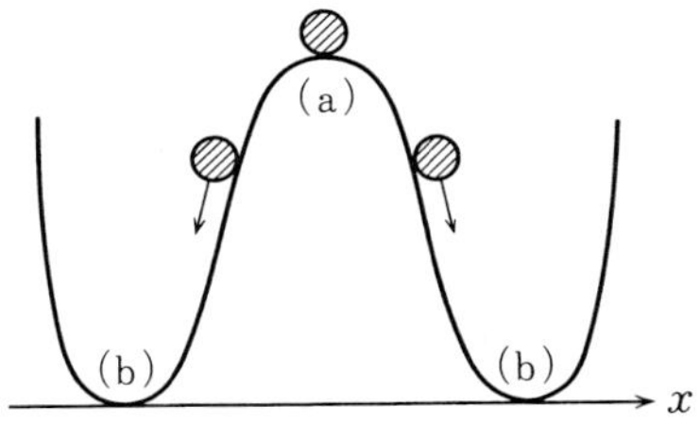

図 4-3 不安定点(a)から安定点(b)への緩和，または秩序生成．

* 詳しくは，M. Suzuki: Prog. Theor. Phys. **56** (1976) 77, 477, *ibid*. **57** (1977) 380 および M. Suzuki: Adv. Chem. Phys. **46** (1981) 195 参照．

もっとも効く項のみを無限次まで集めることにする．これは，**スケーリング極限での漸近評価**になっている．この方法は，極めて一般的な方法であるが，ここでは，(4.282)という具体的な例について，その要点を説明する．

まず，(4.282)を次のような積分方程式に変換する：

$$x(t) = e^{\gamma t}\int_0^t e^{-\gamma t'}[\eta(t') - gx^3(t')]dt' \tag{4.283}$$

これを逐次 g に関して繰り返していくと，$\eta(t)$ に関する摂動展開が得られる．最初の数項を顕わに書くと次のようになる：

$$x(t) = e^{\gamma t}\int_0^t e^{-\gamma t'}\eta(t')dt' - ge^{\gamma t}\int_0^t dt'\, e^{2\gamma t'}\int_0^{t'} dt_1 \int_0^{t'} dt_2 \int_0^{t'} dt_3 \times e^{-\gamma(t_1+t_2+t_3)}\eta(t_1)\eta(t_2)\eta(t_3) + \cdots \tag{4.284}$$

系の対称性より $\eta(t)$ の奇数次の平均は0であるから，$\langle x(t)\rangle \equiv 0$ である．そこで，ゆらぎ $\langle x^2(t)\rangle$ を計算してみると，(4.226)，すなわち $\langle\eta(t)\eta(t')\rangle = 2\varepsilon\delta(t-t')$ を用いて，

$$\langle x^2(t)\rangle = \frac{\varepsilon}{\gamma}(e^{2\gamma t}-1) - 3\cdot\frac{g\varepsilon^2}{\gamma^3}(e^{4\gamma t} - 4\gamma t e^{2\gamma t} - 1) + \cdots \tag{4.285}$$

となる．$t\to\infty$ での定常解を $\langle x^2\rangle_{\mathrm{st}} = \gamma/g$ として，これを整理し直すと，

$$\langle x^2(t)\rangle = \langle x^2\rangle_{\mathrm{st}}\left[\left(\frac{\varepsilon g}{\gamma^2}e^{2\gamma t}\right)(1-e^{-2\gamma t}) - 3\left(\frac{\varepsilon g}{\gamma^2}e^{2\gamma t}\right)^2(1-4\gamma t e^{-2\gamma t} - e^{-4\gamma t}) + \cdots\right] \tag{4.286}$$

が得られる．この展開をよくみると，ε または g が小さく時間 t が大きい極限では，各展開係数が大変規則的な構造をしていることがわかる．つまり，各項の一番発散の大きい項を残して，もう一度書き直してみると，

$$\langle x^2(t)\rangle \simeq \langle x^2\rangle_{\mathrm{st}}(\tau - 3\tau^2 + 15\tau^3 - 105\tau^4 + \cdots) \tag{4.287}$$

となることがわかる．ただし，τ は，次の**スケール変数**

$$\tau = \frac{g\varepsilon}{\gamma^2}e^{2\gamma t} \tag{4.288}$$

を表わす．ε の高次を全部具体的に計算してみることは困難であるが，$g\varepsilon\to 0$

および $t\to\infty$ かつ $\tau=$一定 という**スケーリング極限**

$$\text{sc-lim} \equiv \lim_{\substack{g\varepsilon\to 0,\, t\to\infty,\\ \tau=\text{constant}}} \lim \tag{4.289}$$

では，無限次まで求めることができて，

$$\text{sc-lim}\langle x^2(t)\rangle = \langle x^2\rangle_{\text{st}} \sum_{n=1}^{\infty} (-1)^{n-1}(2n-1)!!\,\tau^n \tag{4.290}$$

となることがわかる．ただし，$(2n-1)!!=1\times 3\times 5\times\cdots\times(2n-1)$ である．この級数は明らかに収束半径 0 の漸近級数であり，Borel 和の方法を用いると，次のように，積分形で表わされる：

$$\frac{\langle x^2(t)\rangle}{\langle x^2\rangle_{\text{st}}} \simeq \frac{1}{\sqrt{2\pi}}\int_{-\infty}^{\infty} e^{-\xi^2/2}\frac{\xi^2\tau}{1+\xi^2\tau}d\xi \tag{4.291}$$

(4.291)の規格化されたゆらぎ $\langle x^2(t)\rangle/\langle x^2\rangle_{\text{st}}$ は，もともと，系のいろいろなパラメータ $\gamma, g, \varepsilon, t$ の多変数関数であるが，ちょうど不安定点からの緩和に対しては，漸近評価(4.289)を行なうと，$\tau=(g\varepsilon/\gamma^2)\exp(2\gamma t)$ だけの 1 変数関数となる．すなわち，いろいろ異なる ε や g の値に対しても，それに応じて τ の値が同じになるように時間 t をずらせば，ゆらぎは同じ値になり，$\alpha(x)$ に応じて定まった関数で表わされる．いま議論している例では，$\alpha(x)=\gamma x-gx^3$ であるから，それは，(4.291)の右辺の積分で表わされる．これはまさしく広い意味でのスケーリングの性質である．そこで，τ を**スケーリング変数**，$\varepsilon\to 0$，$t\to\infty$ で τ が一定になるような極限(4.289)を**スケーリング極限**，(4.291)のように，スケーリング変数 τ だけの関数を**スケーリング関数**という．こういう不安定点またはその近傍からのゆらぎ，緩和および秩序生成を，スケーリングの性質に着眼して，漸近評価する理論を**過渡現象**または**秩序生成のスケーリング理論**という．

このスケーリング解について，他の近似とは異なる著しいもう 1 つの特徴を強調しておきたい．(4.287)の右辺の第 1 項 τ だけとると，ゆらぎ $\langle x^2(t)\rangle$ は $t\to\infty$ で $\varepsilon\exp(2\gamma t)$ に比例して発散し，第 2 項 $-3\tau^2$ までとると，$t\to\infty$ で $-\infty$ に発散する．このように，$g\varepsilon$ の有限次までの近似では，$t\to\infty$ で $\langle x^2(t)\rangle$

は $\pm\infty$ のどちらかに発散し，正しい定常値には近づかない．上で求めたスケーリング解は，$t\to\infty$ で正しい定常解 $\langle x^2\rangle_{\mathrm{st}}=\gamma/g$ に近づく．

ところで，問題ごとに ε に関する摂動項を高次まで研究し，その中から，一番強く発散する項を探し出し，それを無限次まで足し合わせるのは大変面倒である．そこで，より物理的な解法を以下に説明する．それは，**時間領域 3 分割法**である．すなわち，まず，時間領域を図 4-4 のように定性的に 3 つの領域に分割する．すなわち，(a) **初期領域**(Ω 展開で十分記述できる線形領域)，(b) **スケーリング領域**(スケーリングの性質が現われる非線形領域)，(c) **終領域**(残りの全部，Kramers 領域もここに含まれる)の 3 つの領域に分けて，例えば，次のように与えられた確率微分方程式(Langevin 方程式)

$$\frac{dx}{dt}=\alpha(x)+\eta(t) \tag{4.292}$$

または，それに対応する Fokker-Planck 方程式(4.253)の解を，それぞれの領域で漸近評価して求める．それらを各領域の間で滑らかに解析的に接続する．初期領域(a)では，線形近似が使えるから，ゆらぎや分布関数を解析的に求めることができる．スケーリング領域(b)では，ランダムな力の項が無視でき，決定論的な方程式 $dx/dt=\alpha(x)$ に帰着できる．そこで，初期領域(a)での解を初期値として，この決定論的な方程式を解くと，スケーリング解が得られる．終領域(c)では，再びランダムな力の項を入れて定常解のまわりで線形化して解く．

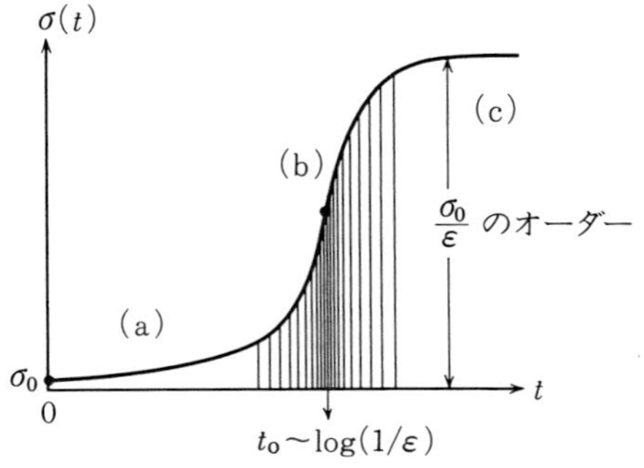

図 4-4 時間の 3 つの領域(a)，(b)および(c)への分割．

このような一般的な解法を応用して，$\alpha(x)=\gamma x-gx^3$ に対して求めた分布関数 $P(x,t)$ の時間変化の様子を示すと図 4-5 のようになり，初期の単一ピークが途中で，ゆらぎが増幅されて幅が広がり，やがて，ある時間 t_o で 2 重ピークに変化し，秩序が生成され始める．スケーリング変数 τ は，初期のゆらぎ $\langle x^2(0)\rangle=\varepsilon\sigma_0$ があるときには，容易に次のように拡張される*：

$$\tau=\frac{\langle x^2(t)\rangle_{\text{linear}}}{\langle x^2\rangle_{\text{st}}}=\frac{g}{\gamma}\left(\frac{1}{\gamma}+\sigma_0\right)\varepsilon e^{2\gamma t} \tag{4.293}$$

上の**スケーリング理論**からわかるように，秩序生成の始まる時間 t_o は，$\tau\simeq 1$ の条件から，次のように与えられる．

$$t_o=\frac{1}{2\gamma}\log\left[\frac{g}{\gamma}\left(\frac{1}{\gamma}+\sigma_0\right)\varepsilon\right]^{-1} \tag{4.294}$$

これを**オンセットタイム**(onset time)と呼ぶ．

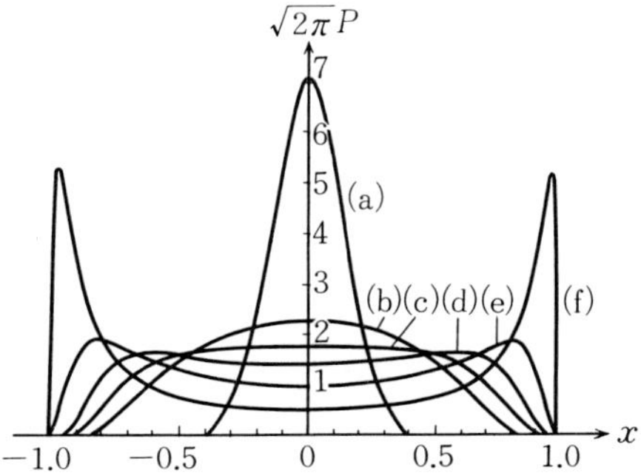

図 4-5 スケーリング解 $P(x,t)$ の時間変化：(a) $\tau=0.02$，(b) $\tau=0.2$，(c) $\tau=\tau_o=1/3$，(d) $\tau=0.5$，(e) $\tau=1$，(f) $\tau=4$．(M. Suzuki : Prog. Theor. Phys. **56**(1976) 77 より引用)

一般に，不安定点またはその近傍から系がゆらぎ始めるときには，図 4-4 に示した通り，初期領域で働くランダムな力によって，$x(t)$ のゆらぎが徐々に大きくなり，スケーリング領域に入ると**非線形効果**によって，飽和値に近いところまで増幅され，分散 $\sigma(t)$ は初期の分散 σ_0 の $1/\varepsilon$ 倍のオーダーになる．これは**揺動増幅定理**と呼ばれる．すなわち，$\langle x^2(t)\rangle\equiv\varepsilon\sigma(t)$ は 1 のオーダーになる．もとの巨視変数 $X(t)=\Omega x(t)$ でみれば，$\langle X^2(t)\rangle\sim\Omega^2$ ということに対応

* $\langle x^2(t)\rangle_{\text{linear}}$ は線形近似の解 $\langle x^2(t)\rangle_{(1)}=\left(\frac{\varepsilon}{\gamma}(1-e^{-2\gamma t})+\varepsilon\sigma_0\right)e^{2\gamma t}$ のうち，$e^{-2\gamma t}$ を省略したものを表わす．

しており，これは，もはや，ゆらぎというより，巨視的な秩序 $X_s \sim \Omega$ が現われたとみるべきである．これはまさしく巨視的秩序生成の本質的なメカニズムの1つの特徴を表わしている．オンセットタイムの表式(4.294)からもわかるように，初期のゆらぎ σ_0，ランダムな力の強さ ε，および非線形性 g が小さければ小さいほど巨視的秩序の現われる時間 t_0 は長くなる，すなわち，秩序が現われにくくなる．このように，これら3つの物理的パラメータ，σ_0, ε および g は，巨視的秩序生成にとって基本的である．つまり，初期のゆらぎ，途中のランダムな力(主として初期領域における)および非線形性との**相乗効果**によって，巨視的秩序が生成される．もちろん，現実の系では，ランダムな力の強さは，有限の大きさをもっているから，上の漸近評価法におけるスケーリング極限は1つの理想化であるが，秩序生成という現象の本質は，こういう漸近的な極限をとることによって浮き彫りにされる．

以上説明したスケーリング理論は，レーザー，超放射，急冷したときの磁化過程，原子核の低エネルギー重イオン衝突における輸送現象，プラズマのクランプスの問題などに応用されている．また，自由度無限大の非一様な系への拡張も行なわれている．

g) Fokker-Planck 方程式の Lie 代数的解法とスケーリング理論

前項では，Langevin 方程式を用いて秩序生成の問題を議論したが，この項では，Fokker-Planck 方程式を用いて議論する．

まず，始めに，**ドリフト項**が線形(つまり γx)の場合の Fokker-Planck 方程式は形式的に

$$P(x,t) = e^{A+B}P(x,0)\,; \qquad A = -\gamma t\frac{\partial}{\partial x}x, \qquad B = \varepsilon t\frac{\partial^2}{\partial x^2} \quad (4.295)$$

と解ける．明らかに，$[A,B]=\alpha B$ である．ただし，$\alpha=2\gamma t$ である．すなわち，$\{A,B\}$ は2次元 **Lie 代数**を構成している．この交換関係 $[A,B]=\alpha B$ を用いると，指数演算子 $\exp(A+B)$ は，任意の λ に対して厳密に，

$$e^{A+B} = e^{\lambda\tilde{f}(\alpha)B}e^{A}e^{(1-\lambda)f(\alpha)B}\,; \qquad \tilde{f}(\alpha) = \frac{e^{\alpha}-1}{\alpha} = e^{\alpha}f(\alpha) \quad (4.296)$$

と分解できる．公式(4.296)の $\lambda=0$ の場合を用いると，(4.295)の解は，もっと具体的に

$$P(x,t)=\exp\left(-t\frac{\partial}{\partial x}\gamma x\right)\exp\left\{(1-e^{-2\gamma t})\left(\frac{\varepsilon}{2\gamma}\right)\frac{\partial^2}{\partial x^2}\right\}P(x,0)$$
$$=\left\{\frac{2\pi\varepsilon(e^{2\gamma t}-1)}{\gamma}\right\}^{-1/2}\int_{-\infty}^{\infty}\exp\left\{-\frac{(y-e^{-\gamma t}x)^2}{2\varepsilon(1-e^{-2\gamma t})/\gamma}\right\}P(y,0)dy \quad (4.297)$$

と与えられる．ここで，次の公式を用いた：

$$\exp\left(-\gamma(t)\frac{\partial}{\partial x}x\right)P(x)=e^{-\gamma(t)}P(xe^{-\gamma(t)})$$

および

$$\exp\left(\varepsilon(t)\frac{\partial^2}{\partial x^2}\right)P(x)=\{4\pi\varepsilon(t)\}^{-1/2}\int_{-\infty}^{\infty}\exp\left\{-\frac{(x-y)^2}{4\varepsilon(t)}\right\}P(y)dy \quad (4.298)$$

次に上の解法にヒントを得て，ドリフト項が非線形の一般の $\alpha(x)$ に対して

$$P^{(\mathrm{sc})}(x,t)=\exp\left(-t\frac{\partial}{\partial x}\alpha(x)\right)\exp\left\{(1-e^{-2\gamma t})\left(\frac{\varepsilon}{2\gamma}\right)\frac{\partial^2}{\partial x^2}\right\}P(x,0) \quad (4.299)$$

と近似してみる．要するに，非可換な2つの演算子，すなわちドリフト演算子と拡散演算子の効果を分離し*，そのかわり，拡散係数 ε を時間とともに小さくする近似である．有効的には，ε を $\varepsilon(1-e^{-2\gamma t})/2\gamma t$ に置きかえたことにあたる．一方，非線形の効果は，そのままの形でとり入れられている．これはまさしく，秩序生成のスケーリング理論に対応している．こうして，$P^{(\mathrm{sc})}(x,t)$ は前項でスケーリング的解法，すなわち，時間領域3分割法で求めた解と一致することが容易に示せる．特に，(4.299)で $\alpha(x)=\gamma x-gx^3$ とおき，$\langle x^2(t)\rangle=\int_{-\infty}^{\infty}x^2P^{(\mathrm{sc})}(x,t)dx$ を計算することによって，(4.291)が確かめられる．

上に示した解析的に一挙に求める近似方法は，時間に依存したもっと一般の Fokker-Planck 方程式

$$\frac{\partial}{\partial t}P(x,t)=\left(-\frac{\partial}{\partial x}\alpha(x,t)+\varepsilon(t)\frac{\partial^2}{\partial x^2}\right)P(x,t) \quad (4.300)$$

* この手続きを一般に「**手順の分離**」という．これは非常に役に立つ概念である．

に応用することもできる．特に，$\varepsilon(t)=\varepsilon$（一定）および $\alpha(x,t)=\gamma(t)x-gx^3$ として，$\gamma(t)$ だけがオンセットタイム t_0 よりも極端にゆっくり正から負に変化する場合を考えると，秩序生成だけでなく，**秩序崩壊過程の理論**も作ることができる．つまり，t_0 で秩序が生成され始め，その秩序状態が長く続いた後，$\gamma(t)$ が正から負に変わる程度の時間 t_d(decay time)で，やがて秩序の崩壊が始まる．$t\to\infty$ では無秩序状態になる．このような理論は，今後，生命に関連した分野や社会変化などを扱う分野では重要になるであろう．

4-8 輸送現象と非平衡系の熱力学

この節では，Boltzmann の輸送方程式，H 定理，Prigogine のエントロピー生成速度最小の原理などについて説明する．

a) Boltzmann 方程式と H 定理

多数の粒子から成る系を考え，粒子はほとんど自由に運動しているが，ときどき他の粒子と衝突しその運動状態を変えるものとする．そのさい，過去どのように衝突したかによらず，各衝突は独立に起こるとみなせるものとする．これを**分子的混沌(chaos)の仮定**という．Boltzmann は，この仮定の下に，1粒子分布関数 $f(\boldsymbol{x},\boldsymbol{p},t)$ が現象論的に次の方程式にしたがうものと考えた：

$$\frac{\partial f}{\partial t}+\boldsymbol{v}\cdot\frac{\partial f}{\partial \boldsymbol{x}}+\boldsymbol{F}\cdot\frac{\partial f}{\partial \boldsymbol{p}}=\left(\frac{\partial f}{\partial t}\right)_{\text{coll}} \tag{4.301}$$

ただし，$\boldsymbol{x}$ は粒子の位置座標，$\boldsymbol{p}$ は運動量，$\boldsymbol{F}$ は粒子に働く外力を表わす．$(\partial f/\partial t)_{\text{coll}}$ は，**衝突項**と呼ばれ，散乱体との衝突や粒子相互の衝突による分布関数 f の変化の割合を表わす．この衝突項をどうとるかによっていろいろな近似の Boltzmann 方程式が設定できる．

いちばん簡単な近似は，この衝突項に対して緩和時間 τ を用いた近似(**緩和時間近似**)

$$\left(\frac{\partial f}{\partial t}\right)_{\text{coll}}=-\frac{f-f_0}{\tau} \tag{4.302}$$

を行なうことである．f_0は外場のないときの平衡分布$f_0 \propto \exp(-\beta p^2/2m)$を表わす．特に，電場$\boldsymbol{E}$の中にある荷電粒子(電荷を$e$とする)の場合には，上の近似に対するBoltzmann方程式は

$$\frac{\partial f}{\partial t}+\boldsymbol{v}\cdot\frac{\partial f}{\partial \boldsymbol{x}}+e\boldsymbol{E}\cdot\frac{\partial f}{\partial \boldsymbol{p}} = -\frac{f-f_0}{\tau} \tag{4.303}$$

となる．さらに一様な定常状態を考えると，$\partial f/\partial t=0$，$\partial f/\partial \boldsymbol{x}=0$となる．しかも，外場$\boldsymbol{E}$の1次までの近似を考えると，(4.303)の左辺の第3項のfは平衡分布f_0で置きかえられる．こうして，分布関数$f(p)$は，この近似の範囲で

$$f(p) = f_0(p)+\frac{\tau e\beta}{m}\boldsymbol{E}\cdot\boldsymbol{p}f_0(p) \tag{4.304}$$

と求まる．したがって，電流jは，電荷密度をnとして，

$$j = ne\langle v_x\rangle = \frac{ne^2\tau}{m}\frac{\beta E}{m}\int p_x{}^2 f_0(p)d^3p = \frac{ne^2\tau}{m}E = \sigma E \tag{4.305}$$

によって与えられる*．こうして，$\sigma=ne^2\tau/m$という表式が得られ，4-1節の現象論的な式(4.23)に到達する．

次に粒子相互の衝突による効果を，古典粒子系の場合にはBoltzmannにしたがって，(4.302)にかえて次のように仮定する：

$$\left(\frac{\partial f}{\partial t}\right)_{\text{coll}} = \iint w(\boldsymbol{q})\{f(\boldsymbol{p}+\boldsymbol{q})f(\boldsymbol{p}'-\boldsymbol{q})-f(\boldsymbol{p})f(\boldsymbol{p}')\}d\boldsymbol{p}'d\boldsymbol{q} \tag{4.306}$$

ここで，$w(\boldsymbol{q})$は，運動量$\boldsymbol{p}$の粒子と運動量$\boldsymbol{p}'$の粒子が衝突して，それぞれ運動量$\boldsymbol{p}+\boldsymbol{q}$，$\boldsymbol{p}'-\boldsymbol{q}$になる確率を表わす．Boltzmannは，分布関数$f(\boldsymbol{p},t)$を用いて，次の**BoltzmannのH関数**

$$H = \int f(\boldsymbol{p},t)\log f(\boldsymbol{p},t)d\boldsymbol{p} \tag{4.307}$$

を定義し，Boltzmann方程式(4.306)の解$f(\boldsymbol{p},t)$に対して，H関数に関する次の不等式

---

* 電場の方向をxとして，$p_x(\boldsymbol{E}\cdot\boldsymbol{p})=Ep_x{}^2$となることを用いた．

$$\frac{dH}{dt} \leqq 0 \tag{4.308}$$

を導いた*. 1-2節では，この H 定理をヒントにして，平衡系のエントロピーの微視的表式(1.16)を導入した.

b）エントロピー生成速度最小の原理

そもそもエントロピーという概念は，1865年Clausiusによって熱力学的状態量として定義されたものである．特に，準静的な可逆過程($a \to b$)では，エントロピーの変化量は

$$\Delta S = \int_a^b \frac{dQ}{T} \tag{4.309}$$

で与えられる．ただし，dQ は熱の変化量を表わす．現実的な不可逆過程での，着目している物体のエントロピー変化は，その物体の可逆変化によって受けるエントロピー変化として計算できる．ただし，可逆変化では，熱源の失うエントロピー（$-\Delta S$）と物体の受けるエントロピー変化 ΔS とを足し合わせると0となり，物体と熱源とを合わせて全体を孤立系とみればエントロピー変化は生じない．不可逆変化においては，熱源の失うエントロピーよりも，物体に生じるエントロピー変化の方が大きく，全体としてのエントロピーは増大する．これを**エントロピー増大の法則**という**．特に，断熱過程での不可逆変化，たとえば気体の**断熱膨張**では，熱の出入りはないので，熱源の失うエントロピーは0である．この場合，物体の気体の拡散によるエントロピー変化のみとなり，それによって全体のエントロピーが増大する．このように，エントロピー変化には，**熱の移動**による部分と**物質の拡散**による部分とがある.

さて，熱や物質の流れがある非平衡系では，一般に系の変化は不可逆過程となり，エントロピーの生成が生じる．いま，系には，n 種類の流れ J_i（$i=1, 2, \cdots, n$）とそれに共役な力 F_i（$i=1, 2, \cdots, n$）とがあるとする．たとえば，X_1

---

* $(ff_1-f_2f_3)(\log ff_1-\log f_2f_3) \geqq 0$ を用いる.

** 考えている系にさらに外部から $\Delta_e S$ のエントロピーの流入があるときには，全体のエントロピーの変化 ΔS を $\Delta S = \Delta_i S + \Delta_e S$ と分けると，$\Delta_i S \geqq 0$ である.

$=\nabla(1/T)$（温度差）とすれば，それに共役な流れ J_1 は $J_1=J_{\mathrm{H}}$（熱流）となる．また，$X_2=\nabla(-\mu/T)$ とすれば，$J_2=J_{\mathrm{M}}$（物質流）となる．その他の力と流れについても同様である．この系で線形近似が成立するとすれば，

$$J_i = \sum_{j=1}^{n} L_{ij}X_j \tag{4.310}$$

と書ける．Onsager の相反定理によれば，磁場や系の回転がないときには，輸送係数 $\{L_{ij}\}$ は i と j の入れ換えに関して対称的である．

Gibbs の方程式

$$TdS = dU-\mu dN+PdV \tag{4.311}$$

から容易に導かれるように，

$$\int \sigma dV = \frac{dS}{dt} \tag{4.312}$$

によって定義されるこの系の単位時間，単位体積当りのエントロピー生成 σ は，$\{J_k\}, \{X_k\}$ を用いて

$$\sigma = \sum_{i=1}^{n} J_i X_i \tag{4.313}$$

と表わされる．これに(4.310)を代入すると，Onsager の相反定理より (L_{ij}) は正値対称行列であるから，

$$\sigma = \sum_{i=1}^{n}\sum_{j=1}^{n} L_{ij}X_iX_j \geqq 0 \tag{4.314}$$

となる．上に述べた熱流と物質流のある場合の例では，

$$\sigma = J_{\mathrm{H}}\nabla\left(\frac{1}{T}\right)+J_{\mathrm{M}}\nabla\left(-\frac{\mu}{T}\right) \tag{4.315}$$

となる．第1項は，温度差によって生じる熱の移動に基づくエントロピー生成を表わし，第2項は，物質の移動によるエントロピーの増大を表わしている．

次に，このエントロピー生成（速度）の変分原理について調べてみる．いま，力 $X_1, X_2, \cdots, X_k$ が固定されているとする．他の力 $X_{k+1}, \cdots, X_n$ は自由に変化できるとして，σ の変分をとると，

$$\frac{\partial \sigma}{\partial X_i} = 2\sum_{j=1}^{n} L_{ij}X_j = 2J_i \tag{4.316}$$

となる．ところで，力 X_i が不定であるような定常状態では，それに共役な流れ J_i は $J_i=0$ となるはずであるから，(4.316)より，

$$\frac{\partial \sigma}{\partial X_i} = 0 \qquad (i=k+1, \cdots, n) \tag{4.317}$$

が導かれる．$\sigma \geqq 0$ であるから，これは定常状態では σ が最小になることを意味する．これを**エントロピー生成速度最小の原理**という．ただし，以上の議論は，線形応答の範囲で，Onsager の相反定理が成り立つ場合に正当化される．

簡単な応用例としては，Kirchhoff の法則をエントロピー生成速度最小の原理，すなわち，Joule 熱発生最小の条件より導くことができる．図 4-6 のような電気回路を例にとると，Joule 熱 W は，

$$W = I_1{}^2R_1+(I-I_1)^2R_2+(I_1-I_5)^2R_3+(I-I_1+I_5)^2R_4+I_5{}^2R_5 \tag{4.318}$$

と与えられ，変分条件

$$\frac{\partial W}{\partial I_1} = 0, \qquad \frac{\partial W}{\partial I_5} = 0 \tag{4.319}$$

から，容易に Kirchhoff の法則，すなわち，$I_1R_1+I_3R_3=I_2R_2+I_4R_4$ などが導かれる*．電荷保存は最初から仮定した．

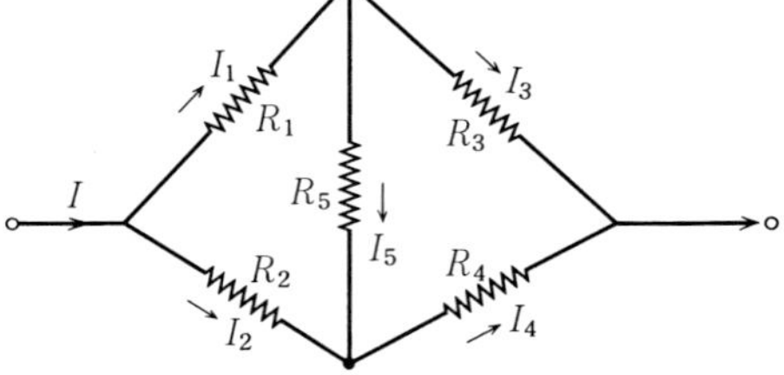

図 4-6 Kirchhoff の法則とエントロピー生成速度(すなわち Joule 熱発生)最小の原理．

* エントロピー生成速度を一定，すなわち Joule 熱発生速度を一定にする条件の下では，電流が最大原理によって Kirchhoff の法則が導かれる．すなわち，(4.318)で $W=$一定 とおいて，I を I_1 の関数とみなし，偏微分すると，$\partial I/\partial I_1=(I_2R_2+I_4R_4-I_1R_1-I_3R_3)/(I_2R_2+I_4R_4)$ となり，$\partial I/\partial I_1=0$ より Kirchhoff の法則が得られる．

c) 非線形非平衡系の発展規準(Glansdorff-Prigogine)

Glansdorff と Prigogine は，一般の系におけるエントロピーの生成 $d\sigma$ を

$$d\sigma = d_X\sigma + d_J\sigma = \sum_i J_i dX_i + \sum X_i dJ_i \tag{4.320}$$

のように2つに分け，b)項における線形系でのエントロピー生成最小の原理を拡張し，次の不等式

$$d_X\sigma = \sum J_i dX_i \leqq 0 \tag{4.321}$$

を系の発展規準として提唱した．これは，化学反応などのいくつかの興味深い系で検証されている．

5 複雑性の科学へ

前章までは，多数の粒子の示す混沌とした振舞いのためにかえって簡単な法則が成り立つという，伝統的な統計力学の考え方および手法を説明してきた．すなわち，**熱的なゆらぎ**と**量子的なゆらぎ**の織りなす微視的な振舞いと，観測にかかる巨視的な物理量との係わり方を，概念的および方法論的観点から解説した．その係わり方が最も顕著に現われるのは第3章に述べた臨界現象であり，それが概念的に基礎的な役割を果たしているのは第4章に説明した不可逆過程に関する揺動散逸定理および線形応答理論である．

この章では，簡単な規則で作り出されるが複雑な振舞いをする系の探究，いわゆる**複雑性の科学**への入門的な解説をする．複雑系の典型的な例として，スピングラスおよびニューラルネットワークをとりあげる．最後に，知的機能と構造に関する議論を行ない，将来への展望にふれたい．

5-1 複雑性の科学とは

アメリカの気象学者 E. N. Lorenz は，1963年に，彼の気象モデルの解が初期値に極めて敏感であることを数値計算によって発見し，今日のカオス研究の端緒を開いた．1970年には，May模型の差分方程式がカオス解をもつことが発見され，この分野は急激に発展した*．

いわゆる**複雑系**(complex system)にはいろいろな側面がある．例えばカオスのように系の変化の規則は簡単な決定論的な方程式で与えられても，その解は予測不可能な振舞いをするものがある．スピングラスのようにポテンシャルがヒエラルキカル構造をしているものもある．ニューラルネットワークのように自己組織化をし，アダプティブに環境に適用しながら進化していく系もある．このように“複雑系”は簡単には定義できない．むしろ，簡単に規定できないところに，複雑系の特徴があり，その発展性があると言える．研究が進むにつれて，その輪郭が少しずつ明確になり，**複雑性**(complexity)の中にも，全体としての法則性が見出されるであろう．いわば，“コヒーレントな複雑系”がこの章の議論の主な対象である．そのようなコヒーレントな複雑系を議論するのに役に立つと思われるいくつかの一般的な概念や方法，および2,3の典型的な例を次節以下に説明する．

5-2 フラクタルとその計量化

a) 自己相似性とフラクタル次元

部分と全体とが類似した構造をもつもの，すなわち**自己相似的**なものは自然界に多く見られる．例えば，海岸線，河川の分岐，雲の形，星の空間的分布，血管の構造，乱流，破壊のパターン，地震の時間分布，結晶成長，相転移・臨界現象など，数えきれないほど多くのものが多かれ少なかれ自己相似的である．これら自己相似的なものを特徴づける指標がフラクタル次元である．それは一般に半端な次元であり，Mandelbrotにしたがって次のように定義される．いま，長さの**スケール**を $1/b$ に細かくして測定したとき，長さ，面積，体積などの幾何学的な量が a 倍になる場合

* 日本では力武常次や上田睆亮のカオスに関する先駆的な研究がある．カオスに関する詳しい解説については，本叢書『散逸構造とカオス』参照．

$$b^D = a \tag{5.1}$$

によって，その系の**フラクタル次元** D を定義する．

例えば，有名な Koch 曲線は 1/3 の細かいスケールで測ると曲線の長さが 4 倍になるように逐次的な操作で自己相似的に構成される．それは至るところ**微分不可能な連続曲線**であり，そのフラクタル次元は

$$D = \frac{\log 4}{\log 3} = 1.26\cdots \tag{5.2}$$

で与えられる．これは，1 次元と 2 次元の中間の半端な次元である．

臨界現象を特徴づける臨界指数も，その系の微視的な配位やゆらぎのフラクタル次元で表わされる．例えば，臨界点での磁化 M のパターンは，(3.60)に示した通り，フラクタル次元 $D=d-\beta/\nu$ で特徴づけられる．ただし，d は系の整数次元，β および ν はそれぞれ自発磁化および相関距離の臨界指数を表わす．したがって，臨界点 T_c での磁化 M のつくるパターンのフラクタル次元がわかれば，臨界指数の比 β/ν が求まる．

b) フラクタルの計量化

通常，フラクタル図形の絶対的な長さや大きさは，その自己相似性ゆえに問題にせず，もっぱら，フラクタル次元 D だけを問題にする．ところで，通常の整数次元をもつ図形では，その計量(m, cm, m^2, cm^2, … など)が大変役に立つ．しかも，単位の変換は，$1\,m^2=100^2\,cm^2$ のように，その系の次元数 d 乗倍になる．そこで，フラクタル図形の場合にも，図 5-1 のように，フラクタル次

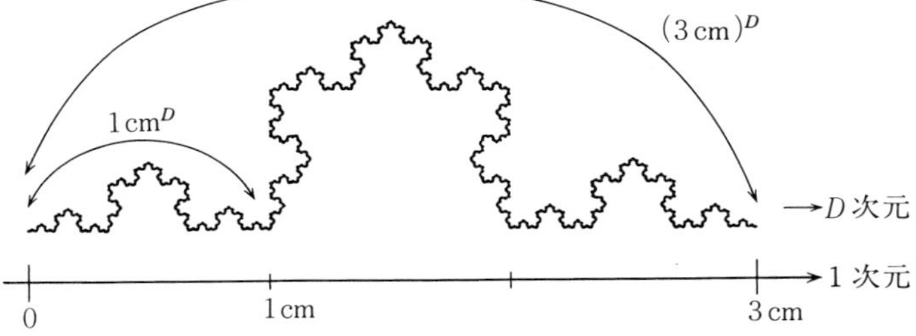

図 5-1　Koch 曲線とそのフラクタル単位．$(3\,cm)^D = 3^D\,cm^D$ である．すなわち，$(3\,cm)^{1.26}=4\,cm^{1.26}$ である．

元をもつ単位 cm^D や $(3\,\mathrm{cm})^D$ などを導入する．すなわち，1 次元の長さ 1 cm の領域に広がる Koch 曲線の長さを $1\,\mathrm{cm}^D$ と定義する．同様に，1 次元の長さ 3 cm の領域に広がる Koch 曲線の長さを $1\,(3\,\mathrm{cm})^D$ と定義する．こうして，一般に

$$a\,(3\,\mathrm{cm})^D = 3^D a\,\mathrm{cm}^D = 4a\,\mathrm{cm}^{1.26\cdots} \tag{5.3}$$

となる．こうして，$a\,\mathrm{cm}^D \pm b\,\mathrm{cm}^D = (a \pm b)\,\mathrm{cm}^D$ のようにフラクタル図形の和，差，およびスカラー倍が定義され，**フラクタル図形の計量化**が可能となる．さらに，図 5-2 のように，フラクタルな曲面を作ることができる．断面の長さが $a\,\mathrm{cm}^D$ のフラクタルな Koch 曲線でそれに直角な方向の長さが b cm であるフラクタルな曲面の“面積”は

$$a\,\mathrm{cm}^D \times b\,\mathrm{cm} = ab\,\mathrm{cm}^{D+1} = ab\,\mathrm{cm}^{2.26\cdots} \tag{5.4}$$

となる．

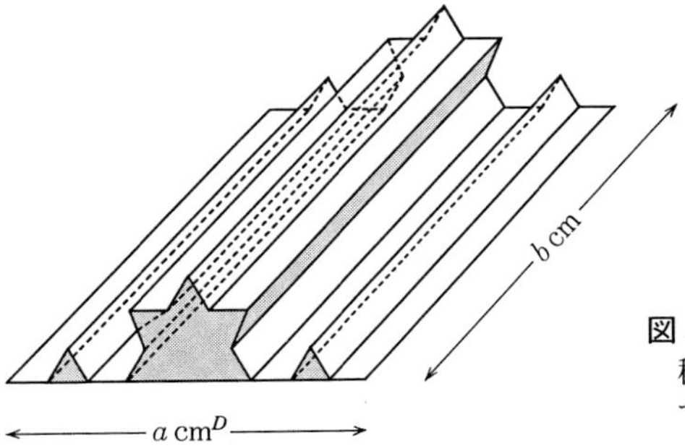

図 5-2 フラクタル曲面．その“面積”は，$ab\,\mathrm{cm}^{D+1} = ab\,\mathrm{cm}^{2.26\cdots}$ で与えられる．

c) 形の解析学——形の微分積分

パラメータ x によって変化する形すなわち図形（フラクタル図形も含む）を $\mathscr{F}(x)$ と書くことにする．そのノルム $|\mathscr{F}(x)|$ を，その図形のフラクタル計量（単位を適当に決めておく）によって定義する．その図形のパラメータに関する**連続性**は，

$$\lim_{x\to y}|\mathscr{F}(x)-\mathscr{F}(y)| = 0 \qquad \text{すなわち} \qquad \lim_{x\to y}\mathscr{F}(x) = \mathscr{F}(y) \tag{5.5}$$

によって定義する．こうして，形 $\mathscr{F}(x)$ のパラメータ x に関する微分

$$\frac{d}{dx}\mathscr{F}(x) = \lim_{h \to 0} \frac{\mathscr{F}(x+h) - \mathscr{F}(x)}{h} \tag{5.6}$$

が定義される．この逆演算として，形 $\mathscr{F}(x)$ の積分

$$S(x) = \int_a^x \mathscr{F}(t)dt \tag{5.7}$$

を定義することができる．

例えば図 5-2 の**フラクタル曲面**の場合，b 方向の長さを改めて x とおくと，この曲面 $\mathscr{F}(x)$ の x に関する微分 $d\mathscr{F}(x)/dx$ は Koch 曲線を表わす．この関係は，位相幾何学での**"境界作用素**(または微分) ∂" に他ならない．

図形のノルムの定義の方法には，上のようなフラクタル計量以外にもいろいろな可能性がある．例えば**図形の濃さ**または質量によってその**ノルム**を定義することもできる．そのさい $\mathscr{F}$ が正の質量の図形を表わすならば，$-\mathscr{F}$ は負の質量，すなわち反物質の図形を表わすことになる．

このような**形の解析学**，すなわち**形の微分積分**を用いて複雑系を研究することは今後の課題である．

5-3 スピングラスの理論

a) 乱れたスピン系の振舞い——フラストレーションの効果

第 3 章では，一様な相互作用をもった系の振舞いを中心に議論したが，この章では，相互作用の符号や強さが場所に依存する系，特に，それらがランダムに変化する，いわゆる**乱れた系**の振舞いを統計力学的に扱う．電気的な不純物がある電子系では，そのポテンシャルの乱れの振幅に比べて小さなエネルギーの電子は局在するという，いわゆる **Anderson 局在***の問題があるが，ここでは，乱れた相互作用をしているスピン系の磁気的相転移を議論する．相互作用の符号が一定である場合，例えば，強磁性相互作用の場合には，その強さがラ

* 詳しくは，本叢書『局在・量子ホール効果・密度波』参照．

ンダムでもそのような系の相転移は，一定の強さの相互作用をもつ系の強磁性転移と本質的には同じである．しかし，相互作用の符号も変化する場合には事情が全く異なる．

まず，簡単のために，図 5-3 のように，3 個の Ising スピン $\sigma_1, \sigma_2, \sigma_3$ が強磁性相互作用 $J\,(>0)$ と反強磁性相互作用 $-J\,(<0)$ で結合している系を考えてみる．この系のハミルトニアン $\mathcal{H}_3$ は

$$\mathcal{H}_3 = -J(\sigma_1\sigma_2+\sigma_2\sigma_3-\sigma_3\sigma_1) \tag{5.8}$$

によって与えられる．容易にわかるように，この系のエネルギー $E(\sigma_1, \sigma_2, \sigma_3)$ は非常に縮退している．すなわち，基底状態のエネルギー E_{g} は

$$\begin{aligned} E_{\mathrm{g}} &= E(1,1,1) = E(1,1,-1) = E(1,-1,-1) = E(-1,-1,-1) \\ &= E(-1,1,1) = E(-1,-1,1) = -J \end{aligned} \tag{5.9}$$

と 6 重に縮退している．励起状態のエネルギー E_{e} は

$$E_{\mathrm{e}} = E(1,-1,1) = E(-1,1,-1) = 3J \tag{5.10}$$

と 2 重に縮退している．このように各ボンドの相互作用エネルギーが最低となる状態が実現されにくいことを**フラストレーション**(frustration)といい，このようなフラストレーションを伴った状態を**フラストレートしている**という．より直観的に言えば，図 5-3 で，$\sigma_1=\sigma_2=1$ のとき，スピン σ_3 は，$\sigma_3=1$ の値をとる方が σ_2 との相互作用エネルギーは低くなるが，$\sigma_3=-1$ の方が σ_1 との相互作用エネルギーは低くなる．すなわち，スピン σ_3 はフラストレートしている．他も同様である．このように，フラストレートした系の基底状態は極端に縮退している．しかも，それらのうちの多くの縮退した基底状態は，1 個のスピンの反転操作の繰り返しにより，等エネルギーのまま(または，あまり大

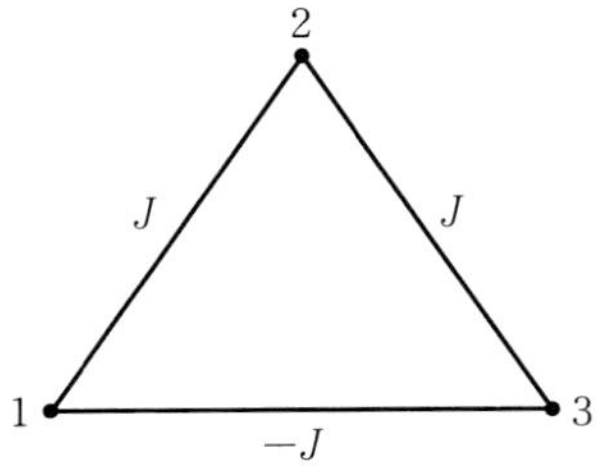

図 5-3 フラストレートした 3 個のスピン．

きなエネルギーの山を乗り越えずに)，互いに移り変われるという特徴をもっている．図5-3の3個のスピン系の場合は，(5.9)式からわかる通り，6個の縮退した基底状態はすべて互いに等エネルギー面を通って移り変われる．このような系は，磁気的相互作用が互いに打ち消されて，全体として弱い結合のスピン系になっている．したがって，こういう系の(線形の)磁化率 $\chi_0(T)$ は，自由スピンの磁化率に近い振舞いをするものと予想される．

次に，図5-4のように，閉じた1次元 Ising スピン鎖を考える．この系では1カ所のボンドだけが反強磁性相互作用($-J$)であり，他はすべて強磁性相互作用($J>0$)であるとする．この系では，すべて上向き，または，すべて下向きに完全にそろったスピン配位は自明な基底状態であるが，同時に2カ所でスピンが反対向きになっている配位も基底状態である．(具体的には，図5-4の(a)や(b)のように1カ所は反強磁性相互作用 $-J$ のところで反対向きになっており，もう1カ所は自由に動き回っている配位も基底状態である．) このように，フラストレーションのある系は動的にも柔軟な構造になっている．図5-4の系も，すべて上向きの状態から，すべて下向きの状態に，等エネルギー面を経由してスピンが反転できる．

さらに，図5-5のように，$\pm J$ が適当に分布した周期的な2次元 Ising 模型($\pm J$ 模型)では，**等エネルギー経路**(ergodic path)によって，すべて上向きス

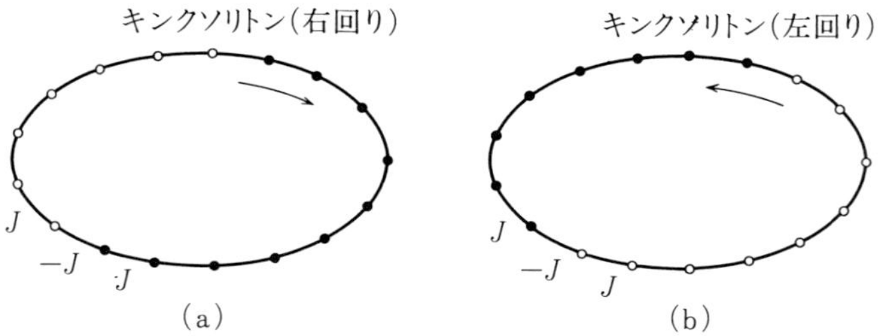

図5-4 ボンドが1カ所だけ反強磁性の Ising 鎖．黒丸印が上向き($\sigma_j=1$)スピンを表わし，白丸印が下向き($\sigma_j=-1$)スピンを表わす．(a)は右回りのキンクソリトン，(b)は左回りのキンクソリトンを表わす．いずれも基底状態である．

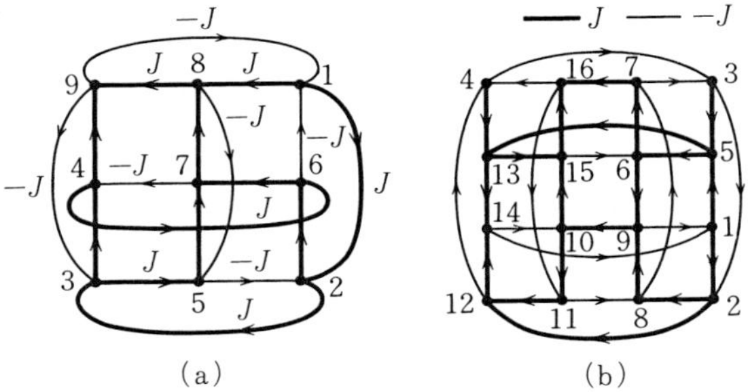

図 5-5　すべて上向きのスピン状態から，すべて下向きのスピン状態に，等エネルギー経路(図の番号順にスピン反転を行なうこと)によって移り得る ±*J* 模型の例．(a)は 3×3=9 個のスピン系，(b)は 4×4=16 個のスピン系．太線は強磁性相互作用，細線は反強磁性相互作用を表わす．(M. Suzuki: Prog. Theor. Phys. Supple. **80** (1984) 195 より)

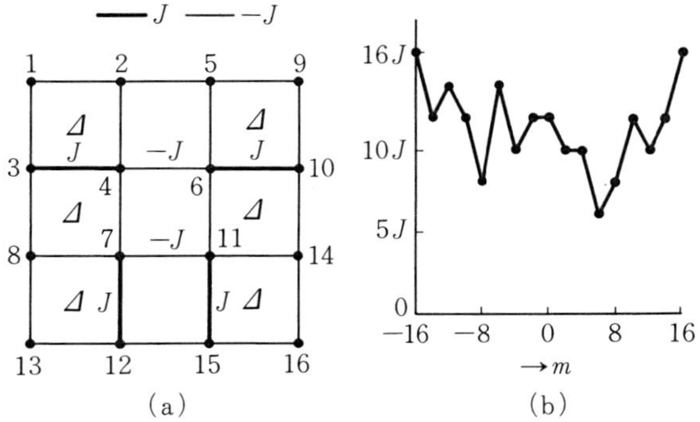

図 5-6　(a) 4×4=16 個のフラストレートした ±*J* 模型．記号 *Δ* のついたセルはフラストレートしたセルを表わす．番号順にスピンを反転させていくと，(b)図のようにエネルギーが変化する．(図 5-5 の文献より)

ピンの状態から，すべて下向きスピンの状態に移り得る．一般の ±*J* 模型では図 5-6 のように，スピンを反転させていろいろな経路を調べてみると，エネルギーがフラクタルな構造になっていることが多い．

より一般的な場合にも系の自由エネルギーは自己相似なフラクタル構造を持

つことが知られている．

b） スピングラスとは

銅のように強磁性体にならない金属に，マンガンのような磁性原子が混ざった合金では，図5-7のように，磁化率の温度依存性がある温度 T_{sg} でカスプ状の異常性を示し，磁場を少しかけただけで，非線形磁化率 $\chi(H)\equiv M/H$ が急に滑らかになる．この系では，希薄に混ざっているマンガンのスピンの間には，銅の伝導電子を媒介にした相互作用，すなわち **RKKY**（Ruderman-Kittel-Kasuya-Yoshida）相互作用 $J\sim\cos(2k_{\mathrm{F}}r_{ij})/r_{ij}^3$ が働き*，その符号までが変化するため，a)項で説明したようなフラストレーションの効果が現われて，通常の磁気相転移とは違ったいわば**準平衡の相転移**が起こる．このようにして現われる磁気的秩序相を**スピングラス**という．強磁性体のような通常の磁気的秩序に比べると，スピングラスの配位は，フラストレーションの効果のため，極めてゆっくりではあるが時間とともに変化し，異なる磁化をもった状態に緩和し得る．このように，上記の物質はガラスの性質に似たスピン秩序を示すのでスピングラスと呼ばれる．

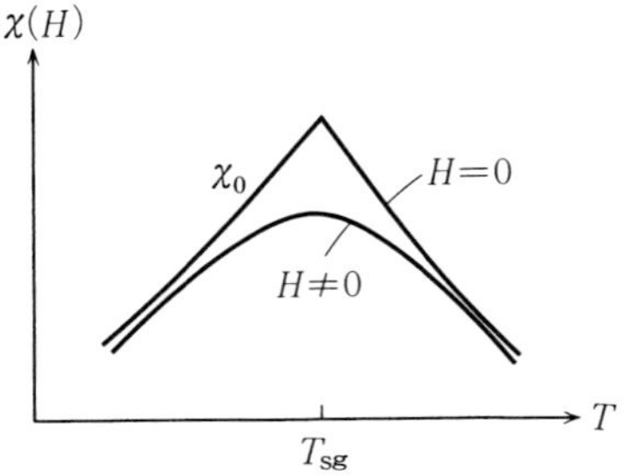

図5-7 スピングラスの磁場 H に対する応答．磁場 $H=0$ に対する線形磁化率 $\chi_0(T)$ は，スピングラス転移点 T_{sg} でカスプを示す．磁場 H を少しかけると $\chi(H)\equiv M/H$ は転移点近傍で急に滑らかになる．

c） Edwards-Anderson の平均場理論とレプリカ法

乱れた系を扱うには，その乱れ具合を指定しなければならない．それは系の相互作用の確率分布によって指定される．そのさい，乱れがどんなスケールで時間的および空間的に起こっているかが問題になる．そこで，乱れた磁性体を次

* ここで，k_{F} は伝導電子の Fermi 波数を表わし，r_{ij} は磁気原子間の距離を表わす．

の2種類に分類する．スピン間の相互作用の強さが合金を急冷した瞬間に決まっており，スピンの配向過程とは独立になっている系(これをクエンチした系という)と，スピン間の相互作用の分布がスピンの配向過程と絡んでおり，エネルギーの低い方に変化する系(これをアンニールした系という)とがある．スピングラスは前者の場合に対応している．このようなクエンチした系を扱うには，自由エネルギー F，すなわち，状態和の対数 $\log Z$ を乱れに関して平均しなければならない：

$$F_{クエンチ} = \langle F\rangle_{\mathrm{av}} = -k_{\mathrm{B}}T\langle\log Z\rangle_{\mathrm{av}} \tag{5.11}$$

ここで，$\langle Q\rangle_{\mathrm{av}}$ は，Q の乱れに関する平均を表わす．それに対して，アンニールした系では $\langle Z\rangle_{\mathrm{av}}$ の計算をすることになるが，この場合には乱れに関する平均は部分 Boltzmann 因子ごとの平均に帰着するので簡単である．(5.11)を計算するために，de Gennes や Edwards-Anderson は，次のようなレプリカ法を導入した：

$$\langle\log Z\rangle_{\mathrm{av}} = \lim_{n\to 0}\frac{1}{n}(\langle Z^n\rangle_{\mathrm{av}}-1) \tag{5.12}$$

これは，図5-8のように，n 個の全く同じ系(これを n レプリカという)からなるアンニールした系への変換である．この n レプリカ系で乱れに関する平均をとると，異なるレプリカ間のスピン $\sigma_i^{(\alpha)}$ と $\sigma_i^{(\beta)}$ の間に相関

$$q_{\alpha\beta} = \langle\langle\sigma_i^{(\alpha)}\sigma_i^{(\beta)}\rangle\rangle_{\mathrm{av}} \tag{5.13}$$

が現われる．ここで，$\langle\langle\cdots\rangle\rangle_{\mathrm{av}}$ は，クラスターハミルトニアン $\mathcal{H}_\Omega$ に関するカ

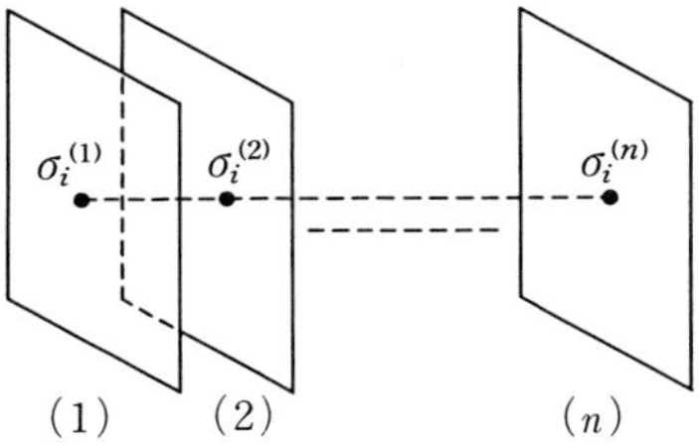

図 5-8 n レプリカ．相互作用の乱れ具合はどれもまったく同じであるが，スピン配位 $\{\sigma_i^{(1)}\}, \{\sigma_i^{(2)}\}, \cdots, \{\sigma_i^{(n)}\}$ は一般に異なる．

ノニカル平均とランダム平均の2重平均を表わす．これは，格子点iのスピンσ_iが同じ相互作用の分布中の異なる配位(図5-9のようなポテンシャルの異なる極小値)にどの程度共通に関与しているかを示すパラメータを表わす．言いかえれば，パラメータ$q_{\alpha\beta}$は，異なる配位間の重なりの度合を示すもので，**スピングラス秩序パラメータ**と呼ばれている．つまり，個々のスピンはいろいろなポテンシャルの極小値に対応する配位に同時に関与して，無数の極小値をもった**準安定状態**が低温で作り出される．これが**スピングラスの状態**である．

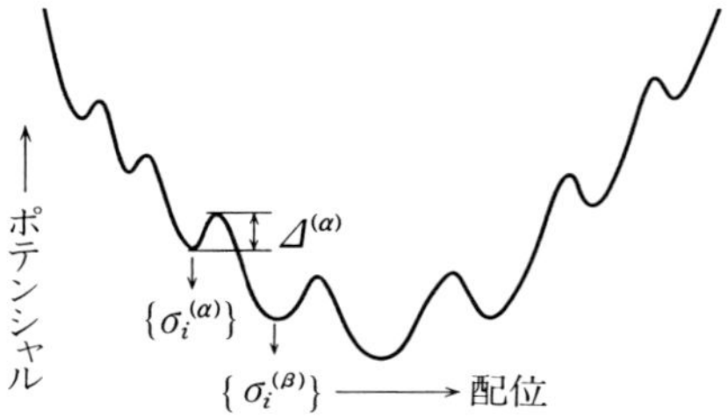

図5-9 スピングラスのポテンシャルと配位．系のサイズが大きくなるとともにますます深い谷$\{\Delta^{(\alpha)}\}$が現われる．

図5-9のような配位$\{\sigma_i{}^{(\alpha)}\}$の谷の深さ$\Delta^{(\alpha)}$がスピングラス相で系のサイズとともに大きくなれば，配位$\{\sigma_i{}^{(\alpha)}\}$のスピン状態が非常に長時間保たれることになり，時間相関関数$\langle\sigma_i(t)\sigma_i(0)\rangle$の極限値

$$q = \lim_{t\to\infty}\langle\langle\sigma_i(t)\sigma_i(0)\rangle\rangle_{\text{av}} \tag{5.14}$$

も消えずに残るであろう．したがって，これもスピングラス秩序パラメータになり得る．これは次の時間平均

$$q = \lim_{T\to\infty}\frac{1}{T}\int_0^T\langle\langle\sigma_i(0)\sigma_i(t)\rangle\rangle_{\text{av}}dt \tag{5.15}$$

で置き換えることができる．要するに，この定義によると，スピングラス相では空間的および時間的にスピンはゆらいでいても平均的には各格子点のスピンは凍結していることを表わしている．しかし(5.15)の定義にしたがって計算するのは極めて困難であるから，その代りにEdwardsとAnderson*は，(5.13)

* S. F. Edwards and P. W. Anderson: J. Phys. F; Metal Phys. 5 (1975) 965.

で $n\to 0$ の極限をとって定義される秩序パラメータを用いてスピングラスを議論した．そこで，これを q_{EA} とも書く．すなわち，それは

$$q_{\mathrm{EA}} = \lim_{n\to 0}\langle\!\langle\langle \sigma_i{}^{(\alpha)}\sigma_i{}^{(\beta)}\rangle\!\rangle\rangle_{\mathrm{av}}$$
$$\equiv \lim_{n\to 0}\left\langle \frac{1}{Z^n}\mathrm{Tr}\,\sigma_i{}^{(1)}\sigma_i{}^{(2)}\exp\left(-\beta\sum_{\alpha=1}^{n}\mathcal{H}^{(\alpha)}\right)\right\rangle_{\mathrm{av}} \tag{5.16}$$

と書ける．ただし，Z はレプリカ $\mathcal{H}^{(\alpha)}$ の系の状態和 $Z=\mathrm{Tr}\exp(-\beta\mathcal{H}^{(\alpha)})$ を表わす．

さて，スピングラス相転移を議論するために，スピングラス秩序パラメータに共役な外場 H_{s} を導入して Ising スピンのレプリカハミルトニアン

$$\mathcal{H}^{(n)} = -\sum_{\alpha=1}^{n}\sum_{\langle ij\rangle}J_{ij}\sigma_i{}^{(\alpha)}\sigma_j{}^{(\alpha)} - H_{\mathrm{s}}\sum_{\alpha\neq\beta}\sum_{i=1}^{N}\sigma_i{}^{(\alpha)}\sigma_i{}^{(\beta)} - \mu_{\mathrm{B}}H\sum_{\alpha=1}^{n}\sum_{i=1}^{N}\sigma_i{}^{(\alpha)} \tag{5.17}$$

を考える．ここで，格子点 i に着目し，平均場 h_α を

$$h_\alpha = \sum_j J_{ij}\sigma_j{}^{(\alpha)} \tag{5.18}$$

によって導入する．平均場ハミルトニアンは

$$\mathcal{H}_i{}^{(n)} = -\sum_{\alpha=1}^{n}(h_\alpha+\mu_{\mathrm{B}}H)\sigma_i{}^{(\alpha)} - H_{\mathrm{s}}\sum_{\alpha\neq\beta}\sigma_i{}^{(\alpha)}\sigma_i{}^{(\beta)} \tag{5.19}$$

となるから，

$$\langle Z_i{}^n\rangle_{\mathrm{av}} = \mathrm{Tr}\langle\exp(-\beta\mathcal{H}_i{}^{(n)})\rangle_{\mathrm{av}}$$
$$= \mathrm{Tr}\left\langle\exp\left(\beta\sum_{\alpha=1}^{n}h_\alpha\sigma_i{}^{(\alpha)}\right)\right\rangle_{\mathrm{av}}\exp\left[\beta\left(\mu_{\mathrm{B}}H\sum_{\alpha=1}^{n}\sigma_i{}^{(\alpha)} + H_{\mathrm{s}}\sum_{\alpha\neq\beta}\sigma_i{}^{(\alpha)}\sigma_i{}^{(\beta)}\right)\right] \tag{5.20}$$

と書ける．ここで，平均場 $\{h_\alpha\}$ を互いに相関のある Gauss 分布と考えて平均をとると*,

---

* Gauss 分布をする変数の 3 次以上のキュムラントはすべて 0 である．

$$\left\langle \exp\left(\beta \sum_{\alpha=1}^{n} h_\alpha \sigma_i{}^{(\alpha)}\right)\right\rangle_{\rm av} = \exp\left[\frac{\beta^2}{2}\left\langle\left(\sum_{\alpha=1}^{n} h_\alpha \sigma_i{}^{(\alpha)}\right)^2\right\rangle_{\rm av}\right]$$
$$= \exp\left[\frac{\beta^2}{2}\sum_{\alpha=1}^{n}\langle h_\alpha{}^2\rangle_{\rm av} + \frac{\beta^2}{2}\sum_{\alpha\neq\beta}\langle h_\alpha h_\beta\rangle_{\rm av}\sigma_i{}^{(\alpha)}\sigma_i{}^{(\beta)}\right] \tag{5.21}$$

となる．ところで，J_{ij} と J_{ik} は $j\neq k$ のとき独立変数であるから，

$$\langle h_\alpha{}^2\rangle_{\rm av} = \left\langle \sum_{j,k} J_{ij}J_{ik}\sigma_j{}^{(\alpha)}\sigma_k{}^{(\alpha)}\right\rangle_{\rm av} = \sum_{j=1}^{z}\langle J_{ij}{}^2\rangle_{\rm av} \equiv zJ^2 \tag{5.22}$$

および

$$\langle h_\alpha h_\beta\rangle_{\rm av} \simeq \sum_{j=1}^{z}\langle J_{ij}{}^2\rangle_{\rm av}\langle\langle\sigma_j{}^{(\alpha)}\sigma_j{}^{(\beta)}\rangle\rangle_{\rm av} = zJ^2q \tag{5.23}$$

とおける．(この近似の意味合いについては，e)項で議論する．) そこで，(5.20)より

$$\langle Z_i{}^n\rangle_{\rm av} = {\rm Tr}\exp\beta\left[\frac{1}{2}\beta nzJ^2 + \mu_{\rm B}H\sum_\alpha\sigma_i{}^{(\alpha)} + \left(\frac{1}{2}\beta zJ^2q + H_{\rm s}\right)\sum_{\alpha\neq\beta}\sigma_i{}^{(\alpha)}\sigma_i{}^{(\beta)}\right] \tag{5.24}$$

が得られる．次に，$\sigma_i{}^{(\alpha)}=\pm 1$ に関して和(trace)をとるために，よく知られた変換公式

$$e^{a^2/2} = \frac{1}{\sqrt{2\pi}}\int_{-\infty}^{\infty} e^{ax-x^2/2}dx \tag{5.25}$$

を用いて $\sum\sigma_i{}^{(\alpha)}\sigma_i{}^{(\beta)}$ を $\sigma_i{}^{(\alpha)}$ の1次式に変換する．そのために，

$$\sum_{\alpha\neq\beta}\sigma_i{}^{(\alpha)}\sigma_i{}^{(\beta)} = \left(\sum_{\alpha=1}^{n}\sigma_i{}^{(\alpha)}\right)^2 - n \tag{5.26}$$

に注意して

$$\langle Z_i{}^n\rangle = \exp\left[\frac{n}{2}\beta^2 zJ^2(1-q) - n\beta H_{\rm s}\right]$$
$$\times\frac{1}{\sqrt{2\pi}}\int_{-\infty}^{\infty} e^{-x^2/2}[2\cosh\{x(z\beta^2J^2q+2\beta H_{\rm s})^{1/2}+\beta\mu_{\rm B}H\}]^n dx \tag{5.27}$$

と変形する．こうして，$n\to 0$ の極限(5.12)をとると

$$\frac{1}{N}\langle\log Z\rangle_{\mathrm{av}} = \langle\log Z_i\rangle_{\mathrm{av}} = \frac{1}{2}\beta^2 zJ^2(1-q)-\beta H_{\mathrm{s}} + \frac{1}{\sqrt{2\pi}}\int_{-\infty}^{\infty} e^{-x^2/2}\log[2\cosh\{x(z\beta^2J^2q+2\beta H_{\mathrm{s}})^{1/2}+\beta\mu_{\mathrm{B}}H\}]dx \tag{5.28}$$

という結果に達する．

したがって，スピングラス秩序パラメータ q は

$$\begin{aligned} q &= \lim_{n\to 0}\frac{1}{n(n-1)}\sum_{\alpha\neq\beta}\langle\sigma_i{}^{(\alpha)}\sigma_i{}^{(\beta)}\rangle = -\left(\frac{\partial}{\partial(\beta H_{\mathrm{s}})}\langle\log Z\rangle_{\mathrm{av}}\right)_{H_{\mathrm{s}}=0} \\ &= 1-\frac{1}{\sqrt{2\pi}}\int_{-\infty}^{\infty} e^{-x^2/2}(z\beta^2J^2q)^{-1/2}x\tanh(x\beta J\sqrt{qz}+\beta\mu_{\mathrm{B}}H)dx \\ &= \frac{1}{\sqrt{2\pi}}\int_{-\infty}^{\infty} e^{-x^2/2}\tanh^2(x\beta J\sqrt{qz}+\beta\mu_{\mathrm{B}}H)dx \end{aligned} \tag{5.29}$$

と与えられる．スピングラス転移温度 T_{sg} は，(5.29)で $H=0$ とおいた方程式の解が $q_{\mathrm{s}}\neq 0$ となり始める温度として求められる．すなわち，$H=0$ に対する(5.29)の q の1次の係数 $(1-z\beta^2J^2)q$ を0と置いて，T_{sg} は

$$T_{\mathrm{sg}} = \frac{\sqrt{z}}{k_{\mathrm{B}}}J \tag{5.30}$$

と求まる．相転移点以下 $(T\leqq T_{\mathrm{sg}})$ でのスピングラス秩序パラメータの温度変化は，(5.29)で $H=0$ として，q の2次まで展開し，

$$q = \frac{1}{2}\left(\frac{T}{T_{\mathrm{sg}}}\right)^2\left(1-\left(\frac{T}{T_{\mathrm{sg}}}\right)^2\right) \sim (T_{\mathrm{sg}}-T)^{\beta_{\mathrm{s}}};\quad \beta_{\mathrm{s}}=1 \tag{5.31}$$

と求められる．通常の磁気相転移と異なり，臨界指数 β_{s} は，この平均場近似では $\beta_{\mathrm{s}}=1$ となる．

同様にして，磁化 m は(5.28)を βH で微分して，

$$m = \frac{\partial}{\partial(\beta H)}\left(\frac{\log Z}{N}\right) = \frac{1}{\sqrt{2\pi}}\int_{-\infty}^{\infty} e^{-x^2/2}\tanh(x\beta J\sqrt{qz}+\beta\mu_{\mathrm{B}}H)dx \tag{5.32}$$

と与えられる．

以上に説明した平均場近似は，スピングラスの理論としては零次近似の理論であり，問題点の多い近似である．例えば，上のようにして求めた自由エネル

ギーをqの関数とみてqで変分をとると，極小ではなく極大になる．また，エントロピーSを求めると，低温で負になるという欠点もある．そこで，以上の取扱いをもっと改良することがスピングラスの研究にとって本質的であると思われる．

d）スピングラスの現象論と非線形磁化のスケーリング則

前項に説明したスピングラスの平均場理論は最低次の近似ではあるが，スピングラスの複雑さを反映しているためか，必ずしもわかりやすくはないので，ここでは，Landau の2次相転移の理論を拡張して，スピングラスの相転移を現象論的に議論する．

スピングラス秩序パラメータqと磁化mとを指定したときの自由エネルギー$f(m,q)$を考える．ここで，磁化mと秩序パラメータqとの絡み合いを問題にする．qは測定しにくいが，磁化mは磁場Hに関する応答として観測できる物理量である．qの定義式(5.14)からもわかるように，それは磁化mと密接に関係しており，スピングラス秩序パラメータqに関する不安定性が磁化mの磁場Hに対する応答に反映されるものと期待される．実際，図5-7に見られるように，スピングラス転移点T_{sg}近傍では磁化mの磁場依存性が極めて敏感である．これは，スピングラス相転移の不安定性が磁化$m(H)$に反映したものと考えられる．

これらの状況を現象論的に理解するために，自由エネルギー$f(m,q)$をmとqに関して次のように展開する：

$$f(m,q)=f_0+am^2+bm^4+\cdots+cq^2+dq^3+\cdots+eqm^2 \qquad (5.33)$$

ここで，qの定義からもわかるように，qはスピンの2つの相関(異なるレプリカ間の相関)によって表わされる物理量であるから，$f(m,q)$はqに関して必ずしも偶関数である必要はなく，展開項にはqの奇数次も含まれる．しかし，qの1次の項が存在しない．それは，式$q=\langle\langle\sigma_i{}^{\alpha}\sigma_i{}^{\beta}\rangle\rangle_{\mathrm{av}}$において，1つのレプリカ(たとえば$\alpha$レプリカ)のみスピンの符号を変えると(すなわち，ゲージ変換をすると)，qは$-q$となり，この対称性から$f(m,q)$の中のqの1次の項は，恒等的に0になるからである．q^3などの高次の奇数項は，たとえば

$\sigma_i{}^\alpha \sigma_i{}^\beta \sigma_j{}^\beta \sigma_j{}^\gamma \sigma_k{}^\gamma \sigma_k{}^\alpha$ などの積のトレースを用いて表わされ，同じレプリカの2つのスピン変数が存在するため，必ずしも0にならない．磁化 m に関しては，自由エネルギー $f(m, q)$ は対称であるから，m の偶数次の項のみを含む．磁化 m とスピングラス秩序パラメータ q との結合の項は qm^2 の次数から始まる．(5.33)で展開係数 a, b, c, d, e は温度 T の関数である．

さて，磁場 H に対する応答を調べるために，Zeeman エネルギー $-Hm$ を(5.33)に加えた自由エネルギー $\tilde{f}(m, q) \equiv f(m, q) - Hm$ を考える．これが m と q に関して極値をとる条件より，

$$2(a+eq+\cdots)m+4bm^3+\cdots = H \qquad (5.34)$$

および

$$2cq+3dq^2+\cdots+em^2 = 0 \qquad (5.35)$$

という状態方程式が得られる．$H=0$ に対する上式の解としては，次の3つの場合がある：

(a)　$m=0$　かつ　$q=0$　　(常磁性)

(b)　$m \neq 0$　かつ　$q \neq 0$　　(強磁性)

(c)　$m=0$　かつ　$q=-2c/(3d)+\cdots$　　(スピングラス)

(5.35)からわかるように，$m \neq 0$ のときは自動的に $q \neq 0$ となる．(c)の場合，$m=0$, $q \neq 0$ が新しい相，すなわち，スピングラス相を表わす．したがって，スピングラス転移温度 $T_{\rm sg}$ は，$c=c(T)$ が符号を変える温度，すなわち $c(T_{\rm sg})=0$ の条件によって与えられる．

次に，磁場 H の効果を考えよう．まず，高温側 $(T>T_{\rm sg})$ では，系は $m=q=0$ の常磁性状態にあるから，磁場 H の1次まででは，

$$m = \chi_0 H+\cdots; \qquad \chi_0 = 1/2a \qquad (5.36)$$

となる．係数 $a=a(T)$ は，スピングラス相転移と直接関係がないので，$T_{\rm sg}$ 近傍で温度 T の滑らかな関数である．(5.36)の磁化 m の表式を(5.35)に代入すると，スピングラス秩序パラメータ q の最低次は，

$$q = -\frac{e}{2c}m^2+\cdots = -\frac{e}{2c}\chi_0{}^2 H^2 \equiv \chi_{\rm sg} H^2 \qquad (5.37)$$

となる．つまり，qは，磁場の2乗H^2に比例する：

$$q=\chi_{sg}H^2\,;\qquad \chi_{sg}=-\frac{e}{2c(T)}\chi_0{}^2\propto\frac{1}{c(T)}\propto\frac{1}{T-T_{sg}} \qquad (5.38)$$

言い換えれば，スピングラス秩序パラメータqに共役な力はH^2である．それに対するqの応答係数がχ_{sg}であって，$c(T_{sg})=0$より，$\chi_{sg}=\chi_{sg}(T)$は$T=T_{sg}$で発散する．これはスピングラス相転移の不安定性を表わすので，相転移の一般論から，物理的に考えてχ_{sg}は正に発散する．すなわち，$\chi_{sg}(T_{sg})=+\infty$である．

さて，この異常性を磁化$m(H)$のH依存性を通して観測するために，磁化$m(H)$をHの3次のオーダーまで求めてみよう．そこで，(5.34)に$q=\chi_{sg}H^2$を代入し，また，mの3次の項$4bm^3$のmには$m=\chi_0H$を代入すると，

$$\begin{aligned}m&=\frac{H}{2(a+e\chi_{sg}H^2+\cdots)}-4b\chi_0{}^4H^3+\cdots=\frac{H}{2a}+\left(\frac{e^2\chi_0{}^2}{4a^2c(T)}-4b\chi_0{}^4\right)H^3+\cdots\\&=\chi_0H+\left(\frac{e^2\chi_0{}^4}{c(T)}-4b\chi_0{}^4\right)H^3+\cdots=\chi_0H+\chi_2H^3+\cdots\end{aligned} \qquad (5.39)$$

となる．こうして，非線形磁化率χ_2の表式が現象論的に与えられる：

$$\chi_2=\frac{e^2}{c(T)}\chi_0{}^4-4b\chi_0{}^4\sim-(2e\chi_0{}^2)\chi_{sg}(T) \qquad (5.40)$$

これより，非線形磁化率χ_2はスピングラス転移温度T_{sg}で負に発散することがわかる*．前にも述べた通り，スピングラス秩序パラメータqそのものは局所的な物理量であり測定困難であるが，磁化mは巨視的な物理量であるから，その磁場Hに関する非線形応答，すなわちχ_2も原理的には測定可能である．非線形磁化率χ_2を測定することによって，χ_{sg}の異常性がわかることになり，スピングラス転移の不安定性が調べられる．上の議論では，結合係数eがT_{sg}

---

* スピングラスの現象論による非線形磁化率χ_2の負の発散と非線形磁化($m-\chi_0H$)のスケーリング則の詳しい議論については，M. Suzuki: Prog. Theor. Phys. **58** (1977) 1151 参照．$\pm J$模型の非線形磁化率は，松原-坂田(Prog. Theor. Phys. **55** (1976) 672)の分布関数の方法を用いて，桂(Prog. Theor. Phys. **55** (1976) 1049)によっても，ガラス的相という立場から研究され，χ_2の負の発散が示された．一般には，χ_2の臨界指数γ_{nl}とχ_{sg}の臨界指数γ_sとは異なる．

で0でないと仮定した(この仮定は平均場近似では正しい)が，一般には，eは温度の関数$e(T)$となるから，$e(T)\sim(T-T_{sg})^{\omega}$のように振舞う($\omega\geqq 0$)．こうして，$\chi_2\sim(T-T_{sg})^{-(\gamma_s-\omega)}$となり，$\chi_{sg}$より弱い発散になり得る．ただし，対称分布の$\pm J$模型では，$\omega=0$が示されている*．また，上の議論，特に(5.40)から，(5.34)の左辺の$4bm^3$の項はスピングラス相転移には効かないことがわかる．

以上の議論からわかるように，スピングラスでは，線形磁化率には発散は現われず，それを差し引いた非線形磁化$\delta m\equiv m-\chi_0 H$の部分に異常性が現われる．したがって，この部分が次のようなスケーリング則を満たすものと考えられる：

$$\delta m \equiv m_{\text{sing}}(T,H) = t^{\beta+\omega}hf\left(\frac{h^2}{t^{\beta+\gamma_s}}\right) \tag{5.41}$$

ただし，$h=\mu_B H/k_B T$および$t=(T-T_{sg})/T_{sg}$である．$\delta m/t^{\beta+\omega}$を$h^2/t^{\beta+\gamma_s}$の関数として1つの曲線(スケーリング関数)に乗るように$\beta+\omega$と$\beta+\gamma_s$を調整することによって，これらの臨界指数を評価することができる．ここで，臨界指数βおよびγ_sは，それぞれ

$$q\sim(T_{sg}-T)^{\beta} \qquad \text{および} \qquad \chi_{sg}\sim\frac{1}{(T-T_{sg})^{\gamma_s}} \tag{5.42}$$

で定義される．同様に，スピングラス秩序パラメータqは

$$q_{\text{sing}}(T,H)\sim t^{\beta}g\left(\frac{h^2}{t^{\beta+\gamma_s}}\right) \tag{5.43}$$

というスケーリング則を満たすものと考えられる．スケーリング関数$f(x)$や$g(x)$の具体的な形は，それぞれスピングラスのハミルトニアンに依存する．

上記の現象論の妥当性は，実験や厳密解によって確かめられる．実際，都らは，上の一般的な現象論的予言に示唆され，3倍振動数測定法により実験的にχ_2を測定することに初めて成功し，図5-10のようにその負の発散を検証した．

---

* J. Chalupa: Solid State Commun. 22 (1977) 315 参照.

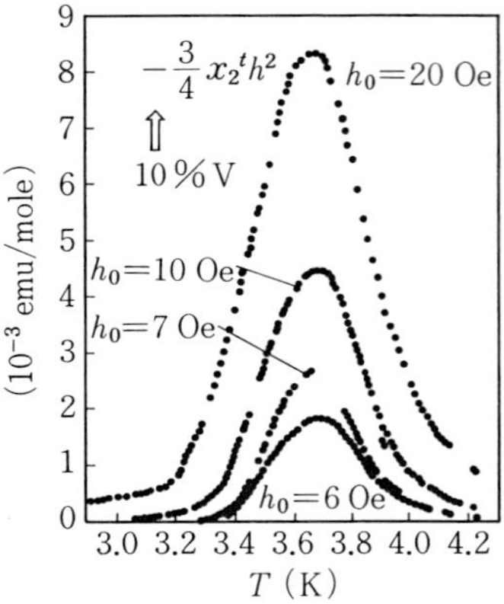

図 5-10　縦軸は$(\mathrm{Ti}_{1-x}\mathrm{V}_x)_2\mathrm{O}_3$における$-\chi_2 H^2$(に比例した量). H は c 軸に垂直. $T=T_{sg}$ で負に異常に大きくなる. (Y. Miyako et al.: J. Phys. Soc. Jpn. **46** (1979) 1951 より)

また，スケーリング則(5.41)および(5.43)は次項で具体的に確かめられる.

e) 厳密に解けるスピングラスの模型——SK 模型

現実のスピングラスは RKKY 相互作用で記述しなければならないであろうが，厳密に解けるモデルでスピングラス相転移の特徴を詳しく調べておくことは大変役に立つ. Sherrington と Kirkpatrick* は，長距離相互作用をしている N 個の乱れたイジングスピン系を導入した：

$$\mathcal{H} = -\frac{1}{2}\sum_{i\neq j} J_{ij}\sigma_i\sigma_j\,; \qquad \sigma_i = \pm 1 \tag{5.44}$$

ただし，ランダムな相互作用 J_{ij} はサイト i,j によらず次のような同一の確率分布を満たすものとする：

$$P(J_{ij}) = \frac{1}{\sqrt{2\pi\tilde{J}^2}}\exp\left(-\frac{(J_{ij}-\tilde{J}_0)^2}{2\tilde{J}^2}\right) \tag{5.45}$$

これを **SK 模型**という. このように，確率分布 $P(J_{ij})$ がサイトによらないので，(5.44)は本質的に長距離相互作用を表わしている. したがって，この系では前に説明した分子場近似が厳密に成立する. ここで，エネルギー $\mathcal{H}$ はサイト数 N に比例する**示量的な量**でなければならないから，$\tilde{J}_0$ と $\tilde{J}^2$ は共に $1/N$

---

*　詳しくは，D. Sherrington and S. Kirkpatrick: Phys. Rev. Lett. **35** (1975) 1972 参照.

のオーダーでなければならない．したがって，

$$J_0 = N\tilde{J}_0 \qquad \text{および} \qquad J = \sqrt{N}\,\tilde{J} \tag{5.46}$$

とスケールすると，J_0 や J は1のオーダーの示強変数となる．

ここでも，(5.12)のレプリカ法を用いて，平均 $\langle \log Z\rangle_{\rm av}$ を計算しよう．c)項の平均場理論では，近似(5.23)のよしあしがわかりにくい．SK 模型ではそのあいまいさが解消される．このクエンチした系の自由エネルギー F は，

$$F = -k_{\rm B}T \lim_{n\to 0}\frac{1}{n}\left\{\int \prod_{(ij)}[P(J_{ij})dJ_{ij}]\ {\rm Tr}\exp\left(\frac{1}{2}\beta\sum_{\alpha=1}^{n}\sum_{i\neq j}^{N}J_{ij}\sigma_i{}^{(\alpha)}\sigma_j{}^{(\alpha)}\right)-1\right\} \tag{5.47}$$

で与えらえる．ここで，J_{ij} に関する積分を行なうと，次のような4体力の Ising スピン系に変換される：

$$\begin{aligned}F = -k_{\rm B}T \lim_{n\to 0}\frac{1}{n}\Bigg\{{\rm Tr}\exp\sum_{i\neq j}^{N}\bigg(&\frac{1}{2}\beta\tilde{J}_0\sum_{\alpha=1}^{n}\sigma_i{}^{(\alpha)}\sigma_j{}^{(\alpha)}\\ &+\frac{1}{4}(\beta\tilde{J})^2\sum_{\alpha,\beta}^{n}\sigma_i{}^{(\alpha)}\sigma_j{}^{(\alpha)}\sigma_i{}^{(\beta)}\sigma_j{}^{(\beta)}\bigg)-1\Bigg\}\end{aligned} \tag{5.48}$$

この式からわかるように，相互作用の強さは格子点 i, j によらない．したがって，この系は長距離相互作用をもつ系である．この状況は，次の関係式を用いて変形すると，より明瞭になる：

$$\sum_{i\neq j}^{N}\sum_{\alpha=1}^{n}\sigma_i{}^{(\alpha)}\sigma_j{}^{(\alpha)} = \sum_{\alpha=1}^{n}\left(\sum_{i=1}^{N}\sigma_i{}^{(\alpha)}\right)^2 - Nn \tag{5.49}$$

および

$$\sum_{\alpha,\beta}^{n}\sum_{i\neq j}^{N}\sigma_i{}^{(\alpha)}\sigma_j{}^{(\alpha)}\sigma_i{}^{(\beta)}\sigma_j{}^{(\beta)} = \sum_{\alpha\neq\beta}^{n}\left(\sum_{i=1}^{N}\sigma_i{}^{(\alpha)}\sigma_i{}^{(\beta)}\right)^2 + nN(N-n) \tag{5.50}$$

これらの関係式を(5.48)に代入して，(5.46)を用いて $\tilde{J}_0$ と $\tilde{J}$ を J_0 と J に書き直し，自由エネルギー F に N のオーダーで(示量的に)効く項のみ残し，恒等式(5.25)を用いると，F は次のように書き表わされる．すなわち，変換公式(5.25)の変数として $\{x^{(\alpha)}\}$ と $\{y^{(\alpha\beta)}\}$ を用いて，

$$F = -Nk_{\mathrm{B}}T \lim_{N\to\infty} \lim_{n\to 0} (Nn)^{-1}\Big\{\exp[J^2 Nn\beta^2/4]$$
$$\times \int\Big[\prod_{(\alpha\beta)}\Big(\frac{N}{2\pi}\Big)^{1/2} dy^{(\alpha\beta)}\Big]\Big[\prod_{\alpha}\Big(\frac{N}{2\pi}\Big)^{1/2} dx^{(\alpha)}\Big]\exp[-Nf_n(\{x^{(\alpha)}\},\{y^{(\alpha\beta)}\})]-1\Big\} \tag{5.51}$$

と書ける．ただし，$(\alpha\beta)$ は，$\alpha \neq \beta$ となる α, β の組合せを表わす．ここで，$f_n(\{x^{(\alpha)}\},\{y^{(\alpha\beta)}\})$ は n 個のスピン系 $\{\sigma^{(\alpha)}\}$ $(\alpha=1,2,\cdots,n)$ のトレースを用いて次のように表わされる：

$$f_n(\{x^{(\alpha)}\},\{y^{(\alpha\beta)}\}) = \frac{1}{2}\sum_{\alpha=1}^{n}(x^{(\alpha)})^2+\frac{1}{2}\sum_{(\alpha\beta)}^{n}(y^{(\alpha\beta)})^2$$
$$-\log \mathrm{Tr}\exp\Big(\beta J\sum_{(\alpha\beta)}^{n} y^{(\alpha\beta)}\sigma^{(\alpha)}\sigma^{(\beta)}+(\beta J_0)^{1/2}\sum_{\alpha=1}^{n}x^{(\alpha)}\sigma^{(\alpha)}\Big) \tag{5.52}$$

(5.51)の積分の中の指数の肩に粒子数(格子点の数) N が顕わに入っているから，鞍点法を用いることができる．そこで，変数 $\{x^{(\alpha)}\}$ と $\{y^{(\alpha\beta)}\}$ に関して f_n の変分をとると，

$$x^{(\alpha)} = (\beta J_0)^{1/2}\langle\sigma^{(\alpha)}\rangle_0 \qquad \text{および} \qquad y^{(\alpha\beta)} = \beta J\langle\sigma^{(\alpha)}\sigma^{(\beta)}\rangle_0 \tag{5.53}$$

となる．ただし，$\langle Q\rangle_0$ は次式で定義される：

$$\langle Q\rangle_0 = \lim_{n\to 0}\frac{\mathrm{Tr}\, Q\exp\mathcal{H}_n}{\mathrm{Tr}\exp\mathcal{H}_n} \tag{5.54}$$

および

$$\mathcal{H}_n = \beta J\sum_{(\alpha\beta)}^{n} y^{(\alpha\beta)}\sigma^{(\alpha)}\sigma^{(\beta)}+(\beta J_0)^{1/2}\sum_{\alpha=1}^{n}x^{(\alpha)}\sigma^{(\alpha)} \tag{5.55}$$

このハミルトニアン $\mathcal{H}_n$ は1個のスピンの n 個のレプリカ $\{\sigma^{(\alpha)}\}$ $(\alpha=1,2,\cdots,n)$ からなる有効ハミルトニアンである．(5.53)からわかるように，$x^{(\alpha)}$ は $\sigma^{(\alpha)}$ に働く平均場の役割を果たし，$y^{(\alpha\beta)}$ は $\sigma^{(\alpha)}\sigma^{(\beta)}$ に働く有効相互作用を表わしている．Edwards-Anderson の平均場近似の結果(5.24)と比較すると，βzJ^2q が $Jy^{(\alpha\beta)}=\beta J^2\langle\sigma^{(\alpha)}\sigma^{(\beta)}\rangle_0$ に対応していることがわかる．

こうして，(5.53)より磁化 $m\equiv\langle\sigma^{(\alpha)}\rangle_0$ は $x^{(\alpha)}$ によって与えられ，また，スピングラス秩序パラメータ $q^{(\alpha\beta)}\equiv\langle\sigma^{(\alpha)}\sigma^{(\beta)}\rangle_0$ は $y^{(\alpha\beta)}$ によって与えられること

になる．すなわち，SK 模型の状態方程式は，(5.53)，(5.54)および(5.55)によって与えられる．これを一般的に解くのは困難なので，Sherrington と Kirkpatrick は，簡単のために，$x^{(\alpha)}=x$，$y^{(\alpha\beta)}=y$ という α, β によらない一様な対称的な解を探した．こうすると，n 個のスピン系の自由エネルギー f_n が次のように具体的に計算できる．すなわち，(5.55)の相互作用の部分を

$$2\sum_{(\alpha\beta)}^{n}\sigma^{(\alpha)}\sigma^{(\beta)} = \left(\sum_{\alpha=1}^{n}\sigma^{(\alpha)}\right)^2 - n \tag{5.56}$$

と変形し，(5.25)の公式を用いると

$$f_n(x,y) = \frac{n}{2}x^2+\frac{n(n-1)}{4}y^2 - \log\left(\frac{1}{(2\pi)^{1/2}}e^{-ynJ\beta/2}\int_{-\infty}^{\infty}dt\, e^{-t^2/2}[2\cosh\{(yJ\beta)^{1/2}t+(J_0\beta)^{1/2}x\}]^n\right) \tag{5.57}$$

が得られる．したがって，さらに $x=\sqrt{\beta J_0}\,m$ および $y=\beta Jq$ と変数変換をし，鞍点法を用いると，自由エネルギー F は，(5.51)で $n\to 0$ の極限をとって，

$$F = -Nk_{\mathrm{B}}T\left\{\frac{1}{4}(\beta J)^2(1-q)^2-\frac{1}{2}\beta J_0 m^2+\langle\log[2\cosh(\beta Jq^{1/2}t+\beta J_0 m)]\rangle_{\mathrm{G}}\right\} \tag{5.58}$$

と与えられる．ただし，$\langle Q(t)\rangle_{\mathrm{G}}$ は，次式で定義される Gauss 積分を表わす：

$$\langle Q(t)\rangle_{\mathrm{G}} = \frac{1}{\sqrt{2\pi}}\int_{-\infty}^{\infty}e^{-t^2/2}Q(t)dt \tag{5.59}$$

このようにして，$x^{(\alpha)}=x=\sqrt{\beta J_0}\,m$ および $y^{(\alpha\beta)}=y=\beta Jq$ という一様な対称解は，次の非線形方程式の解として与えられる：

$$m = \langle\tanh(\beta Jq^{1/2}t+\beta J_0 m)\rangle_{\mathrm{G}} \quad \text{および} \quad q = \langle\tanh^2(\beta Jq^{1/2}t+\beta J_0 m)\rangle_{\mathrm{G}} \tag{5.60}$$

さらに，磁場 H があるときには，容易にわかるように，(5.60)は

$$m = \langle\tanh(\beta Jq^{1/2}t+\beta(J_0 m+\mu_{\mathrm{B}}H))\rangle_{\mathrm{G}} \tag{5.61}$$

および

$$q = \langle\tanh^2(\beta Jq^{1/2}t+\beta(J_0 m+\mu_{\mathrm{B}}H))\rangle_{\mathrm{G}} \tag{5.62}$$

と拡張される．この結果は，$J_0=0$ とおけば，Edwards-Anderson の平均場近似の状態方程式(5.32)と対応している．ただ相互作用の強さが $\sqrt{z}J$ が J に変わっただけである．こうして，平均場近似(5.23)の意味が理解される．つまり，長距離相互作用の極限で，スピングラスの平均場近似(5.23)は対称解に対して正当化される．非対称な解を求めるための平均場近似は，(5.23)の代りに，

$$\langle h_\alpha h_\beta \rangle \simeq \sum_{j=1}^{z} \langle J_{ij}{}^2 \rangle_{\rm av} \langle\langle \sigma_j{}^{(\alpha)} \sigma_j{}^{(\beta)} \rangle\rangle_{\rm av} = zJ^2 q^{(\alpha\beta)} \tag{5.63}$$

によって構成されるが，これは，(5.53)に対応する．また，(5.61)と(5.62)は，d)項で説明した現象論的に求めた状態方程式(5.34)と(5.35)の微視的な表式になっている．したがって，(5.61)と(5.62)を $T_{\rm sg}$ の近傍で漸近評価すれば，非線形磁化 δm のスケーリング則(5.41)とスピングラス秩序パラメータ q のスケーリング則(5.43)が導出できるものと期待される．

実際，$T_{\rm sg}$ は，(5.62)で $m=0$, $H=0$ とし q の 1 次を 0 とおくことにより，$T_{\rm sg}=J/k_{\rm B}$ と与えられる．そこで，$t=(T-T_{\rm sg})/T_{\rm sg}$ とおき，$t \ll 1$ の領域で(5.61)と(5.62)を漸近評価する．まず，(5.61)で $q=0$ とおき，m を H の 1 次まで展開すると，

$$m = \chi_0 H \qquad \text{および} \qquad \chi_0 = \frac{\mu_{\rm B}}{k_{\rm B}(T-T_0)}\,; \quad T_0 = \frac{J_0}{k_{\rm B}} \tag{5.64}$$

となる．次に，(5.61)と(5.62)を m, H および q に関して 2 次まで展開すると，

$$m = \chi_0 H - (\chi_0/\mu_{\rm B})(J_0 m + \mu_{\rm B} H) q \tag{5.65}$$

および

$$tq = \frac{1}{2J^2}(J_0 m + \mu_{\rm B} H)^2 - q^2 \tag{5.66}$$

となる．ここで，$\langle t^{2n} \rangle_{\rm G} = 1\cdot 3\cdot 5\cdot \cdots \cdot (2n-1)$ を用いた．(5.65)と(5.66)の m として，$m=\chi_0 H$ を代入し，(5.64)より導かれる関係式 $J_0\chi_0+\mu_{\rm B}=\chi_0 k_{\rm B} T$ を用いると，(5.65)と(5.66)はそれぞれ，

$$\delta m \equiv m - \chi_0 H = -\frac{\chi_0{}^2 k_{\rm B} T}{\mu_{\rm B}} Hq \tag{5.67}$$

および

$$tq-\frac{1}{2}(\chi_0(T_{\rm sg}))^2H^2+q^2 = 0 \tag{5.68}$$

に帰着する．(5.67)は，$(\chi_0{}^{-1}+(k_{\rm B}T/\mu_{\rm B})q)m=H$ とも書き直せるので，(5.34)の $4bm^3$ を省略した式と同形となる．(5.68)も $tq+q^2-\frac{1}{2}m^2=0$ と書き直せるので，(5.35)と同形となる．$h\equiv\chi_0(T_{\rm sg})H$ とおいて，(5.68)を解くと，スピングラス秩序パラメータ q は，

$$q = \frac{t}{2}\left\{\left(1+\frac{2h^2}{t^2}\right)^{1/2}-1\right\} \equiv tf\left(\frac{h^2}{t^2}\right) \tag{5.69}$$

となる．これを(5.67)に代入すると，非線形磁化 δm は

$$\delta m = -\frac{k_{\rm B}T\chi_0}{\mu_{\rm B}}htf\left(\frac{h^2}{t^2}\right) \tag{5.70}$$

と与えられる．こうして，SK 模型におけるスケーリング則が導かれた(香取ら,1985)．これはd)項で現象論的に提唱したスケーリング則のよい例になっている．つまり，平均場近似の臨界指数 $\beta=1$, $\gamma_{\rm s}=1$ で表わされるスケーリング変数 h^2/t^2 に関するスケーリング関数 $f(x)$ が具体的に求まった．平均場近似と等価な SK 模型では q と δm に対するスケーリング関数が同形になるが，それらは一般には異なる．上に求めたスケーリング関数 $f(x)=\frac{1}{2}(\sqrt{1+2x}-1)$ は上に凸であり，実験結果と定性的に一致している．3 次の非線形磁化率 χ_2 は，(5.70)で h^3 の項まで展開して

$$\chi_2 = -\frac{k_{\rm B}T\chi_0{}^4}{2\mu_{\rm B}}\frac{1}{t} \propto -\frac{1}{T-T_{\rm sg}} \tag{5.71}$$

となる．非線形磁化率 χ_2 は現象論で予言した(5.40)と一致して，スピングラスの相転移点 $T_{\rm sg}$ で負に発散する．一般に，$4n-1$ 次の非線形磁化率は負に発散し，$4n+1$ 次は正に発散する．

スピングラス応答関数 $\chi_{\rm sg}$ は，(5.68)で q^2 の項を無視して，

$$q = \frac{(\chi_0(T_{\rm sg}))^2}{2t}H^2 \equiv \chi_{\rm sg}H^2\,; \qquad \chi_{\rm sg} = \frac{\chi_0{}^2(T_{\rm sg})}{2t} \propto \frac{1}{T-T_{\rm sg}} \tag{5.72}$$

と求められる．これも現象論的に導いた結果(5.38)と一致する．このように，SK 模型の対称解によっても，磁化 m，スピングラス秩序パラメータ q および磁場 H との絡み合いの様子は定性的には理解できる．

ところで，以上の対称解を相転移点 $T_{\rm sg}$ 以下の十分低温領域まで拡張して用いると，いろいろと困ったことが現われる．その 1 つは，エントロピーが低温で負になることである．実は，上に求めた対称解 $x^{(\alpha)}=x$ および $y^{(\alpha\beta)}=y$ は低温では不安定になることが，de Almeida-Thouless によって示された*．すなわち，

$$x^{(\alpha)} = x+\varepsilon^{(\alpha)} \qquad \text{および} \qquad y^{(\alpha\beta)} = y+\eta^{(\alpha\beta)} \tag{5.73}$$

とおいて，(5.52)の $f_n(\{x^{(\alpha)}\}, \{y^{(\alpha\beta)}\})$ を $\varepsilon^{(\alpha)}$ と $\eta^{(\alpha\beta)}$ の 2 次のオーダーまで計算し，そのヘッシアン行列が $n>1$ で半正定値($n<1$ では半負定値)になるという解の安定性の条件を求めると，少し面倒な計算の後に，$J_0=0$ のとき，

$$\left(\frac{k_{\rm B}T}{J}\right)^2 \geqq \langle \mathrm{sech}^4(\beta J q^{1/2} t+\beta\mu_{\rm B}H)\rangle_{\rm G} \tag{5.74}$$

となる．(5.62)で $J_0=0$ とおいた q の表式を組み合わせて与えられる(5.74)の境界を図示すると，図 5-11 となる．この境界線は **AT 線**と呼ばれている．相転移点 $T_{\rm sg}$ 近傍における AT 線は，(5.74)と(5.62)の $J_0=0$ の表式より，

$$\left(\frac{\mu_{\rm B}H}{J}\right)^2 \simeq \frac{4}{3}\left(\frac{T_{\rm sg}-T}{T_{\rm sg}}\right)^3 \tag{5.75}$$

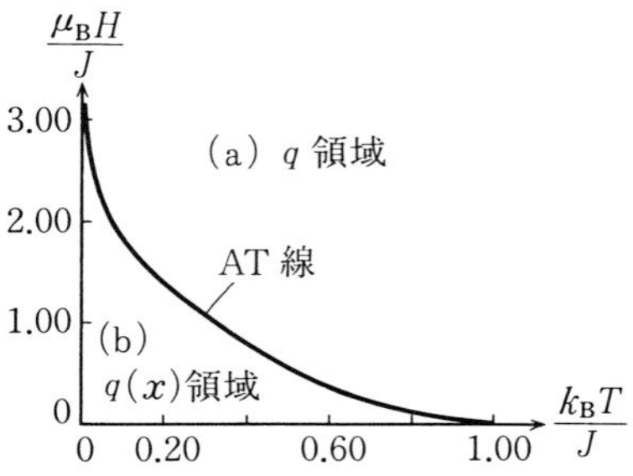

図 5-11 磁場 H と温度 T 平面における 2 つの領域．(a) q 領域：1 つの秩序パラメータ，すなわち対称解 q で記述できる領域．(b) $q(x)$ 領域：非対称解，すなわち Parisi の解 $q(x)$ で表わされる低温領域．(de Almeida-Thouless より)

* 詳しくは，J. R. L. de Almeida and D. J. Thouless: J. Phys. **A11** (1978) 983 参照.

で与えられることが導かれる．ここで，(5.62)を q^3 まで，(5.74)を q^2 まで展開し，AT 線上で $q=(3/4)^{1/3}(T/T_{sg})^{4/3}(\mu_B H/J)^{2/3}+\cdots$ となることを用いた．

d)項で説明した現象論は **q 領域**で適用できる．この AT 線より下の **$q(x)$ 領域**では，対称的な解 $q^{(\alpha\beta)}=q$ は不安定になり，**レプリカ対称性の破れた**(replica symmetry breaking)**解**が現われる*.

f) Parisi によるレプリカ対称性の破れた解と自己相似性

AT 線以下の $q(x)$ 領域では，図 5-9 のような無限に多くのポテンシャルの谷に対応して，無限個の秩序パラメータ $\{q_{\alpha\beta}\}$ を考えなければならない．Parisi は，この問題を解くために，$\{q_{\alpha\beta}\}$ として次のような自己相似構造をもつ行列を提唱した：

$$
q_{\alpha\beta}=\left|\begin{array}{cccccccc}
0 & q_0 & q_1 & q_1 & & & & \\
q_0 & 0 & q_1 & q_1 & & \text{すべて } q_2 & & \\
q_1 & q_1 & 0 & q_0 & & & & \\
q_1 & q_1 & q_0 & 0 & & & & \\
 & & & & 0 & q_0 & q_1 & q_1 \\
 & \text{すべて } q_2 & & & q_0 & 0 & q_1 & q_1 \\
 & & & & q_1 & q_1 & 0 & q_0 \\
 & & & & q_1 & q_1 & q_0 & 0
\end{array}\right| \tag{5.76}
$$

ここでは，$n=8$ の場合を示したが，この作り方を $n\to\infty$ まで続けて，その後に n に関して解析接続し，$1\leqq n<\infty$ の領域を $0<x\leqq 1$ の領域に折り返してから $n\to 0$ の極限をとると，2 変数の秩序パラメータ $\{q_{\alpha\beta}\}$ を 1 次元の変数 $q(x)$ に帰着させることができる．こうして，スピングラスの低温の状態は，無限個の秩序パラメータ $\{q(x);\ 0\leqq x\leqq 1\}$ で記述される．これは複雑系の特徴の 1 つを表わしている．スピングラスの自由エネルギーは $q(x)$ の汎関数として与えられるが，これを詳しく説明するのは少し専門的過ぎるので，ここではこれ以上立ち入らないことにする．

---

* 詳しくは M. Mezard, G. Parisi and M. A. Virasoro: *Spin Glass Theory and Beyond* (World Scientific Lecture Notes in Vol. 9)(World Scientific, 1987)参照.

g) 磁場中でのスピングラス相転移と GT 線

Ising 模型に横磁場をかけると，相転移温度は横磁場とともに減少する．これと同様に，スピングラスに磁場をかけると，Heisenberg 模型のような O(3) の対称性をもったスピン系では，かけた磁場 H_z と垂直方向にスピングラス秩序が残るが，それは H_z の効果により現われにくくなる．すなわち，スピングラス相転移点 $T_{\mathrm{sg}}(H_z)$ は，図 5-12 のように H_z とともに減少する．この相転移線は，Toulouse と Gabay によって SK 模型の場合に詳しく研究されたので，**GT 線**と呼ばれている．図 5-12 を図 5-11 と比較すると容易にわかるように，GT 線は AT 線より上にあり，対称領域にある．したがって，d)項の現象論を用いて，GT 線近傍での非線形磁化率の異常性を議論することができる．

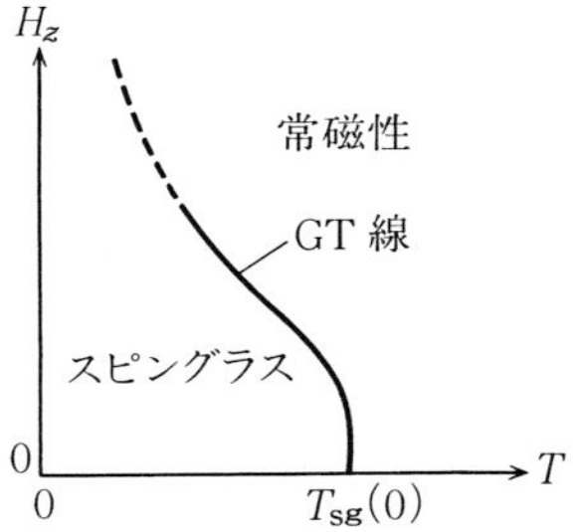

図 5-12 z 方向の磁場 H_z の下での垂直方向のスピングラス転移温度，すなわち GT 線．平均場理論では，$H_z \sim 0$ の近傍の振舞いは $T_{\mathrm{sg}}(H_z) - T_{\mathrm{sg}}(0) \sim H_z{}^2$ となる．

さて，垂直方向の磁場を $H = H_\perp$，その方向の磁化を $m = m_\perp$ とする．また z 方向の磁場と磁化，およびスピングラス秩序パラメータをそれぞれ，H_z, m_z, および q_z とし，自由エネルギー f をこれらの関数として $f = f(m, q, m_z, q_z)$ と書き，これを m と q に関して次のように展開する：

$$f(m, q, m_z, q_z) = f(m_z, q_z) - m_z H_z + am^2 + bm^4 + \cdots - mH + cq^2 + dq^3 + \cdots + eqm^2 + m^2 g(m_z, q_z) + q^2 h(m_z, q_z) \tag{5.77}$$

ただし，(5.77)式の最後の 2 つの項は z 成分と垂直成分との結合を表わす項であり，m_z と q_z は小さいとは限らないので展開せずに，適当な関数 $g(x, y)$ と $h(x, y)$ を用いて一般的に(5.77)のように表わしておく．この 2 項が m^2 と q^2 から始まるのは対称性から容易に理解できる．すなわち，Zeeman エネルギーの項を除けば，自由エネルギー f は m の偶関数である．また，スピングラス

秩序パラメータ q に関しては，eqm^2 のように奇数次の項が存在するが，レプリカ理論からわかるように，$qm_z{}^2 = q_\perp m_z{}^2$ のような結合の項は恒等的に 0 になる．系の状態方程式は，(5.77)の $f(m, q, m_z, q_z)$ を m, q, m_z，および q_z に関して微分した式を 0 とおいて得られる．すなわち，

$$\begin{cases} 2(a+eq)m + 4bm^3 + 2mg(m_z, q_z) = H & (5.78\text{a}) \\ 2(c+h(m_z, q_z))q + 3dq^2 + em^2 = 0 & (5.78\text{b}) \\ f_{m_z}(m_z, q_z) + m^2 g_{m_z}(m_z, q_z) + q^2 h_{m_z}(m_z, q_z) = H_z & (5.78\text{c}) \\ f_{q_z}(m_z, q_z) + m^2 g_{q_z}(m_z, q_z) + q^2 h_{q_z}(m_z, q_z) = 0 & (5.78\text{d}) \end{cases}$$

となる．ただし，f_{m_z} は m_z に関する f の偏微分を表わす．

この現象論を用いて，GT 線の特徴を調べてみよう．まず，(5.78a)より，H の 1 次の範囲では，d)項の現象論とまったく同様に，$m = \chi_0 H$（ただし $\chi_0 = 1/(2a)$）となる．これを(5.78b)に代入し，$3dq^2$ の項は高次であることに注意して無視すると，

$$q = \chi_{\text{sg}}{}^\perp H^2 \qquad \text{ただし} \quad \chi_{\text{sg}}{}^\perp = -\frac{e\chi_0{}^2}{2(c+h(m_z, q_z))} \tag{5.79}$$

となる．スピングラス転移温度 $T_{\text{sg}}(H_z)$ は垂直方向のスピングラス磁化率 $\chi_{\text{sg}}{}^\perp$ が発散する温度として定義されるから，それは，(5.79)より，

$$c(T_{\text{sg}}(H_z)) + h(m_z(H_z), q_z(H_z)) = 0 \tag{5.80}$$

で与えられる．これからわかるように，z 方向の磁場の効果で m_z と q_z が現われ，これが結合の項 $q^2 h(m_z, q_z)$ を通して T_{sg} に影響を与え，T_{sg} は H_z の関数 $T_{\text{sg}}(H_z)$ となる．特に，H_z が小さいとき（$\mu_{\text{B}} H_z \ll k_{\text{B}} T_{\text{sg}}$ のとき）には，その変化は

$$\Delta T_{\text{sg}} \equiv T_{\text{sg}}(H) - T_{\text{sg}}(0) \sim H_z{}^{\Delta_{\text{s}}} \tag{5.81}$$

のように表わされる．現象論的には(少なくとも平均場近似に相当する現象論では)，臨界指数 $\Delta_{\text{s}} = 2$ が導かれる．実際，このような取扱いでは，$h(m_z, q_z) = am_z{}^2 + bq_z{}^2 + \cdots$ と展開し，a と b が T_{sg} において 0 にならないとすると，(5.80)より

$$T_{\text{sg}}(H) - T_{\text{sg}}(0) \sim am_z{}^2 + bq_z{}^2 \sim H^2 \tag{5.82}$$

となる．こうして，(5.81)の Δ_s は，平均場近似の範囲では，$\Delta_s=2$ であることがわかり，図 5-12 の T_{sg} 近傍での GT 線の振舞いが理解される*.

h) スピングラスのクラスター有効場理論

実際の短距離相互作用のスピングラス模型で相転移点 T_{sg} や臨界指数 γ_s などの値を評価することは，困難ではあるが，極めて興味深い重要な問題である．

微視的には，非線形磁化率 χ_2 は磁化 $M=\mu_B\langle\langle\sum_j\sigma_j\rangle_H\rangle_{av}$ の H に関する 3 次の展開係数として定義されるから，

$$\chi_2 = \frac{\beta^3\mu_B{}^4}{6}(\langle\langle S^4\rangle\rangle_{av}-3\langle\langle S^2\rangle^2\rangle_{av}) \tag{5.83}$$

と与えられる．ただし，$S=\sum_j\sigma_j$ である．一方，スピングラス磁化率 χ_{sg} は，$T\geqq T_{sg}$ ではスピングラス秩序パラメータ $q=\langle\langle\sigma_0\rangle_H{}^2\rangle_{av}=\lim_{n\to 0}\langle\langle\sigma^{(\alpha)}\sigma^{(\beta)}\rangle\rangle_{av}$ の H^2 の展開係数として定義されるから(つまり $q=\chi_{sg}H^2+\cdots$)，

$$\chi_{sg} = (\beta\mu_B)^2\sum_{i,j}\langle\langle\sigma_i\sigma_j\rangle^2\rangle_{av} \tag{5.84}$$

と与えられることがわかる**．したがって，$\{J_{ij}\}$ の分布が対称的であり局所的ゲージ変換 $\sigma_j\to-\sigma_j$ に対して不変な期待値のみ残るとすれば，(5.83)では第 2 項のみが T_{sg} で発散することがわかり，T_{sg} の近傍では本質的に，

$$\chi_2 \simeq -\beta\mu_B{}^2\chi_{sg} \tag{5.85}$$

であることがわかる．この場合には，$\gamma_{nl}=\gamma_s$，すなわち，d)項における ω は零である．

さてここでは，クラスター平均場近似を用いて相転移点 T_{sg} と臨界指数 γ_s を評価してみよう．3-13 節の超有効場理論にしたがって，スピングラス秩序パラメータの演算子を $\{Q_j\}$ と書き，これに共役な力 $\{\Lambda_j\}$ を(超)有効場としてクラスターの境界 $\partial\Omega$ にかけ，セルフコンシステントな条件を課して問題を解くことにする．スピングラスの場合には，図 5-13 のような 2 つのレプリカの

* より詳しくは S. E. Barnes, A. P. Malozemoff and B. Barbara: Phys. Rev. **B30** (1984) 2765 および M. Suzuki: Prog. Theor. Phys. **73** (1985) 830 参照.

** これは $T\geqq T_{sg}$ の領域で導かれる．このとき，異なるレプリカ間の相関は $H=0$ では 0 になる．

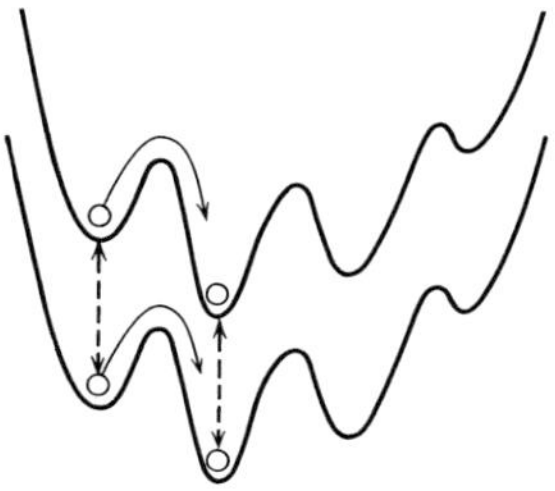

図 5-13 2つのレプリカ(実レプリカ)は互いに相手のレプリカのスピンにとって秩序の基準になる．すなわち，互いに一緒になってポテンシャルの谷に落ちつこうとしてレプリカ相関が現われる．(M. Suzuki: J. Phys. Soc. Jpn. 57(1988)2310 より)

スピン相関 $Q_j=\sigma_j\sigma_j'$ が秩序パラメータの役割を果たす．$\{\sigma_j\}$ および $\{\sigma_j'\}$ は，それぞれのレプリカの配位を表わす．クラスター Ω の部分ハミルトニアンを $\mathcal{H}_\Omega$ として，2つのレプリカの有効ハミルトニアンを

$$\tilde{\mathcal{H}} = \mathcal{H}_\Omega+\mathcal{H}_\Omega'-\Lambda_{\mathrm{eff}}\sum_{j\in\partial\Omega}\sigma_j\sigma_j' \tag{5.86}$$

と書く．図 5-14 に Bethe 近似のレプリカクラスターの例を示した．図 5-15 のような一般の実レプリカクラスターにおいて，境界の秩序パラメータ $\langle Q_j\rangle$ と中心の値 $\langle Q_0\rangle$ を等しいとおくことにする．すなわち，

$$\langle\langle Q_j\rangle\rangle_{\mathrm{av}} = \langle\langle Q_0\rangle\rangle_{\mathrm{av}}\,; \quad j\in\partial\Omega \tag{5.87}$$

というセルフコンシステントな条件を課す．これは，ランダム平均 $\langle\cdots\rangle_{\mathrm{av}}$ を行なった後では系は一様になるという要請に基づいている．ここで，

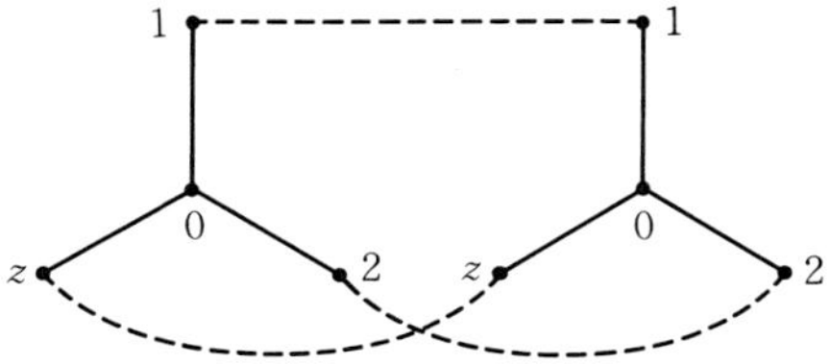

図 5-14 実レプリカ Bethe 近似のクラスター．

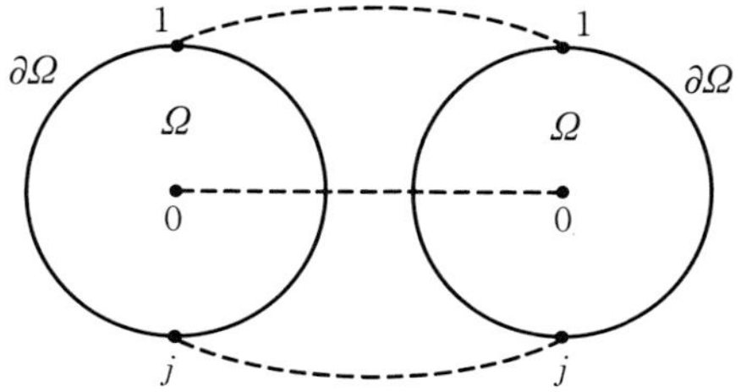

図 5-15 一般的な実レプリカクラスター近似．クラスターの境界を $\partial\Omega$，内部を Ω とする．

$$\langle Q_0\rangle = \mathrm{Tr}\, Q_0 e^{-\beta\tilde{\mathcal{H}}}/\mathrm{Tr}\, e^{-\beta\tilde{\mathcal{H}}}$$

$$= \beta\Lambda_{\mathrm{eff}} \sum_{k\in\partial\Omega} \langle Q_0 Q_k\rangle_\Omega + \mathrm{O}(\Lambda_{\mathrm{eff}}{}^2) \qquad (5.88)$$

と展開する．こうして，(5.87)の条件は，Λ_{eff} の 1 次の範囲で，$j\in\partial\Omega$ として，

$$\sum_{k\in\partial\Omega} \langle\langle Q_0 Q_k\rangle_\Omega\rangle_{\mathrm{av}} = \sum_{k\in\partial\Omega} \langle\langle Q_j Q_k\rangle_\Omega\rangle_{\mathrm{av}} \qquad (5.89)$$

と表わされる．これは，$Q_k=\sigma_k\sigma_k{}'$ に注意すると，

$$\sum_{k\in\partial\Omega} \langle\langle \sigma_0\sigma_k\rangle_\Omega{}^2\rangle_{\mathrm{av}} = \sum_{k\in\partial\Omega} \langle\langle \sigma_j\sigma_k\rangle_\Omega{}^2\rangle_{\mathrm{av}} \qquad (5.90)$$

と変形される．これを解いて，スピングラス転移点 T_{sg} が求められる．スピングラス応答関数 χ_{sg} は，上の Bethe 的な近似では，(3.85b)の表式を用いて，

$$\chi_{\mathrm{sg}}(T) = (\beta\mu_{\mathrm{B}})^2 \frac{C_0B_1 - C_1B_0}{C_0 - C_1}$$

と表わされる．ただし，B_0, B_1, C_0, C_1 は，$1\in\partial\Omega$ として，次式で定義される：

$$\begin{aligned} B_0 &= \sum_{j\in\Omega} \langle\langle\sigma_0\sigma_j\rangle^2\rangle_{\mathrm{av}}, \qquad & B_1 &= \sum_{j\in\Omega} \langle\langle\sigma_1\sigma_j\rangle^2\rangle_{\mathrm{av}} \\ C_0 &= \sum_{k\in\partial\Omega} \langle\langle\sigma_0\sigma_k\rangle^2\rangle_{\mathrm{av}}, \qquad & C_1 &= \sum_{k\in\partial\Omega} \langle\langle\sigma_1\sigma_k\rangle^2\rangle_{\mathrm{av}} \end{aligned} \qquad (5.91)$$

ここで，$\langle\langle\cdots\rangle\rangle_{\mathrm{av}}$ は，クラスターハミルトニアン $\mathcal{H}_\Omega$ に関するカノニカル平均とランダム平均の 2 重平均を表わす．(5.91)の分母の零点が相転移点 T_{sg} を与える．この零点は 1 位の零点であるから，第 3 章の一般的なクラスター平均場近似の議論と同じく，T_{sg} の近傍では，$\chi_{\mathrm{sg}}(T)$ は次の Curie-Weiss 的な異常性を示す：

$$\chi_{\mathrm{sg}} = \bar{\chi}_{\mathrm{sg}}\cdot\frac{T_{\mathrm{sg}}}{T-T_{\mathrm{sg}}} \qquad (5.92)$$

例えば，図 5-14 の Bethe 近似のクラスターに対しては，

$$\chi_{\mathrm{sg}} = (\beta\mu_{\mathrm{B}})^2 \frac{1+\langle\langle\sigma_0\sigma_1\rangle^2\rangle_{\mathrm{av}}}{1-(z-1)\langle\langle\sigma_0\sigma_1\rangle^2\rangle_{\mathrm{av}}} \qquad (5.93)$$

となる．ここで，z は最近接格子点の数を表わす．対称分布の $\pm J$ 模型の場合

には，容易に $\langle\langle\sigma_0\sigma_1\rangle^2\rangle_{\mathrm{av}}=\tanh^2 K$（ただし，$K=\beta J$）が導かれるから，このBethe 近似における相転移点 $T_{\mathrm{sg}}{}^{(\mathrm{B})}$ は，

$$\tanh\left(\frac{J}{k_{\mathrm{B}}T_{\mathrm{sg}}{}^{(\mathrm{B})}}\right)=\frac{1}{\sqrt{z-1}} \tag{5.94}$$

と与えられる．特に，$z\to\infty$ では，$k_{\mathrm{B}}T_{\mathrm{sg}}{}^{(\mathrm{mf})}=\sqrt{z}J$ となる．これは，Weiss 的な近似に相当する Edwards-Anderson の理論によるスピングラス転移温度(5.30)である．

図 5-16 のようなより大きなクラスターについて，同様の計算をして系統的な平均場近似を行ない，近似的な相転移点 $T_{\mathrm{sg}}{}^{(\mathrm{n})}$ とそこでの平均場臨界係数 $\bar{\chi}_{\mathrm{sg}}{}^{(\mathrm{n})}$ を求め，第 3 章で述べた CAM プロットをすると，図 5-17 のようになる．これより，

$$T_{\mathrm{sg}}{}^{*}\simeq 1.2(1)J/k_{\mathrm{B}} \qquad \text{および} \qquad \gamma_{\mathrm{s}}=3.4(1) \tag{5.95}$$

という結果が得られる．高温展開法などによっても同様の結果が得られており，3 次元 $\pm J$ 模型では，$T_{\mathrm{sg}}{}^{*}\simeq1.2J/k_{\mathrm{B}}$ でスピングラス相に入るものと結論される．χ_{sg} の臨界指数 γ_{s} は，$\gamma_{\mathrm{s}}\simeq3\sim4$ くらいの値をとることがわかる．

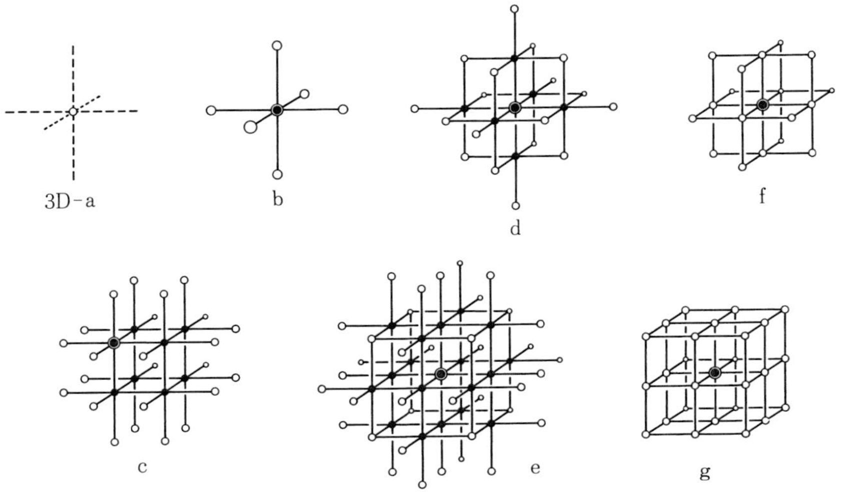

図 5-16 3 次元 $\pm J$ 模型に対する系統的なクラスター．(N. Hatano and M. Suzuki: J. Stat. Phys. **63** (1991) 25 より)

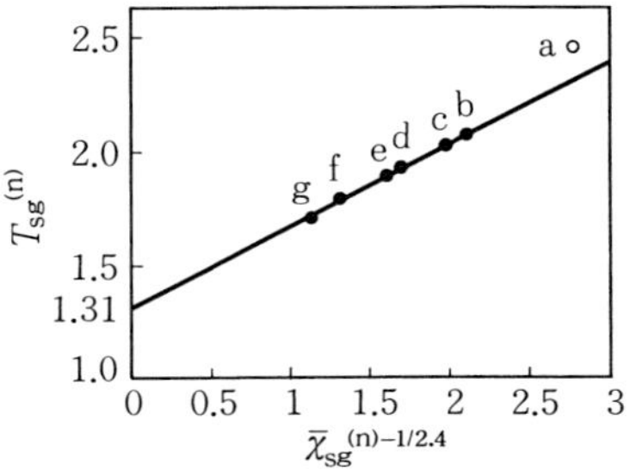

図 5-17 3 次元 $\pm J$ 模型の CAM プロット(図 5-16 の引用文献より). a, b, …, g は図 5-16 のそれぞれのクラスターに対応する. 特に, a は平均場近似 $T_{\rm sg}^{(\rm mf)}$ に, b は(5.94)に対応している.

i) TAP 方程式と階層性

前項までは, 熱平均 $\langle\cdots\rangle$ とランダムネス $\{J_{ij}\}$ に関する平均を両方とる定式化に基づいて議論してきた. ここでは, $\{J_{ij}\}$ を 1 つ決め, その 1 つのサンプルに対して, スピンの熱平均 $m_j=\langle\sigma_j\rangle$ を詳しく調べる方法, すなわち TAP (Thouless-Anderson-Palmer) 方程式の方法*を説明する.

簡単のために, Ising スピングラスを再び考えることにする. そのハミルトニアンは

$$\mathcal{H} = -\sum_{j} J_{ij}\sigma_i\sigma_j - \sum_{j} h_j\sigma_j \tag{5.96}$$

と書ける. $\{J_{ij}\}$ を 1 つ固定したサンプルについて スピンの熱平均をとると, 3-10 節で説明した相関等式(3.171), すなわち,

$$\langle\sigma_i\rangle = \left\langle \tanh\left\{\beta\left(h_i+\sum_{j} J_{ij}\sigma_j\right)\right\}\right\rangle \tag{5.97}$$

が厳密に成立する. ここで, 熱平均 $\langle\cdots\rangle$ を tanh の中に移す近似を行なうと Weiss 近似の表式

$$m_i = \tanh\left\{\beta\left(h_i+\sum_{j} J_{ij}m_j\right)\right\} \tag{5.98}$$

が得られる. この平均場近似の方程式では, サイト i のスピンがサイト j に作る有効場 $J_{ij}m_i$ によって, サイト j のスピンが $\Delta m_j=\beta\langle(\sigma_j-\langle\sigma_j\rangle)^2\rangle J_{ij}m_i$ だけの

* 詳しくは, D. J. Thouless, P. W. Anderson and R. G. Palmer: Phil. Mag. **35** (1977) 593 参照.

ゆらぎを生じ，これによって再びサイト i のスピンが自己場 $J_{ij}\Delta m_j=\beta J_{ij}{}^2 m_i\cdot(1-m_j{}^2)$ を受ける．これを **Onsager の反作用場**(reaction field)というが，これはもともとみかけのものであるから，(5.98)の平均場 $\sum_j J_{ij}m_j$ から差し引いておかなければならない．こうして，次の TAP 方程式

$$m_i=\tanh\left\{\beta\left[h_i+\sum_j J_{ij}m_j-\beta m_i\sum_j J_{ij}{}^2(1-m_j{}^2)\right]\right\} \qquad (5.99)$$

が得られる．

この TAP 方程式は N 個のスピンの熱平均 m_i $(i=1,2,\cdots,N)$ に対する非線形連立方程式であり，極めて複雑である．その複雑さは，温度パラメータ β が大きくなるほど，すなわち，低温になるほど激しくなる．逆に，高温では，m_i は h_i に比例して小さくなるから，Onsager の反作用場は無視できる．スピングラス相転移点 T_{sg} 以下になると，各スピンはそれぞれがとりやすい方向にランダムに凍結し始めて*，$m_i\neq 0$ となるから，Onsager の反作用場がますます重要になる．この Onsager の反作用場の効果は第 3 章での通常の強磁性相転移の研究などでは考慮しなかった．それは，Weiss 場 $W\simeq zJm$ に比較して，反作用場 R は $R\simeq\beta_c zJ^2m\simeq Jm\ll W$ となるからである．しかし，スピングラスでは，$R\simeq\beta_{sg}zJ^2m\simeq\sqrt{z}\,Jm\simeq W(\simeq m[(5.22)式]^{1/2})$ となり，2 つとも同程度になるので無視できない．つまり，スピングラスでは，J と $-J$ の相互作用の効果が互いに相殺し合って小さい平均場で相転移が起こるために反作用場が重要になる．しかも，$N=2,3,\cdots$ と有限の場合には適当に $\{J_{ij}\}$ を指定し，温度パラメータ β を $\beta_{sg}=1/k_BT_{sg}$ から徐々に大きくしていくとわかるように**，解 $\{m_i\}$ が図 5-18 のように分岐していく．その解の個数はスピンの数 N とともに指数関数的に，すなわち $\exp\{\alpha(T)N\}$ に比例して増大する．N の係数 $\alpha(T)$ は温度 T に依存する．$\alpha(0)\simeq 0.2$ および $\alpha(T)\sim(T-T_{sg})^6$ $(T\lesssim T_{sg})$ が知られている．このことは，TAP の自由エネルギー

---

* Random Ordered Phase(ROP)の概念とその取扱いについては，Y. Ueno and T. Oguchi: J. Phys. Soc. Jpn. **40**(1976)1513 および K. Binder: Z. Physik **B26**(1977)339 参照．

** 詳しくは，A. J. Bray and M. A. Moore: J. Phys. **C12**(1979)L441，K. Nakanishi: Phys. Rev. **B23**(1981)3514 および K. Nemoto and H. Takayama: J. Phys. **C18**(1985)L529 参照．

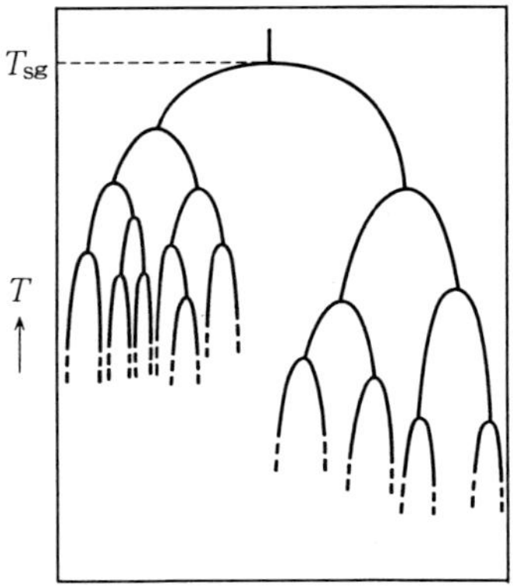

図 5-18 温度 T を下げていくと TAP 方程式の解は次から次へと分岐して多数の解が現われる．

$$F_{\mathrm{TAP}}(\{m_i\}) = \frac{1}{2\beta}\sum_i\left[(1+m_i)\log\frac{1+m_i}{2}+(1-m_i)\log\frac{1-m_i}{2}\right]$$
$$-\sum_{\langle ij\rangle}\left(J_{ij}m_im_j+\frac{\beta}{2}J_{ij}{}^2(1-m_i{}^2)(1-m_j{}^2)\right)-\sum_i h_im_i \quad (5.100)$$

の極小または停留値の個数が β とともに増大することを表わす．実際，条件式 $\partial F_{\mathrm{TAP}}(\{m_i\})/\partial m_i=0$ は(5.99)を与える．こうして，TAP 方程式の解の様子から，スピングラス状態のポテンシャルや配位の階層性が理解される．これは複雑系の 1 つの典型的な例になっている．

j）フラストレーションとリエントラント現象

a)項で説明した通り，フラストレーションがあると，基底状態は極端に縮退していることが多い．このフラストレーションによる縮退のため $T=0$ の近傍ではスピン相関が非常に弱くなり，その結果，常磁性になるような系においては，温度を少し高くしたとき熱的ゆらぎの結果，かえってスピン相関が強くなることがある．このような系では，温度の中間領域で強磁性が現われることがある．これを**リエントラント現象**という．

例えば，図 5-19 のように規則的にフラストレートした系では，基底状態は，セルの数を M とすると，明らかに 2^M 重に縮退している．セル間の相互作用が $\pm J_2$ で互いに相殺し合って各セルの磁化は $\pm n^2\mu_{\mathrm{B}}$ のどちらの値でも互いに

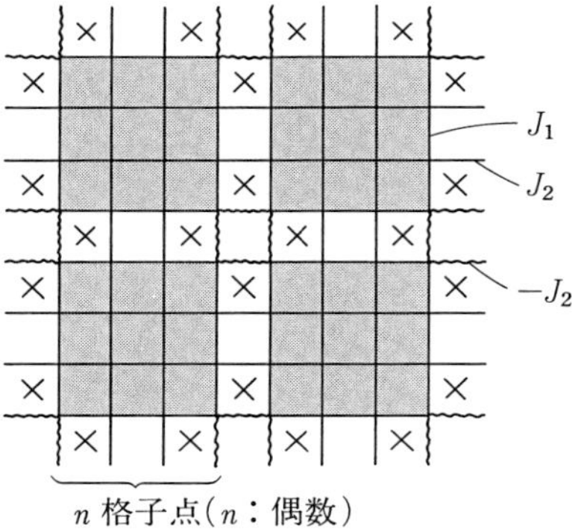

図 5-19 $n\times n$ のセル内は強磁性相互作用 J_1 (>0) で結合し，強磁性的クラスターとなる．セル間の相互作用は J_2 (>0) と $-J_2$ が同数個あり，×印のプラケットはフラストレートしている．1つのセルのまわりの J_2 と $-J_2$ の効果はちょうど打ち消し合い，絶対零度ではどのセルも自由にスピンの符号を変えられるので，状態が極端に縮退している．

独立にとり得るからである．図 5-20 のように，比 J_2/J_1 の適当な範囲では，熱的ゆらぎによってフラストレーションの効果が弱められてセル間の有効相互作用が強磁性的に誘起され，ある中間の温度領域では系は強磁性状態になる．熱的ゆらぎは通常は秩序を破壊する働きをするが，フラストレーションがあるような複雑系では，それが秩序生成を助長することもあるのは興味深い．

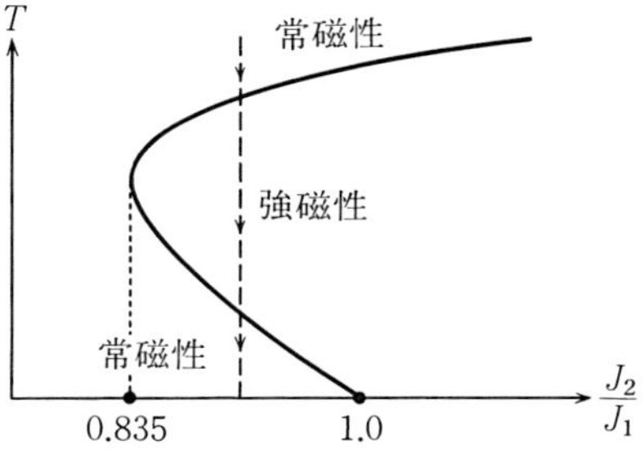

図 5-20 図 5-19 に示したフラストレートした Ising 模型($n=4$ の場合)の相図．$0.835<J_2/J_1<1$ の間で温度 T を下げていくと，常磁性→強磁性→常磁性とリエントラント現象が起こる．(詳しくは，H. Kitatani et al.: J. Phys. Soc. Jpn. **55** (1986) 865 参照)

スピングラスでは，フラストレートしたプラケットが図 5-19 のように規則的に配列していないが，同様のリエントラント現象が実験的に観測されている．これも上のように，フラストレーションの効果によって説明できる．

k）ゲージ変換とスピングラス

いままで説明してきた通り，スピングラスにおいてはフラストレーションの効果が非常に重要である．まず初めに，フラストレーションの効果をゲージ変換を用いて議論してみよう．簡単のために，再び $\pm J$ 模型，すなわち，

$$\mathcal{H} = -\sum_{\langle ij \rangle} J_{ij}\sigma_i\sigma_j \qquad (J_{ij}=\pm J) \tag{5.101}$$

を考える．さて，フラストレーションは各プラケット$(ijkl)$ごとに定義され，それは，$J_{ij}=\tau_{ij}J$ $(\tau_{ij}=\pm 1)$ とおくと，$\tau_{ij}\tau_{jk}\tau_{kl}\tau_{li}$ の符号によって指定される．そこで，これに共役な変数 Λ を導入して，次のハミルトニアン

$$\tilde{\mathcal{H}} = -\sum_{\langle ij \rangle} J_{ij}\sigma_i\sigma_j - \Lambda \sum_{\langle ijkl \rangle} \tau_{ij}\tau_{jk}\tau_{kl}\tau_{li} \tag{5.102}$$

を考える．ここで，$\langle ijkl \rangle$ はすべてのプラケットについての和を表わす．この系の状態和 $\tilde{Z}(\beta J, \beta\Lambda)$ を考えよう：

$$\tilde{Z}(K,\lambda) = \sum_{\{\sigma_j\}}\sum_{\{\tau_{ij}\}} \exp\left(K\sum_{\langle ij \rangle}\tau_{ij}\sigma_i\sigma_j + \lambda\sum_{\langle ijkl \rangle}\tau_{ij}\tau_{jk}\tau_{kl}\tau_{li}\right) \tag{5.103}$$

ただし，$K=\beta J$ および $\lambda=\beta\Lambda$ とおいた．ゲージ変換

$$\tau_{ij}{}' = \tau_{ij}\sigma_i\sigma_j \tag{5.104}$$

を行なうと，(5.103)の第2項は不変であり，全体として

$$\tilde{Z}(K,\lambda) = 2^N \sum_{\{\tau_{ij}\}} \exp\left(K\sum \tau_{ij}{}' + \lambda\sum_{\langle ijkl \rangle}\tau_{ij}{}'\tau_{jk}{}'\tau_{kl}{}'\tau_{li}{}'\right) \tag{5.105}$$

と変換される．もとのスピン変数は消え，一種の双対変換が得られる．すなわち，ボンド上にのみ変数をもつゲージ模型となる*．(5.105)で $\lambda\to-\infty$ とすると，すべてのプラケットがフラストレートした配位だけが残ることになり，この極限の模型は**完全にフラストレートした系**を表わす．特に2次元正方格子の場合は **Villain 模型**と呼ばれ，厳密に解かれている．その解は，(5.105)の双対変換を行なうと，**虚数磁場** $h\equiv\beta\mu_B H = i\pi/2$ に対する Lee-Yang の解と等価になることが示せる．このようにゲージ変換と双対変換を組み合わせるとフラストレーションの効果が虚数磁場で表現できるのは興味深いことである**．

上の議論では，J_{ij} が $+J$ と $-J$ をとる確率は等しいとしたが，次に，$J_{ij}=J$

* 詳しくは，F. J. Wegner: J. Math. Phys. **12** (1971) 2259, M. Suzuki: Phys. Rev. Lett. **28** (1972) 507, E. Fradkin, B. A. Huberman and S. H. Shenker: Phys. Rev. **B18** (1978) 4789 および J. B. Kogut: Rev. Mod. Phys. **51** (1979) 659 参照．

** 詳しくは，J. Villain: J. Phys. C: Solid State Phys. **10** (1977) 1717 および M. Suzuki: J. Phys. Soc. Jpn. **60** (1991) 441 参照．

が p の確率で，$J_{ij}=-J$ が $1-p$ の確率で現われるクエンチした系を考え，厳密に導かれる西森の結果を説明する．ただし，$\Lambda=0$ とする．さて，τ_{ij} の確率分布関数 $P(\tau_{ij})$ は，容易に

$$P(\tau_{ij}) = (2\cosh K_p)^{-1}\exp(K_p\tau_{ij}) \tag{5.106}$$

と表わせる．ただし，$K_p=-\dfrac{1}{2}\log\{(1-p)/p\}$ である．したがって，ボンドの総数を N_p とすると，(5.101)で $\{\tau_{ij}\}$ を指定したときの状態和 $Z(K,\{\tau_{ij}\})$ の対数の平均は

$$\begin{aligned}\langle\log Z(K,\{\tau_{ij}\})\rangle_{\mathrm{av}} &= (2\cosh K_p)^{-N_p}\sum_{\{\tau_{ij}=\pm1\}}\exp(K_p\tau_{ij})\log Z(K,\{\tau_{ij}\})\\ &= (2\cosh K_p)^{-N_p}\cdot 2^{-N}\sum_{\{\tau_{ij}=\pm1\}}\sum_{\{\sigma_j=\pm1\}}\exp(K_p\tau_{ij}\sigma_i\sigma_j)\log Z(K,\{\tau_{ij}\})\\ &= (2\cosh K_p)^{-N_p}\cdot 2^{-N}\sum_{\{\tau_{ij}=\pm1\}}Z(K_p,\{\tau_{ij}\})\log Z(K,\{\tau_{ij}\})\end{aligned} \tag{5.107}$$

と変形できる．同じ手法によって，逆温度 K における相関関数 $\langle\langle\sigma_i\sigma_j\rangle(K)\rangle_{\mathrm{av}}$ に対しても，次の不等式

$$|\langle\langle\sigma_i\sigma_j\rangle(K)\rangle_{\mathrm{av}}| \leqq |\langle\langle\sigma_i\sigma_j\rangle(K_p)\rangle_{\mathrm{av}}| \tag{5.108}$$

が導かれる．つまり，温度を下げていくと，$K=K_p$ となる線上でスピン相関が最大になることがわかる．すなわち，それはクロスオーバー的な線になっている．また，不等式(5.108)から，この線は，図 5-21 のように，常磁性，強磁性およびスピングラスの 3 重臨界点を通ることが結論できる*.

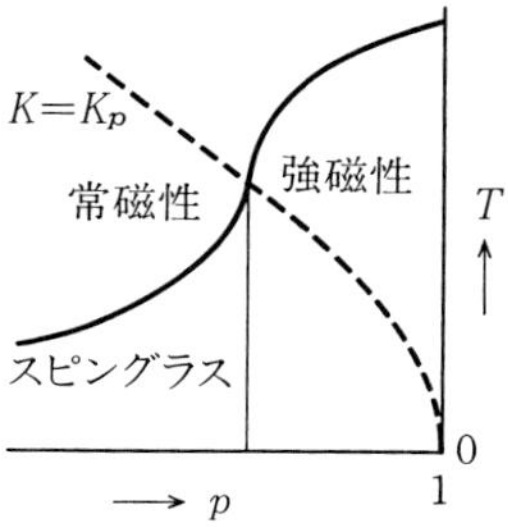

図 5-21 Ising スピングラスの典型的な相図．すなわち，$\pm J$ 模型で $+J$ の値をとる確率を p，$-J$ のそれを $1-p$ としたときの相図．

* 詳しくは，H. Nishimori: Prog. Theor. Phys. **66** (1981) 1169 参照．特に，$K=K_p$ で決まる T-p 曲線は西森線と呼ばれている．この曲線上では，エネルギー E は簡単に $E\propto -J\tanh K$ と表わされる．また，$\langle\langle\sigma_i\sigma_j\rangle(K)\rangle_{\mathrm{av}}=\langle\langle\sigma_i\sigma_j\rangle(K)\langle\sigma_i\sigma_j\rangle(K_p)\rangle_{\mathrm{av}}$ が成立する．これは Bayes 統計からも導ける．

1) スピングラスの緩和現象

スピングラスでは，TAP の自由エネルギー(5.100)の表式からもわかる通り，温度が下がるにつれてますます多くの深い谷が現われるため，それに対応して緩和時間の長いモードが多くなる．この様子を微視的に研究するには，4-7 節で説明した確率微分方程式の方法，すなわち Langevin 方程式

$$\frac{d}{dt}m_i(t) = -\beta\Gamma_0\frac{\partial}{\partial m_i(t)}F_{\mathrm{TAP}}(\{m_i(t)\})+\eta_i(t) \tag{5.109}$$

を用いるのが便利である．ただし，ここで，Γ_0 (>0) は運動の係数を表わし，$F_{\mathrm{TAP}}(\{m_i(t)\})$ はその極値が(5.99)を与えるような TAP の自由エネルギーを表わし，そして $\eta_i(t)$ は(4.226)の相関関数で特徴づけられる白色の Gauss 的なノイズである．すなわち，

$$\langle\eta_i(t)\eta_j(t')\rangle = 2\Gamma_0\delta_{ij}\delta(t-t') \tag{5.110}$$

の関係を満たす．(5.109)と(5.110)で同じ係数 Γ_0 を用いるのは，(5.109)の平衡分布 $P_{\mathrm{eq}}(m_i)$ が $P_{\mathrm{eq}}(m_i)\propto\exp[-\beta F_{\mathrm{TAP}}(\{m_i\})]$ と与えられるようにするためである.(4-7 節の秩序生成の問題のように，平衡から遠く離れた系を扱う場合には 2 つの係数は独立として扱うことができる.) 上の Langevin 方程式は，無限個の変数に対する確率分布関数 $P(\{m_i\},t)$ に関する Fokker-Planck 方程式

$$\frac{\partial}{\partial t}P(\{m_i\},t) = \Gamma_0\Bigl(-\beta\sum_i\frac{\partial}{\partial m_i}F_{\mathrm{TAP}}(\{m_i\})+\sum_i\frac{\partial^2}{\partial {m_i}^2}\Bigr)P(\{m_i\},t) \tag{5.111}$$

の形に変換することもできる．(5.111)の右辺の括弧の中の演算子の固有値を求めれば，スピングラスの緩和の様子がわかる．スピンの数 $N\to\infty$ の極限では，その固有値 $-\lambda$ ($\equiv -1/\tau$) は連続変数になる．m_i の緩和への重みを $\varphi_i(\lambda)$ とし，ランダム変数 $\{J_{ij}\}$ について平均をとった重みを $\varphi(\lambda)=\langle\varphi_i(\lambda)\rangle_{\mathrm{av}}$ とすれば，$q(t)=\sum\langle m_i(0)m_i(t)\rangle_{\mathrm{av}}/N$ は，

$$q(t) = \int_0^\infty e^{-\lambda t}\varphi(\lambda)d\lambda = \int_0^\infty e^{-t/\tau}g(\tau)d\tau \tag{5.112}$$

と表わされる．関数 $g(\tau)$ は緩和時間の分布を表わす．TAP 方程式を解いて $g(\tau)$ を求めるのは容易ではないので，ここでは現象論的に可能性を議論するだけにとどめる．いま，分布関数 $g(\tau)$ が τ の大きいところで，$g(\tau)\sim\tau^{-m}\exp(-a\tau^n)$ $(a>0,\ n>0)$ という漸近形をとると仮定すれば，c を τ の下限のカットオフ定数とし，また上限は観測時間 t で切断して，

$$\begin{aligned} q(t) &\sim \int_c^t \tau^{-m}\exp\left(-\frac{t}{\tau}-a\tau^n\right)d\tau \\ &\sim t^{-(m-1)/(n+1)}\int_{ct^{-1/(n+1)}}^{t^{n/(n+1)}}\exp\left\{\left(-\frac{1}{s}+as^n\right)t^{n/(n+1)}\right\}ds \\ &\sim t^{-(m-1)/(n+1)}\exp(-2a^{1/(n+1)}t^{n/(n+1)}) \end{aligned} \tag{5.113}$$

という**引き伸ばされた指数関数**($m=1$ の場合は **Kohlrausch 則**)で表わされることになる．$n\to+0$ の極限では，t^{+0} を $\log t$ とみなせば，

$$q(t)\sim t^{-\nu} \tag{5.114}$$

のようなベキ乗則の形になる*．このように，$0<n<\infty$ に対する(5.113)は指数関数形からベキ乗形までを連続的に外挿する公式を与える．どのような場合に n はどういう値をとるかという問題は，コンピューターシミュレーションにより，また現象論的な模型を用いていろいろ議論されているがまだ確定していないようであるから，これ以上この問題には立ち入らないことにする．

5-4 ニューラルネットワークの理論

ここでは，ニューラルネットワークを理論的に研究する上で統計力学の手法が有効となるようなテーマをとりあげて議論したい．

a) ニューラルネットワークと Ising スピン系との対応

人間の脳は約 10^{10} 個の神経細胞，すなわち**ニューロン**からできている．図 5-22 に模式的に示されているように，各神経細胞には数本の**樹状突起**がつい

* 少なくとも相転移点ではベキ乗則(5.114)にしたがう緩和となる．TAP の近似では $\nu=1/2$ である．

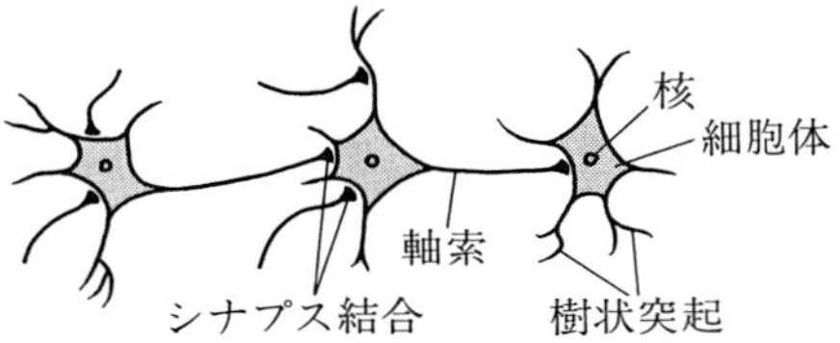

図 5-22 ニューロンの模式図.

ており，**シナプス結合**により**軸索**で各ニューロンは結合している．1つの神経細胞に入るパルス状の電位の合計があるしきい値以上になると，その細胞体は発火状態になる．したがって，細胞体は**発火状態**とそうでない**静止状態**の2つの状態をとることになり，これはちょうどIsingスピン $\sigma_j=1$ と $\sigma_j=-1$ で表現できる．しかも，j 番目のニューロンと i 番目のニューロンのシナプス結合には，**興奮性**(正の電位を伝達するタイプ)と**抑制性**(負の電位を伝達するタイプ)とがある．そこで，神経細胞 j の発火状態 $(\sigma_j=1)$ で発生したシグナルが神経細胞 i におけるシナプス結合の強さ J_{ij} を通して，$J_{ij}(\sigma_j+1)$ の強さの電位を i 番目のニューロンに送るとする．その合計 $\sum_j J_{ij}(\sigma_j+1)$ がしきい値 J_{ic} を越えると i 番目のニューロンが興奮すると仮定する．シグナルが伝わって興奮するまでの特性時間を Δt として，ニューロンのダイナミクスは

$$\sigma_i(t+\Delta t) = \mathrm{sign}\Big(\sum_{ij} J_{ij}(\sigma_j+1)-J_{\mathrm{ic}}\Big) \tag{5.115}$$

と表わされる．ただし，$\mathrm{sign}(x)$ は x の**符号関数**である．すなわち，$x>0$ なら $\mathrm{sign}(x)=1$，および $x<0$ なら $\mathrm{sign}(x)=-1$ である．簡単のために，ここで $J_{\mathrm{ic}}=\sum_j J_{ij}$ とおくと，(5.115)は

$$\sigma_i(t+\Delta t) = \mathrm{sign}\Big(\sum_j J_{ij}\sigma_j\Big) \tag{5.116}$$

となる．これはもっとも簡単な**ニューラルネットワーク**のダイナミクスを表わす模型であり，その提案者の名をとって**McCulloch-Pitts 模型**と呼ばれる(1943年提唱)．シナプス結合のないところは $J_{ij}=0$ として，多数のニューロンが正負の符号をもつ結合係数(一般には J_{ij} は非対称，すなわち $J_{ij}\neq J_{ji}$ であ

る)で結合しているニューラルネットワークは，複雑な動的振舞いをする．こうして，ニューラルネットワークの問題は Ising スピン系のダイナミクスの問題と深く関係していることがわかる．

b)　Hebb 則による学習と記憶

脳の中の神経回路網(ニューラルネットワーク)が学習し記憶し，またそれを想起することは脳のもっとも基本的な動作であるが，これらはニューロン間の結合状態とそれらニューロンの発火と静止のパターンで表わされるものと考えられている．いま，N 個のニューロンの状態を，前項のように，Ising スピン変数 $\{\sigma_j\}$ $(j=1,\cdots,N)$ で表わすと，1つの記憶のパターンは $\sigma_j=\xi_j$ $(j=1,\cdots,N)$ で与えられる．ここで問題とするニューロンの個数 N は，脳の中の神経細胞の総数ではなく，言葉や数字などの記憶に関連したニューロン全体の数を表わしており，1に比べて十分大きいが，総数 10^{10} 程度の数に比べれば極めて少ない数と考えられる．

学習し記憶するとは，その内容に対応していくつかのニューロン間に適当なシナプス結合 $\{J_{ij}\}$ ができることである．またその記憶を想起するとは，その中のいくつかのニューロンが発火状態になり，時間的に変化していくが，やがて1つの安定なパターンになっていくことであると考えられる．その安定なパターンを**固定点パターン**と呼ぶことにすると，それは，Ising スピン変数 $\sigma_j=\xi_j$ $(j=1,\cdots,N)$ で表わされる．つまり，$\{\xi_j\}$ が固定点パターンになるように $\{J_{ij}\}$ を作ることが $\{\xi_j\}$ で指定されるパターンの学習と記憶であり，$\{\sigma_j\}$ が固定点パターン $\{\xi_j\}$ に落ちつくことが記憶の想起である．

次に問題になるのは，パターン $\{\xi_j\}$ が固定点パターンになるようなシナプス結合 $\{J_{ij}\}$ は何であるか，どのように決めることができるかということである．これは，物理としてはいわば“逆問題”である．通常の物理では，$\{J_{ij}\}$ を与えて固定点パターンを探すことが多い．この逆問題に答えるのが **Hebb 則**である．簡単のために，対称な結合 $J_{ji}=J_{ij}$ の場合を以下で考えることにする．シナプス結合 $\{J_{ij}{}^{(0)}\}$ を

$$J_{ij}=J_{ij}{}^{(0)}+\lambda\xi_i\xi_j \qquad (\lambda>0) \tag{5.117}$$

によって新しい結合 $\{J_{ij}\}$ 状態にすると，パターン $\{\xi_j\}$ が固定点パターンの 1 つになるというのが Hebb 則(1949 年)である．係数 λ は学習率と呼ばれる．Hebb 則を直観的に理解するために，$J_{ij}{}^{(0)}=0$，すなわち，$J_{ij}=\lambda\xi_i\xi_j$ ($\lambda>0$) とおいてみる．パターン $\sigma_j=\xi_j$ ($j=1,\cdots,N$) から出発すると，(5.116)より，

$$\sigma_i(t+\Delta t) = \mathrm{sign}\left(\sum_{j=1}^{N}\lambda\xi_i\xi_j{}^2\right) = \mathrm{sign}(N\lambda\xi_i) = \xi_i \qquad (5.118)$$

となり，$\{\xi_j\}$ が固定点パターンであることがわかる．

c) Hopfield 模型

前項の Hebb 則を用いると，すでに 1 つのパターン $\{\xi_j{}^{(1)}\}$ ($j=1,\cdots,N$) が記憶されているニューラルネットワーク，すなわち，$J_{ij}{}^{(1)}=\lambda\xi_i{}^{(1)}\xi_j{}^{(1)}$ を

$$J_{ij}{}^{(2)} = J_{ij}{}^{(1)}+\lambda\xi_i{}^{(2)}\xi_j{}^{(2)} \qquad (5.119)$$

のように変更すると，パターン $\{\xi_j{}^{(2)}\}$ ($j=1,\cdots,N$) も固定点パターンとなり記憶されることになる．このようにして，一般に n 個のパターン $\{\xi_j{}^{(\alpha)}\}$ ($j=1,\cdots,N$；$\alpha=1,\cdots,n$) は，

$$J_{ij} = \lambda\sum_{\alpha=1}^{n}\xi_i{}^{(\alpha)}\xi_j{}^{(\alpha)} \qquad (5.120)$$

の結合定数(相互作用)によって記憶できることになる．ただし，パターンの個数 n が大きくなり各パターン同士に重なりが出てくると，つまり，

$$q_{\alpha\beta} = \frac{1}{N}\sum_{j=1}^{N}\xi_j{}^{(\alpha)}\xi_j{}^{(\beta)} \qquad (5.121)$$

が零でなくなると，記憶が乱れるようになる．

ここまでの説明でニューラルネットワークとスピングラスとの類似性が納得できるであろう．

さらに，Hopfield(1982 年)にしたがって，この系の“エネルギー”E を

$$E = -\frac{1}{2}\sum_{i,j\,(i\neq j)}J_{ij}\sigma_i\sigma_j \qquad (5.122)$$

によって定義すると，これは Ising スピングラスのハミルトニアンそのもので

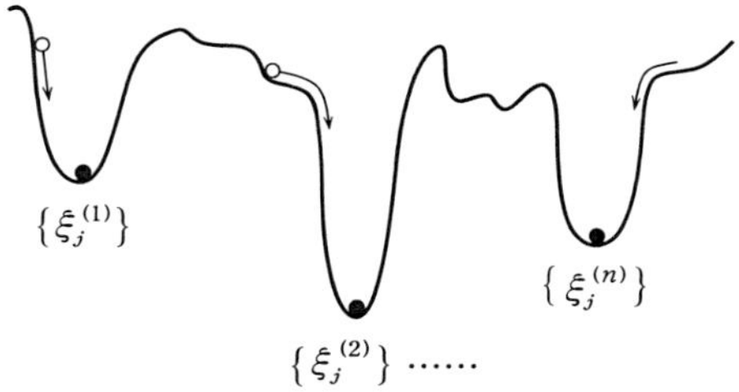

図 5-23 エネルギー E の極小状態としてのパターン $\{\xi_j^{(\alpha)}\}$.

ある．このエネルギー(ハミルトニアン)を用いると，(5.115)のダイナミクスは明らかにこのエネルギー E の極小状態を探すことに他ならない(図 5-23).

このように，上のニューラルネットワークの問題はスピングラスのエネルギーの極小状態(配位)を探す問題に変換できる．(5.120)のような(n レプリカ型の)相互作用をもつハミルトニアン(5.122)で記述されるニューラルネットワークの模型を **Hopfield 模型**という．このように，ニューラルネットワークのような複雑な系が統計力学的な模型によって扱えることが指摘され，それまでに開発された統計力学の手法，特にスピングラスの理論がこの分野に持ち込まれて，ニューラルネットワークの研究は急激に発展した.

d) 記憶の限界，思考の柔軟性，その他

Hopfield 模型でニューロンの数 N を指定したとき，記憶できるパターンの個数 n の限界，および想起のエラーとその限界など興味深い問題は多数あるが，これらは専門的になるので本書では省略する.

また，相互作用 $\{J_{ij}\}$ が時間とともに変化する模型，すなわち**適応的**(adaptive)**な模型**も思考の柔軟性と関連して大変興味深い研究対象である*．その他，パターン認識，教師つき学習や自己組織化による自己学習などの興味深い問題もあり，多くの研究成果が得られつつある.

* 詳しくは，M. Suzuki: Prog. Theor. Phys. Supple. No. 79 (1984) 125, T. Ikegami and M. Suzuki: Prog. Theor. Phys. **78** (1987) 38, S. Shinomoto: J. Phys. A, Math. Gen. **20** (1987) L1305, M. Suzuki: in *Formation, Dynamics and Statistics of Patterns*, edited by K. Kawasaki and M. Suzuki, World Scientific, 1993 などを参照.

5-5 知的機能と構造に向けて

前項で扱ったニューラルネットワークの理論は，非常に理想化された比較的簡単な模型に対する統計力学的視点からのアプローチであった．現実の知的機能と構造は，はるかに複雑巧妙なものであり，それを解明するためには統計力学的手法や概念を越えてより革新的な概念やアプローチが必要となるであろう．しかし，この本で一貫して扱ってきたゆらぎ(熱的ゆらぎと量子的ゆらぎ)の概念や，ここでは扱わなかったカオスの概念などは，このような現実的なより高度な知的機能と構造を研究する際にも基本的な役割を果たすものと期待される．

補章
量子解析とその応用

A-1 量子解析——非可換微分法

量子統計力学では，(1.92)式のように，指数演算子のパラメータに関する微分がよく使われる．それは，演算子の非可換性(すなわち量子性)のために，通常の関数の微分と比べると，(1.92)式のように積分で表わされ複雑な形となり，扱いにくい．ここでは，演算子の関数を演算子そのもので微分する**量子解析**を導入してその一般論を説明し，統計力学への応用を簡単に述べる．

まず初めに1変数関数 $f(x)$ の場合について発見法的な説明を行ない，次節で公理的な定義を紹介する．ここでは，Banach 空間(すなわちノルムが有界)の演算子 A に対して，演算子 $f(A)$ の A に関する微分 $df(A)/dA$ を定義しよう．そのために，よく知られている **Gâteaux 微分** $df(A)$ を次式によって定義する．

$$df(A) = \lim_{h\to 0}\frac{f(A+hdA)-f(A)}{h} \tag{A.1}$$

一般には A と dA とは非可換であるから，(A.1)で定義される $df(A)$ は dA の線形演算子にはなるが，通常の演算子と dA との積の形に表わすことはでき

ない．そこで，

$$df(A) = f_1 dA \tag{A.2}$$

と表わすことにすると，f_1 は通常の演算子ではなく，dA を $df(A)$ へマップする**超演算子**(hyperoperator)となる．実際，任意の演算子 Q との A の**交換子**，すなわち**内部微分**(inner derivation) δ_A（つまり $\delta_A Q = [A, Q] = AQ - QA$)を用いて，$f_1$ は $f_1(A, \delta_A)$ のように表わされることが次のようにして示される．関数 $f(x)$ が解析的であれば，演算子 $f(A)$ は次の **Dunford 積分**で表わされる．

$$f(A) = \frac{1}{2\pi i}\int_C \frac{f(z)}{z-A}dz \tag{A.3}$$

ただし，積分路 C は $f(z)$ の解析的な領域で原点のまわりに反時計回りにとるものとする．この表示を用いると，(A.1)で定義される $df(A)$ は，

$$\begin{aligned}
df(A) &= \frac{1}{2\pi i}\int_C f(z)\frac{1}{z-A}dA\frac{1}{z-A}dz \\
&= \frac{1}{2\pi i}\int_C f(z)\frac{1}{z-A}\,\frac{1}{z-A+\delta_A}dz\,dA \\
&= (f(A)-f(A-\delta_A))\delta_A{}^{-1}dA \\
&= \int_0^1 f^{(1)}(A-t\delta_A)dt\,dA
\end{aligned} \tag{A.4}$$

と表わされる．ただし，$f^{(1)}(x) = df(x)/dx$．したがって，(A.2)の超演算子 $f_1 = f_1(A, \delta_A)$ は

$$f_1(A, \delta_A) = (f(A)-f(A-\delta_A))\delta_A{}^{-1} = \int_0^1 f^{(1)}(A-t\delta_A)dt \tag{A.5}$$

と求まる．これを $f(A)$ の A に関する**微分**（または微分係数）とよび，$df(A)/dA$ と書くことにする．つまり，

$$\frac{df(A)}{dA} = f_1(A, \delta_A); \quad df(A) = f_1(A, \delta_A)dA \tag{A.6}$$

である．(A.6)のように，$df(A)$ を $f_1(A, \delta_A)$ と dA の積として表わす表示法と**演算子微分**の記号 $df(A)/dA$ とは，von Neumann 方程式の変形などにはたいへん便利である．

この演算子微分に関しては次のような公式が成立する.

公式 1 (**内部微分との関係**): $f(x)$ が解析関数のとき, $df(A)/dA=\delta_{f(A)}/\delta_A$.

公式 2 (**関数の関数の微分**): $f(A), g(A)$ が微分可能なとき,

$$\frac{df(g(A))}{dA}=\frac{df(g(A))}{dg(A)}\frac{dg(A)}{dA} \tag{A.7}$$

公式 3 (**微分の線形性**): $f(A), g(A)$ が微分可能なとき,

$$\frac{d}{dA}(f(A)\pm g(A))=\frac{df(A)}{dA}\pm\frac{dg(A)}{dA} \tag{A.8}$$

公式 4 (**パラメータ微分との関係**): A がパラメータ t の関数 $A(t)$ のとき,

$$\frac{df(A(t))}{dt}=\frac{df(A(t))}{dA(t)}\frac{dA(t)}{dt} \tag{A.9}$$

この公式は応用上, 特に重要である. さらに高階微分に関しても次の公式が成立する. まず, δ_A を拡張して, $\{\delta_j\}$ を次のように定義する.

$$\delta_j:\quad (dA)^n=(dA)^{j-1}(\delta_A dA)(dA)^{n-j} \qquad (1\leqq j\leqq n) \tag{A.10}$$

公式 5 (**高階微分**): $f(x)$ が解析関数のとき,

$$\begin{aligned}\frac{d^n f(A)}{dA^n}&=\frac{n!}{2\pi i}\int_C dz\frac{f(z)}{(z-A)(z-A+\delta_1)\cdots(z-A+\delta_1+\cdots+\delta_n)}\\&=n!\int_0^1 dt_1\int_0^{t_1}dt_2\cdots\int_0^{t_{n-1}}dt_n f^{(n)}(A-t_1\delta_1-\cdots-t_n\delta_n)\\&=n!\sum_{k=0}^{n}a_{n,k}(\{\delta_j\})f(A-\delta_1-\cdots-\delta_k)\end{aligned} \tag{A.11}$$

である. ただし, $a_{n,k}(\{\delta_j\})$ は次のように与えられる.

$$a_{n,0}=\{\delta_1(\delta_1+\delta_2)(\delta_1+\delta_2+\delta_3)\cdots(\delta_1+\cdots+\delta_n)\}^{-1} \tag{A.12a}$$

$$a_{n,n}=\frac{(-1)^n}{(\delta_1+\cdots+\delta_n)(\delta_2+\cdots+\delta_n)\cdots(\delta_{n-1}+\delta_n)\delta_n} \tag{A.12b}$$

および, $1\leqq k\leqq n-1$ に対しては

$$a_{n,k}=\frac{(-1)^k}{(\delta_1+\cdots+\delta_k)(\delta_2+\cdots+\delta_k)\cdots\delta_k\delta_{k+1}(\delta_{k+1}+\delta_{k+2})\cdots(\delta_{k+1}+\cdots+\delta_n)} \tag{A.12c}$$

例えば，2階微分，3階微分はそれぞれ次のように与えられる．

$$\frac{d^2 f(A)}{dA^2} = 2!\left[\frac{f(A)-f(A-\delta_1)}{\delta_1\delta_2} - \frac{f(A)-f(A-(\delta_1+\delta_2))}{(\delta_1+\delta_2)\delta_2}\right] \tag{A.13a}$$

$$\frac{d^3 f(A)}{dA^3} = 3!\left[\frac{f(A)-f(A-\delta_1)}{\delta_1\delta_2(\delta_2+\delta_3)} - \frac{f(A)-f(A-(\delta_1+\delta_2))}{(\delta_1+\delta_2)\delta_2\delta_3}\right.$$
$$\left. + \frac{f(A)-f(A-(\delta_1+\delta_2+\delta_3))}{(\delta_1+\delta_2+\delta_3)(\delta_2+\delta_3)\delta_3}\right] \tag{A.13b}$$

公式6（**演算子 Taylor 展開**）： $f(x)$ が解析関数のとき，

$$\begin{aligned} f(A+xB) &= \sum_{n=0}^{\infty}\frac{x^n}{2\pi i}\int_C dz\frac{f(A+zB)}{z^{n+1}} = \frac{1}{2\pi i}\int_C dz\frac{f(z)}{z-A-xB} \\ &= \sum_{n=0}^{\infty}\frac{x^n}{2\pi i}\int_C dz\frac{f(z)}{z-A}\left(B\frac{1}{z-A}\right)^n = \sum_{n=0}^{\infty}(-x\delta_A{}^{-1}\delta_B)^n f(A) \\ &= \sum_{n=0}^{N}\frac{x^n}{n!}\frac{d^n f(A)}{dA^n}:B^n + \frac{x^{N+1}}{2\pi i}\int_C dz\frac{f(z)}{z-A}\left(B\frac{1}{z-A}\right)^N B\frac{1}{z-A-xB} \end{aligned} \tag{A.14}$$

ただし，$d^n f(A)/dA^n$ は(A.11)式で与えられる．

多変数演算子 $\{A_j\}$ に対する関数 $f(\{A_j\})$ の**偏微分** $\partial f(\{A_j\})/\partial A_k$ は，次の交換公式によって求められる．

公式7（**交換公式**）： $\tilde{f}(\{A_j\}) \equiv f(\{A_j - \delta_{A_j}\})$ によって**チルダ演算子** $\tilde{f}$ を定義すると，任意の演算子 Q, g に対して，

$$\begin{aligned} &Qf = \tilde{f}Q, \quad f\tilde{g}Q = \tilde{g}fQ, \quad (fg)^{\sim} = \tilde{g}\tilde{f} \\ &(af)^{\sim} = a\tilde{f} \quad （ただし，a \in \boldsymbol{C}） \\ &(f+g)^{\sim} = \tilde{f}+\tilde{g} \\ &\frac{\partial}{\partial A_k}(f_1 f_2 \cdots f_n) = \sum_{j=1}^{n} f_1\cdots f_{j-1}\tilde{f}_n\cdots\tilde{f}_{j+1}\frac{\partial f_j}{\partial A_k} \end{aligned} \tag{A.15}$$

A-2 演算子微分の公理的な定義

a) $f(A)$ の微分

$df(A)/dA$ を内部微分 $\delta_{f(A)}$ と δ_A の比として次のように定義する．

$$\frac{df(A)}{dA} = \frac{\delta_{f(A)}}{\delta_A} \tag{A.16}$$

一般に $\delta_{f(A)}$ は δ_A に比例するので，(A.16)の右辺は意味をもつ．容易に示せる関係式 $\delta_{f(A)}=f(A)-f(A-\delta_A)$ を用いると，(A.5)および公式 2～公式 6 が(A.16)の定義から導かれる．いわば，A-1 節の公式 1 を定義にして定義式を公式として導出することにあたる．実際(A.16)から $df(A)=(df(A)/dA)dA$ が容易に証明できる．

b） $f(A)$ の高階微分

$f_0=f(A)$，$\partial_0\equiv A$，$\partial_j=-\delta_j$（これらは(A.10)で定義される）として，$f(A)$ の n 階微分 $d^nf(A)/dA^n\equiv f_n(\{\partial_j\})$ は，次の漸化式で定義される．

$$f_n(\{\partial_j\}) = n(f_{n-1}(\partial_0, \partial_1, \cdots, \partial_{n-2}, \partial_{n-1}+\partial_n)-f_{n-1}(\{\partial_j\}))\partial_n^{-1} \tag{A.17}$$

この定義から公式 5 と公式 6 を導くのも前節と同様である．

c） 多変数関数 $f(\{A_j\})$ の偏微分

非可換な演算子が $A_1, A_2, \cdots, A_q$ のように複数個あるときの微分は，1 変数の場合ほど簡単ではない．まず，**内部偏微分**（partial inner derivation）$\partial_{f(\{A_j\}),k}$ を定義する．これは，A_k に関する内部微分（に負符号をつけたもの）である．つまり，他の $\{A_j\}$ との順番はそのままにして，A_k とのみ交換関係をとる．すなわち，

$$\partial_{f(\{A_j\}),k}Q = -\partial_{Q,k}f \tag{A.18}$$

という交換関係をとることである．ただし，一般には $[Q, A_k]$ はどの A_i とも非可換であるとする．この内部偏微分を用いて偏微分 $\partial f(\{A_j\})/\partial A_k$ は次式で定義される：$\partial_{A_k,k}\equiv\partial_{A_k}$ とおいて，

$$\frac{\partial f(\{A_j\})}{\partial A_k} = \partial_{f(\{A_j\}),k}\partial_{A_k}^{-1} \tag{A.19}$$

この定義より，次の公式が導かれる．

公式 8（**偏微分公式**）： $f(\{A_j\})$ が微分可能なとき，次の公式が成り立つ．

$$df(\{A_j\}) = \sum_k \frac{\partial f}{\partial A_k} dA_k \tag{A.20}$$

d） 高階偏微分

1変数1階微分を多変数1階偏微分に拡張するときには，内部偏微分を導入した．高階偏微分を定義するために，**順序づき内部偏微分**（ordered partial inner derivation）$\partial_{B_{j_1},\cdots,B_{j_n};A_{j_1},\cdots,A_{j_n}}$ を次のように定義する．すなわち，$\{B_j\}$ の順序を指定通りにして，$f(\{A_j\})$ の中の A_j と B_j の交換子 $[A_j, B_j]$ をとる．つまり，左から $B_{j_1},\cdots,B_{j_n}$ の順序になるような組み合わせの交換子のみを作り，それらの和をとる．例えば，

$$\partial_{B_1,B_2;A_1,A_2}(A_1{}^2A_2A_1) = [A_1{}^2, B_1][A_2, B_2]A_1$$

である．この順序づき内部偏微分を用いると，n 階偏微分

$$d_{j_1,\cdots,j_n}f \equiv f^{(n)}_{j_1,\cdots,j_n}(\{A_j\}, \{\partial_{ij}\})$$

は，

$$d_{j_1,j_2,\cdots,j_n}f \equiv \partial_{\delta_{A_{j1}}^{-1}dA_{j_1},\cdots,\delta_{A_{jn}}^{-1}dA_{j_n};A_{j_1},\cdots,A_{j_n}}f \tag{A.21}$$

によって定義される．これより，次の多変数演算子関数 $f(\{A_j+xB_j\})$ の Taylor 展開公式が導かれる．

$$f(\{A_j+xB_j\}) = \sum_{n=0}^{\infty} x^n \sum_{j_1,\cdots,j_n} f^{(n)}_{j_1,j_2,\cdots}(\{A_i\}, \{\partial_{ij}\}) : B_{j_1}\cdots B_{j_n} \tag{A.22}$$

ただし，∂_{ij} は次式で定義される．

$$\partial_{ij}: B_{j_1}\cdots B_{j_n} = B_{j_1}\cdots(\partial_{A_j})B_{j_i}\cdots B_{j_n} \tag{A.23}$$

ここで，∂_{ij} と ∂_{kl} $(k \neq i)$ とは可換．しかし，∂_{ij} と ∂_{ik} は非可換．たとえば，$d_{1,2}{}^2(A_1{}^2A_2) = (2A_1+\partial_{11}) : dA_1dA_2$ である．(A.22)は1変数の演算子 Taylor 展開(A.14)，すなわち

$$f(A+xB) = \sum_{n=0}^{\infty} (-x\delta_A{}^{-1}\delta_B)^n f(A)$$

の拡張になっている．

A-3 指数演算子への応用

指数関数 $f(x)=e^{tx}$ に対しては，公式(A. 6)より

$$\frac{de^{tA}}{dA}=e^{tA}\Delta(-tA)t, \qquad \Delta(A)\equiv(e^{\delta_A}-1)\delta_A{}^{-1} \tag{A. 24}$$

が導かれる．一般の n 階微分は次のように表わされる．

$$\frac{d^n e^{tA}}{dA^n}=n!e^{tA}\int_0^t dt_1\int_0^{t_1}dt_2\cdots\int_0^{t_{n-1}}dt_n e^{-t_1\delta_1-\cdots-t_n\delta_n} \tag{A. 25}$$

これを，演算子 Taylor 展開公式(A. 14)に代入すると，直ちに次の Feynman 公式が導かれる．

$$e^{t(A+xB)}=e^{tA}+\sum_{n=1}^{\infty}x^n e^{tA}\int_0^t dt_1\int_0^{t_1}dt_2\cdots\int_0^{t_{n-1}}dt_n B(t_1)\cdots B(t_n) \tag{A. 26}$$

ただし，$B(t)=e^{-tA}Be^{tA}=e^{-t\delta_A}B$ を用いた．

A-4 指数積公式への応用

第 2 章で詳しく述べた指数演算子の高次分解公式を作るには，その逆問題を解く必要がある．つまり，パラメータ x を含む演算子 $\{A_j(x)\}$ $(j=1,2,\cdots,r)$ に対して，次の合成問題を考える．

$$e^{A_1(x)}e^{A_2(x)}\cdots e^{A_r(x)}=e^{\Phi(x)} \tag{A. 27}$$

公式(A. 9)と(A. 24)を用いて，(A. 27)を x で微分し，すこし変形すると，次の演算子微分方程式が導かれる．

$$\frac{d\Phi}{dx}=\Delta^{-1}(\Phi(x))\sum_{j=1}^{r}\exp(\delta_{A_1(x)})\cdots\exp(\delta_{A_{j-1}(x)})\Delta(A_j(x))\frac{dA_j(x)}{dx} \tag{A. 28}$$

特に，$r=2$ で，$A(x)=xA$，$B(x)=xB$ の場合，つまり $e^{xA}e^{xB}=e^{\Phi(x)}$ で定義される $\Phi(x)$ は次の方程式の解として与えられる．

$$\frac{d\boldsymbol{\Phi}(x)}{dx} = [A, \boldsymbol{\Phi}(x)] + \Delta^{-1}(-\boldsymbol{\Phi}(x))(A+B) \tag{A.29}$$

これより，$\boldsymbol{\Phi}(x) = x(A+B) + x^2 C_2 + x^3 C_3 + \cdots$ と展開したときの展開係数 $\{C_n\}$ に関する有名な Hausdorff の漸化公式が導かれる：$C_1 = A+B$ として

$$(n+1)C_{n+1} = \frac{1}{2}[A-B, C_n] + \sum_{p\geqq 1,\, 2p\leqq n} K_{2p} \Sigma' [C_{k_1}[\cdots[C_{k_{2p}}, A+B]\cdots]] \tag{A.30}$$

ただし，Σ' は $k_1 + \cdots + k_{2p} = n$ $(k_j \geqq 1)$ を充たす $\{k_j\}$ についての和を表わす．また，K_{2p} は Bernoulli 数 $\{B_n\}$ を用いて $K_{2p} = B_{2p}/(2p)!$ と与えられる．上の漸化式から(2.190)式が導かれる．

A-5 非平衡統計力学への応用

von Neumann 方程式(4.181)から，演算子 $\eta(t) \equiv \log \rho(t)$ も同形の方程式(4.182)を充たすことが，量子解析を用いると次のようにして容易に示せる．もっと一般に $f(\rho(t))$ に対し，公式 1 と 4 を適用して

$$\begin{aligned} i\hbar \frac{d}{dt} f(\rho(t)) &= i\hbar \frac{df(\rho(t))}{d\rho(t)} \frac{d\rho(t)}{dt} = \frac{df(\rho(t))}{d\rho(t)} \delta_{\mathcal{H}(t)} \rho(t) \\ &= -\frac{df(\rho(t))}{d\rho(t)} \delta_{\rho(t)} \mathcal{H}(t) = -\delta_{f(\rho(t))} \mathcal{H}(t) = [\mathcal{H}(t), f(\rho(t))] \end{aligned} \tag{A.31}$$

また，久保の恒等式(4.57)は，公式 1，つまり，

$$\delta_{e^{-\beta\mathcal{H}}} A = \frac{de^{-\beta\mathcal{H}}}{d\mathcal{H}} \delta_{\mathcal{H}} A \tag{A.32}$$

に他ならない．さらに，久保公式(4.67)は，次のように書ける．

$$\begin{aligned} \sigma(\omega) &= \beta \int_0^\infty \langle J\,;J(t)\rangle e^{-i\omega t} dt = \beta \left\langle (\Delta(\beta\mathcal{H})J) \frac{1}{i\omega - (i/\hbar)\delta_{\mathcal{H}}} J \right\rangle_{\mathrm{eq}} \\ &= \frac{\beta}{i\omega} \sum_{n=0}^{\infty} \left\langle (\Delta(\beta\mathcal{H})J) \left[\left(\frac{1}{\hbar\omega} \delta_{\mathcal{H}} \right)^n J \right] \right\rangle_{\mathrm{eq}} \end{aligned} \tag{A.33}$$

参考書・文献

第1章-第2章

統計力学の原理と手法に関しては，多数の本が出版されている．

[1] L.D. Landau and E.M. Lifshitz: *Statistical Physics*(Pergamon, 1958)(原書ロシア語，初版 1951，第2版 1964，第3版 1976)[小林秋男ほか訳『統計物理学(第3版)，上下』(岩波書店，1980)]

これは教科書として定評がある．Landau は密度行列の提唱者であり，統計力学をこの立場で構成している．

[2] D. ter Haar: *Elements of Statistical Mechanics*(Holt, Rinehart & Winston, 1961)[田中友安，戸田盛和ほか訳『熱統計学，I, II』(みすず書房，1964)]

この本は歴史的な記述に詳しい．

[3] J.E. Mayer and M.G. Mayer: *Statistical Mechanics*(Wiley, 1940)

この本には，本書で省略したビリアル展開の一般的な証明が詳しく解説されている．因みに，これらのクラスター展開はこの本の著者により創められたものである．

[4] M. Toda, R. Kubo and N. Saito: *Statistical Physics I, Equilibrium Statistical Mechanics*, Springer Series in Solid State Sciences(Springer, 1991)

[5] 戸田盛和，久保亮五，斎藤信彦，橋爪夏樹『統計物理学(第2版)』岩波講座 現代物理学の基礎 5(岩波書店，1978)

[6] 久保亮五『統計力学』(共立出版，初版 1952，改訂版 1980)

[7] 桂重俊『統計力学』(広川書店，1969)

[8] L.E. Reichl: *A Modern Course in Statistical Physics*(University of Texas Press, 1980)[鈴木増雄監訳『現代統計物理学，上下』(丸善，1983)]

[9] F. Reif: *Statistical Physics*, Berkeley Physics Course 5(McGraw-Hill, 1964)

［久保亮五監訳『統計物理，上下』(丸善，1970)］

［10］ R. P. Feynman: *Statistical Mechanics —— A Set of Lectures* (W. A. Benjamin, 1972)

場の理論を用いた統計力学の取扱いについては，次のような本がある．

［11］ G. Parisi: *Statistical Field Theory* (Addison-Wesley, 1988)

［12］ C. Itzykson and J.-M. Drouffe: *Statistical Field Theory —— From Brownian Motion to Renormalization and Lattice Gauge Theory*, Vols. 1 and 2 (Cambridge Univ. Press, 1989)

その他多数あるが，最近のものとしては，次の本がある．

［13］ 宮下精二『熱・統計力学』(培風館，1993)

また指数演算子の高次分解に関しては次のような文献とその引用文献を参照していただきたい．

［14］ M. Suzuki: Phys. Lett. **A146** (1990) 319; J. Math. Phys. **32** (1991) 400; Phys. Lett. **A165** (1992) 387; Physica **A191** (1992) 501; J. Phys. Soc. Jpn. **61** (1992) 3015; Phys. Lett. **A180** (1993) 232; Physica **A194** (1993) 432; Proc. Jpn. Acad. **69** (1993) B161; Commun. Math. Phys. **163** (1994) 491; Physica **A205** (1994) 65; Rev. Math. Phys. **8** (1996) 487; Int. J. Mod. Phys. **C10** (1999) 1385 およびその中の引用文献に，高次分解公式の応用例が種々の分野に関して例示されている．なお，波動関数の計算への応用に関しては，H. De Raedt and K. Michielsen: Computers in Phys. **8** (1994) 600; Ann. Physik 4 (1995) 679; O. Sugino and Y. Miyamoto: Phys. Rev. **B59** (1999) 2579; N. Watanabe and M. Tsukada: Phys. Rev. **E62** (2000) 2914; J. Phys. Soc. Jpn. **69** (2000) 2962 など多数ある．

さらに，自由 Lie 代数，Möbius 関数および Witt の公式に関しては，次の古典的な本がある．

［15］ W. Magnus, A. Karrass and D. Solitar: *Combinatorial Group Theory* (Dover, 1976)

力学系および統計力学(特に KMS 状態など)に関する演算子(作用素)の代数的取り扱い方については次の本を参照するとよい．

［16］ S. Sakai: *Operator Algebra in Dynamical Systems —— The Theory of Unbounded Derivations in C^*-Algebra* (Cambridge Univ. Press, 1991)

指数積の高次分解の系統的な求め方，特に，本書第 2 刷で削除した 10 次近似式に関して訂正した表式については，次の文献を参照されたい．

［17］ Z. Tsuboi and M. Suzuki: Int. J. Mod. Phys. **B9** (1995) 3241

第 3 章

［18］ M. E. Fisher: Rept. Prog. Phys. **30** (1968) 615

[19] H. E. Stanley: *Introduction to Phase Transition and Critical Phenomena* (Oxford Univ. Press, 1973)

[20] S. K. Ma: *Modern Theory of Critical Phenomena*(W. A. Benjamin, 1976)

[21] D. J. Amit: *Field Theory, the Renormalization Group, and Critical Phenomena*(McGraw-Hill, 1974; 2nd ed. World Scientific, 1984)

[22] C. Domb and M. S. Green(eds.): *Phase Transitions and Critical Phenomena*, Vols. 1-6(Academic Press, 1972-76); C. Domb and J. L. Lebowitz(eds.): Vol. 7-(1983-)

[23] D. I. Uzunov: *Introduction to the Theory of Critical Phenomena――Mean-Field, Fluctuations and Renormalization*(World Scientific, 1993)

[24] P. Pfeuty and G. Toulouse: *Introduction to the Renormalization Group and Critical Phenomena*(Wiley, 1975)

[25] J. W. Burkhardt and J. M. J. van Leewen: *Real-Space Renormalization* (Springer, 1982)

[26] G. A. Baker Jr.: *Quantitative Theory of Critical Phenomena*(Academic Press, 1990)

[27] J. Yeomans: *Statistical Mechanics of Phase Transitions*(Oxford University Press, 1992)

[28] B. M. McCoy and T. T. Wu: *The Two-dimensional Ising Model*(Harvard University Press, 1973)

[29] R. J. Baxter: *Exactly Solved Models in Statistical Mechanics*(Academic Press, 1982)

[30] V. Privman(ed.): *Finite Size Scaling and Numerical Simulation of Statistical Systems*(World Scientific, 1990)

[31] J. Zinn-Justin: *Quantum Field Theory and Critical Phenomena*(Clarendon Press, 1989)

[32] J. L. Cardy: *Finite-Size Scaling*(North-Holland, 1988)

共形場理論による臨界現象の研究に関しては次の文献がある.

[33] C. Itzykson, H. Saleur and J.-B. Zuber (eds.): *Conformal Invariance and Applications to Statistical Mechanics*(World Scientific, 1988)

[34] P. Christe and M. Henkel: *Introduction to Conformal Invariance and Its Applications to Critical Phenomena*(Springer, 1993)

日本語による解説としては，次のような本がある.

[35] 中野藤生，木村初男『相転移の統計熱力学』(朝倉書店，1988)

[36] 鈴木増雄『相転移の超有効場理論とコヒーレント異常法』物理学最前線 29(共立出版，1992)

量子群に関しては提唱者の一人である著者による次の本が参考になる．

［37］ 神保道夫『量子群とヤン・バクスター方程式』（シュプリンガー東京，1990）

一般化された平均場近似の系統的な作り方とコヒーレント異常法に関しては，次の解説と論文集を参照するとよい．

［38］ M. Suzuki, X. Hu, M. Katori, A. Lipowski, N. Hatano, K. Minami and Y. Nonomura: *Coherent Anomaly Method――Mean Field, Fluctuations and Systematics*（World Scientific, 1995）

第4章

［39］ R. Kubo, M. Toda and N. Hashitsume: *Statistical Physics II, Nonequilibrium Statistical Mechanics*, Springer Series in Solid State Sciences（Springer, 1991）

［40］ D. N. Zubarev: *Nonequilibrium Statistical Mechanics*（Nauka, 1971）［久保亮五，鈴木増雄，山崎義武訳『非平衡統計熱力学，上下』（丸善，1976）］

［41］ N. G. van Kampen: *Stochastic Processes in Physics and Chemistry*（North-Holland, 1981）

［42］ H. Risken: *The Fokker-Planck Equation――Methods of Solution and Applications*（Springer, 1984）

［43］ P. Glandsdorff and I. Prigogine: *Thermodynamics of Structure, Stability and Fluctuations*（Wiley, 1971）［松本元，竹山協三訳『構造・安定性・ゆらぎ――その熱力学的理論』（みすず書房，1977）］

［44］ G. Nicolis and I. Prigogine: *Self-organization in Nonequilibrium Systems*（Wiley, 1977）［小畠陽之助，相沢洋二訳『散逸構造』（岩波書店，1980）］

［45］ A. Katchalsky and P. Curran: *Nonequilibrium Thermodynamics in Biophysics*（Harvard Univ. Press, 1965）［青野修，木原裕，大野宏毅訳『生物物理学における非平衡の熱力学』（みすず書房，1975）］

［46］ M. Suzuki: Adv. Chem. Phys. **46**（1981）195

［47］ G. Nicolis, G. Dewel and J. W. Turner（eds.）: *Order and Fluctuations in Equilibrium and Nonequilibrium Statistical Mechanics*（Wiley, 1981）

［48］ T. Hida, H.-H. Kuo, J. Potthoff and L. Streit: *White Noise――An Infinite Dimensional Calculus*（Kluwer Academic, 1993）

［49］ H. Umezawa, H. Matsumoto and M. Tachiki: *Thermo Field Dynamics and Condensed States*（North-Holland, 1982）

［50］ H. Ezawa, T. Arimitsu and Y. Hashimoto（eds.）: *Thermal Field Theories and their Applications*（Elsevier Science Pub., 1991）

［51］ 鈴木増雄：非平衡系におけるゆらぎ，緩和，および秩序形成（月刊フィジック

ス，Vol. 3 (1982) 26)

スピン系の統計力学に関しては，次の名著がある．

[52] 小口武彦『磁性体の統計理論』物理学選書 12(裳華房，1970)

第5章

[53] G. Nicolis and I. Prigogine: *Exploring Complexity*(Freeman, 1989)[我孫子誠也，北原和夫訳『複雑性の探究』(みすず書房，1993)]

[54] R. Lewin: *Complexity*(Macmillan, 1992)[糸川英夫監修，福田素子訳，沼田寛解説『コンプレクシティへの招待』(徳間書店，1993)]

[55] D. Chowdhury: *Spin Glasses and Other Frustrated Systems*(World Scientific, 1986)

この本にはスピングラスに関する文献がよくまとめられている．

[56] M. Mezard, G. Parisi and M. A. Virasoro: *Spin Glass Theory and Beyond* (World Scientific, 1987)

[57] R. G. Palmer: *Heidelberg Colloquium on Spin Glasses*, Lecture Notes in Physics 192(Springer, 1983)

[58] 小口武彦『スピングラスとは何だろうか』物理学最前線 8(共立出版，1984)

[59] 鈴木増雄：スピングラスの理論，その1，その2(固体物理，Vol. 19 (1984) 387 および Vol. 20 (1985) 31)

[60] 西森秀稔『スピングラスのゲージ理論』物理学最前線 21(共立出版，1988)

[61] 高山一『スピングラス』パリティ物理学コース(丸善，1990)

[62] T. Gaszti: *Physical Models of Neural Networks*(World Scientific, 1990)[秋葉巴也訳『ニューラルネットワークの物理モデル』(吉岡書店，1990)]

[63] 甘利俊一編著『ニューラルネットの新展開』(サイエンス社，1993)

[64] U. Weiss: *Quantum Dissipative Systems*(World Scientific, 1993)

[65] I. Prigogine: *From Being to Becoming*(Freeman, 1980)

[66] K. Kawasaki, M. Suzuki and A. Onuki(eds.): *Formation, Dynamics and Statistics of Patterns*, Vol. 1 (World Scientific, 1990); K. Kawasaki and M. Suzuki(eds.): ——, Vol. 2 (1993)

[67] M. Suzuki and R. Kubo(eds.): *Evolutionary Trends in the Physical Sciences*, Springer Proceedings in Physics 57 (Springer, 1991)

この本には統計物理学に限らず，素粒子，原子核，宇宙物理学，物性物理学から生物物理学に至るまで物理学全般にわたる解説が収録されている．本書第3章の「相転移の統計力学」に引用されている研究の文献に関しては，この本の中にある著者の解説の引用文献を参照していただきたい．

ニューラルネットおよび脳の機能への応用に関しては，次の文献を参照するとよい．

［68］ 甘利俊一，酒田英夫編『脳とニューラルネット』(朝倉書店，1994)

［69］ 西森秀稔『ニューラルネットワークの統計力学』パリティ物理学コース(丸善，1995)

補章

補章に述べた量子解析は，次の文献に基づく．

［70］ M. Suzuki: Commun. Math. Phys. **183** (1997) 339

［71］ M. Suzuki: J. Math. Phys. **38** (1997) 1183

［72］ M. Suzuki: Int. J. Mod. Phys. **B10** (1996) 1637

［73］ M. Suzuki: Phys. Lett. **A224** (1997) 337; Rev. Math. Phys. **11** (1999) 234; Prog. Theor. Phys. **100** (1998) 475; Supplement in J. Phys. Soc. Jpn. (2000) June.

なお，演算子の一般的な計算法に関しては次の本が参考になる．

［74］ E. Hille and R. S. Phillips: *Functional Analysis and Semi-groups*, Amer. Math. Soc. Colloq. Publ. **31** (1957)

［75］ L. Nachbin: *Topology on Spaces of Holomorphic Mappings* (Springer-Verlag, 1969)

［76］ W. Rudin: *Functional Analysis* (McGraw-Hill, 1973)

［77］ M. C. Joshi and R. K. Bose: *Some Topics in Nonlinear Functional Analysis* (Wiley, 1985)

［78］ K. Deimling: *Non-linear Functional Analysis* (Springer, 1985)

［79］ M. V. Karasev and V. P. Maslov: *Nonlinear Poisson Brackets——Geometry and Quantization*, Translations of Mathematical Monographs, vol. 119 (American Math. Soc., 1993)

さらに，非可換微分の別な定義に関しては次の文献がある．

［80］ A. Connes: *Noncommutative Geometry* (Academic Press, 1994)

この本では，コンパクト作用素(すなわち，完全連続作用素)を無限小量と見なして，$F=F^*=F^{-1}$（つまり $F^2=1$ の自己共役作用素 F）に対して $df=[F,f]=Ff-fF$ がコンパクト作用素ならば，f はこの df の意味で微分可能であると定義している．この微分 df は明らかに Leibniz 則 $d(fg)=(df)g+fdg$ を充たしている．また，$F^2=1$ より，$Fdf=-(df)F$ である．この定義は数学的すぎて，統計力学との関係があまり明確でないので，補章では触れなかった．

第2次刊行に際して

初版の際にも極力誤りのないよう細心の注意を払った積りであったが，2年間にわたり教科書などに使ってみるとやはり訂正が必要になってきた．今回の改訂によって，式の誤りなどはほとんどなくなったものと思う．説明もわかりにくいところはすこし手直しをした．

大きな変更を加えた個所は，2-14節の指数摂動展開法のe)項の対称な高次分解の一般論と具体例の部分である．10次近似の条件は，8次近似の条件の他に，$\{p_k\}$に関する9次の条件式が8個加わったもので表わされる．そのうち，$\sum p_k{}^3 a_{3k} b_{1k}{}^3=0$ と $\sum p_k a_{3k}{}^2 b_{1k}{}^2=0$ の2つの式は互いに独立でなかった．したがって，10次近似の$\{p_k\}$の数値表の数値を用いた高次分解公式は，8次近似である．すでにこの10次近似公式を応用された人は，8次近似の公式を用いた場合と比較して精度がすこしも上がっていないことに気づかれたことでしょうが，8次までは正しい近似式であるから，実害は与えていないと思う．上の2つの条件式に代わる独立な2つの条件式は長くなるので，第2章の文献を参照して欲しい．

今回の第2次刊行で特に新しく追加したのは量子解析とその応用である．量子統計力学では，密度行列に代表されるように，非可換な演算子の関数を扱うことが多い．これまでは，時間のようなパラメータに関する演算子の微分は，(1.92)式のようにλ積分などで表わされ，いささか複雑な表式ではあるがよく用いられてきた．今回は，演算子そのもので微分する定式化($df(A)/dA$ など)を導入し，この新しい量子解析を用いると密度行列などの変形がいかに簡潔に実行できるかを説明した．

また，この量子解析は，第2章の指数積公式をもっと高次の交換子($[B,[A,B]]$ など)を含むように一般化する際にも極めて有効である．さらに量子力学にも応用できる．例えば，Feynman の摂動展開の公式なども量子解析における演算子 Taylor 展開から直ちに導かれる．

1996年4月

著　者

索引

F

G

H

I

J

K

L

M

N

O

P

R

S

T

■岩波オンデマンドブックス■

現代物理学叢書
統計力学

2000年12月15日　第1刷発行
2006年1月25日　第4刷発行
2016年1月13日　オンデマンド版発行

著者　鈴木増雄（すずきますお）

発行者　岡本 厚

発行所　株式会社 岩波書店
〒101-8002 東京都千代田区一ツ橋2-5-5
電話案内 03-5210-4000
http://www.iwanami.co.jp/

印刷／製本・法令印刷

ISBN 978-4-00-730347-0　Printed in Japan